国家出版基金项目
NATIONAL PUBLICATION FOUNDATION

"十四五"国家重点图书出版规划项目
核能与核技术出版工程

先进核反应堆技术丛书（第二期）
主编 于俊崇

聚变反应堆工程技术导论

Introduction to Fusion Reactor Engineering and Technology

刘 永 王晓宇 李 强 等 编著
钟武律 陈 鑫 曹启祥

上海交通大学出版社
SHANGHAI JIAO TONG UNIVERSITY PRESS

内容提要

本书为"先进核反应堆技术丛书"之一,较为全面地介绍了未来托卡马克型聚变反应堆(常简称为"聚变堆")的物理和工程技术问题。该书主要内容包括聚变堆的原理、堆芯等离子体物理、主机部件、氚氘燃料循环系统、能量提取与发电系统以及其他系统、特殊材料、安全特性、事故控制与缓解措施、可靠性及经济性特点等。由于当前聚变堆设计与建造本身仍处于研发阶段,因此本书作为一个导论,可供核能相关专业的高校师生与研究院所的研究人员参考。

图书在版编目(CIP)数据

聚变反应堆工程技术导论／ 刘永等编著. --上海:
上海交通大学出版社,2024.8
(先进核反应堆技术丛书)
ISBN 978－7－313－30548－0

Ⅰ．①聚… Ⅱ．①刘… Ⅲ．①反应堆 Ⅳ．①TL4

中国国家版本馆 CIP 数据核字(2024)第 068991 号

聚变反应堆工程技术导论
JUBIAN FANYINGDUI GONGCHENG JISHU DAOLUN

编　　著：刘　永　王晓宇　李　强　钟武律　陈　鑫　曹启祥　等
出版发行：上海交通大学出版社　　　　　地　　址：上海市番禺路 951 号
邮政编码：200030　　　　　　　　　　　电　　话：021－64071208
印　　制：苏州市越洋印刷有限公司　　　经　　销：全国新华书店
开　　本：710 mm×1000 mm　1/16　　 印　　张：28
字　　数：470 千字
版　　次：2024 年 8 月第 1 版　　　　　印　　次：2024 年 8 月第 1 次印刷
书　　号：ISBN 978－7－313－30548－0
定　　价：228.00 元

先进核反应堆技术丛书

编 委 会

主 编

于俊崇(中国核动力研究设计院,研究员,中国工程院院士)

编 委(按姓氏笔画排序)

刘　永(核工业西南物理研究院,研究员)

刘天才(中国原子能科学研究院,研究员)

刘汉刚(中国工程物理研究院,研究员)

刘承敏(中国核动力研究设计院,研究员级高级工程师)

孙寿华(中国核动力研究设计院,研究员)

杨红义(中国原子能科学研究院,研究员级高级工程师)

李　庆(中国核动力研究设计院,研究员级高级工程师)

李建刚(中国科学院等离子体物理研究所,研究员,中国工程院院士)

余红星(中国核动力研究设计院,研究员级高级工程师)

张东辉(中国原子能科学研究院,研究员)

张作义(清华大学,教授)

陈　智(中国核动力研究设计院,研究员级高级工程师)

罗　英(中国核动力研究设计院,研究员级高级工程师)

胡石林(中国原子能科学研究院,研究员,中国工程院院士)

柯国土(中国原子能科学研究院,研究员)

姚维华(中国核动力研究设计院,研究员级高级工程师)

顾　龙(中国科学院近代物理研究所,研究员)

柴晓明(中国核动力研究设计院,研究员级高级工程师)

徐洪杰(中国科学院上海应用物理研究所,研究员)

霍小东(中国核电工程有限公司,研究员级高级工程师)

本书编写成员

（按姓氏笔画排序）

王 龙	王 芬	王 俊	王英翘	王艳灵
王晓宇	邓维楚	石中兵	卢 勇	叶兴福
巩保平	朱运鹏	朱毅仁	刘 永	刘 健
刘雨祥	刘晓龙	刘宽程	杨 泓	李 明
李 强	李思稼	邱 银	余 鑫	张 龙
陈 鑫	周 冰	武兴华	郑鹏飞	屈 伸
练友运	赵奉超	胡 泊	钟武律	栗再新
黄文玉	曹启祥	赖春林		

总　　序

　　人类利用核能的历史可以追溯到 20 世纪 40 年代,而核反应堆——这一实现核能利用的主要装置,则于 1942 年诞生。意大利著名物理学家恩里科·费米领导的研究小组在美国芝加哥大学体育场取得了重大突破,他们使用石墨和金属铀构建起了世界上第一座用于试验可控链式反应的"堆砌体",即"芝加哥一号堆"。1942 年 12 月 2 日,该装置成功地实现了人类历史上首个可控的铀核裂变链式反应,这一里程碑式的成就为核反应堆的发展奠定了坚实基础。后来,人们将能够实现核裂变链式反应的装置统称为核反应堆。

　　核反应堆的应用范围广泛,主要可分为两大类:一类是核能的利用,另一类是裂变中子的应用。核能的利用进一步分为军用和民用两种。在军事领域,核能主要用于制造原子武器和提供推进动力;而在民用领域,核能主要用于发电,同时在居民供暖、海水淡化、石油开采、钢铁冶炼等方面也展现出广阔的应用前景。此外,通过核裂变产生的中子参与核反应,还可以生产钚-239、聚变材料氚以及多种放射性同位素,这些同位素在工业、农业、医疗、卫生、国防等众多领域有着广泛的应用。另外,核反应堆产生的中子在多个领域也得到广泛应用,如中子照相、活化分析、材料改性、性能测试和中子治癌等。

　　人类发现核裂变反应能够释放巨大能量的现象以后,首先研究将其应用于军事领域。1945 年,美国成功研制出原子弹,而 1952 年更是成功研制出核动力潜艇。鉴于原子弹和核动力潜艇所展现出的巨大威力,世界各国纷纷竞相开展相关研发工作,导致核军备竞赛一直持续至今。

　　另外,由于核裂变能具备极高的能量密度且几乎零碳排放,这一显著优势使其成为人类解决能源问题以及应对环境污染的重要手段,因此核能的和平利用也同步展开。1954 年,苏联建成了世界上第一座向工业电网送电的核电站。随后,各国纷纷建立自己的核电站,装机容量不断提升,从最初的 5 000 千瓦发展到如今最大的 175 万千瓦。截至 2023 年底,全球在运行的核电机组总数达到了 437 台,总装机容量约为 3.93 亿千瓦。

核能在我国的研究与应用已有 60 多年的历史,取得了举世瞩目的成就。

1958 年,我国建成了第一座重水型实验反应堆,功率为 1 万千瓦,这标志着我国核能利用时代的开启。随后,在 1964 年、1967 年与 1971 年,我国分别成功研制出了原子弹、氢弹和核动力潜艇。1991 年,我国第一座自主研制的核电站——功率为 30 万千瓦的秦山核电站首次并网发电。进入 21 世纪,我国在研发先进核能系统方面不断取得突破性成果。例如,我国成功研发出具有完整自主知识产权的压水堆核电机组,包括 ACP1000、ACPR1000 和 ACP1400。其中,由 ACP1000 和 ACPR1000 技术融合而成的"华龙一号"全球首堆,已于 2020 年 11 月 27 日成功实现首次并网,其先进性、经济性、成熟性和可靠性均已达到世界第三代核电技术的先进水平。这一成就标志着我国已跻身掌握先进核能技术的国家行列。

截至 2024 年 6 月,我国投入运行的核电机组已达 58 台,总装机容量达到 6 080 万千瓦。同时,还有 26 台机组在建,装机容量达 30 300 兆瓦,这使得我国在核电装机容量上位居世界第一。

2002 年,第四代核能系统国际论坛(Generation IV International Forum,GIF)确立了 6 种待开发的经济性和安全性更高、更环保、更安保的第四代先进核反应堆系统,它们分别是气冷快堆、铅合金液态金属冷却快堆、液态钠冷却快堆、熔盐反应堆、超高温气冷堆和超临界水冷堆。目前,我国在第四代核能系统关键技术方面也取得了引领世界的进展。2021 年 12 月,全球首座具有第四代核反应堆某些特征的球床模块式高温气冷堆核电站——华能石岛湾核电高温气冷堆示范工程成功送电。

此外,在聚变能这一被誉为人类终极能源的领域,我国也取得了显著成果。2021 年 12 月,中国"人造太阳"——全超导托卡马克核聚变实验装置(Experimental and Advanced Superconducting Tokamak,EAST)实现了 1 056 秒的长脉冲高参数等离子体运行,再次刷新了世界纪录。

经过 60 多年的发展,我国已经建立起一个涵盖科研、设计、实(试)验、制造等领域的完整核工业体系,涉及核工业的各个专业领域。科研设施完备且门类齐全,为试验研究需要,我国先后建成了各类反应堆,包括重水研究堆、小型压水堆、微型中子源堆、快中子反应堆、低温供热实验堆、高温气冷实验堆、高通量工程试验堆、铀-氢化锆脉冲堆,以及先进游泳池式轻水研究堆等。近年来,为了适应国民经济发展的需求,我国在多种新型核反应堆技术的科研攻关方面也取得了显著的成果,这些技术包括小型反应堆技术、先进快中子堆技术、新型嬗变反应堆技术、热管反应堆技术、钍基熔盐反应堆技术、铅铋反应堆技术、数字反应堆技术以及聚变堆技术等。

在我国,核能技术不仅得到全面发展,而且为国民经济的发展做出了重要贡献,并将继续发挥更加重要的作用。以核电为例,根据中国核能行业协会提供的数据,2023 年 1—12 月,全国运行核电机组累计发电量达 4 333.71 亿千瓦时,这相当于减少燃烧标准煤 12 339.56 万吨,同时减少排放二氧化碳 32 329.64 万吨、二氧化硫 104.89 万吨、氮氧化物 91.31 万吨。在未来实现"碳达峰、碳中和"国家重大战略目标和推动国民经济高质量发展的进程中,核能发电作为以清洁能源为基础的新型电力系统的稳定电源和节能减排的重要保障,将发挥不可替代的作用。可以说,研发先进核反应堆是我国实现能源自给、保障能源安全以及贯彻"碳达峰、碳中和"国家重大战略部署的重要保障。

随着核动力与核技术应用的日益广泛,我国已在核领域积累了丰富的科研成果与宝贵的实践经验。为了更好地指导实践、推动技术进步并促进可持续发展,系统总结并出版这些成果显得尤为必要。为此,上海交通大学出版社与国内核动力领域的多位专家经过多次深入沟通和研讨,共同拟定了简明扼要的目录大纲,并成功组织包括中国原子能科学研究院、中国核动力研究设计院、中国科学院上海应用物理研究所、中国科学院近代物理研究所、中国科学院等离子体物理研究所、清华大学、中国工程物理研究院以及核工业西南物理研究院等在内的国内相关单位的知名核动力和核技术应用专家共同编写了这套"先进核反应堆技术丛书"。丛书包括铅合金液态金属冷却快堆、液态钠冷却快堆、重水反应堆、熔盐反应堆、新型嬗变反应堆、多用途研究堆、低温供热堆、海上浮动核能动力装置和数字反应堆、高通量工程试验堆、同位素生产试验堆、核动力设备相关技术、核动力安全相关技术、"华龙一号"优化改进技术,以及核聚变反应堆的设计原理与实践等。

本丛书涵盖了我国三个五年规划(2015—2030 年)期间的重大研究成果,充分展现了我国在核反应堆研制领域的先进水平。整体来看,本丛书内容全面而深入,为读者提供了先进核反应堆技术的系统知识和最新研究成果。本丛书不仅可作为核能工作者进行科研与设计的宝贵参考文献,也可作为高校核专业教学的辅助材料，对于促进核能和核技术应用的进一步发展以及人才培养具有重要支撑作用。本丛书的出版，必将有力推动我国从核能大国向核能强国的迈进，为我国核科技事业的蓬勃发展做出积极贡献。

于俊崇

2024 年 6 月

前　言

　　近年来聚变能源研发不断取得新进展。备受关注的国际热核聚变实验堆（international thermo-nuclear experimental reactor，ITER）的总体安装正式启动，国家主席习近平亲致贺信祝贺；欧洲联合环（JET）再度开展了氘氚实验，获得了创纪录的 59 MJ 的聚变能量；惯性约束途径的美国国家点火装置（NIF）首次创造了聚变能量输出大于激光能量输入的新纪录；基于美国国家科学院关于聚变能源的评估结论，美国能源部于 2022 年 3 月在白宫召开了聚变高峰论坛，提出了聚变能源研发的 10 年大胆计划；欧盟的聚变能源研发战略得到新修订并发布；日本制定了激励聚变示范堆（DEMO）研发的国家政策；韩国、印度也启动了各自聚变能源研发的相关部署。

　　我国在成都建造的国内装置规模最大、参数最高的新一代"人造太阳"——常规导体托卡马克中国环流三号（HL-3）装置在 2020 年实现首次等离子体放电后，于 2022 年底将等离子体电流运行至 1.15 MA；在合肥运行的全世界第一个全超导的托卡马克 EAST 装置在获得高达 1 000 s 的等离子体放电运行后，进而实现了 400 s 的高约束模式运行；在北京、成都、合肥、武汉等地的多个高校，积极开展创新探索，新型的聚变能源研发装置得以设计建造，如仿星器、反场箍缩、球形托卡马克等；我国参加的 ITER 主机安装一号合同（TAC1）工程进展顺利，我国承担的 ITER 关键部件研发任务的工期和质量均成为 ITER 成员的标杆；在国家科技部的主导下，聚变能源研发规划和路线图的再次评估工作又一次启动，中长期目标任务将逐渐明晰。

　　世界各国几代科学家持续数十年艰难探索聚变能源获取的最终目标，承载了人类未来的能源梦想。20 世纪 50 年代第一个托卡马克诞生以来，1968 年，苏联的 T-3 托卡马克取得等离子体约束的突破性进展，激励了大型托卡马克的设计建造，并使托卡马克逐渐成为磁约束聚变能源研发的主要方向。

随着装置规模不断加大、等离子体实验技术的不断提高,托卡马克等离子体的参数逐渐逼近聚变点火所需要的条件,为开展氘氚实验获得聚变功率的输出创造了条件,并使聚变功率的输出与注入等离子体的加热功率之比(即功率增益 Q)趋近于得失相当,氘等离子体的实验参数换算为氘氚反应,其功率增益达 1.25。20 世纪 90 年代欧盟的 JET 以及美国的 TFTR 先后开展了氘氚实验,获得了 16 MW 的聚变功率输出,验证了采用托卡马克实现可控聚变的原理可行性,激励全世界建造一个更大的托卡马克——国际热核聚变实验堆(ITER)。

ITER 正是一个托卡马克的磁约束聚变能源研究设施,用以验证采用托卡马克途径实现聚变能源开发的科学和工程技术可行性。ITER 的设计、建造以及即将开展的物理实验,集中了全世界所有装置尤其是大型托卡马克装置的实验成果,集中了此前所有装置发展的最尖端的科学和工程技术,集中了全世界主要人口和国家的财力,集中了全世界最顶尖的科学家。ITER 是人类开发利用聚变能源的里程碑,第一次获得燃烧等离子体、第一次演示聚变堆的集成和运行、第一次验证产氚包层。

另外,聚变能源研发的支持渠道得到拓展,民间资本大量涌入,各种途径、各种技术路线不断涌现,激进大胆的研发计划纷纷呈现。总体来说,应该充分肯定民营资本进入核聚变领域的积极意义,多种技术路线加速探索,必将能促进聚变能应用的研发。虽然其中也许并不乏风投炒作,但不管怎样都进一步吸引了公众和社会对聚变能源的关注,也推高了公众的期待。

在这样的背景下,3 年前,我们在接到于俊崇院士和上海交通大学出版社的邀请,希望我们团队能写一本介绍聚变堆的专著时,实感诚惶诚恐,难以从命。人类尚未建造过一个聚变堆,甚至聚变示范堆的设计都还只是当前全世界聚变能源研发的攻关任务。全球主要国家目前正在共同建造的 ITER 也只是聚变实验堆,在其工程建造艰难推进的此时,谋划后 ITER 时代的托卡马克的聚变堆,无论是示范堆还是商用堆,显然都还面临着等离子体科学、材料和氚自持等方面的巨大差距,聚变堆的核安全法规和标准仍刚起步。所以,聚变堆的设计本身也仍然是科学研究的范畴,在这种情况下写这样一本书难免会缺乏必要的实践基础。但对于俊崇院士的邀请,盛情难却。考虑到科学技术总是在不断迭代式发展和进步的,基于今天的认识和积累,也许对明天更好的发展有着借鉴作用,于是我们团队接受了这个任务。

我国关于聚变堆的设计研究起步很早,特别是 20 世纪 80 年代在国家

"863 计划"的支持下，开展了较深入的聚变堆相关研究；自加入 ITER 计划以来，以 ITER 为导向的聚变堆的概念逐渐形成；10 多年来在科技部的支持下，我国的聚变科研团队提出了中国聚变工程试验堆（China Fusion Engineering Test Reactor，CFETR）的概念，并开展了详细的概念设计和一些部件的初步工程设计工作；与此同时，在有关部委的支持下，聚变能源研发的科研设施和平台也在不断完善和提高，为深入开展面向聚变堆的工程验证奠定了一定基础。所有这些成果和实践都成为本书的撰写素材。

本书撰写审阅过程中得到了诸多专家的支持：饶军研究员（第 1、2、4 章），潘传红研究员（第 3、5、6 章），刘翔研究员（第 7 章），冯开明研究员（第 8、9、10 章）对本书初稿进行了认真细致的审阅修订，唐益武博士、张一鸣研究员、曾丽萍研究员参与和承担了全书书稿撰写工作的组织、编审和校对，在此一并致谢。

因编著者水平有限，时间仓促，再加上聚变堆处在尚未应用的发展阶段，书中存在见解不到位之处，恳请读者批评指正。

目　　录

第1章

绪　论

能源是人类文明得以维持和发展的基础。人类的一切衣食住行,无不与能源密切相关。20 世纪以来,随着人口增加、生产发展和生活水平的提高,人类对能源的需求急速增加[1]。长久以来,煤、石油、天然气等化石燃料在人类的能源结构中占据着非常大的比例,但化石燃料储藏量有限,资源日益枯竭,且不能满足人类社会发展对能源日益增长的需求。同时,化石燃料在燃烧过程中产生二氧化碳、一氧化碳、二氧化硫以及氮氧化合物等温室气体和有毒气体,不仅对空气造成污染,还会引起温室效应,严重影响人类生存环境。因此,寻求新的替代能源是实现人类可持续发展的唯一途径。

核能是最有希望能够替代化石能源的新型能源。核能的释放主要包括裂变和聚变两种形式。裂变是指一个重原子核(如铀)分裂成两个或两个以上的中等原子质量的原子核,并释放出巨大能量的过程;聚变是指两个轻原子核(如氢)聚合成一个较重的原子核,并释放出巨大能量的过程。

自 20 世纪 40 年代以来,裂变能作为一种清洁能源被越来越多的国家所认同并得到大规模应用。然而铀资源有限,裂变能还会产生长寿命、高放射性废料,存在事故隐患,如处理或存放不当,有放射性物质外泄的风险,从而给生态环境带来隐患。相比之下,聚变能安全性高,且具有燃料资源丰富、无污染、电站规模大的优势,是人类可持续发展最理想的新能源[2]。

1.1　核聚变反应

人类对热核聚变反应的认识,可追溯到 20 世纪 20 年代。1929 年,Atkinson 和 Houtemans 提出太阳能可能由热核反应产生的假说,后来的观察以及一系列的物理研究证实了这一假说。太阳中发生的聚变反应主要是一种称为质子-质子反应的过程。它占太阳辐射能源的 90% 以上。这种反应由几个分支构成[式(1-1)]。最主要的分支是 p-p 循环(p-p cycle)。

$$p + p \rightarrow D + e^+ + \nu + 1.44 \text{ MeV}$$
$$D + p \rightarrow {}^3He + \gamma + 5.49 \text{ MeV}$$
$$(1-1)$$
$${}^3He + {}^3He \rightarrow {}^4He + p + p + 12.86 \text{ MeV}$$
$${}^3He + {}^4He \rightarrow {}^7Be + \gamma + 1.59 \text{ MeV}$$

式中: p 为质子; D 为氘; e^+ 为正电子; ν 为电子中微子; ${}^3He$ 为氦-3; γ 为伽马射线; ${}^4He$ 为氦-4; ${}^7Be$ 为铍-7。

但是,由于质子-质子反应截面为 10^{-23} b$(1\text{ b}=10^{-28}\text{ m}^2)$,在地球环境下不可能用氢的质子反应作为能源。在地球环境下可以利用的聚变反应主要有以下几种:

$$D + D \rightarrow T(1.01 \text{ MeV}) + p(3.03 \text{ MeV})$$
$$D + D \rightarrow {}^3He(0.82 \text{ MeV}) + n(2.45 \text{ MeV})$$
$$D + T \rightarrow {}^4He(3.52 \text{ MeV}) + n(14.06 \text{ MeV})$$
$$(1-2)$$
$$D + {}^3He \rightarrow {}^4He(3.67 \text{ MeV}) + p(14.67 \text{ MeV})$$
$$p + {}^{11}B \rightarrow {}^4He(8.68 \text{ MeV})$$

式中: T 为氚; n 为中子; B 为硼; 其余符号含义与式(1-1)相同。前两个反应的发生具有非常相近的概率。

两个原子核要发生聚变反应,需克服它们之间的库仑斥力。以上反应中,氢及其同位素 D(氘)、T(氚)带电荷最少,核间的库仑斥力最小;在目前较易达到的能量区内,氘和氚之间的反应截面较其他轻核要大,且反应生成的元素氦特别稳定,有非常高的平均结合能。这些优点使氘和氚成为人类最理想的聚变燃料。

地球上储存有十分丰富的聚变能资源。对于氘,每升海水含有 0.02 g 氘,由 D-D 聚变每升海水可以产生 1.1×10^{10} J 的能量,约为 300 L 汽油充分燃烧所提供的能量。4.6×10^{21} L 海水提供的聚变能足够人类使用 10^{10} 年。对于 D-T 聚变,尽管氚的半衰期只有 12 年,在自然界并不存在,但它可以由中子和锂的相互作用产生,其反应如下:

$$n + {}^6Li \rightarrow T + {}^4He + 4.79 \text{ MeV}$$
$$(1-3)$$
$$n + {}^7Li \rightarrow n + T + {}^4He - 2.47 \text{ MeV}$$

锂在地球上有比较丰富的储量,以我国为例,陆地上可采锂储量超过数百万吨,海水中储藏的潜在锂资源比陆地上还要多上万倍[1]。因此,聚变能源可以说是"取之不尽、用之不竭"的,足以解决地球上的能源问题。

两个原子核发生聚变反应的前提是彼此之间的距离达到核力发生作用的范围。由于原子核带正电,使它们之间的距离达到核力发生作用的范围需要克服原子核之间的库仑势垒。这就要求两个原子核需要具备足够的动能,在发生碰撞时碰撞能量可以达到克服库仑势垒的阈值,使原子核彼此之间的距离达到核力发生作用的范围,进而发生聚变反应,释放出大量的聚变能量。

早在 20 世纪 50 年代,不可控的聚变——氢弹就已经实现。但是,这种不可控的聚变能的释放方式导致其无法作为能源使用。作为能源的聚变能需要可控平稳地释放。为实现聚变能的平稳可控释放,科学家进行了大量的探索,最终发现通过高温等离子体实现聚变反应是聚变能作为潜在能源的可行途径。在高温等离子体中,原子的原子核与核外电子处于剥离状态,并且处于高温状态。在高温等离子体中,原子核和核外电子做极高速的无规则的热运动,大量的原子核不断发生碰撞。当碰撞能量克服库仑势垒时,原子核将发生聚变反应,释放出聚变能量。

由于产生等离子体并维持一定的高温需要消耗一定的能量,为了实现聚变能量的净输出,等离子体中聚变反应释放的聚变能量必须大于产生和维护高温等离子体的能量,这是聚变作为能源的必要前提。1955 年,J. D. 劳逊(J. D. Lawson)研究了聚变等离子体的能量平衡问题,提出了受控核聚变反应的点火条件,称为劳逊判据。劳逊判据最初的形式给出了实现净能量增益的最小的等离子体密度(n)与能量约束时间(τ_E)的乘积。后来的研究表明,更科学的判据形式为三乘积:等离子体密度、能量约束时间、离子温度(T_i)的乘积。针对不同的聚变反应,劳逊判据对应的阈值是不同的。对于 D‐T 聚变反应,一般认为需要 $n\tau_E \geqslant 1.5 \times 10^{20}$ m^{-3}·s,此时对应的离子温度约为 30 keV。如果考虑三乘积,则需要 $n\tau_E T_i \geqslant 3 \times 10^{21}$ m^{-3}·s·keV。

处于高温的聚变等离子体在高的动力压强作用下会迅速膨胀,然而为了维持需要的反应密度,必须将聚变物质予以约束。聚变等离子体的温度高达上亿摄氏度,现有任何实物容器都无法直接承受如此的高温。为维持聚变反应,需要将高温等离子体约束在有限的空间内。目前,等离子体的约束方式主要有两种:磁约束(MCF)和惯性约束(ICF)。利用磁约束实现的核聚变反应称为磁约束核聚变,利用惯性约束实现的核聚变反应称为惯性约束核聚变。

磁约束聚变[2]是运用磁场将聚变原料氘和氚约束在其中,并通过特殊的装置将氘氚燃料加热到聚变反应的温度,使氘氚持续反应放能。目前研究的磁约束聚变的方式主要有托卡马克(TOKAMAK)、仿星器(stellarator)、反场箍缩(reversed-field pinch, RFP)、磁镜(magnetic mirrors)、θ 箍缩(θ-pinch)、Z-箍缩(Z-pinch)等。

惯性约束聚变依靠粒子本身的惯性在短时间内将等离子体约束在一定的空间内,形成温度和密度很高的等离子体,从而实现聚变反应。目前惯性约束聚变的主要方式有激光约束、X 射线约束、粒子束约束等。

惯性约束核聚变装置的聚变反应过程是脉冲式运行的,而磁约束核聚变可实现长时间稳态运行。

1.2 托卡马克装置的基本原理

在过去的 10 年中,磁约束核聚变的研究和发展取得了巨大的进步,其中托卡马克取得的实验结果离聚变堆所需的聚变等离子体自持燃烧最接近。

作为一种磁约束聚变概念/位形,托卡马克[①]的物理概念在 20 世纪 50 年代由苏联学者提出并研制,是一种环形位形,其最大特点是具有强的环向磁场和环向等离子体电流,因而也被称为环流器(见图 1-1)。

图 1-1 托卡马克位形

---

① 托卡马克(TOKAMAK)一词在俄语中是"环形 toroidal""真空 kamera""磁 magnit""线圈 kotushka"几个词的组合,即"环形真空磁室"的缩写。

通常采用环向(toroidal)、极向(poloidal)和径向(radial)坐标系进行描述，大环内侧因为环向磁场相对较强被称为强场侧，对应地，大环外侧被称为弱场侧。

托卡马克位形的基本物理原理如图 1-2 所示，外加的环向磁场与等离子体电流自身形成的极向磁场叠加形成了螺旋形的磁场位形，这种磁场位形的优点如下：首先，闭合的磁力线避免了开端装置(如磁镜)上的终端损失；其次，如图 1-3 所示，对于简单的环形磁约束装置来说，由于环向磁场在强弱场侧之间存在磁场梯度，$\boldsymbol{B}_t \times \nabla \boldsymbol{B}_t$ 漂移会使得正负电荷分别向上下漂移形成极化电场，该电场引起的 $\boldsymbol{E} \times \boldsymbol{B}_t$ 漂移会进一步造成整体的沿径向向外的漂移，最终使得粒子碰壁损失，而引入磁力线在极向上的旋转后，粒子在弱场侧的向外

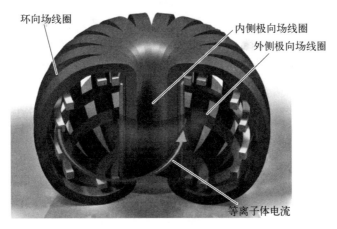

图 1-2 托卡马克装置的基本物理原理示意图

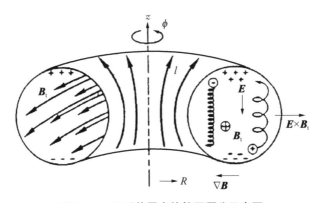

图 1-3 环形装置中的粒子漂移示意图

注：ϕ 为环向；l 为极向；R 为径向；$\boldsymbol{B}_t$ 为环向中心轴线磁场；$\boldsymbol{E}$ 为电场；$\nabla \boldsymbol{B}$ 为磁场梯度。

漂移会被在强场侧的向内漂移所弥补,等离子体整体向外侧的移动得到了有效抑制。

在上述简单模型中,由于托卡马克装置中的极向场几乎全部是由等离子体电流提供的,极向场的径向分布与等离子体电流的径向分布密切相关,电流的径向分布取决于等离子体的电阻分布,电阻分布由等离子体的参数(密度、温度、杂质含量与成分等)确定,而等离子体参数取决于加热和输运过程。其中加热与电流分布相关,输运过程则取决于多种因素造成的微观及宏观不稳定性。由此可以看出,托卡马克装置是一个多工程参数与物理参数相互耦合的复杂系统[3]。

外加磁场是托卡马克装置运行的必要条件,而欧姆线圈提供的磁通变化量是产生并维持托卡马克等离子体电流的关键因素。但欧姆线圈的磁通变化量总是有限的,导致装置的运行脉宽受限,所以未来聚变堆的无感电流驱动,如通过等离子体加热和电流驱动、等离子体自举电流等,仍然是未来面向稳态运行的氘氚燃烧等离子体需要解决的问题。此外,普通托卡马克装置还存在等离子体温度难以达到聚变点火条件(欧姆加热在等离子体温度升高时效率下降)、常规磁体系统耗能高难维持稳态等问题,也未对聚变反应大规模发生时的大剂量高能中子辐照做出针对性的设计和防护。因此在托卡马克聚变堆中,必须采取加入高效率的辅助加热和电流驱动系统、使用超导磁体、采取先进运行模式、加入屏蔽包层、增殖包层等多项措施,以实现稳态运行,达到燃料自持,获得稳定聚变能量。

1.3 国际主要托卡马克装置

自磁约束核聚变提出以来,科学家尝试了种类繁多的各种磁约束聚变实验装置,每种磁约束聚变实验装置均具有各自的优缺点。目前研究最为广泛、进展最大的装置是托卡马克。托卡马克位形的基本概念是 1951 年苏联学者塔姆(Tamm)和萨哈罗夫(Sakharov)提出的。20 世纪 50 年代,托卡马克装置由苏联库尔恰托夫研究所的阿齐莫维奇(Artsimovich)等人发明。其中央是一个环形真空室,真空室外面布设线圈,线圈通电后在真空室内产生环向磁场,同时欧姆或极向场线圈产生磁场变化,通过环向磁场感应产生等离子电流,等离子电流产生的磁场与线圈产生的磁场在等离子体中形成组合的螺旋磁场,将等离子体约束在其中,再通过加热系统将等离子体温度加热到反应温度,从而实现聚变反应。在阿齐莫维奇的领导下,世界首个托卡马克装置 T-1 于 1954 年在苏联开始建造并于 1959 年建成,之后 T-2 装置和 T-3 装置在 1960 年、1964 年分别被研制出来。1968 年,苏联学者在新西伯利亚召开的第三届等离子体物理和受控核聚变研究国际会议上公布了 T-3 装置的研究成果,并在 1969 年由英国卡拉姆实验室的科学家凭借激光散射装置测量证实其电子温度约为 1 keV、能量约束时间达到 Bohm 定标的 10 倍以上。

在这一成果的激励下,20 世纪 70—90 年代,苏联(俄罗斯)、美国、欧盟、日本分别建设了 T-10、ORMAK、Alcator-A/C、DIII/DIII-D、TFTR、TFR-400/600、ASDEX/ASDEX-U、JET、JFT-2/2a/2M、JT-60U 等多个中大型托卡马克装置,在这 20 余年的研究中,等离子体的参数和约束时间不断提高,开拓了拉长截面、偏滤器位形等聚变研究的新领域,发现并研究了 H 模、新经典输运、反常输运等多种新的等离子体物理现象。弹丸注入加料、计算机辅助控制等离子体位形等新技术手段得到应用,中性束注入(NBI)和射频波(RF)辅助加热与电流驱动手段得到发展并投入使用,进一步提高了装置参数并揭示了更多的物理现象,使得人们对托卡马克装置中的位形特性、磁流体稳定性、等离子体输运和约束等有了更为深入的认识。而超导技术、氚循环技术的发展和应用,使得开展接近聚变堆条件的强约束、燃烧等离子体实验成为可能。

1982 年,德国 ASDEX 装置首次发现了 H 模运行模式,改善了等离子体约束,实验验证了新经典理论对自举电流的预言,这意味着托卡马克装置的参数提升还有很大潜力。1990 年以后,JET、TFTR 开始尝试 D-T 运行。1991 年 JET 装置的 D-T 运行实现了 1.7 MW 的聚变功率产出,1993 年 TFTR 装置通过 D-T 反应产生 6.4 MW 的聚变功率,后又提高到 10.7 MW,1997 年 JET 装置产生 16.1 MW 的聚变功率,迄今仍是磁约束聚变装置的最高纪录,1998 年 JT-60U 装置上 D-D 的实验参数折算为 D-T,其等效的功率增益因子 Q(聚变反应产出功率/输入等离子体功率)为 1.25。这些结果为后续 ITER 装置的提出和设计奠定了关键性基础。

自托卡马克概念被提出以来,由于其结构相对简单,而且随着 1968 年 T-3 实验的突破性进展,托卡马克得到广泛关注。20 世纪 80 年代,几个大型托卡马克装置纷纷投入运行,随着装置规模不断扩大,以及等离子体实验技术如等离子体辅助加热与电流驱动、真空处理技术、诊断、控制、数值模拟等技术的不断发展,为托卡马克等离子体物理实验提供了更强有力的支撑,使等离子体的综合性能参数大幅度提高,聚变三乘积逐步逼近"点火"所需要的条件,氘氚

聚变功率增益 Q_{DT} 或氘等离子体等效的聚变功率增益 Q_{DD} 逐渐逼近甚至超过 1，即功率的得失相当，从而使托卡马克成为目前磁约束聚变能源研究的主流。迄今世界上建设并运行的数十个托卡马克，把核聚变研究推向了一个新的高度。

以下简单介绍几个主要的托卡马克装置。

T-3 是苏联库尔恰托夫研究所在 20 世纪 60 年代建造的托卡马克，其等离子体的电子温度达到了 100 eV[①] 以上，证明能够约束住温度高达 1 000 eV 的等离子体。T-3 装置的实验结果极大地鼓舞了当时进行聚变研究的科学家，在世界范围内形成了研究托卡马克装置的热潮，使得聚变研究进入了一个崭新的阶段，有力地推动了核聚变研究的发展。

JFT-2 是日本原子能研究所根据 T-3 和 TM-3 装置的离子温度和能量约束定标设计和建造的托卡马克。JFT-2 通过烘烤真空室和放电清洗降低等离子体杂质，实现了约束性能的改善，提高了能量约束时间。通过中性束加热和离子回旋共振加热，JFT-2 装置的离子温度提高到了 1.4 keV。

Alcator 是美国麻省理工学院建造的以强磁场为特色的托卡马克，使用弹丸注入改善了等离子体约束性能，实现了高密度运行。

PLT 是美国普林斯顿大学建造的第二代托卡马克，用 2 MW 的中性束加热，离子温度达到了 7 keV，并且相应的离子碰撞参数基本上与反应堆条件下所要求的一致。

DIII-D 是美国通用原子能公司建造的非圆截面托卡马克，实现了等离子体的高比压运行，最大的 β 值达到了 4.5%，基本上满足了一个经济的聚变反应堆对 β 的要求。

ASDEX 是德国马克斯-普朗克等离子体物理研究所建造的主要研究极高偏滤器的托卡马克，首次实现了高约束模式（H 模）运行，使能量约束时间增加了 2～3 倍。

TFTR 是美国建成的第三代托卡马克，进行了 D-T 运行。1993 年，TFTR 用 D-T 作为燃料产生 6.4 MW 的聚变功率，后来又将这一功率提高到 10.7 MW。20 世纪 90 年代，TFTR 装置已经拆解退役。

JET 是欧盟国家联合建造的目前世界上最大的托卡马克装置。1991 年 11 月，JET 首次开展 D-T 实验获得聚变功率输出，成为聚变能源发展的里程碑。1997 年，JET 又创造了 D-T 反应产生 16.1 MW 聚变功率的记录。目

---

① 在高能领域，习惯上采用 eV 或 keV 计量温度。

前,JET 装置正在进行升级改造,将继续为聚变能源的发展贡献力量。

JT‐60 是日本建造的大型托卡马克装置,后改造升级为 JT‐60U。1998年,JT‐60U 用氘(D)作为燃料在 D 形截面位形下获得的等离子体参数换算到氘氚(D‐T)燃料的等离子体,等效的功率增益因子 Q 达到 1.25。目前,日本和欧盟合作开展更宽领域的研究(Broad Approach, BA)计划,该计划的合作内容之一就是新建 JT‐60SA 托卡马克。目前 JT‐60U 已被拆解移出,在其原址新建的 JT‐60SA 已经开始运行。

总之,20 世纪 90 年代以来,美国 TFTR、欧盟 JET 和日本 JT‐60U 等大型托卡马克装置的等离子体物理实验以及 TFTR 和 JET 这两个装置的氘氚运行结果,表明了磁约束受控聚变反应的原理可行性。

1.4 我国的磁约束聚变能源研发

1958 年,我国开始开展磁约束的聚变能源研究。1965 年,在乐山建立了我国第一个专业从事磁约束聚变能源研究的科研机构,即如今的核工业西南物理研究院,当时隶属核工业部(二机部),现隶属中国核工业集团有限公司。核工业西南物理研究院成立早期,开展了大量磁约束聚变能源的原理性探索实验,建造了环形约束、直线箍缩、反场箍缩、角向箍缩、磁镜、仿星器、托卡马克小环、预试环、异性截面托卡马克等近 20 台/套磁约束实验装置。20 世纪80 年代和 90 年代,核工业西南物理研究院在乐山先后建造了中国环流一号(HL‐1)和中国环流新一号(HL‐1M)两台国内大型托卡马克装置。20 世纪90 年代,核工业西南物理研究院逐渐搬迁至成都,分别于 2002 年和 2020 年在成都建成中国环流二号(HL‐2A)和中国环流三号(HL‐3)两个国内大型的托卡马克。中国科学院物理研究所于 1968 年建成我国第一台托卡马克装置CT‐6,至 20 世纪 80 年代初,我国逐渐奠定了核工业西南物理研究院和中国科学院等离子体物理研究所这两个聚变研究基地,目前这两家科研机构的主要实验装置均为托卡马克。

1984 年至 2006 年,我国成功研制或引进改造了 HL‐1、HT‐6M、HT‐7、HL‐1M、HL‐2A、SUNIST、J‐TEXT、EAST、HL‐3 等托卡马克或球形托卡马克实验装置并取得了多项重要成果,其中 HL‐1 装置揭开了我国磁约束聚变能源研发步入大装置规模化实验的新篇章,该装置于 1984 年投入运行,随后获得国家科技进步一等奖;HL‐2A 装置在国内首次获得偏滤器位形放电和实现高约束模式（H 模）运行，提出、发展并推广了超声分子束加料技术；全世界第一个全超导的 EAST 托卡马克实现了长达 1 000 s 的等离子体放电，并在最近实现了 400 s 的 H 模运行[4]。2020 年底，我国目前设计参数最高、规模最大的新一代"人造太阳"中国环流三号（HL-3）装置建成并实现了首次等离子体放电，该成果成功入选了两院院士评选的"2020 年中国十大科技进展新闻"。2021 年 5 月 28 日，习近平总书记在两院院士大会上指出："新一代'人造太阳'首次放电是我国基础研究和原始创新取得的重要进展"。近年来国家进一步加大基础科研的重视力度，磁约束聚变领域的一批研究平台和设施得到支持和发展，进一步夯实了研究基础；通过参加 ITER 计划承担相应的部件研发任务，通过竞标承担 ITER 的安装任务；已有的实验装置的科研能力同步得到不断完善和提升，取得一批前沿创新的科学研究成果；新的实验装置如 HL-3 等完成建造并投入实验运行；不同途径的磁约束聚变的科研装置得以设计建造，如仿星器、球形托卡马克、反场箍缩等，这些科研活动有力推动了我国的磁约束聚变研究发展。

我国于 2003 年起加入国际热核聚变实验堆（ITER）计划谈判，随后成为 ITER 成员，承担了 ITER 的部分设计和部件研制工作并签署了多个采购包。随后中国核工业集团有限公司成员单位牵头，联合核工业西南物理研究院和中国科学院等离子体物理研究所等单位，通过国际竞标方式承担 ITER 主机安装一号合同任务。ITER 主机安装一号合同的启动标志着 ITER 计划正式进入主机安装阶段。这些都是我国未来磁约束聚变能研发计划的基础。

ITER 是一个难得的磁约束聚变等离子体物理研究设施，它将第一次获得燃烧等离子体、第一次演示聚变堆规模的堆芯集成运行技术、第一次验证产氚的科学和工程技术问题。我国是 ITER 的成员，通过参加 ITER 的工程建造消化吸收 ITER 技术，并通过参加 ITER 即将开始的物理实验，认识掌握 ITER 的等离子体科学问题以及工程技术问题，并利用 ITER 解决磁约束聚变能源最终开发利用的相关问题，不仅是中国也是世界聚变能源研发的重要任务。20 世纪 80 年代，我国政府就提出了"热堆-快堆-聚变堆"三步走的核能发展战略，现今热堆和快堆已实现并网发电，我国核能发展已经进入聚变能源开发的最终攻坚阶段[4]。2011 年始，我国聚变界提出了在我国建造中国聚变工程试验堆（CFETR）的概念，并开展了一些部件的设计工作。CFETR 拟借鉴 ITER 装置的技术积累，并在此基础上力图弥补 ITER 装置燃烧时间短、氚燃料不能自持、不能发电等的缺陷，力争为设计建造中国自主的示范聚变电站提供技术支撑[4]。该概念的提出,在达成业内共识、形成聚变联盟、谋划我国磁约束聚变能源研发的可持续发展、培养人才等方面起到了积极的引导作用。最近,在科学技术部(科技部)主导下继续开展我国聚变能源的研发路线图和规划的评估,提出了国际合作大科学装置和大科学工程项目的计划,拟集全国之力由中国牵头主导国际的磁约束聚变能科研设施平台。接下来,需探索新型的国际合作模式和组织实施模式,明晰该设施平台的目标、使命、技术路线、规模参数、投资等重要内涵,部署和开展相关系统和部件的工程化验证,这将是极具挑战的任务。与此同时,核工业西南物理研究院以及中国科学院等离子体物理研究所也提出了各自的近、中、远期发展路线,其中一些大型的科研设施和平台也在酝酿之中。

实现聚变能的商业应用是一个长期的过程,相关工程和物理技术还有待提高,至今仍存在一定的不确定性,甚至 ITER 计划本身也经历了多次修改与延期,但目前世界上广泛认为,到 21 世纪中叶人类有很大可能性实现这个宏伟的目标。

1.5 国际热核聚变实验堆

目前,磁约束聚变能源研发最引人注目的是国际热核聚变实验堆(ITER),其概念于 1985 年由苏联和美国首脑高峰会谈提出,随后美国、日本、苏联和欧盟合作开展早期的设计工作。ITER 旨在研究验证核聚变能源开发利用的科学和工程技术的可行性,开展面向聚变堆的 D-T 燃烧等离子体相关的工程和物理问题研究。ITER 于 1988—1992 年完成概念和物理设计,1998年 7 月完成首次工程设计。随后为了降低装置规模、减少投资,基于 H 模的定标率,再次开展了设计优化和修改,并完成了工程设计。经长时间的谈判后,2005 年 ITER 选址在法国卡达拉舍(Cadarache)。2006 年,中国、欧盟、韩国、日本、印度、俄罗斯和美国七方正式签订联合实施 ITER 计划的协议,ITER 国际聚变能组织(简称"ITER 组织")于 1 年后正式成立,ITER 计划开始实施。当时的预期是建设期为 10 年,实验期为 20 年,总花费大约 100 亿欧元。ITER 计划是迄今为止最大的国际大科学工程合作计划之一,具有重大的政治意义和长期战略意义。目前,ITER 还在建造,并计划在 2025 年实现首次等离子体放电,运行实验期为 20 年。根据最新的工程建设情况,上述工期有所延长,最终等待 ITER 组织批复。ITER 的主要参数如表 1-1 所示。

表 1 - 1 ITER 主要参数

参　　数	值
大半径/m	6.20
等离子体小半径/m	2.00
拉长比	1.85
环向磁场/T	5.3
等离子体电流/MA	15
辅助加热和电流驱动功率/MW	73
平均电子密度/m^{-3}	1.1×10^{20}
平均离子温度/keV	8.9
峰值聚变功率/MW	500

　　我国是 ITER 计划的正式成员。2003 年 2 月,我国正式加入 ITER 计划谈判;2003 年 11 月,国家中长期科技发展规划 ITER 专项论证专家组进行论证;2006 年 11 月,我国和参加 ITER 计划谈判的各方代表共同签署了《联合实施国际热核聚变实验堆计划建立国际聚变能组织的协定》(简称《组织协定》)、《联合实施国际热核聚变实验堆计划国际聚变能组织特权和豁免协定》(简称《特豁协定》)及其他相关文件;2007 年 2 月,国务院批准设立"ITER 计划专项";2007 年 8 月,全国人大常委会审议通过了《组织协定》和《特豁协定》;2007 年 9 月,我国政府向 ITER 组织正式提交由国家主席签署的两个协定批准书;2008 年 10 月,中国国际核聚变能源计划执行中心成立,预示着 ITER 中国工作全面展开。中国加入 ITER 计划后,一方面在科技部中国国际聚变能源计划执行中心的直接领导下,承担 ITER 任务,完成 ITER 工程建设,吸收消化 ITER 技术,共享 ITER 知识产权,参加 ITER 物理实验,探讨聚变堆等离子体科学问题以及 ITER 的工程技术问题;另一方面,为弥补国内磁约束聚变研究的不足和短板,提升国内的研究能力和水平以更好地参加 ITER,自 2008 年起科技部部署了一系列的研发专项,支持国内的相关研究。

　　ITER 计划的总体科学目标可分为三大块:点燃并稳态维持 D - T 等离子

体的持续燃烧；验证聚变反应堆相关的重要技术；对聚变反应堆所需的高热通量和核辐照部件进行综合测试实验。具体来说，ITER 装置的主要目的是产生和维持长脉冲的燃烧等离子体（在欧姆电流驱动条件下维持时间为 400 s，$Q>$ 10；在非感电流驱动情况下维持时间为 1 000 s，$Q>5$），对聚变堆相关技术，例如第一壁、包层模块、AT 模式控制等工程和物理技术进行检验与测试。在欧姆感应电流驱动模式下，ITER 装置预计能够产生 500 MW 的 D－T 聚变功率，需要的辅助加热功率为 50 MW，但仅在部分位置装有实验包层模块（test blanket module，TBM），并不具备发电能力，也不具备氚自持能力，仅对聚变堆技术进行验证与展示。ITER 计划的工程目标是演示主要聚变技术的可用性和集成性；为将来的聚变堆做部件测试；对氚增殖模块的概念进行实验检验。

　　ITER 装置的成功建造以及实验开展，将是受控热核聚变历史上的里程碑事件，标志着人类首次获得准稳态高 Q 值的燃烧等离子体。虽然不具备发电能力，但 ITER 将是实现商用聚变电站必经的重要一步：ITER 的 D－T 燃烧等离子体物理实验结果，如 D－T 燃烧等离子体、运行模式、稳态电流驱动、瞬态事件、热流控制、中性粒子与加料、排灰等，不仅将成为设计建造未来聚变堆的重要等离子体科学基础，也将为其他受控聚变产能途径的发展指明方向；ITER 相关工程技术的研发和应用，如产氚测试包层模块、部件及其材料、集成设计、核安全等，以及等离子体技术如控制、诊断（测量）、等离子体加热和电流驱动、热耗散、堆的运行和维护等，也将为未来聚变堆的设计和建造奠定可靠的工程技术基础[4-5]。

　　ITER 计划的各参与方都在分别规划 ITER 未来的聚变能发展，虽然各有不同，但基本都遵循"实验堆→示范堆→商业堆"的技术路线。按照目前的设想，ITER 完成其使命后，将建设一台能够持续输出电能的示范聚变电站（DEMO）作为聚变电站的样机，其尺寸将比 ITER 的稍大，以 ITER 的实验结果外推等离子体物理及其参数，实现比 ITER 高 30% 的等离子体密度，$Q=$ 25，氚自持，输出功率为 2 000 MW，达电站水平。即使 ITER 如期达到其目标，建造这样的一座 DEMO 依然存在挑战，完全依赖 ITER 的进展和结果，很难在 21 世纪中叶实现聚变能源的开发目标，所以需要与 ITER 同步甚至超前谋划相关研发任务[5]。世界各国在合作开展 ITER 工程建造的同时，部署了三方面的任务：一是以各自的现有实验装置甚至新建装置为平台，提前预演 ITER 的等离子体实验和运行，分析 ITER 等离子体物理及其实验面临的挑战,确保 ITER 成功;二是以解决 DEMO 或下一代聚变装置的等离子体物理问题为目标,研究 ITER 的等离子体物理,筹划高效、高质量的 ITER 物理实验;三是全面分析和评估 ITER 与下一代装置的差距,同步建设各自的研发设施平台以弥补 ITER 的不足,部署相关研发以奠定 DEMO 的设计建造基础。

预计 DEMO 装置之后可开展商业聚变堆的建造,在 DEMO 的基础上削减聚变装置的建设和维护成本,最终使得聚变能具备与其他能源接近的成本和竞争力。

参考文献

[1] 石秉仁. 磁约束聚变:原理与实践[M]. 北京:原子能出版社,1999.

[2] 邱励俭. 聚变能及其应用[M]. 北京:科学出版社,2008.

[3] 臧明昌,阮可强. 世界核电走向复苏:第 13 届太平洋地区核能大会评述[J]. 核科学与工程,2004,24(1):1-5.

[4] 刘永,李强,陈伟. 磁约束核聚变能研究进展、挑战与展望[J]. 科学通报,2024,69(3):346-355.

[5] Fasoli A. Essay:overcoming the obstacles to a magnetic fusion power plant[J]. Physical Review Letters,2023,130:220001.

第2章
托卡马克型聚变堆物理与工程

基于托卡马克类型的聚变堆[1]，有望率先实现聚变能应用，作为商用能源而言，未来聚变堆需考虑经济性，这涉及如何有效解决聚变堆物理与工程问题，优化聚变堆的设计、建造与运行。

2.1　堆芯等离子体物理

聚变反应堆堆芯等离子体参数水平决定了聚变堆的整体性能，理解堆芯等离子体物理对于提高等离子体综合参数实现聚变反应（燃烧）、提高等离子体约束性能实现聚变堆的经济性以及最终实现稳态运行的燃烧等离子体等至关重要。

2.1.1　燃烧等离子体的定义

热核聚变的反应率由反应截面和离子能量决定，根据各个聚变反应的反应截面与氘离子能量的关系，在相同等离子体温度条件下，D-T聚变反应具有最高的聚变反应率，且其反应率高出其他反应 2～3 个数量级（见图 2-1）。因此，可以说 D-T 聚变反应是最易实现的核聚变反应。

"堆芯燃烧等离子体"指的是由 1∶1 的氘和氚混合组成、α 粒子加热强于外部加热并达到净功率输出的等离子体。相应的 D-T 聚变反应由式（2-1）给出：

$$D + T \rightarrow \alpha(3.5\,MeV) + n(14.1\,MeV) \tag{2-1}$$

该反应将产生 3.5 MeV 的 α 粒子和 14.1 MeV 的中子。因为等离子体温度相同时，D-T 聚变具有较其他反应更高的反应率，所以在相同粒子数密度、相同等离子体温度条件下，D-T 聚变反应具有最高的中子产额。聚变产生的

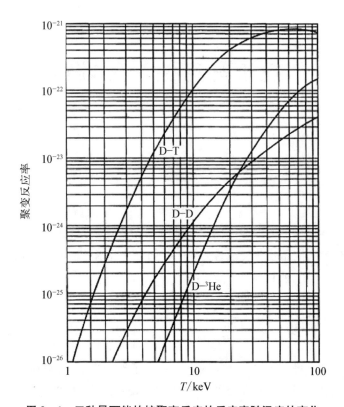

图 2-1　三种最可能的核聚变反应的反应率随温度的变化

中子不被磁场约束,逃逸出等离子体区域。这些中子一方面可在包层中慢化而损失能量,从而加热包层,最终转化为电能;另一方面可以与氚增殖材料中的锂发生核反应,产生氚核,从而实现氚增殖。

聚变 α 粒子带正电,被磁场约束在等离子体中,通过碰撞将动能传递给等离子体,从而弥补一些被热传导(主要能量损失机制)损失的能量。由聚变 α 粒子所补充的热传导损失与由外部加热功率代替的热传导损失之比,决定了等离子体是否为"燃烧等离子体"。在稳态等离子体损失中,总损失 P_t 为 α 粒子加热功率 P_α 和外部加热功率 P_{ext} 的和:$P_t = P_\alpha + P_{ext}$,这里包含辅助加热功率和等离子体电流耗散的欧姆加热功率。当 α 粒子加热等于外部加热功率时,有

$$f_\alpha = \frac{P_\alpha}{P_\alpha + P_{ext}} = \frac{1}{2} \qquad (2-2)$$

这时过渡到堆芯燃烧等离子体模式,式中:P_α 为 α 粒子加热功率;P_{ext} 为外部

加热功率；f_α 为 α 粒子加热功率占总加热功率的比例。

当 α 粒子加热占主导时才能称得上真正的燃烧等离子体，比如 $f_\alpha \approx 2/3$ 时对应的 α 粒子加热功率是外部加热功率的两倍，对于完全燃烧的等离子体，不需要外部加热，则对应有 $f_\alpha = 1$。迄今为止，JET 的 D-T 聚变等离子体参数最高，瞬态放电能够达到 $f_\alpha = 0.15$。在 JET 和 TFTR 的长脉冲放电实验中，可以达到 $f_\alpha = 0.04$。我们需要注意的是，D-T 反应的总聚变能（即 α+中子）大约是 α 粒子能量的 5 倍。因此，$f_\alpha \approx 2/3$ 的燃烧等离子体所产生的热聚变功率比维持等离子体所需的外部功率大十倍，即

$$Q = (P_\alpha + P_{\text{neutron}})/P_{\text{ext}} \approx 10 \qquad (2-3)$$

2.1.2　燃烧等离子体物理研究中的主要问题

燃烧等离子体的科学任务是在强自加热情况下实现稳定的高性能等离子体。目前更多地依据非燃烧等离子体的实验结果向燃烧等离子体模式外推，主要手段是通过辅助射频加热和中性束注入对电流和压强剖面进行外部控制，从而优化剖面以获得最佳性能。而在燃烧等离子体模式下，α 粒子产生的自加热功率很大，外部加热相关的控制灵活性大大降低，同时会产生一系列全新现象，比如大量 α 粒子存在的情况下产生新的微观不稳定性，导致这些 α 粒子反常的快速损失，因此降低了等离子体温度和聚变增益。为了预测反应堆级等离子体的性能，并为科学家发现新的优化方法提供机会，了解等离子体在这种新的运行模式下的行为是至关重要的。

在实验能力方面有两个主要问题：高参数和长脉冲运行。前者要求产生具有高温、高密度、宏观稳定性好、等离子体能量约束好等特点的高性能等离子体。为了实现这些目标，燃烧等离子体实验必须具备以下硬件条件：① 一定程度的剖面控制；② 可稳定宏观等离子体不稳定性；③ 能够承受高热负荷和中子负荷的稳定的等离子体壁组件。这种性能必须维持相当长的一段时间，即长脉冲运行。在高参数等离子体放电中需要特别注意不同时间尺度下的平衡与约束问题，包括背景等离子体的能量损失率、α 粒子到等离子体的能量转化率、冷却后 α 粒子的累积率以及与等离子体电阻平衡速率（L/R）密切相关的电流再分布时间（τ_{CR}）。其中电流再分布时间是最长的，在某些情况下有数秒甚至数分钟。现有实验的脉冲长度通常远远小于电流再分布时间（$\tau_{\text{pulse}} \ll \tau_{\text{CR}}$），因此，剖面在放电结束时并不是完全平衡的，仍然存在瞬态的演

化。为确保能够研究在大量 α 粒子情况下,电流和压力分布的长时间演化,最终的燃烧等离子体实验必须是长脉冲的、真正的稳态运行。

下面总结了燃烧等离子体物理和实验中的主要问题。

1) 宏观平衡与稳定

一般来说,过大的等离子体压强、电流、密度会驱动磁流体动力学(MHD)不稳定性,导致约束性能降低。然而为了聚变的经济性,燃烧等离子体和聚变反应需要高等离子体压强(比压 β),当比压 β 超过阈值(比压极限)时,与之相关的大量磁流体动力学不稳定性会被激发。最危险的磁流体动力学不稳定性模式会导致快速的放电熄灭,也就是“破裂”,等离子体压强和环向电流在一个很快的时间尺度淬灭,通过真空室壁的瞬间电流极高,会导致极大危险,给装置造成不可逆转的损伤,在燃烧等离子体实验中出现频繁的破裂是不能接受的。因此我们需要找到平衡与稳定的等离子体压强、电流、密度等参数以达到适当的聚变增益,其选择取决于下面给出的判据。

第一个判据是基于压强驱动的相关磁流体动力学不稳定性的物理。理论和实验表明,稳定极限对最危险的磁流体动力学模式可以表示为

$$\beta < \beta_{\text{crit}} \equiv \beta_N \frac{I}{aB} \tag{2-4}$$

式中：I 为环向等离子体电流,mA;a 为等离子体小半径,m;B 为环向磁感应强度大小,T;在 $R = R_0$ 处,β 用%计数;β_N 为一个主要由电流和压力分布以及内部输运行为和流体动力学决定的参数;β_{crit} 为极限比压。当 $\beta > \beta_{\text{crit}}$ 时,危险的磁流体动力学不稳定性会被激发,从而导致等离子体性能下降,甚至破裂。有两种模式严重限制了 β 的提高,即新经典撕裂模(NTM)和电阻壁模(RWM)。当 $\beta > \beta_{\text{crit}}$,对应的 $\beta_N \approx 2$ 时,NTM 有可能被激发,$\beta_N \approx 3$ 时,RWM 有可能被激发。目前有希望抑制 NTM 和 RWM 的技术正在研究中,这将为高 β 运行机制(所谓的先进托卡马克或 AT 模式机制)开辟道路。

第二个判据是等离子体电流的限制。如果等离子体电流太大,电流驱动的不稳定性(如扭曲模不稳定性)会被激发,从而导致等离子体破裂。实际的稳定性边界条件依赖于极向和环向磁场的量级和径向剖面、压强剖面和横截面的几何形状(三角度、拉长比、环径比)。复杂稳定边界条件可以用如下简化近似的公式表示:

$$q^* = 5a^2 \frac{B\kappa}{RI} \tag{2-5}$$

式中：a 为面积；B 为磁感应强度大小；κ 为拉长比；R 为半径；I 为电流；q^* 是衡量磁力线俯仰角的一个量，也称为扭曲安全系数，它反比于等离子体电流 I。在 $q^*>1.5$ 时可以避免大部分由电流驱动的破裂。然而，由于其他磁流体动力学的存在，如锯齿，q^* 的限制往往比这个值要大。

第三个判据是密度限制。根据经验发现，当密度超过一个临界值 n_G 时，托卡马克等离子体将会破裂。此外，在接近临界密度时，能量约束也会变差。虽然在更高的密度和更低的温度下运行可降低破裂风险，但是燃烧等离子体实验密度必须依式(2-6)计算：

$$n=\frac{I}{\pi a^2} \tag{2-6}$$

式中：n 为粒子数密度，$10^{20}/\mathrm{m}^3$；I 为电流，mA；a 为等离子体小半径，m。值得注意的是，近年来在利用弹丸注入技术的一些实验中，密度为 $n\approx1.5n_G$ 的瞬态过程获得了良好的 H 模约束。因此，虽然在燃烧等离子体实验中存在密度限制，但精确的数值只是近似的，而不是硬性的限制。

2）加热、驱动和加料

燃烧等离子体实验需要利用外部功率、粒子、角动量和电动势（分别称为加热、加料、旋转驱动和电流驱动），来开展燃烧等离子体物理研究和优化聚变能输出性能。

燃烧等离子体实验中的加热方式的最终选择，主要依赖于装置的尺寸、等离子体密度、磁场强度。为了能够在燃烧等离子体实验中更好地满足等离子体运行需求，辅助加热系统必须是足够有效的。因此，结合 α 粒子加热和欧姆加热，等离子体可以在预期密度下达到温度 $T\approx15\,\mathrm{keV}$。过去的实验经验表明，通常需要的加热功率不能太大，否则会对反应堆状态的总体功率平衡和小部分再循环功率产生重大影响。在达到稳态自持阶段和净能量输出阶段，α 粒子加热将占主导，关键在于电流剖面的控制。

相对于加热，电流驱动的问题更加困难。与加热相比，电流驱动的效率相对较低，驱动少量电流需要相当大的功率，以至于从稳态实验结果不能外推到反应堆参数。稳态托卡马克运行非常依赖于自举电流，在适当的稳态运行时，自举电流是总电流的很大一部分，比例是 f_b。电流驱动系统只需要在变压器的伏秒数被耗尽时补偿这个差值。在标准运行（H 模）模式下，期望 $f_b\approx0.3$，而在先进运行模式下，期望 $f_b\approx0.8$。在这些运行模式下电流驱动系统必须能够驱动总电流比例的 $(1-f_b)$。

原则上,应该不是很难驱动 100% 的自举电流。一个简单的方法是关闭欧姆变压器,继续热核反应加热和辅助加热,直到等离子体进入自洽的磁场和热平衡。在磁轴附近只需要少量的辅助功率驱动电流,现有的 4 种加热技术都有能力驱动电流。困难在于 100% 自举剖面通常不具有反应堆所需的高磁流体动力学 β 极限。因此,将采取折中方法,实现高 β 稳定剖面,同时使用尽可能小的轴电流驱动。这种权衡在现有的实验中无法很好地实现,因为环向场线圈的电阻加热将放电时间限制在与当前剖面弛豫时间相当(或小于)的水平。最后,值得强调的是,在燃烧等离子体背景下,在长脉冲实验中,只有当脉冲时间 τ_{pulse} 超过欧姆变压器脉冲的平顶部分时,电流驱动才是一个问题。

因此,对于加热和电流驱动,影响燃烧等离子体实验性能的关键参数是等离子体温度(T)和需要驱动的等离子体电流净值:$(1-f_{\text{b}})I$。

堆芯加料是一个挑战,目前从弱场侧进行弹丸注入加料,很难穿透到高密度、高温度的等离子体芯部。另一个办法是从强场侧注入,相比于从外面进行弹丸注入加料和注气加料,它取得了更好的燃料效率和穿透性。此外,近几年正在发展的壳带弹丸技术也有可能获得技术突破。

3) 输运

高温等离子体通过热传导及热辐射两个通道不断损失能量。如果要求运行参数保持稳定,这些损失需要由外部加热系统及聚变产生的 α 粒子一起弥补。燃烧等离子体中 α 粒子加热主导加热部分,而热传导途径主导损失部分。想要进行具有经济效益的燃烧等离子体实验,需要极大地降低热传导损失。

早期的托卡马克实验运行在低约束模式(L 模)下,τ_E 在此模式下有一个 L 模经验定标。后来发现加入足够的外部热量可以使约束时间陡然增加,这种高约束情况下 τ_E 的定标同 L 模时的相似,但要乘上一个系数"H"因子,这便是 H 模运行模式。现在 H 模已是燃烧等离子体实验的基本运行模式,在实验中也间歇性地发现更进一步的约束增强现象。当使用偏滤器位形时 H 模更容易实现,而非偏滤器位形的等离子体则通常在密度剖面峰化的条件下实现 H 模,其中密度剖面峰化可以通过弹丸注入为芯部加料来实现。但是弹丸注入技术和物理机制仍然处于研究阶段,它的成功开发也许会成为实现燃烧等离子体运行的重要一环。

$\tau_{\text{He}}/\tau_E=1$ 时的点火条件是 $f_\alpha=1.0$,如图 2-2 所示,不同 f_α 的子点火条

件也不一样。当 $f_\alpha=0.4$ 或 0.2 时,表示氦排除效率更低。所有曲线中的杂质条件都为 Be(1%) 和 Mo(0.01%),有效电荷数 $Z_{eff}=1.4$。

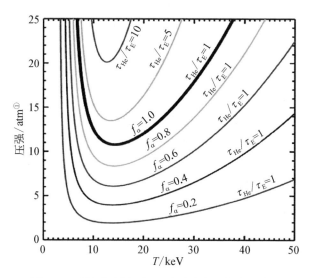

图 2-2　满足不同温度 T 达到功率平衡的约束积

　　理论上新经典输运理论准确地描述了极向流穿过环向流表面的扩散速率,并验证了横越磁面的密度及温度梯度激发了一种数值很大的平行于磁场方向的电流,即自举电流。虽然新经典理论表明离子能量输运在一部分实验中占主导,但通常的情况是电子和离子通道共同导致输运损失,即等离子体微观湍流导致的粒子、动量和能量输运大大超过新经典理论的预测值,进一步的分析认为反常热输运与无量纲参数(κ)、安全因子(q^*)、a/R、转动剪切、局域温度及密度梯度都有联系。在燃烧等离子体中,湍流输运过程需要在 $p\tau_E$ 定标图中的约束性能提高 2 倍,相对当前实验则需要提高 20 倍。

　　4) 等离子体边界相互作用

　　等离子体中在壁上的能量损耗途径如下:① 在低边界密度时,等离子体会沿着与第一壁相撞的磁力线扩展,尤其是偏滤器靶板,这样偏滤器靶板会成为等离子体能量、粒子和动量的直接吸收者。由于刮削层很窄,局部功率密度可能很高,从而损害表面。必须避免这种情况。② 在高边界密度时,等离子体可能直接从偏滤器靶板上自身"分离"。在等离子体和靶板之间是一个大尺

---

　　① 　1 atm＝101 325 Pa。

寸的过渡区域,在这里等离子体重新组合成中性粒子。能量损耗以辐射而不是轰击靶板的方式发生,这样传播到一个大得多的区域,结果就是损坏的可能性显著减小。③ 此外,可能会人为往等离子体注入杂质,从而在分界线附近形成一个高辐射层。大部分等离子体能量损耗又被分布在约束容器壁上,把功率密度减小到损坏阈值下。

但是在燃烧等离子体参数下,等离子体边界和壁的相互作用给基于托卡马克或者任何与磁场位形相关的等离子体实验带来了挑战。尽管这些效应由于不同的物理和几何结构而对环形等离子体的影响细节不同,但效应的总体大致上是通用的。有两个基础的问题:① 通过第一壁处理功率和离子,包括氦灰的清除;② 测定边界的温度和密度以及它们对芯部输运的影响。尽管我们长时间关注相关的功率和粒子处理问题,且进行了一系列详细的研究,但是我们发现,在目前的实验中这还不是主要的问题。理由是脉冲宽度相对短,而壁负载相对低。在燃烧等离子体实验中,情况会急剧改变,聚变会产生中子且系统会损失高温高密度的芯部等离子体粒子,这些损失粒子会在长脉冲持续时间内轰击第一壁。在最近几年,我们已经意识到边界温度和密度对芯部输运的强烈影响。除了等离子体实验平台、物理认识,这个影响也涉及原子、分子和材料科学的复杂问题,是未来研究中需要特别注意的问题。

5) α 粒子物理

在燃烧等离子体中,由于 α 粒子的存在,会产生新的科学问题。理论研究已预测到一些现象,包括 α 粒子加热对形成平衡剖面和决定等离子体性能的影响,燃烧等离子体的整体热稳定性,以及由 α 粒子驱动的新种类的类磁流体动力学的不稳定性。此外,α 粒子的存在对某些宏观磁流体动力学模有较强的直接影响,时正时负。对这些现象的研究、理解和最终控制对推动核聚变科学的发展至关重要。

在燃烧的等离子体状态中,α 粒子加热决定了影响能量输运和磁流体动力学稳定性的平衡剖面,这反过来又决定了 α 粒子加热的强度。这种协同作用可能是在燃烧等离子体实验中需要研究的最重要的效应。在这里,我们将注意力集中在大量聚变能量和 α 粒子群的存在所带来的具体结果上,这些结果有助于产生协同效应。

第一个有价值的现象涉及聚变燃烧的控制,即热稳定性问题。随着聚变反应次数的增加,温度不断升高,直至等离子体达到燃烧状态下所需的运行点,甚至可能最终点火。在运行点上,系统处于平衡状态,在期望的运行温度下,热传导损失由外部功率和 α 粒子加热功率的组合来平衡。可能出现的一个潜在的困难是平衡点可能是热不稳定的,α 粒子加热功率随着温度上升的增加比传导损耗增加得更快。当这种情况发生时,温度可能失控,需要某种形式的反馈燃烧控制。但是,如果没有出现这个问题,就存在一个具有科学意义的实质性操作状态,即热损失随温度上升的增加比 α 粒子功率的增加更快。要获得这种燃烧等离子体物理的稳定状态,需要密切关注 n、T、P_{ext} 的时间演化,并对密度和外部辅助功率进行适当的控制。学习如何控制等离子体的时间演化来实现这一目标是燃烧等离子体实验的主要挑战。除了 n、T 和 P_{ext} 控制,需要足够的 α 粒子加热,研究 $f_\alpha > 2/3$ 条件下的热稳定性问题。

第二个有价值的现象涉及由 α 粒子直接驱动的新型不稳定性。这些不稳定性已被观察到在高能粒子注入实验中造成高能粒子的损失,并在现有的 D - T 实验中以减弱的形式出现。一般来说,即使是最致命的 α 粒子驱动的不稳定性也不会像在破裂中那样导致等离子体的宏观破坏。这一结果预计在燃烧的等离子体状态下也适用。然而,在强 α 粒子不稳定性激发的情况下,这些模式可能会对约束性能有害,因为它们可能导致 α 粒子的异常损失。如果这些损失发生的时间尺度比 α 粒子把能量传递给等离子体的时间快,那么等离子体功率平衡的均衡性就下降了,为了平衡本底等离子体的热损失,输送给等离子体的 α 粒子加热功率会净减少,这将导致较低的温度,甚至可能导致无法进入以 α 粒子加热为主的燃烧等离子体状态。

了解燃烧等离子体中 TAE 不稳定性的行为具有重大的科学和实际意义,这是由于 α 粒子驱动的不稳定性主要来自阿尔芬模,即环向阿尔芬本征模(TAE)。这种模式之所以被激发,是因为存在 α 粒子压力梯度,而且 α 粒子速度与阿尔芬速度相当,这就允许发生不稳定的粒子-波共振相互作用。本底等离子体本身提供了在没有高能粒子的情况下 TAE 模式衰减的机制(例如,其中一种机制是被称为"离子朗道阻尼"的无碰撞阻尼形式),这些机制抵消了不稳定的粒子效应。这些模式是否被激发取决于所考虑的具体实验参数,一般来说,从目前的实验中可以得到的不同驱动和阻尼状态,很难可靠地外推出在以 α 粒子加热为主的等离子体中存在的状态。此外,燃烧等离子体实验的特点是等离子体电流明显大于目前的实验,如果出现 TAE 模式,其不稳定会有更宽的波谱。

研究 TAE 模式激发的一个关键参数是阿尔芬速度与 α 粒子速度的比值,该比值在最强的相互作用下也应小于 1。在燃烧等离子体实验中,这种条件总是能得到满足的。此外,粒子驱动与 $r\nabla\beta_\alpha$(其中,r 是小半径,β_α 是 α 粒子压强与磁压强的比值)成比例或者其他更复杂地依赖于磁几何位形的关系。详细的 TAE 稳定性计算表明,在额定工作条件下,IGNITOR 将由背景离子朗道阻尼稳定。ITER 早期的设计数值研究表明,TAE 模式在其标称设计参数下几乎是不稳定的。TAE 模式不稳定的状态似乎可以被实现。有一种阻尼机制,即所谓的辐射阻尼(TAE 模式转换为辐射类阿尔芬模式),它对托卡马克磁通量表面的形状和其他特性非常敏感。对于圆位形等离子体,这种机制对 TAE 模式有很强的稳定特性(通常强于离子朗道阻尼)。在托卡马克拉长位形,这种稳定机制预计会减少,但研究这种效应需要适当的且相当复杂的数值计算。

对于实现燃烧等离子体状态的保守方法,需要 $r\nabla\beta_\alpha$ 足够小,以提供对抗 TAE 模式的稳定性。然而,改变 $r\nabla\beta_\alpha$ 的灵活性以测试 TAE 的稳定边界,以及研究其对等离子体性能的影响,是燃烧等离子体实验非常重要的内容。

另外,α 粒子实际上稳定了一类弱磁流体不稳定性,但从长期来看,可能会导致性能的严重退化,甚至可能导致破裂。我们注意到,在燃烧等离子体的中心会有一个相对较大的 α 粒子分压。在 10～20 keV 范围内,应用以下相对简单的公式:$\beta_\alpha/\beta\sim 0.3(T_k/20)^{5/2}$,其中 T_k 是以千电子伏特为单位的等离子体温度,假设 $T_i=T_e$。然而,与背景等离子体相比,α 粒子的高能量改变了标准磁流体动力学的行为,经常产生稳定效应。许多标准托卡马克运行时存在弱的内部磁流体动力学不稳定性,这种不稳定性周期性地将中心等离子体能量重新分配到等离子体的中间区域($r<a/2$)。这种不稳定性产生了一种循环响应(内部磁流体动力学碰撞与中心温度小幅下降,随后热恢复再次触发新的内部磁流体动力学碰撞等),这就是所谓的锯齿振荡。锯齿不稳定性的净效应甚至可能是有利的,因为良性的弛豫防止了等离子体中心过热。现在考虑 α 粒子的效应,实验和理论证明,如果等离子体中心的 α 粒子压强梯度足够大,高能 α 粒子可以使锯齿振荡稳定。当这种稳定发生时,中央等离子体可能会继续加热到更高的温度,最终以巨大的锯齿振荡爆发释放其能量。这种释放包含比正常锯齿振荡高得多的热能,甚至可能会引起破裂。确定如何控制等离子体内部的温度,以防止这种巨大的锯齿事件的激发是很有必要的。

最后,当存在大量的 α 粒子,如等离子体温度超过 20 keV 时,在非连续模式不存在时,α 粒子有可能诱发阿尔芬模的不稳定性,这些模称为高能粒子模,由于它们的激发条件有点复杂,还需要进行详细的计算。在实验上,这种模式需要在等离子体温度相对较高的区域进一步研究。

先进托卡马克(AT)运行下的物理研究更好地理解了 α 粒子的行为。已经确定,在没有 α 粒子的情况下,AT 状态下等离子体的约束和性能维持得到了改善。然而,了解 α 粒子物理是否与 AT 运行兼容是至关重要的。同一个聚变装置上的 AT 运行,等离子体电流通常比标准运行时的低。因此,与标准运行相比,在 AT 运行中,由阿尔芬或磁流体动力学不稳定性引起的外部磁场涟漪和内部磁场扰动可能对 α 粒子的约束产生更有害的影响。此外,预计阿尔芬谱将更容易激发,特别是在反向剪切区域,这是 AT 运行的特性。因此,与标准等离子体燃烧情况相比,在 AT 状态下的 α 粒子物理问题可能是整体自燃情况中更为关键的环节。

总之,在燃烧等离子体中,α 粒子可能会直接驱动一系列新的现象。燃烧等离子体实验中 β_α 的取值有一定的弹性,若 $r\nabla\beta_\alpha$ 的值足够低,可防止 α 粒子驱动的不稳定性被激发,并方便进入燃烧的等离子体状态。另外,当 $r\nabla\beta_\alpha$ 值足够大时,α 粒子驱动的不稳定性被激发,可实现燃烧等离子体状态。研究这些现象是很重要的,不仅因为它们的科学价值,而且因为它们会对等离子体的性能有重要的影响。所产生的聚变功率随着 β^2 的增加而增加,其值越大,最终的发电可能越高效。此外,AT 运行的最终目标是实现更高的 β 值,这反过来意味着更高的 β_α 值,因此需要证明聚变产生的高能 α 粒子的附加效应与AT 运行是相容的。

2.2　基于托卡马克装置的聚变堆工程

针对托卡马克燃烧等离子体运行,如何在工程上实现稳定可靠的聚变堆仍是科学家面对的重要挑战,尤其是要解决主要部件的复杂界面问题,以及材料与部件在高中子通量下的材料辐照性能问题等。

2.2.1　托卡马克聚变堆的主要部件

以 ITER 实验装置为例,托卡马克聚变堆可分为主机部分(等离子体产生和维持的必要机构)以及外围支撑系统部分(见图 2 - 3)。其中主机部分主要由磁体和真空室(包含偏滤器、屏蔽包层和增殖包层)及其支撑结构(包含用于绝热的冷屏和杜瓦)组成。此外,在外围支撑系统中,包括加热与电流驱动、测量(诊断)与控制、真空、低温、遥控操作、供电等系统。各主要部件会在后续章节一一详述,这里仅对主机部分的关键部件做简要介绍。

(a)

(b)

图 2-3　托卡马克聚变堆主要部件示意图

(a) 托卡马克主机系统；(b) 托卡马克主要辅助设施

如图 2-4 所示，托卡马克装置磁体系统主要包括环向场系统和极向场系统这两大部分。环向场系统产生用于约束等离子体的环向磁场。极向场系统按照功能可分为欧姆场线圈和极向场线圈。其中欧姆场线圈的作用是利用变压器原理，通过磁通变化产生环向感应电动势以击穿真空室内的气体形成等离子体并维持等离子体电流；极向场线圈的作用是产生水平和垂直方向的磁

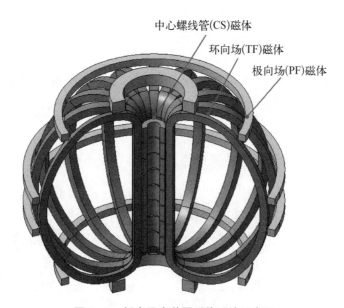

中心螺线管(CS)磁体

环向场(TF)磁体

极向场(PF)磁体

图 2-4　托卡马克装置磁体系统示意图

场用于维持等离子体平衡,以及抵消由于线圈漏磁、安装误差、材料非均匀性等引入的环向的杂散场,以免影响气体击穿;此外,磁体系统中还包括用于产生实现偏滤器位形所需的磁场的偏滤器线圈,以及用于对某些局部地区的误差场进行校正、消除或减弱某些宏观等离子体不稳定性的局部多极场线圈[2]。

真空室是托卡马克聚变堆的核心部件之一,托卡马克装置内部如图 2-5所示。真空室提供装置放电所需的基础真空环境,包容着高温等离子体,提供诊断与辅助加热窗口,其内壁承受着大量高能粒子轰击和热量沉积,并支撑着真空室内的所有部件以及自身的重量。再加上对环向电阻(需远高于等离子体环向电阻以免影响击穿)、耐高温性(烘烤除气时表面温度为 $150\sim350$℃)、机械强度(抵抗等离子体电流破裂时产生的巨大电磁力)等方面的要求,对真空室的结构设计、材料选取、加工工艺、安装工艺等均提出了极高的要求。

图 2-5　托卡马克装置内部

真空室内的部件主要有第一壁、偏滤器、包层等。其中第一壁的作用是避免真空室直接遭受等离子体和热流轰击,并尽可能减少因表面溅射等过程所产生的杂质,目前应用最多的材料是石墨或铍等传热好、污染小的低原子序数材料,未来最有可能在长脉冲实验装置和聚变堆上应用的材料是钨;偏滤器的本质是一个磁限制器,利用偏滤器线圈产生的磁场将等离子体边缘的带电粒子引入远离主等离子体区域的偏滤室内,在其中被中性化并被抽气系统抽出,起到排灰、除杂等作用[3],对于燃烧等离子体的维持极为重要;包层的作用一方面是吸收聚变反应所产生的高能中子,生成新的氚原子以实现燃料循环,另一方面是将高能中子的动能转化为热能,产生蒸汽带动发电机发电,这对稳态运行的聚变堆是必需的。

2.2.2 托卡马克聚变堆需要解决的关键问题

1）等离子体约束

对等离子体内各种微观和宏观磁流体动力学不稳定性进行抑制,实现对等离子体的有效约束,是托卡马克实验装置研究的关键领域。在这里定义安全因子定义如下：

$$q(\gamma) = \frac{\gamma B_\phi}{R B_\theta} \qquad (2-7)$$

式中：q 为安全因子；R 为等离子体大半径；r 为等离子体小半径；B_θ 为极向磁感应强度大小；B_ϕ 为环向磁感应强度大小。为了抑制扭曲不稳定性,磁场位形需要满足 Kruskal-Shafranov 条件即 $q>1$,考虑到粒子碰撞等实际情况,该条件为 $q \geqslant 2.5$,通常装置在设计中取边缘处 $q \geqslant 3$。如图 2-6 所示,不难看出,q 的数值大预示着 B_ϕ 远大于 B_θ,即外加磁压强远大于等离子体自身的动力压强。这一方面表明对于固定尺寸和环向磁场的托卡马克装置,存在等离子体电流的上限；另一方面也表明托卡马克装置必然是个低比压（β）装置,即当其他参数确定的情况下存在密度上限,其优点是约束能力强,但是约束效率低[4]。

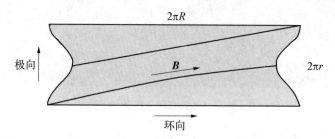

图 2-6 安全因子示意图（$q=2$）

注：R 为等离子体大半径；r 为等离子体小半径；$\boldsymbol{B}$ 为托卡马克总磁场。

为了进一步抑制磁流体不稳定性,提高 β 极限,目前的大型托卡马克装置几乎都是非圆截面的,在垂直方向上拉长并向外略微凸出呈 D 形。为了提高自举电流比例以减少对外界电流驱动手段的需求,还引入了反剪切位形,使等离子体参数自中心向外沿轴向呈先增后减分布,但是这又会引入新的不稳定性,所以托卡马克聚变堆必须采用具备无感电流驱动能力、对等离子体约束能力更强、高等离子体比压的先进运行模式[5]。

　2) 高能中子辐照

　因为反应截面大、要求的等离子体温度相对较低,所以未来很长一段时间内的聚变反应堆都依赖氘氚反应。高能中子带走了 80% 的聚变反应能量,但是又因为不带电荷所以难以约束。

　对于实验装置而言,因为运行脉宽短、聚变反应速率低,所以中子造成的问题不严重,但是对于长脉冲实验装置和聚变反应堆而言,高能中子辐照对真空室甚至整个装置的结构材料的损害是必须要解决的问题,因为高能中子与结构材料在原子层面发生反应:弹性碰撞会产生离位缺陷,造成材料表面的脆化或硬化,导致机械性能下降;嬗变所产生的新原子核往往具有放射性,而且伴随的氢原子或者氦原子还会引起氢脆现象,造成材料内部起泡肿胀,引起不可逆转的性能退化。目前正在开展低活化钢、钒基合金和碳化硅材料的研究与研制。

　此外,中子辐照和氚原子会使反应堆中的某些部件(如偏滤器和包层模块)遭受放射性污染、活化、氚滞留等危害,需要定期进行更换或者维护,为此聚变反应堆还必须开发研制专用的远程遥控处理系统,并配套建设用于部件转移和处理的屏蔽室、热室等。

　3) 氚自持

　氚在自然界的天然含量极低(具有天然放射性,半衰期为 12 年),因此聚变堆必须考虑氚增殖问题,目前的解决方案是加入包层模块(见图 2-7),安装于第一壁和真空室壁之间,作用是吸收中子(聚变堆要求包层能吸收 99% 的高能中子)、产生燃料、并使得热循环成为可能。

　氚增殖与循环需要足够数量的中子,而 D-T 反应只产生一个中子,因此为了弥补各种难以避免的中

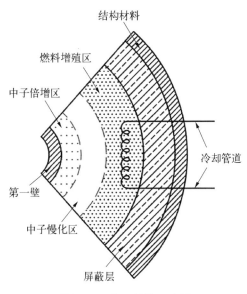

图 2-7　包层结构示意图

子损失,包层中采用铍等材料作为中子增殖剂:$^9Be+n=2^4He+2n-1.573\ MeV$。中子慢化区中的中子慢化剂将快中子慢化为热中子,使其能够更好地被增殖区中的锂吸收以产氚:$^6Li+n=^4He+T+4.78\ MeV$;$^7Li+n=^4He+T+n-2.47\ MeV$。其中第二个反应虽然是吸热的,但是产生了新的中子,通过调整两种锂同位素的比例,可以使氚增殖系数大于1,并同时具有较好的能量产出。包层中产出的氚经过分离处理后,可以作为聚变反应的燃料和中性束加热系统的工作气体(见图2-8)。

聚变堆中的能流如图2-9所示,聚变反应产生的能量大部分被中子带走

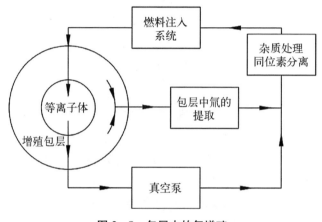

图 2-8 包层中的氚增殖

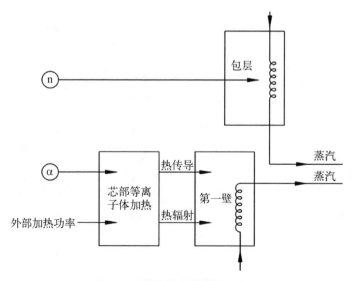

图 2-9 聚变堆中的能流示意图

并最终沉积在包层中,少部分以韧致辐射和热传导的形式沉积在第一壁和偏滤器靶板,这些热量都被冷却管道中的冷却剂带走,转变为蒸汽带动发电机发电,最终将实现聚变能到电能的转换。发展聚变堆技术的最终目标,就是在兼具经济性和可行性的条件下,使得聚变堆的输出功率大于输入功率,实现商业化应用。

参考文献

［1］　王乃彦. 聚变能及其未来[M]. 北京:清华大学出版社,2001.

［2］　秦运文. 托卡马克实验的物理基础[M]. 北京:原子能出版社,2011.

［3］　袁宝山,姜韶风,陆志鸿. 托卡马克装置工程基础[M]. 北京:原子能出版社,2011.

［4］　Freidberg J. 等离子体物理与聚变能[M]. 王文浩,等,译. 北京:科学出版社,2010.

［5］　Hiwatari R, Okano K, Asaoka Y, et al. Analysis of critical development issues towards advanced tokamak power plant CREST[J]. Nuclear Fusion, 2007, 47(5): 387 - 394.

第 3 章

堆芯部件

聚变反应堆堆芯部件是聚变反应堆的核心,设计原则是确保聚变反应堆的使命和目标的实现,因此,要求具有尽量高的等离子体参数运行能力,再依照结构紧凑、运行灵活、位形多变、工程可行的要求,确定聚变反应堆装置结构类型。聚变反应堆堆芯部件主要包括磁体、真空室、偏滤器、产氚包层以及冷屏和杜瓦。

3.1 磁体

聚变装置磁体系统主要由环向场(toroidal field,TF)磁体、极向场(poloidal field,PF)磁体、中心螺线管(central solenoid,CS)磁体、误差场磁体、其他专用功能磁体(如共振磁扰动磁体和抑制磁流体不稳定性的真空室内线圈等)以及各自的馈线系统组成。其中,环向场磁体系统产生环向的磁场,一般由多个磁体环向均匀排布而成,磁体个数越多,其环向场磁体间的间隙就越小,进而可有效地减小环向场的纹波。极向场磁体系统位于环向场磁体大环方向的外侧,在装置中往往呈平面对称分布。极向场磁体系统主要用于产生极向磁场,以击穿、驱动等离子体电流,加热等离子体以及控制等离子体位形。中心螺线管磁体位于装置中心轴位置。误差场和共振磁扰动磁体位于真空室内,面向等离子体部件的后面,用于调节磁场、控制等离子体运行。

3.1.1 超导磁体与线圈

超导磁体是电磁体的一种。它们由超导线材绕制的线圈组成,在使用时需要冷却至低温。超导磁体最突出的特点是当磁体处于超导状态时,绕制磁体的导线电阻接近零,这使得它们具有比普通电磁体大得多的载流能力,从而能产生强磁场,并且只需要很小的输入电功率。该特性还允许在极强的磁场处产生极大的磁场梯度。由于电流密度高,因此超导磁体系统非常紧凑,占用空间少。超导磁体的另一个特征是在持续运行模式下磁场的稳定性。在持续运行模式下,时间常数(电感/电阻)非常大,超导磁体可以在几乎恒定的磁场下运行几天甚至几个月,这是非常重要的性能。

20世纪60年代发现的实用型超导材料为超导磁体的研究发展奠定了基础,特别是高温超导材料,更是将超导磁体研究推进到一个新的时代。目前,商业化铋系线材已实现批量化生产,单根线材长度超过1 km。以钇系带材为代表的第二代高温超导带材也已达到工业化生产的水平。超导磁体在国防、交通、科学工程、科学仪器、医疗技术等领域得到了广泛应用。

目前,世界上规模最大的托卡马克聚变实验堆ITER、日本的JT-60SA、韩国的KSTAR、中国的EAST、美国的LDX等装置的超导磁体主要采用管内电缆导体(cable-in-conduit conductors,CICC)技术。探测器磁体主要采用铝稳定化的超导体。高能加速器磁体以Rutherford线缆作为超导体。超导核磁共振成像和波谱仪的超导磁体磁场强度可达1.5~9 T,能够在较大空间范围内形成稳定的高均匀度磁场,并且超导磁体闭环后不再消耗电力,因此高场强超导磁体得到了广泛的应用[1]。

每个超导环向场磁体线圈、极向场磁体线圈及中心螺线管磁体线圈的结构均由多个单饼或双饼超导体堆叠并联或串联连接组成,此外还包含导体终端、超导磁体骨架等。每个超导体均需进行绝缘结构设计,如ITER[2]超导体的绝缘结构包含1层0.15 mm厚的玻璃胶带、3层0.175 mm厚的玻璃-聚酰亚胺胶带以及1层0.25 mm厚的玻璃胶带。同时,在磁体绕制过程中,需对多个单饼或双饼超导体堆叠时相邻的导体进行绝缘结构设计,绝缘材料以玻璃-聚酰亚胺胶带为主。此外,超导磁体系统运行温度非常低,如低温超导磁体运行温度约为4.2 K,需设计多层热屏蔽结构以及冷却回路系统使其达到所需运行温区,通过磁体所需形状的骨架而固定。所有磁体系统的馈线系统[3]运行电流与磁体本体一致,其是超导电缆、低温冷却管和诊断线缆穿透装置杜瓦壁、生物屏蔽层等进入装置中心的连接通道,工作温区范围为从磁体运行温度4.5 K至室温300 K,在结构设计过程中应考虑由温差带来的结构热应力问题。

超导磁体的工程实现过程有两步关键的制造工艺,一是将超导电缆按照一定结构形式(如CICC等)通过绞缆工艺制备成超导体;二是将制备好的超导体按照一定的阵列结构形式通过特种绕线机将超导体固定至超导骨架上。超导体阵列个数一般根据所需磁场强度和超导体的载流能力而定。

3.1.2　未来聚变堆磁体

ITER 装置是目前在建的最大的核聚变实验装置,也是目前全球合作规模最大、影响最深远的国际科研合作项目之一。共同负责执行 ITER 建设的七方成员分别是中国、欧盟、韩国、日本、印度、俄罗斯和美国。ITER 装置的主要部件包括磁体系统、真空室、冷屏、杜瓦、内部包层、偏滤器和辅助加热系统。装置主机直径达到 30 m,要完成氘氚运行核聚变反应验证、氚增殖等一系列的物理及工程验证,持续燃烧时间达到了 400 s,内部温度为 1.5×10^8 ℃,为后续的商业聚变堆建设提供可靠翔实的数据。装置建设中的技术由七方成员共同拥有,以采购包实物形式提供对建设计划的支持。ITER 装置总质量达到 2.3×10^4 t,运行后的聚变功率达到了 500 MW[4]。但只是验证托卡马克型聚变装置聚变增益的可行性,不会进行商业发电。磁体运行在 -269℃,储能为 51 GJ,超导线长度超过 1×10^5 km,此长度相当于地球赤道周长的 2 倍。

中国聚变工程试验堆(CFETR)的磁体均采用超导线圈构成,主要包含 4 类磁体系统和馈线系统,包括 16 个 D 形截面的环向场线圈构成的 TF 磁体系统、7 个极向场线圈构成的 PF 磁体系统、8 个中心螺线管线圈构成的 CS 磁体系统、18 个校正场线圈构成的 CC 磁体系统及 23 套馈线系统[5]。采用了 Nb_3Sn RRP(restacked-rod-process)工艺超导线和高温超导材料 Bi - 2212。TF 磁体线圈由 6 个弧段和 1 个直腿段构成,采用矩形截面的 Nb_3Sn CICC 经过 5 级绞缆形成,以降低超导股线的成本。TF 线圈设计最大运行电流为 84.6 kA,能够为等离子体中心提供 6.5 T 的大磁场,边缘最大提供约 14 T 磁场;TF 磁体总储能为 116 GJ,远大于 ITER TF 磁体储能;运行时,TF 内侧腿部将会承受最大约 570 MPa 的力,线圈最大变形可达 14 mm,所以设计了约半米厚的线圈外壳以抵抗该力。CS 线圈设计了 8 个模块进行装配,其大半径为 2.25 m。CS 磁体采用 Nb_3Sn CICC 低温超导体和 Bi - 2212 CICC 高温超导体制成,每个模块由 720 匝组成,横向、竖向匝数分别为 18 匝、40 匝,总计能提供最大 400 VS 的磁通量。每匝运行电流为 51.25 kA 时,能产生 19.9 T 的磁场。CS 磁体均采用超临界氦冷却,入口温度为 4.5 K。PF 和 CC 磁体的设计需要考虑到等离子体的平衡和稳定性。其中,CFETR 的 PF 磁体共由 7 个环形线圈(PF1 - PF7)组成,每个 PF 磁体均由低温超导线制成的 CICC 导体绕制而成,PF 磁体的导体又分为两种导体,PF 磁体最大运行电流为 6.35 kA,PF 磁体系统最大储能约为 30 GJ。PF1 和 PF7 磁体最大磁场分别为 6.35 T

和 7.44 T,因此采用 Nb_3Sn 超导体,PF1 和 PF7 为 468 匝(横向为 18 匝,竖向为 26 匝);而 PF 2~5 采用 NbTi 超导体,均为 240 匝(横向为 12 匝,竖向为 20 匝)。PF 导体采用双饼结构(每个双饼绕组为两个导线并绕而成,单根导线最大长度接近 1 200 m,单个线圈最大质量约为 450 t),多级绞缆结构,由 5 级超导缆构成,能有效降低交流损耗。PF 接头采用双盒搭接的接头形式,具有较好的运行性能和灵活的连接形式,接头盒采用不锈钢和含铋基的铜合金经爆炸焊结合而成。CFETR 含有 23 套馈线系统,运行电流为 96 kA,最高磁场强度约为 4 T。Feeder 导体设计采用 CICC 结构,超导电缆设计由 NbTi/Cu 复合线与铜线进行多级扭绞而成。导体通过液氦使进口温度约为 4.5 K,同时在运行过程中进口压力为 6~9 bar(1 bar=100 kPa),整个导体流道质量流量在 8~14 g/s 的情况下压降约为 1.0 bar。液氦在导体内部的平均流速为 0.3 m/s,导体外部采用圆形 316L 不锈钢铠甲。CICC 超导体主要由超导电缆和导体铠甲两部分组成,在导体工艺中,电缆和铠甲分开制造,然后采用拉穿式的技术进行组装,导管由 6~13 m 的铠甲焊接而成[6]。

国内外有关磁约束聚变发展的项目包括聚变核科学设施(Fusion Nuclear Science Facility,FNSF)、负担得起的紧凑型聚变堆(Affordable, Robust, Compact,ARC)、最快最小的私人资金负担得起的紧凑型聚变堆(Smallest Possible ARC,SPARC)和 DEMO 项目等。

FNSF 为球形托卡马克装置,其磁体采用高温超导材料,等离子体大半径 $R_0=1.4$ m,中心磁场为 3.2 T,聚变功率约为 100 MW。FNSF 磁体采用多组 TF 线圈和 PF 线圈结构,可以实现 Super-X/雪花偏滤器等离子体位形[7]。ARIES 为 21 世纪美国提出的聚变堆建设设想,有 AT、RS 和 ST 等几种构型形式。其中 ARIES-AT 作为先进运行装置的代表,大半径达到了 5.2 m,小半径达到了 1.3 m,聚变功率为 1 GW,中心磁场为 5.2 T[8]。ARC 和 SPARC 为美国麻省理工学院在 ARIES 基础上提出的紧凑型概念设计装置,具有体积小、造价低、中心磁场高等特点,是商业聚变堆小型化及中子源的重要发展方向。在同样的增益 Q 值下,ARC 和 SPARC 装置的规模只有 ITER 装置的 $1/4 \sim 1/2$[9]。而 DEMO 则是商业堆建设前的最终验证步骤,是商业堆正式投产的示范装置。中国的 C-DEMO、韩国的 K-DEMO 和欧盟的 EU-DEMO 都是在此基础上各自提出的概念性工程设计方案。

未来聚变堆磁体需要使用超导材料,不仅要求导体具有较高的临界电流、高的临界磁场和较小的交流损耗,而且在设计导体时必须考虑好磁体的运行环境。聚变堆中的磁体在运行过程中,导体要传输很大的电流,在大绕组尺寸下,线圈会产生很高的磁场,导体要承受瞬态电磁载荷的影响和中子辐照的影响。当导体绕制成线圈后,要考虑磁体的冷却、绝缘、保护、机械性能、稳定性、安全裕度和失超保护等诸多问题,最终将采用最佳设计方案。

3.2　真空室

托卡马克真空室位于磁体系统的内部,支撑着内部部件,包容着等离子体。真空室内有基本的室内部件和可置换的室内部件,室内部件包括包层、偏滤器、诊断、内线圈、孔栏、加热天线等。其中包层模块承担能量提取和氚增殖的任务。真空室及其室内部件上沉积的热量通过冷却水系统实施冷却,冷却水系统是专为含氚和周围有放射性腐蚀产物的环境而设计的。真空室需通过烘烤,去除自身以及室内部件吸附的杂质中性气体。真空室约束高温等离子体,内部具有低温抽气系统,外部是保护磁体的热屏蔽层。真空室的设计、材料选择、制造、组装以及所提供的超真空环境、密封性能,都直接影响着等离子体的放电品质。

真空室有如下特点:

(1)提供高质量的超真空环境,容纳高温等离子体。

(2)提供等离子体与外界联系的通道,如诊断、加热、维护、安装、真空、热工流体等。

(3)感应出涡流,抑制等离子体扰动。

(4)支撑真空室的内部部件以及自身重量。

(5)承受因破裂或垂直位移事件导致等离子体熄灭时释放出的巨大电磁力冲击。

(6)屏蔽核辐射。

真空室具有单层和双层两种结构形式,多数采用双层结构,该结构具有以下优点:

(1)保证超高真空,如果内壁泄漏,双层壁之间的夹层可以抽真空,从而保证实验继续进行。

(2)用氚运行时,夹层抽真空,因此减小氚在波纹管上的压力,使氚的浸透减小到最低。

(3)为了达到真空室所要求的真空度,必须把真空室烘烤到一定的温度,双层壁之间的夹层可用来通过热气体烘烤真空室。

（4）在等离子体放电运行期间，可以在夹层内通冷却气体或水冷却真空室。

3.2.1 真空室系统研究和发展现状

真空室是实现核聚变的场所，它不仅为等离子体的产生、平衡、加热提供了一个洁净的高真空环境，而且也为限制器、偏滤器、诊断、加热、冷却、注入等设备提供了可靠的支撑结构和通道。

20 世纪 70 年代以后，真空室不再使用导体壳，真空室的结构基本由单层向双层过渡，采用单层真空室结构的托卡马克装置有 ASDEX、ASDEX - U、JFT - 2M、JIPP T - Ⅱ - U、ISX - B、TEXT - U 和 TFTR 等，而采用双层真空室结构的托卡马克装置有 JET、JT - 60U、DⅢ - D 等。20 世纪 90 年代之后开始设计和建造的 HL - 3[10] 和 KSTAR[11]、ITER[12]、JT - 60SA[13] 都采用双层真空室结构。各种真空室如图 3 - 1 所示。

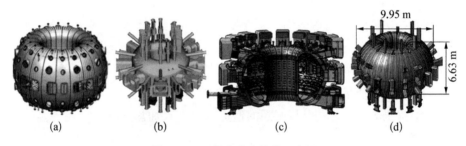

|(a)|(b)|(c)|(d)|

图 3 - 1　不同真空室结构示意图

(a) HL - 3 真空室；(b) KSTAR 真空室；(c) ITER 真空室；(d) JT - 60SA 真空室

1）HL - 3 真空室

HL - 3 真空室由 HL - 2A 真空室改建而成。由于 HL - 2A 真空室自身的结构和参数限制了等离子体截面形变和等离子体体积的扩展，两半环合车法兰结构也限制了真空室烘烤温度的提高[14]。为了开展更加前沿的聚变试验研究，HL - 3 真空室从结构和尺寸等方面进行了重新设计，为获得更优秀的等离子体品质创造条件[15]。

HL - 3 真空室采用 D 形截面的双层-薄壁-全焊接-环形结构，主要由内外两层壳体、夹层加强筋、支撑、端口以及各种形式的窗口组成（见图 3 - 2）。本体外径为 5.22 m，内径为 2 m，高度为 3.02 m，内、外壳体壁厚为 5 mm。真空室可分成 20 个扇形段，通过焊接连成一个整环，这种全焊接式的结构可以使真空室的烘烤温度由 HL - 2A 装置的 100℃ 提高到 300℃，从而使真空室内腔获得更好的真空环境。夹层加强筋不仅可以增加真空室的机械强度,还可以在夹层内形成回路,通过注入热氮气对真空室进行加热烘烤;在等离子体运行期间,注入冷却水对真空室进行冷却。Inconel625 作为主要材料用于壳体、筋板和窗口,具有良好的结构强度和较高的电阻率,保证了真空室整体的结构强度和环向电阻要求[16];窗口法兰和盲板采用 316L 不锈钢;由于受力集中,真空室支撑材料选用了 Inconel718。

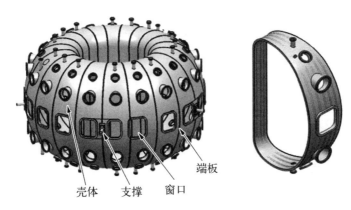

图 3-2　HL-3 真空室

2) ITER 真空室

ITER 真空室代表目前聚变装置真空室设计和建造的最高水平,采用环形、双层壳结构,其壳体内充满具有屏蔽功能的冷凝水。真空室由内外壳、筋板、拼接板、安装接头、内外壳体支撑结构、端口、各种形式的窗口、真空容器自重的机械结构以及屏蔽结构组成(见图 3-3)[10]。

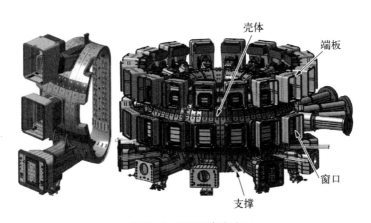

图 3-3　ITER 真空室

主真空室的双层壳材料是 SS316L(N)-IG,为了满足机械强度和隔离壳体的要求,双层壳之间还配有加强筋。内外壳体的板材厚度为 50 mm,大部分加强筋板的厚度为 40 mm。初步的真空室设计采用全焊接结构。真空室厚重的钢结构提供了一个可靠的第一道安全屏蔽。尽管真空室是一个双层壳结构,但是内壳起到了第一个约束堡垒的作用。为了提供中子屏蔽和减少环向场的纹波度,内外壳体之间填充了由 SS304B7(内侧区域)、SS304B4(外侧区域)和铁磁 SS430 制成的金属板。真空室最小和最大半径分别为 3.25 m 和 9.7 m,总高度为 11.3 m。双层壳体的总厚度基本在 0.28~0.38 m 的范围内。内外壳及其之间的加强筋采用焊接的方式构成一个整体。筋板有冷水或热水流过。在壳体之间的水流具有移除核热沉淀和屏蔽的作用。

环向和极向筋板的设计可以提高真空室的强度。为了简化设计和降低成本,筋板的数量被精简。所有筋板均采用 40 mm 厚的板材。为了使水流流过筋板,筋板在合适的位置上开有小孔,但接近焊接位置处的极向筋板除外。

真空室及其内部部件的环向电阻总和足以满足初始等离子体破裂和伴随可接受的磁通损耗的电流上升的工况,同时也允许伴随可接受的低衰减效应的控制磁场的击穿。在允许温度下真空室总的环向阻抗应该在 $0\sim6~\mu\Omega$ 的范围内。

真空室沿环向被分割为 8 个扇区,各扇区的焊接接头位于备用窗口中心面处,采用拼接板拼焊的方式连接。扇区焊接接头的结构可以允许两个扇区的替换,满足相邻扇区装配误差的要求。各区段均在工厂内加工。每个扇区包括一组位于环向中心处的全窗口突出及其扩展和一组位于两层的半窗口突出。

3) CFETR 真空室

同 ITER 真空室类似,CFETR 也采用双层壳体结构,材料为 SS316L(N)-IG。CFETR 真空室(见图 3-4)的主要结构特点如下:

(1) CFETR 真空室主要由真空室主体和窗口组成,主体部分拟分为 8 个扇形段。

(2) 真空室是一个环形的双层结构,在内外壳之间设计有内部屏蔽系统(IWS);底部由柔性重力支撑结构支撑。

(3) 包层和偏滤器安装在真空室内部,所有的负载都被转移到真空室上。屏蔽包层模块通过背板结构由真空室直接支撑,包层的冷却集流管沿着靠近等离子体那侧的表面排布。

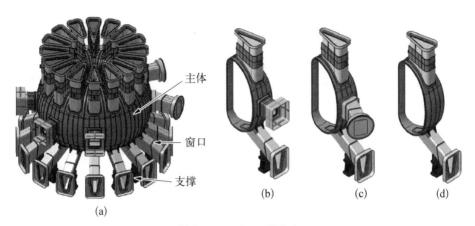

图 3 - 4　CFETR 真空室

(a) CFETR 真空室结构；(b) 带标准中窗口；(c) 带 NBI 中窗口；(d) 无中窗口

(4) 真空室窗口分为上、中、下三部分，用来在安装内部部件、诊断系统、馈线、管路系统以及维修时提供通道。一类窗口为双层结构，内外壳之间有加强筋；另一类窗口为单层结构，无冷却回路。一般来说，真空室窗口包括窗口领圈（和主室相连）、窗口领圈延伸段和窗口延伸段。窗口延伸段装有连接到杜瓦的连接管。

CFETR 真空室主要设计参数如表 3 - 1 所示。

表 3 - 1　CFETR 真空室主要参数

类　　型	尺　　寸
外壳最大环向直径 内壳最大环向直径 D 形截面高度 壳厚度 肋厚度	19.5 m 5.74 m 11.4 m 50 mm 40 mm
结构	双层壁
位置： 高场侧直线区域 高场侧顶端/底端 低场侧区域	圆柱面 双曲面 内壳双曲面 外壳环面
冷却剂	水
在正常工况下的入口水的标称温度	100℃ 真空室是 200℃
在烘烤工况下的入口水标称温度	冷却窗口的包层水是 250℃

(续表)

类　　型	尺　　寸
正常工况下真空内部	0 MPa(真空)
总质量	$65 \times 16\ t = 1\,040\ t$(不含 IWS)
允许漏率(氦真空检漏泄漏)	$1 \times 10^{-7}\ Pa \cdot m^3 \cdot s^{-1}$

3.2.2　真空室系统设计要求

真空室系统设计要求主要包括真空室系统边界及物理接口要求,整体要求,冷却和加热要求,安全、质量和地震等级要求,装配和运行前测试要求,压力及漏率要求,运行期间的检测及故障维护,拆装过程以及退役处理。

1) 真空室系统边界及物理接口要求

真空室边界和物理接口如下:

(1) 真空室与 TF 线圈和冷屏接口。

(2) 真空室与内部件包括包层模块、冷却集流管附件、内部诊断、装配和遥控操作工具、VS 线圈、ELM 线圈和偏滤器支撑与轨道接口。

(3) 真空室与窗口延伸段端部连接法兰及真空插件接口。

(4) 真空室与窗口延伸段端部连接 RH 小车接口。

(5) 真空室、窗口端部法兰与波纹管接口。

(6) 真空室冷却水的管接口。

(7) 真空室内部与真空室夹层排水管线的管接口。

(8) 真空室与偏滤器窗口延伸段的水冷管路接口。

(9) 真空室支撑系统与杜瓦接口。

(10) 真空室与外冷屏之间无接口。

(11) 真空室与起吊安装设备的连接接口。

(12) 真空室与包层和偏滤器的可以重复焊接的接口。

2) 整体要求

真空室有以下整体功能要求:

(1) 提供产生和维护高质量真空的条件。

(2) 支持真空室内部部件和其引起的机械负荷。

(3) 参与中子防护,并且在脉冲放电期间移除里面相应的功率,在没有得到其他冷却剂的情况下能移除所有真空室内部部件的衰减热量。

（4）提供一个等离子体磁流体动力学稳定的连续导体壳。

（5）通过窗口为诊断系统、加热系统、抽气系统、水管等提供接近等离子体的所有通路。

（6）以高可靠性为氚和活化灰尘提供一个约束壁垒。

（7）与包层、偏滤器和端口上的辅助装置一起为超导线圈提供辐射屏蔽，并且减少杜瓦内部的活化，也减少了遥控操作和停运的连接管道内部的活化作用。

（8）通过在 TF 线圈高场侧的内外壳体之间插入铁磁性材料来减少环向场波纹度。

3）冷却和加热要求

在正常运行条件下，真空室热量主要来自包层热量的沉积，剩余热量通过热传导、辐射以及对流传递至真空室壁，并且热量在真空室中是非均匀沉淀的。在非正常运行时，真空室的衰变热和来自真空室内部组件如包层和偏滤器的热辐射可以通过强制对流去除。在烘烤工况下，水温上升到主真空室和部件所需的烘烤条件。设计压力为 2.6 MPa，已考虑到仪器误差、压强波动、静压头和动压头。水力测试压强为设计压强的 1.43 倍。

（1）正常工况下的冷却：在正常工况下，真空室总热功率的设计值主要是核热，热量不均匀地沉积在真空室尤其在中子流区域，如包层模块之间。真空室内壁上的核热需小于 0.4 MW/m^3，内壁冷却剂的传热系数大于 500 $W/(m^2 \cdot K)$。选择冷却剂进口温度要与包层冷却水的温度一致。

（2）非正常工况下的冷却：在非正常情况下，如多个冷却泵跳闸，考虑到衰变热主要在包层和偏滤器中产生，因此主要热载是来自包层和偏滤器的热辐射。与这些辐射相比真空室自身的核热可以忽略不计。真空室总体热辐射的最大设计热载约为 0.83 MW。这些衰变热主要是通过水冷的强制对流带走。在非正常条件下，温升约 5℃将需要 40 kg/s 的冷却剂流速。

（3）真空室烘烤和干燥工况：真空室加热时要求最大壁面温度为 200℃。在加热工况下，入口水压强升高到 2.4 MPa，通过热交换器避免冷却剂的沸腾。真空室热交换系统循环将通过电加热器把真空室从室温提高到 200℃，以小于 5℃/h 的速率升温，并在 200℃恒温 24 h，最后以小于 5℃/h 的速率降温。

检查和维修时，真空室的冷却剂要充分排出并进行干燥。通过真空室主热交换系统执行此工况。主要的程序如下：① 排水操作。常温下的冷却剂将通过机械泵从真空室中移除,并且储存在排水箱中。② 加热操作。真空室将通过热氮气(150～200℃)加热到超过 150℃,在 2.1 MPa 高压强下避免沸腾。③ 干燥操作。真空室中剩余的冷却剂通过热氮气(150～200℃)蒸发,在 0.5 MPa 的低压强下促进沸腾。

4)安全、质量和地震等级要求

(1)真空室壁定级为重要安全组件。

(2)窗口结构定级为重要安全组件。

(3)加强筋结构和第一屏蔽层都是非重要的安全组件。

(4)真空室应该能够承受一定压强和非正常压力。

(5)真空室设计应该考虑各种工况的组合条件。

(6)真空室主体为质量 1 级,内壁屏蔽层定级为 2 级。

(7)真空室定级为地震 1 级。

(8)真空室是一个半永久结构,窗口板是 RH 第一类组件。

(9)真空室必须符合真空手册的要求。真空室作为等离子体主要内部容器,等级评定为 1A 级;真空室朝向冷屏的一边的外部定级为 2A 级;冷屏上的窗口组件定级为 2B 级。

5)装配和运行前测试要求

(1)装配要求:尽量使大段的扇区在总装前完成制造,以此减少在现场总装期间的焊缝数量;尽可能采用大扇段装配,以减小在总装焊接时真空室的焊接变形;尽可能在扇形段中完成多数内部部件的装配;尽量减少总装及预装的时间;除此,扇区式的大扇段真空室设计方案能够减少未来装配时接缝区的数量,减少环向筋板,简化冷却水路及包层设计,并在扇区中部保留完整的窗口结构。

(2)运行和测试:托卡马克的整体测试,比如整体耐压/泄漏、烘烤等测试,都是在真空室总装成环后进行的。所需要的主要测试项目列于表 3 - 2。

表 3 - 2 真空室系统的现场总装主要测试项目

测 试 项 目	部 件
常温压力测试	真空室整环
200℃以下的泄漏测试	真空室整环
冷却回路流动性能测试	真空室整环

测　试　项　目	部　　件
烘烤测试	真空室整环
电气测试	真空室整环

每项测试有如下具体细节。

(1) 常温压力测试：测试过程中对所有水管进行压力检测，24 h 内不能发现有明显的泄漏以及压降。

(2) 泄漏测试(200℃以下)：在内部通高压水、抽空或管路外部抽空的情况下，对真空室内的压力及质谱进行检测，过程中不能出现真空度破坏或者水蒸气成分上升。

(3) 冷却回路流动性能测试：冷却液在管道内流动时的压降将在实验中测得。

(4) 烘烤测试(加热到 200℃)：对真空室进行加热，使其保持 5℃/h 的加热速率直到真空室加热到 200℃。烘烤过程中真空室的温度分布及变形通过热电偶及应变片测得。同时对真空室的内部压力及气体成分进行测量，真空室内表面必须通过除气来获得超高真空。

(5) 电气测试：当绝缘在真空室支撑上使用后必须对其电气性能进行测试。在真空室上使用的所有测量线如热电偶、应变片都需要对其绝缘电阻及击穿电压进行测试。此外，还应对传感器的使用寿命进行测试和检验。

6) 压力及漏率要求

(1) 压力测试要求：真空室包含涉核压力装置，根据相关规定在进行压力设备的最终评定时，必须开展验证性实验来确定设备没有泄漏、失效及永久性变形。上述验证性试验一般在真空室装配完成后采用静压对整个真空室环体及窗口进行最终测试。

根据部件检验 2 级标准，静压检测的压力取值公式为(小数点后取 2 位有效数字)

$$P_{\mathrm{T}} = \max \begin{cases} 1.25 P_{\mathrm{S}} \dfrac{S_{\mathrm{m}}(T_{\mathrm{test}})}{S_{\mathrm{m}}(T_{\mathrm{design}})} \\ 1.43 P_{\mathrm{S}} \end{cases} = \max \begin{cases} 1.25 \times 2.6 \times \dfrac{147}{130} = 3.68 \ (\mathrm{MPa}) \\ 1.43 \times 2.6 = 3.72 \ (\mathrm{MPa}) \end{cases} = 3.72 \ \mathrm{MPa}$$

$$(3-1)$$

式中：P_s 为最大设计压力；$S_m(T_{test})$ 为在室温测试下的真空室的变形量值；$S_m(T_{design})$ 为在 200℃烘烤下的真空室变形量值。

真空室冷却系统包括主冷却系统及包层冷却系统，主冷却系统冷却下的测试压力 $P_T=3.27$ MPa，设计压力 $P_s=2.6$ MPa；包层冷却系统冷却下的测试压力 $P_T=7.59$ MPa，设计压力 $P_s=5$ MPa。

在完成扇区加工开始运输之前，需要对其进行 0.5 MPa 的气压测试，以防止水进入双层真空室壁之间，影响泄漏测试过程中获得超高真空。相同形式的气压测试也同样在窗口、接缝区等部件上开展。对真空室的全压测试只能在真空室总装完成后进行。

（2）泄漏测试：泄漏测试作为一种材料及功能测试在真空室的加工和装配过程中得到广泛应用，表 3-3 给出了真空室等离子体侧与杜瓦侧的允许漏率，真空室等离子体侧与杜瓦侧的整体漏率均小于 1×10^{-8} Pa·m³·s⁻¹，灵敏度应比最大漏率低 1 个数量级。

表 3-3 真空室等离子体侧与杜瓦侧的允许漏率

部 件	数量/个	总体允许漏率/Pa·m³·s⁻¹	
		等离子体侧	杜 瓦 侧
45°扇区	9	$<1\times10^{-8}$	$<1\times10^{-8}$
真空室整环	1	$<1\times10^{-8}$	$<1\times10^{-8}$
真空室整环加窗口	1	$<1\times10^{-7}$	$<1\times10^{-7}$

（3）真空漏率测试要求：真空室测试流程主要包括以下几个方面：① 烘烤测试；② 烘烤并冷却至室温后的漏率测试；③ 出气率及残余气体分析。

扇区整体漏率的测试方法如下：将整个扇区置于聚乙烯密封袋内，袋内充有氦气，通过对双层真空室的夹层进行抽真空来进行漏率检测。要实时监测在烘烤实验的全程真空室内表面的残余气体成分。

7）运行期间的检测及故障维护

（1）渗水检测：真空室为后期等离子运行提供高真空环境，当真空室内的漏率不能满足规定要求时就要对真空室开展泄漏检测。当发现真空室内真空度的下降是由冷却管路引起时，需要对其进行相应的泄漏排查。一旦确定发生泄漏的管路,下一步的检查工作是确定发生泄漏的扇区。

在泄漏扇区确定之后,下一步的工作是通过改变水位的方式确定具体的泄漏环向位置。通过向真空室两层壁之间充入氦气使水位缓慢下降,把水压向排水槽。水的液位通过压差以及在排液槽内的液位标尺来测量。在上述操作的同时,还要在真空室内部通过水、氦探测器进行水及氦的检测。一旦液位降至泄漏位以下,真空室内的水、氦探测器的显示会同时发生急剧变化。通过探测器的信号变化以及水位观测便可以确定具体的泄漏环向位置。

泄漏源一旦确定,其周围的内部部件将会通过遥控操作的方式被移除。在内部部件移除之前需要排干其内部的冷却水,并进行烘烤处理。同时泄漏扇区内的冷却水也要被排干并烘烤。在内部部件移除后,通过吸入法进行检漏。最终发生泄漏的点将得到确定,相应的维护工作随即开展。

(2) 故障维护:扇区接头连接位置是最薄弱环节,一旦发生泄漏,必须尽快进行检查并修复。为了方便后续的维护,应注意接头处的冷却管与真空室扇区及窗口的分开。

当包层背部的真空室内壳发生泄漏时,所有的真空室内部部件将拆除。

当真空室接缝区的外壳发生泄漏时,接缝区的内壳也要相应切除,以便进行修复。

当在真空室外壳而不是在接缝区附近出现不便于修复的漏孔时,需要拆除附近的 TF 线圈以及对受损的扇区进行修复。

8) 拆装过程以及退役处理

(1) 拆卸和再装配:真空室是遥控操作 3 级部件,在整个聚变堆生命周期内,真空室的任何一个扇区都可以通过遥控操作工具拆卸和装配。在装置运行过程中有可能需要对扇区进行拆除维护,最可能发生的情况是当 TF 磁体失效时,由于套装结构的限制,对 TF 的维修就不可避免地会涉及真空室扇区的拆卸。在聚变堆的维护过程中对扇区的拆卸操作是极其复杂的。

在真空室扇区之间的接缝区拆除之前,所有的真空室内部部件(如包层模块、偏滤器模块、窗口插件以及诊断)都要拆除。真空室窗口延伸部分也要拆除以便增强扇区接头处的易近性。通过真空室窗口,将连接于接头外侧的固定装置如机器人轨道等运进真空室。在真空室的拆卸和再装配过程中,一台多自由度机器人将固定在轨道上完成对真空室接缝处接头的切割、焊接以及检查工作。

可考虑采用等离子或者激光切割完成真空室扇形段的拆卸。切割工具通过机器人来支撑和定位,在切割过程中另一套机器人系统置于真空室外壳和真空室冷屏之间,用于在切割过程中保护真空室外侧的冷屏结构及收集和移除铁屑。

为了充分降低前一轮焊接对下一轮焊接的影响,切缝时应距离首次焊缝15 mm 左右,用于二次焊接的中间接缝区的尺寸应比最初装配时更大。

真空室在装配过程中的焊缝需要重新进行无损检测及漏率测试。

(2) 退役和后处理: 通过采用特定的材料来将真空室退役后带来的放射性废物量降低到最小。

根据辐射剂量的不同,真空室需要拆分成不同部分分类处理。

装置退役前,一旦停机应立即对真空室的内部部件上的氚及可以清除的灰尘通过遥控操作的方式进行清除,紧接着拆除内部部件并做无害化处理。

剩余的真空室等部件进行放射物质的自然衰变,等辐射剂量满足要求后,将真空室扇区连同 TF 一起从杜瓦内取出。

在进行拆卸之前应预先建立相应的切割分离车间,在车间内通过机械手对 TF 及真空室进行分离。然后对真空室进行肢解,肢解工作包括真空室主体的切割分块、包层柔性支撑的拆卸。

真空室能无害化清理的部分占有较高的比例,对于真空室而言,在退役后的处理中应严格区分可处理部件和非可处理部件。

3.2.3 制造和测试

本节主要阐述真空室系统制造和测试的相关内容,包括关键技术和工具制造、检测、预研等内容。

1) 质量管理和标准要求

鉴于我国目前尚未就核聚变装置上的超高真空压力容器制定相应的标准和规范,未来聚变堆真空室应力的分类及评定将参考国外资料和标准进行,例如美国机械工程师学会制定的锅炉及压力容器规范 ASME,它是世界上较成熟的权威性压力容器规范且应用范围相当广泛,国际上大多数核动力装置设备都是按照该规范设计制造的。ITER 采用的是 RCC - MR,它是基于 ASME 发展而来的法国标准。未来聚变堆真空室的设计标准可借鉴以上标准。

2) 关键制造要求

基本扇区制造：为了尽量减少最终在现场的装配时间，并保证运输质量。真空室将以每 45° 为一个扇区单元在工厂加工。窗口颈管延伸段先不在工厂与扇区装配，主要是为日后安装 TF 线圈腾出空间。在工厂生产阶段，考虑缩短生产工期，多个扇区可以并行加工。生产同样扇区的各种工装会被重复使用。

焊缝类型及相关的无损检测要求：真空室的主要焊接包括筋板与内外壳体的焊接、内外壳体各 PS 段之间的焊接、窗口与内外壳体的焊接、扇区间内外壳体的焊接。其中，筋板与外壳体的焊接、各 PS 段之间的焊接、窗口与内壳体的焊接、扇区与扇区之间的焊接属于对接焊缝；筋板与内壳体的焊接、窗口与外壳体的焊接属于角焊缝。对于所有的对接焊接接头，都要对焊缝进行 100% 无损检测。焊缝质量都要达到 ISO 5817 B 级要求，且按照对应无损检测标准执行并验收。

焊接工艺：对于真空室的焊接，针对不同的焊缝，供应商需要提出完整的焊接工艺，并且达到质量要求。无论是手动、自动弧焊，还是先进的高能束焊都可作为真空室的焊接方法。真空室内所有的内壳、外壳的焊接都是背部没有垫块、需要全焊透的接头形式，在全焊透的情况下可以确保对焊缝进行 100% 检测。对于背面无法到达的焊缝，接头设计时一定要保证根部两边平滑、统一，确保可进行可靠的焊缝检测。窄间隙 TIG 焊应用于真空室各扇区间的内外壳焊接，经过检验这种焊接方法是可行的，但是其他更高效、优越的焊接方法也可以尝试。例如电子束焊、激光焊以及激光复合焊可以考虑进行实验与研究。所有的焊接方法都需要在模型件上进行焊接以及无损检测验证之后，才能应用于真空室的焊接。拟采用超窄间隙自动 TIG 焊来完成各 PS 段之间的组焊。

无损探伤过程：射线探伤是一种可以采用的双面检测的体缺陷探伤方法，而超声探伤则是在无法进行背面探伤情况下的另外一种可以作为替代补充的无损检测方法。任何无损探伤方法的使用必须得到技术要求制定方的认可。

外观检查：以在安装完壳体屏蔽层前后的焊缝外观检测为例，对于装配或焊接后不再能触及的焊缝的外观检查必须由第三方来操作。

清洗和表面处理：基本的清洗和清洁度的要求在真空手册中有详细规

定。除此之外,对于真空室零部件的清洗操作,必须编写一个特定的程序来执行。如需要指明在何种环境下进行清洗操作。真空室的零部件要用诸如溶剂和碱性清洗剂进行擦洗、刷洗,再用去离子水进行漂洗,用无纺布擦干,最后用空气吹干。清洗剂中卤族元素含量不得超出许可标准。在最后进入总装阶段,需要确保真空室表面的清洁度,发现污染需实时清洗。

面对真空的母材金属表面粗糙度不得超过 $Ra = 3.2~\mu m$;UT 探伤的母材金属表面粗糙度不得大于 $Ra = 3.2~\mu m$;扇区间隙的表面粗糙度不大于 $Ra = 6.3~\mu m$;对于需要打磨的情况,打磨工具的材质需要得到技术规范制定方的认可。

成型:真空室制造包括很多二维或三维的壳体成型。需要做成型验证的情况包括① 成型温度高于 150℃;② 计算得到的延伸率或者在测试样品上测得的延伸率大于 10%。除此之外,关于成型验证还需关注两个方面的问题。一是尺寸的稳定性。虽然尺寸公差已经测量完,但在日后运行过程中,尤其是烘烤会将残余应力逐步释放。二是应力腐蚀裂纹。钢及其焊缝一般不容易受到晶间腐蚀的影响。一般来说不锈钢的固溶状态和其焊缝并不表现应力腐蚀裂纹,但是,在冷作硬化过程中存在一种潜在的应力腐蚀裂纹的风险。基于以上两个原因,推荐采用热成型方法,当然,如果对于轻微成型(1%~2%的延伸率),冷成型也是可以接受的。

工装夹具:在真空室加工和运输的过程中需要特殊的工装夹具,如真空室本体与窗口延伸段间的支撑工装、连接工装、吊装工具。再如真空室扇区与扇区间装配所用到的连接工装、组对工装、焊接轨道等。真空室扇区和窗口延伸段的支撑工装,是用来防止在运输过程中可能造成的变形和在现场焊接接缝区时产生的变形。连接工装主要是用于连接扇区和窗口延伸段,并在接缝区焊接时保持两者的相对位置。同时,该工装夹具还可以用在运输过程中。总之,运输和连接的工装主要是为现场焊接接缝区提供最佳的形位条件。接缝区焊接及焊接检测设备会沿接缝区的轨道上进行安装定位。

尺寸检测:关键尺寸需要测量,主要包括 D 形轮廓度及扇区边缘,窗口颈管及中窗口端部位置和形状,真空室内部部件安装的定位尺寸和基准,如包层块、包层集流管、线圈支撑导轨、偏滤器导轨、诊断系统。这些结果都必须记录。

冷却流道压力测试：冷却流道压力（室温下）需在规定压力下测试 30 min，如果没有可见泄漏，同时在测试后没有可见的永久性变形产生，方为合格。对于单个扇区的压力测试，测试压力可以稍微降低。

烘烤测试（200℃）：用炉子或临时加热器，以及包裹在真空室表面的隔热器件对真空室进行加热和保温。对于真空室扇区，当拆卸移除的三角支撑升温至 200℃ 时，可以用热电偶和应变测量元件对温度分布及结构形变进行测量。

放气测试：采用真空室内壳体的样品做放气测试，测量样品的放气率。烘烤后降温至 100℃ 时的所有杂质的放气率应不大于 10^{-9} Pa·m^3/(s·m^2)，氢的放气率不大于 10^{-7} Pa·m^3/(s·m^2)。

室温下的真空检漏：冷却管道抽真空，外部封闭在氦环境中进行检漏，漏率不大于规定数值。

最终尺寸检测：当真空室全部总装完成后进行此项检测。测量时的支撑及工装状态需要研究确定。对于工件自重产生的变形应采用有限元进行分析并获得技术规范制定方的认可。

电测试：用于真空室测量的热电偶和应变测量元件要在检测之前进行自检，包括电阻测量、熔断电压测量、连续性测量和校准。

3.3　偏滤器

偏滤器（divertor）是现代托卡马克实验装置和未来托卡马克聚变堆的关键部件之一，位于真空室腔体内且属于面向等离子体部件，它的磁面能够"偏滤"等离子体边缘的杂质和功率，使其远离主等离子体区域，这里的杂质主要包括由等离子体边缘区域与器壁相互作用产生的杂质和氘氚聚变反应过程中产生的氦灰。这些边缘等离子体仍携带较高能量，可通过磁场将其限定在偏滤器区域，故偏滤器的另一个重要功能是将这些能量及时通过冷却介质带出真空腔体之外，即排热功能。降低偏滤器靶板热负荷是目前亟须攻克的难点和研究的热点问题，因此面向未来聚变堆的偏滤器排热功能仍面临巨大挑战。目前，为进一步有效降低偏滤器靶板的高热负荷，新设计了雪花（snowflake）偏滤器、SUPER-X 长腿偏滤器、鱼尾（sweeping）偏滤器、小角度狭长（SAS）偏滤器等，可通过磁面控制来加大磁面的展宽，进而扩展偏滤器靶板的打击宽度来降低其峰值热流密度。

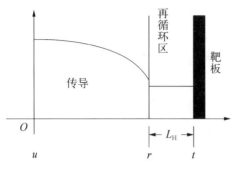

图 3 - 5　偏滤器两点模型示意图

偏滤器的工作原理主要基于其两点模型[17]（见图 3 - 5），即从上游来的等离子体进入 X 点附近，与中性粒子相互作用，前者被中性化增强，后者被电离增强，导致等离子体密度增加，温度降低，辐射增强，等离子体携带的能量降低。等离子体沿磁面运动，随着进一步的辐射以及等离子体能量的降低，更多的低温等离子体被中性化，等离子体的密度逐渐降低，最终沿磁面到达靶板的等离子体携带的能进一步降低。为达到上述目标，偏滤器需要设置挡板和拱顶限制中性粒子再循环，设置靶板用以承受等离子体残余的能量。

3.3.1　部件结构与设计

不同聚变装置因其研究目标不同，设计参数各异，故相应的偏滤器放电和位形要求也各有不同，偏滤器工程结构形式多样化。偏滤器通过一定的支撑结构固定在真空室内壁上。一般构成偏滤器的主要结构包括内靶板、外靶板、拱顶、抽气通道、冷却结构、粒子挡板、支撑结构，其中靶板一般又由面向等离子体部件（plasma facing component，PFC）和热沉板组成。根据其内外靶板之间相对于主等离子体的开放程度，偏滤器可分为封闭式偏滤器、半封闭式偏滤器、开放式偏滤器。根据其冷却形式和冷却介质不同，偏滤器又分为无冷却结构偏滤器、水冷偏滤器、氦冷偏滤器、液态金属偏滤器。不同参数偏滤器其PFC 所选用材料不同，主流的 PFC 材料有高纯石墨瓦、复合碳纤维瓦（carbon fiber composite，CFC）、钨瓦等。其中，钨材料具有轻及同位素滞留量小、高熔点、高热导率、低溅射率以及良好热力学性能等优点，故其是面向未来聚变堆的高参数偏滤器的主要候选等离子体材料。

无论偏滤器结构开放程度如何以及是否进行冷却，内外靶板、抽气通道、支撑结构都是必备的结构。内外靶板和抽气通道是偏滤器实现排杂质和排热的核心功能部件，支撑结构是偏滤器在真空室内实现固定安装的必要部件。内外靶板提供高能粒子磁力线打击区域，将从主等离子体区域偏转分离出来的杂质粒子承接住，使其能量迅速降低，然后通过抽气通道带出真空室。偏滤器的抽气功能通常由内置环形低温泵来实现。

偏滤器工程设计需要根据装置物理位形开展,偏滤器物理位形是工程设计的起始输入文件,与物理位形匹配良好是偏滤器工程设计的核心目标。偏滤器工程设计之初需要根据物理位形的关键点位数据进行多轮迭代设计,最终确认工程设计的外轮廓边界,然后根据外轮廓边界反推布置直到真空室壁面处,依次完成偏滤器靶板、冷却结构、抽气通道、支撑结构的布置。目前国内外主流的偏滤器工程设计理念为带有 CASSETTE 结构的模块化偏滤器,如 ITER 偏滤器,目前已经完成了前期大量原型件的制造和测试。在 HL-3 装置上升级改造的偏滤器也为带有 CASSETTE 结构的水冷偏滤器,如图 3-6 所示,目前 60 个模块已全部生产完成。其 PFC 为 CFC 块,CFC 块和铜合金热沉板的 HIP 焊接工艺也实现技术突破并成功应用。目前偏滤器在工程实现上的主要技术难点是材料和连接工艺,为了完成更高参数的偏滤器,需要寻找更稳定和更耐高温同时又具有可加工性和可以作为结构部件使用的 PFC 材料,同时还要突破 PFC 和热沉板的连接技术,以及冷却流道的连接技术。

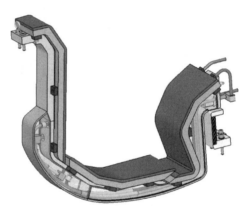

图 3-6　HL-3 装置的 CASSETTE 结构水冷偏滤器

3.3.2　研发现状

目前国际热核聚变实验堆(ITER)的偏滤器采用钨/铜结构,ASDEX-U、JET、JT-60U/JT-60SA、WEST 等托卡马克实验装置上也进行了基于 W-PFM 的材料研发及应用。W-PFM 研究必须缓解或消除强流等离子体、高热流及中子辐照损伤问题。合金化/弥散粒子掺杂/纤维增韧是可能的改变 W-PFM 热/力学以及抗辐照性能的有效手段,智能钨合金等亦具有发展前景。

ASDEX-U 已将下偏滤器区域的面向等离子体部件(PFC)由钨涂层石墨瓦升级为实心钨瓦,并安装了偏滤器遥操系统,从而能够在两次等离子体放电之间替换下偏滤器部件。主要研究内容包括杂质颗粒进入偏滤器、偏滤器物理的理论模型验证等。对 ASDEX-U 等装置的研究还致力于锂粉涂覆的钨

PFC 对于边缘局域模(ELMs)不稳定性的控制能力。Heinrich 等[18]研究了在频率低于千赫兹范围内 ASDEX‑U 的内部和外部偏滤器区域之间的交替辐射现象。等离子体和杂质颗粒的轰击引起的钨腐蚀决定了面向等离子体部件的寿命以及钨进入受限区域后对等离子体性能的影响。偏滤器的钨铠甲层以及等离子体中钨的输运在很大程度上决定了等离子体核心中钨的含量,但是钨源的强度对该过程具有至关重要的影响。JET 上的实验提供了一组确定钨腐蚀的参数,并详细描述了类 ITER 偏滤器中钨的来源[19]。对于偏滤器负载机理的研究,采用钨涂层 PFC 的 ASDEX‑U 和采用类 ITER 壁(ILW)的 JET 获得了满意的结果[20]。

JT‑60U[5]最初采用的是开放式偏滤器,在 1997 年升级成带抽气泵的 W 形偏滤器。偏滤器由倾斜内外靶板和中间的拱顶构成 W 构型,还包含用于泵送管道的内部底座和外部挡板。拱顶在几何形状上将内腿和外腿分开,以进行杂质回收。为了支持 ITER 的运行,并研究如何最佳地优化 ITER 之后建造的聚变电站的运行,因此将 JT‑60U 升级为 JT‑60SA。JT‑60SA 采用了 CASSETTE 结构偏滤器,每个偏滤器模块为环向 10°。偏滤器安装在真空容器的底部,偏滤器使用石墨瓦片作为面向等离子体的材料,通过螺栓固定到热沉上。石墨瓦片可更换,在后期,偏滤器外靶板更换为 MONOBLOCK 结构的 CFC 铠甲以提供 15 WM/m² 的热负荷承受能力。

WEST 是通过将 Tore Supra 装置从限制器位形改造为偏滤器位形升级而来。WEST 的主要目的是验证 ITER 的偏滤器技术,同时也测试和验证 ITER 级的面向等离子体部件。WEST 的下偏滤器作为主要的面向等离子体部件,使用的是与 ITER 类似的钨偏滤器结构,使用主动冷却的钨组件来承受高热负载。基于 MONOBLOCK 概念,WEST 下偏滤器的每个单元模块(plasma facing unit, PFU)将尽可能地遵循与 ITER 相同的整体几何形状、材料和连接技术。每个 PFU 由 35 个独立单元模块组合而成。38 个 PFU 组成一个 30°的扇形,12 个扇形拼装成 WEST 的整个下偏滤器。

此外,DIII‑D 装置利用辐射偏滤器结构将中性气体吹入刮除层,而在偏滤器区域形成辐射区的情况下减少峰值热通量。这与粒子控制相结合,来限制中性气体进入等离子体核心区。粒子控制将通过两种方式解决:一种是采用挡板结构,用于限制气体从偏滤器区域到堆芯的传输;另一种是在双零偏滤器的 4 个打击点处,通过偏滤器低温泵进行密度控制。

在我国,托卡马克装置偏滤器的研究起步相对较晚,HL‑2A 装置是我国第一个具有双零点偏滤器的托卡马克装置,其偏滤器具有体积大、封闭式的特点,可以满足偏滤器物理和杂质控制方面的要求。上、下偏滤器靶板背部安装有 3 组偏滤器线圈,可以实现多种偏滤器位形放电。HL‐2A 偏滤器第一壁采用 CFC 材料,热沉结构与水管结构集成设计即靶板与 CASSETTE 合为一体,热沉管材料采用不锈钢和

图 3‐7　HL‐2A 偏滤器模块

铜,第一壁采用电阻焊的方式与热沉管连接,大大增加了第一壁的冷却效率。HL‐2A 偏滤器模块如图 3‐7 所示。

HL‐3 装置是我国全新一代铜导体中型托卡马克实验装置,于 2020 年 12 月 4 日在核工业西南物理研究院进行首次放电实验。HL‐3 偏滤器由我国自主设计制造完成,偏滤器靶板材料采用 CFC,热沉板材料采用铬锆铜,冷却水管采用 316L 不锈钢,支撑结构采用 Inconel625 和 Inconel718 材料。CFC 第一壁采用真空钎焊与热沉板连接,热沉板背部开槽,通过冷却水管进行靶板串联,可以满足 10 MW/m² 高热负荷和电磁载荷的需求。HL‐3 下偏滤器结构预安装如图 3‐8 所示。

图 3‐8　HL‐3 下偏滤器结构预安装

EAST 装置自 2006 年首次放电至今,偏滤器已进行了两次升级改造,偏滤器设计承受热负载的能力从 2 MW/m² 提升至 10 MW/m²,保证长脉冲稳态高约束等离子体的运行。EAST 偏滤器由内外靶板和 Dome 板构成,第一壁材料采用纯钨,热沉材料采用铬锆铜,靶板的结构形式根据热负荷的差异分为平板结构和钨穿管结构,平板结构采用超蒸发结构形式。第一壁与热沉板之间采用爆炸焊进行连接,冷却管道通过终端盒结构进行连接。

目前正在进行设计与研究的大型热核聚变实验堆偏滤器主要包括 ITER 和 CFETR。其中 ITER 偏滤器[21]环向分为 54 个模块,每一个模块高约2.5 m,强场侧宽约 0.5 m,弱场侧宽约 0.8 m,径向尺寸约 3.6 m,由 CASSETTE 结构和 3 个面向等离子单元即内靶板、外靶板和 Dome 板组成。在 2009 年的设计中,采用 CFC 作为高热区域面向等离子体材料,其他区域采用钨瓦结构。而经过 2011 年 IO(ITER 组织)讨论后决定采用全钨作为面向等离子体材料,在内外靶板等高热通量区域采用带有螺旋冷却管道的 MONOBLOCK 结构,在 Dome 区域等低热通量区域采用超蒸发冷却结构的平板单元。整个设计,在打击点区域要求至少能承受 5 000 个循环的 10 MW/m² 稳态载荷和 300 个循环的 20 MW/m² 瞬态载荷。由此,为了避免由 ELM 事件或大破裂在由钨瓦间隙引起的边角效应导致钨瓦融化,采用 0.5 mm 深的"鱼鳞式"结构进行保护,且面向等离子体表面的几何公差需要在 ±0.25 mm 内。除了需论证设计分析上的全钨偏滤器的可行性外,还需论证整个技术的可行性,ITER 提出了小尺寸 W - mock - ups 的技术加工和高热负荷测试以及全尺寸偏滤器的制造和高热负荷测试。日本[11]在 2015 年对小尺寸的 W - MONOBLOCKS 进行了高热负荷测试,所有的 W - MONOBLOCKS 在循环 1 000 个 20 MW/m² 的瞬态载荷后仍然完好。

CFETR 偏滤器要求能够在 10~20 MW/m² 热流密度下稳态运行。根据冷却情况设计了两种结构,一种采用水冷,另一种采用氦冷。水冷偏滤器环向分为 80 个模块,以钾钨作为面向等离子体材料,ODS 铜作为热沉材料。在 ODS 铜和钨材料之间采用纯铜过渡层缓解由于热膨胀系数差异而引起的热应力。在 CASSETTE 区域主要采用 ODS-钢进行支撑和中子屏蔽。此外,除偏滤器靶板外采用 α - Al₂O₃ 涂层防氚渗透。单个偏滤器模块径向长度约为 4.1 m,高约为 2.4 m,内侧环向宽度为 0.38 m,外侧环向宽度为 0.69 m,重约为 11.4 t。靶板结构采用钨平板式结构单元,以水冷背板作为承载基体。采用 140℃,5 MPa 水冷作为入口,水路流经盒体上层—外靶板—Dome—内靶板—盒体下层—出口,水温升为 39℃,压力损失 3.6 MPa。氦冷偏滤器基于氦冷的固有安全性和对氚的友好性成为水冷偏滤器的有力竞争对手。CFETR 氦冷偏滤器包含 72 个模块,整体结构采用内 ITER 结构,靶板单元类型根据热流分布,在高热流区域采用 T 形单元,在其他区域采用平板形单元。在单个偏滤器模块上共有 134 个 T-tube 单元和 207 个平板单元,采用纯钨作为面向等离子体材料,钨合金作为热沉材料,以低活化钢 CLF-1 作为支撑材料,质量约为 13 t,可以承受高达 18 MW/m² 的热载荷。由于冷却单元较多,对集成设计和冷却回路设计提出重大挑战,同时对氦气的需求量也较大。CFETR 采用多个平板单元串联再并联方式,仍然需要 665 kg/s 的氦气流量。

3.3.3　发展方向

　　未来聚变堆真空室内部需要面临 50 dpa① 以上的年中子辐照核环境,其运行和维护周期将以年计算,聚变堆芯的聚变反应功率为 1 GW 以上,其偏滤器承受的热功率将在 100 MW 以上,偏滤器的靶板将面临稳态 10 MW/m² 以上的热流轰击。偏滤器设计面临的最困难的技术问题之一便是热排除能力,当前已有聚变实验装置的偏滤器尚不能满足未来聚变堆的长时间稳态运行要求,必须研究如何大幅度提升偏滤器的性能。未来聚变堆的偏滤器性能提升有三种研究方向的并行方案:第一,研究先进偏滤器物理位形运行方案,如 HL-3 装置雪花偏滤器位形、CFETR 长腿偏滤器位形,可通过拉长偏滤器靶板表面的磁面展宽,降低偏滤器靶板表面的热流峰值,从而在一定程度上缓解偏滤器靶板表面的热流负载压力,偏滤器靶板总热流功率不变;第二,研究先进偏滤器靶板及结构材料,拓展靶板材料的工作温度区间以提升靶板热负载能力,强化核环境中材料性能以延长偏滤器维护周期[14];第三,研究先进的偏滤器工程结构,优化偏滤器整体结构设计,提高结构与冷却剂之间的换热效率与冷却剂分配均匀性等关键参数,从而提升偏滤器排热能力、结构稳定性。通过上述三方面的并行研究,最终使得偏滤器能够满足商业聚变堆的运行要求。

　　面向未来聚变堆的偏滤器的研究主要集中在水冷偏滤器和氦冷偏滤器。前者利用冷却水工作压力低、换热效率高、流道结构简单等优点,使得水冷偏滤器能够承受较高的热流负载,当前钨穿管和超蒸发偏滤器结构属于较为前沿的水冷偏滤器结构,能够处理靶板 10 MW/m² 以上的稳态热负载,水冷偏滤器是当前几乎所有已运行的聚变实验装置的偏滤器选择方式;后者利用氦气

---

① 行业内常用 dpa 表示辐照损伤的计量单位,其含义是材料中平均每个原子被撞出的次数。

的固有化学惰性、工作温度较高、核环境适应性好等优点,使得氦冷偏滤器具有高稳定性、高热电转换效率的特性,被广泛应用于国际上未来聚变堆偏滤器解决方案的设计,如欧盟提出的 DEMO 概念,采用了由德国 KIT 提出的多指喷射氦冷偏滤器设计,CFETR 采用 T 形与平板形靶板单元进行组合设计得到混合型氦冷偏滤器的设计,如图 3-9 所示。经过不断的研究和发展,当前水冷和氦冷偏滤器均能够处理约 15 MW/m² 的热流负载。

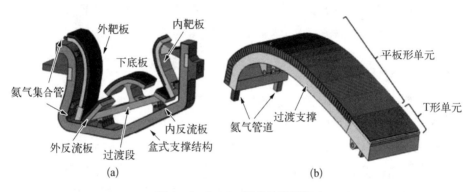

图 3-9 CFETR 氦冷偏滤器概念

(a) 偏滤器模块;(b) 外靶板

另有学者提出采用液态金属、熔盐、超临界水作为冷却剂的聚变堆偏滤器概念。液态金属由于具有极高热导率、比热容和耐受温度高的优点,在低流速的情况下就具有快速去除高热载荷的能力,但金属本身具有的导电性质易诱发等离子体不稳定性事件发生[17];熔盐具有宽温度运行区间、高沸点和高体积比热的优点,具有良好的高温传热介质,但构成元素的高毒性、对泵要求极高也是亟须解决的问题;超临界水利用了水在一定环境中气液两相同性的特性,所以传热效率极高,以满足聚变堆偏滤器的热排除要求,但其所需要的高温高压环境对偏滤器工程设计提出了严峻的考验。目前,该三种偏滤器仅在初步概念研究阶段,尚未经过实验验证,故而该三种偏滤器冷却方案在未来应用到商业聚变堆的可行性仍需不断研究并加以验证。

3.4 产氚包层

产氚包层位于真空室内部,围绕等离子体而排布,承担着产氚、排热、屏蔽等多种重要功能,是聚变堆不可或缺的关键部件之一。

3.4.1 功能与原理

氘和氚是 D-T 聚变反应的两种关键燃料,其中氘燃料在自然界中大量存在,而氚燃料由于具有一定的放射性,半衰期仅为 12.6 年,在运行过程中会通过衰变、滞留、渗透、泄漏等过程不断地损失,因而聚变堆需要建立闭合的氚燃料循环,以尽可能降低氚燃料的损失,减少对环境的污染和对公众的影响,提高聚变堆的经济性和安全性。通常设计的聚变堆氚燃料循环系统如图 3-10 所示,可分为内循环和外循环。其中,氚燃料内循环通过处理和循环托卡马克(尾气、环境、冷却剂等)中残余的氚,将氢同位素分离后的氘氚燃料从氚工厂投入等离子体中;氚燃料外循环将 D-T 聚变反应产生的中子与产氚包层反应产生的氚,送入氚工厂处理(氚提取/回收、氢同位素分离等)后循环利用。

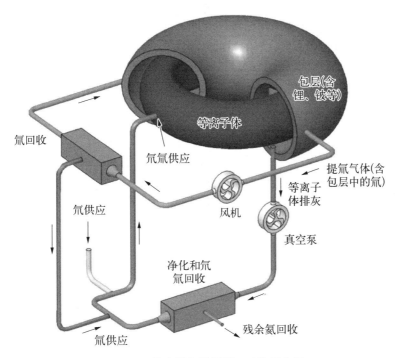

图 3-10 聚变堆氚燃料循环系统示意图

在实际运行条件下,D-T 聚变反应释放的能量的 80% 会以中子动能的形式出现。当 14 MeV 高能中子穿透产氚包层和真空室壁的各种材料时,中子会经受弹性散射和吸收,导致各种核反应和原子位移,中子通量和能量也会随空间变化,最终在产氚包层中实现中子能量沉积、产氚等功能,通过冷却回路把产氚包层中的核热带出,实现能量转换进行发电,通过提氚回路将产氚包层中产生的氚回收利用,实现燃料氚自持,同时将 14 MeV 中子沉淀在其中,使离开产氚包层的放射性水平降低到聚变堆其他部件和堆外生物可以接受的水平。

因此,产氚包层担负着燃料氚增殖、能量转换及输出、辐射屏蔽等诸多重要功能,是聚变堆氚燃料循环和能量循环中不可或缺的部件之一,其结构安全性和稳定性直接影响到聚变堆的稳态自持运行。产氚包层技术是聚变能最终走向商业应用的关键核心技术之一,也是决定聚变堆工程成败的核心技术之一。

3.4.2 布局与材料

在聚变堆中,产氚包层一般位于真空室内部,介于等离子体和超导磁体之间,如图 3-11 所示。面向等离子体区域除偏滤器部分外均布有产氚包层,以实现聚变中子的充分利用,产生足够的能量和氚,满足聚变堆的能量输出和氚自持要求。

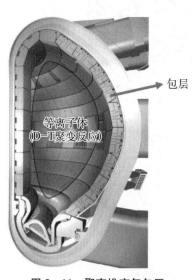

图 3-11　聚变堆产氚包层
位置示意图

在结构和布局设计方面,产氚包层会受到来自内部和外部相关因素的制约。内部因素主要与工艺有关,在产氚包层加工、成型工艺中,产氚包层单方向或多方向尺寸应考虑现有加工工艺技术或可行的改进工艺技术;在产氚包层焊接、无损探伤工艺中,产氚包层内部和表面焊缝应考虑可行的焊接和无损探伤实施方案。外部因素主要与等离子体边界、偏滤器边界、产氚包层支撑结构、真空室窗口尺寸有关,产氚包层第一壁轮廓线应与等离子体剖面线距离至少一个挂靴层厚度,避免等离子体对产氚包层产生破坏;产氚包层周围应根据设计选用的单零或双零偏滤器位形,预留足够的空间布置偏滤器;产氚包层应能通过适当的支撑结构固定在真空室壁上,同时不影响产氚包层的维护;产氚包层模块或组件应能通过真空室上窗口或中窗口安装和移除,满足产氚包层的维护要求。

在材料选择方面,产氚包层一般考虑采用低活化材料,减少长期维护或停堆后的放射性废物,同时满足产氚包层的氚增殖、能量提取、辐射屏蔽等诸多功能。所涉及的材料类型包括冷却剂、结构材料、氚增殖剂、中子倍增剂、面向等离子体材料等功能材料。各种材料的功能和特点如下。

1) 冷却剂

冷却剂[22]用于带走 14 MeV 聚变中子产生的核热沉积以及与氚增殖剂发生核反应释放的能量,一般位于结构部件内部,呈紧密排布,以实现充分冷却。常见冷却剂包括氦气(He)、水(H_2O)、液态锂铅共晶体(PbLi)、氟锂铍(FLiBe)熔盐等。

不同冷却剂性能对比如表 3-4 所示。

表 3-4　聚变堆产氚包层不同冷却剂性能对比

性　能	氦　气	水	液态锂铅共晶体	氟锂铍熔盐
安全性	容易泄漏,但不会与产氚包层周围介质发生反应,具有固有安全性	泄漏会对真空室其他部件产生影响,导致安全问题	会与环境中的空气、水等发生一定反应,但产氢率较低,没有起火风险	会与环境中的空气、水等发生一定反应,导致安全问题
运行条件	运行压力较高,增加结构及管道承压设计难度	运行压力较高,增加结构及管道承压设计难度,运行温度较低,接近结构材料辐照后的 DBTT	运行压力较低,结构及管道承压设计难度小	运行压力较低,结构及管道承压设计难度小
材料兼容性	作为惰性气体,与结构材料、功能材料等兼容性良好	与结构材料兼容性良好,会与部分氚增殖剂、中子倍增剂以及铍、钨等面向等离子体材料发生化学反应	会对不锈钢等结构材料造成腐蚀,导致脆化	会对钒合金等结构材料造成腐蚀
电磁兼容性	不存在磁流体动力学效应影响问题	不存在磁流体动力学效应影响问题	强磁场作用下流动会产生感应电流,引起较大的磁流体动力学压降,需要考虑电绝缘插件	电导率低,磁流体动力学效应影响不显著

(续表)

性　能	氦　气	水	液态锂铅共晶体	氟锂铍熔盐
导热和载热性能	单位体积比热容较低,载热能力较弱	载热能力好,能够满足高热负荷第一壁的冷却需求	具有良好的导热和载热能力,允许设计高功率密度、高热效率的包层方案	导热率较低,导热能力较弱
能量转换效率	运行温度较高,可以实现较高的能量转换效率,但氦冷风机消耗功率大	出口温度较低(约325℃),一般采用朗肯循环,能量转换效率较低	出口温度较高,可以实现较高的能量转换效率	出口温度较高,可以实现较高的能量转换效率
屏蔽性能	不能屏蔽中子,需要增加额外的屏蔽介质	具有良好的中子慢化能力	具有良好的中子吸收、慢化特性	具有良好的中子吸收、慢化特性
系统控制	聚变堆启停过程控制相对简单	聚变堆启停过程控制相对简单	熔点较高,聚变堆启停过程控制困难,需要温度监控系统	熔点较高,聚变堆启停过程控制困难,需要温度监控系统
氚处理工艺	氦气中氚回收工艺已有可行的解决方案	氚水处理困难,难以进行氚回收	液态锂铅共晶体中氚的溶解度低,易于回收	氟锂铍熔盐中氚的溶解度低,易于回收
经济性	资源有限,成本高	资源充足,成本低	资源有限,成本高	资源有限,成本高
技术成熟度	冷却技术还不成熟,尤其是高压氦冷风机、氦气透平技术等	冷却技术成熟,已建立完整工业体系	冷却技术还不成熟	冷却技术还不成熟

2) 结构材料

结构材料[23]主要用于高压冷却介质和放射性的包容,以及热量向冷却剂的传递等,其中第一壁结构材料的运行环境最为恶劣,需要同时承受高能中子辐照、高热负荷、强电磁辐射、等离子体物理与化学冲击等。常见结构材料包括铁素体钢、钒合金、碳化硅复合材料(SiC_f/SiC)等。

不同结构材料性能对比如表3-5所示。

表 3-5　聚变堆产氚包层不同结构材料性能对比

性　能	低活化铁素体钢	ODS 铁素体钢	钒 合 金	碳化硅复合材料
数据库	性能数据库完善	性能数据库不完善	性能数据库不完善	性能数据库不完善
材料兼容性	与冷却剂、功能材料兼容性良好	与冷却剂、功能材料兼容性良好	对杂质十分敏感，与液态金属锂相容性好，与其他冷却介质相容性差	与冷却剂、功能材料兼容性良好
导热性能	热导率高，许用温度较低(约550℃)	热导率高，许用温度高(约650℃)	热导率高，许用温度高(约700℃)	热导率高(辐照后热导率下降)，许用温度高(约1 000℃)
机械性能	高温机械性能较差	高温机械性能较好	高温机械性能较好	高温机械性能较好
抗中子辐照性能	抗中子辐照性能好，辐照肿胀低	抗中子辐照性能好，辐照肿胀低	抗中子辐照性能好，辐照肿胀低	抗中子辐照性能好，存在辐照肿胀问题
中子活化性能	中子活化水平低	中子活化水平低	中子活化水平低	中子活化水平低
抗氢脆性能	抗氢脆能力弱	抗氢脆能力强	抗氢脆能力弱，氚滞留量高	抗氢脆能力强
耐腐蚀性能	不耐腐蚀	不耐腐蚀	抗氧化性差	耐腐蚀
生产、制造工艺	批量生产工艺成熟，已开展大量焊接工艺试验	尚未工业化批量生产，加工和焊接性能差	尚未工业化批量生产，加工和焊接工艺不成熟	尚未工业化批量生产，加工和焊接工艺不成熟
经济性	成本低	成本高	成本高	成本高

3) 氚增殖剂

根据科学家多年的研究，通过中子与锂的反应可以实现氚的有效增殖[24]，而且自然界中锂的储量也较为丰富，因此当前国内外聚变堆产氚包层设计中均采用锂或锂基材料作为氚增殖剂。常见氚增殖剂包括氧化锂(Li_2O)、硅酸锂(Li_4SiO_4)、钛酸锂(Li_2TiO_3)等固态陶瓷材料及液态锂铅共晶体(PbLi)、液

态锂(Li)、氟锂铍(FLiBe)熔盐等液态金属材料,其中涉及的核反应及反应截面见式(3-2a)和式(3-2b):

$$^6Li + n \rightarrow {}^4He + T + 4.78 \text{ MeV} \tag{3-2a}$$

$$^7Li + n \rightarrow {}^4He + T + n - 2.47 \text{ MeV} \tag{3-2b}$$

从图 3-12 可以看出,^7Li 与中子的反应截面普遍较小,属于吸热反应,需要较高的中子能量,而 ^6Li 与热中子的反应截面比较大,属于放热反应,因而聚变堆产氚包层中 ^6Li 反应是最为重要的产氚反应,通常会放置适量的 ^6Li 富集度较高的氚增殖剂材料来提高产氚率。

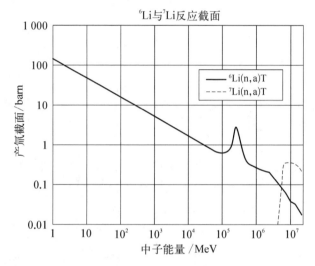

图 3-12　中子与锂核反应截面分布

不同氚增殖剂性能对比如表 3-6 所示。

表 3-6　聚变堆产氚包层不同氚增殖剂性能对比

性　能	固态氚增殖剂(锂基陶瓷)	液态氚增殖剂(锂基液态金属)
产氚性能	氚增殖能力不足,需要添加额外的中子倍增剂	氚增殖能力高,无须添加额外中子倍增剂
导热和载热性能	热导率低,冷却回路设计相对复杂	具有良好的导热和载热能力,良好的允许设计高功率密度、高热效率的包层方案

(续表)

性　能	固态氚增殖剂(锂基陶瓷)	液态氚增殖剂(锂基液态金属)
材料兼容性	与结构材料具有良好的相容性	与结构材料相容性差,会引起腐蚀问题
电磁兼容性	不存在磁流体动力学效应影响	存在磁流体动力学效应影响(感应电流产生的洛伦兹力会增加氚增殖剂流动阻力,改变流速分布),提高循环泵的设计难度
稳定性	小球存在肿胀和破裂问题,可能会引起性能急剧恶化	不存在稳定性问题
氚滞留与渗透性能	提氚气体流动不均匀性会引起氚滞留	氚溶解率较低,氚渗透问题严重
可加工性	需要额外考虑包层内氚提取回路,结构相对复杂,加工制造难度大	具有良好的复杂几何结构适应性,无须复杂的机械加工过程
可维护性	难以在线换料,包层需要定期更换,降低聚变堆可用性	作为动态氚循环载体,可实时在线补充消耗掉的锂,减少包层更换频率,提高聚变堆可用性
运行控制	氚增殖区需要满足一定的温度窗口,以利于氚的释放和提取	熔点高于室温,反应堆启停控制要求高,需要温度监控系统
成熟度	具有广泛的研究技术基础	研究技术基础相对薄弱,缓解磁流体动力学压降等关键问题尚未解决

4) 中子倍增剂

在聚变堆运行过程中,聚变反应产生的氚会通过衰变、滞留、渗透、泄漏等过程不断地损失。为了弥补中子的损失,提高产氚率,进而维持氚的循环,产氚包层中通常会放置一定形式的中子倍增剂材料,通过(n,2n)反应实现中子的倍增[25]。常见的中子倍增剂包括铍(Be)、铍钛合金($Be_{12}Ti$)、液态锂铅(PbLi)共晶体等,其中涉及的核反应见式(3-2c)和式(3-2d):

$$^{9}Be + n \rightarrow 2\,^{4}He + 2n - 1.57\ MeV \qquad (3-2c)$$

$$^{208}Pb + n \rightarrow ^{207}Pb + 2n - 7.36\ MeV \qquad (3-2d)$$

不同中子倍增剂性能对比如表 3-7 所示。

表 3-7　聚变堆产氚包层不同中子倍增剂性能对比

性　　能	铍	铍钛合金	液态锂铅
中子倍增性能	具有较低的 (n,2n) 反应阈值	具有较低的 (n,2n) 反应阈值	具有较高的 (n,2n) 反应阈值
中子吸收性能	中子吸收截面小	中子吸收截面小	中子吸收截面小
氚滞留与渗透性能	存在氚滞留问题	与铍相比具有较少的氚滞留	氚溶解率较低,氚滞留量小,但氚渗透问题严重
材料兼容性	与结构材料具有良好的兼容性,但高温下会与水发生反应	与不锈钢、水、水蒸气等反应较弱	与结构材料具有良好的兼容性
导热性能	热导率较高(在高温中子辐照下会明显降低)	热导率较低	热导率较低
辐照肿胀性能	辐照肿胀问题严重	辐照肿胀问题较轻	不存在辐照肿胀问题
危害性	粉尘有毒,加工和使用需有安全措施	粉尘有毒,加工和使用需有安全措施	无毒
经济性	成本较高	成本较高	成本较低

5) 面向等离子体材料

面向等离子体材料[26-27]位于第一壁结构表面,直接影响等离子体和第一壁结构部件的稳定性,其主要功能如下: ① 控制进入等离子体的杂质;② 传递辐射到材料表面的热量;③ 保护第一壁结构部件免受等离子体轰击而损坏。常见的面向等离子体材料包括铍(Be)、石墨(C)、钨(W)等。

不同面向等离子体材料性能对比如表 3-8 所示。

表 3-8　聚变堆产氚包层不同面向等离子体材料性能对比

性　　能	铍	石　墨	钨	碳纤维增强复合材料(CFC)
工作条件	熔点较低,蒸气压较高,许用温度低	熔点较高,蒸气压较低,许用温度高	熔点较高,蒸气压较低,许用温度高	熔点较高,蒸气压较低,许用温度高

（续表）

性　能	铍	石　墨	钨	碳纤维增强复合材料（CFC）
中子活化性能	活化水平低	活化水平低	活化水平低	活化水平低
导热性能	热导率高	热导率高	热导率高	热导率高（在中子辐照后会降低）
机械性能	高温机械性能良好	韧性好，机械强度低	高温机械性能良好	高温机械性能良好
抗中子辐照性能	抗中子辐照能力低	抗中子辐照能力低，辐照会引起升华的增强	中子辐照后会发脆	辐照会引起升华的增强
抗热冲击性能	抗热冲击性能较弱	具有良好的抗热冲击性	抗热冲击性能较弱	能够承受较高的热冲击
抗氧化性能	具有较强的吸氧能力，800℃以上抗氧化性差	耐高温氧化性差	具有较好的抗氧化性	具有较低的抗氧化性
等离子体容许浓度	原子序数低，等离子体容许浓度高	原子序数低，等离子体容许浓度高	原子序数高，等离子体容许浓度低	原子序数低，等离子体容许浓度高
等离子体溅射	物理溅射率高，没有 H^+ 引起的化学溅射	物理溅射率高，存在化学溅射	物理溅射阈值高，溅射率低，没有 H^+ 引起的化学溅射	物理溅射率高，不存在化学溅射
氚滞留量	氚滞留量低	氚滞留量高	氚滞留量低	氚滞留量高
危害性	具有毒性，尘埃易引起爆炸	尘埃易引起爆炸	尘埃易引起爆炸	尘埃易引起爆炸
可加工性	具有良好的可加工性	具有良好的可加工性	难以加工成型及实施焊接	熔烧和清洗技术不成熟，难以实施焊接
可修复性	辐照后可原位修复	辐照后需通过退火进行修复	辐照后可原位修复	辐照后需通过退火进行修复

3.4.3 发展现状

国际上非常重视聚变堆产氚包层技术的研究与发展,欧盟、美国、日本、韩国等国家和组织基于各自的技术优势和聚变能发展战略来选择发展相应的产氚包层概念,并将在中国、欧盟、韩国、日本、印度、俄罗斯和美国七方共同负责设计和建造的国际热核聚变实验堆(ITER)上开展测试,以验证各个产氚包层设计的合理性和可靠性,为未来聚变堆包层设计提供重要参考依据。

目前发展的主要聚变堆产氚包层概念如表 3-9 所示,大体可分为两类:固态氚增殖剂包层和液态氚增殖剂包层,其结构形式基本相似,正面为 U 形第一壁,内部布置有加强筋板或冷却隔板,后侧为分流腔室、支撑结构等。在固态氚增殖剂包层中,增殖区氚增殖剂与中子倍增剂由冷却隔板间隔排布,或者均匀混合后由冷却隔板隔开,冷却隔板一般需要内置冷却流道;而在液态氚增殖剂包层中,增殖区加强筋板主要起到导流和结构加强作用,只有当氚增殖剂不作为冷却剂时才需要内置冷却流道,如图 3-13 所示。

表 3-9　目前发展的主要聚变堆产氚包层概念

包层概念	第一壁冷却	包层内部冷却	氚增殖材料	中子倍增材料	结构材料	研究国家及组织	ITER TBM 测试
氦冷固态包层	He	He	Li_4SiO_4 Li_2TiO_3 / Li_2O	$Be/Be_{12}Ti$	RAFMs (ODS)	中国、欧盟、印度、日本、韩国、俄罗斯、美国	√[①]
水冷固态包层	H_2O	H_2O				中国、日本、韩国	√
氦冷液态包层	He	He	Pb-17Li	Pb-17Li		中国、欧盟、印度、俄罗斯、美国	
水冷液态包层	H_2O	H_2O				中国、欧盟	√
双冷液态包层	He/H_2O	Pb-17Li				中国、欧盟、日本、美国	

（续表）

包层概念	第一壁冷却	包层内部冷却	氚增殖材料	中子倍增材料	结构材料	研究国家及组织	ITER TBM测试
自冷熔盐包层	FLiBe	FLiBe	FLiBe	FLiBe	RAFMs (ODS)	美国	
双冷熔盐包层	He/H$_2$O	FLiBe	FLiBe	FLiBe		日本、美国	
自冷锂钒包层	Li	Li	Li	—	V合金	日本、俄罗斯、美国	
双冷锂钒包层	He/H$_2$O	Li	Li	—	V合金	美国	

注：①符号"√"代表采用了 ITER TBM 测试。

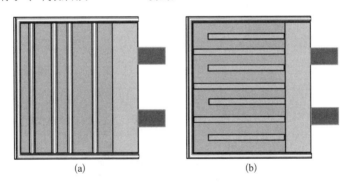

图 3‑13　固态增殖剂与液态增殖剂结构布局示意图

（a）固态氚增殖剂包层；（b）液态氚增殖剂包层

各个国家或组织发展的聚变堆设计及产氚包层设计概况如下。

1）ITER 发展

ITER[28]装置是世界上第一个聚变功率达 500 MW 的热核聚变试验装置，将全面验证聚变能源开发利用的科学可行性和工程可行性，其主要工程目标之一就是对产氚增殖包层模块进行试验。为了有效地验证产氚包层技术，在 ITER 装置中，在中子流量最高、热密度最大的位置上选取了 2 个窗口，用于开展实验包层（TBM）测试，如图 3‑14 所示，对未来商用示范聚变堆产氚和能量

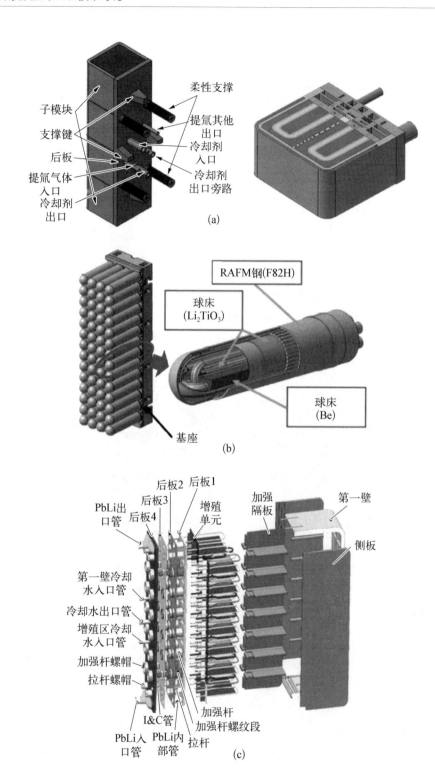

(a)

(b)

(c)

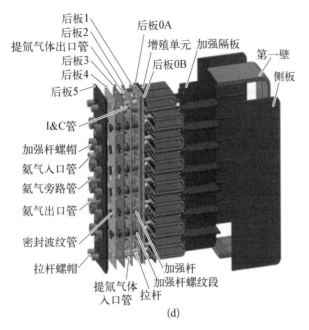

(d)

图 3-14　最新 ITER TBM 设计结构示意图（截至 2021 年）

(a) HCCB TBM；(b) WCCB TBM；(c) WCLL TBM；(d) HCCP TBM

获取技术进行实验,同时对设计、程序、数据等进行验证,并在一定程度上对聚变堆材料进行综合测试。目前 ITER TBM 项目各参与方设计的实验包层概念包括中国的氦冷陶瓷增殖剂(HCCB)包层、日本的水冷陶瓷增殖剂(WCCB)包层、欧盟的水冷液态锂铅(WCLL)包层以及欧盟、韩国合作开发的氦冷固态球床(HCCP)包层。

2) 欧盟聚变堆发展

欧盟于 2000 年启动聚变电站研究(PPCS)计划[29],该计划的主要目的是评估聚变的潜力以及确立一个具有可持续性和优先权的聚变计划。PPCS设计了 4 种聚变电站模式,其中 A 模型采用水冷液态锂铅(WCLL)包层,B 模型采用氦冷固态球床(HCPB)包层,C 模型采用双冷液态锂铅(DCLL)包层,D模型采用自冷液态锂铅(SCLL)包层。2014 年底,为加强欧盟各国在聚变研究方面的合作,欧盟聚变能发展联合会(EUROfusion)成立。EUROfusion 针对EU-DEMO 堆芯参数进行了多个版本的更新,并提出进一步发展 4 种先进产氚包层概念,即氦冷锂铅(HCLL)包层、水冷锂铅(WCLL)包层、氦冷球床(HCPB)包层和双冷锂铅(DCLL)包层,如图 3-15 所示。

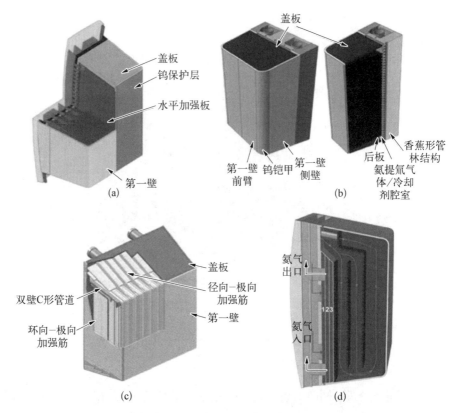

图 3-15 欧盟 EU-DEMO 包层概念设计结构示意图

(a) HCLL 包层;(b) WCLL 包层;(c) HCPB 包层;(d) DCLL 包层

3）美国聚变堆发展

美国于 1990 年开始了国家级聚变堆概念设计——ARIES 研究计划[30]。该计划的目标是设计未来先进的聚变示范堆,并对聚变能的发展潜力和相应的关键技术进行探索研究。20 多年来推出了一系列的概念堆设计,如图 3-16 所示,包括 ARIES-Ⅰ、ARIES-Ⅱ、ARIES-Ⅲ、ARIES-Ⅳ、ARIES-ST、ARIES-RS、ARIES-AT、ARIES-CS 等。为了追求好的经济性和稳定性,ARIES 计划前期的包层方案是氦冷固态包层;后期由于堆芯方案偏向于紧凑型设计,包层方案采用自冷液态锂/钒合金包层、双冷液态锂铅包层、自冷液态锂铅包层等,以满足高功率密度、高热流密度以及高热电转换的要求。目前最新的设计方案是 ARIES-ACT,该方案在 ARIES-ST、ARIES-AT 等装置基础上,结合了最新的等离子体物理及聚变堆工程技术,提高了堆芯等离子体的各项物理参数指标,旨在探求聚变堆在先进运行模式及连续运行模式下的各项物理及工程性能。此外,在美国能源部的支持下,美国基于先进能源提取(APEX)项目还开展了自冷熔盐氟锂铍包层设计研究。

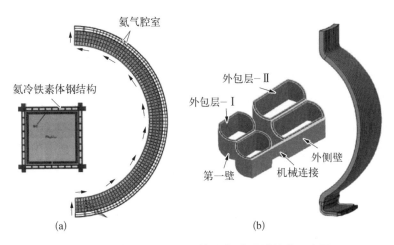

氦气腔室

氦冷铁素体钢结构

外包层-Ⅱ

外包层-Ⅰ

第一壁

机械连接

外侧壁

(a)

(b)

图 3-16　美国 ARIES 系列包层概念设计结构示意图

(a) DCLL 包层;(b) PbLi-SiC 包层

4) 日本聚变堆发展

日本早期发展的聚变堆计划主要包括 SSTR 系列和 FFHR 系列反应堆型等[31]。SSTR 系列反应堆型包括 1990 年设计的 SSTR 和 1999 年设计的 A-SSTR,整体在向紧凑型发展的过程中,逐步对其安全性、经济性方面进行改进。其包层概念采用水冷固态氚增殖剂(WCSB)包层。FFHR 系列反应堆型由于空间更加紧凑,开始选取的包层概念为自冷氟锂铍熔盐包层,而后又提出了自冷锂钒合金包层概念。此外,日本原子能机构(JAEA)还提出研究设计紧凑托卡马克聚变堆 VECTOR,其中包层概念设计采用自冷液态锂铅(SCLL)包层。目前,日本 JA-DEMO 最新设计优先考虑采用水冷固态氚增殖剂(WCSB)包层,其概念设计结构如图 3-17 所示。

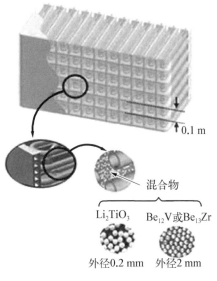

0.1 m

混合物

Li_2TiO_3　　$Be_{12}V$或$Be_{13}Zr$

外径0.2 mm　　外径2 mm

图 3-17　日本 JA-DEMO 包层概念设计结构示意图

5) 韩国聚变堆发展

韩国于 2007 年批准了聚变能发展法案[32],明确了工厂、大学、研究所等众多机构合作参与到一个长期的聚变研究及发展活动中。根据该法案,提出了 K-DEMO 的设计方案,将 K-DEMO 的发展划分为两步:第一步是作为一个商用反应堆的实验设施,首先对堆芯等离子体和包层部件进行实验测试,再验证整个堆的电能输出和氚自持;第二步则是将堆内整个部件升级,以演示未来商用聚变堆的经济性、可维护性和部件的有效性。目前 K-DEMO 提出了两种包层概念:水冷固态(WCSB)包层和氦冷石墨反射(HCCR)包层,如图 3-18 所示。

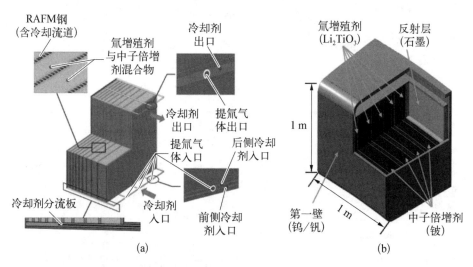

图 3-18 韩国 K-DEMO 包层概念设计结构示意图

(a) WCSB 包层;(b) HCCR 包层

6) 俄罗斯聚变堆发展

俄罗斯聚变发展的主要路线是 ITER—聚变示范堆(DEMO)—聚变电站(PFR)[33]。DEMO 作为聚变能发展计划中第一个聚变电站,将用于验证未来聚变电站(PFR)的相关技术、装置、系统以及可达到的热电转换效率,主要验证多种等离子体堆芯技术、多种包层和偏滤器先进概念以及多种材料的制造和活化分析研究等。目前发展的 DEMO 概念设计主要有脉冲运行的 DEMO-P 和稳态运行的 DEMO-S 等,研究的产氚包层概念包括自冷锂钒合金包层和氦冷固态锂陶瓷球床(HCSB)包层,如图 3-19所示。

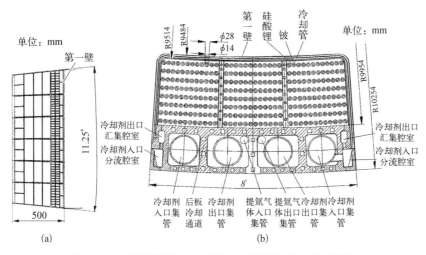

图3-19　俄罗斯RF-DEMO包层概念设计结构示意图

(a) Li-V合金包层；(b) HCSB包层

注：R 为半径；ϕ 为直径。

7) 印度聚变堆发展

印度的磁约束聚变研究成果主要是在 ADITYA 和 SST-1 两个托卡马克装置上取得的[34]。印度制定了详细的聚变能源发展路线图：一方面在自行研制的首个超导稳态托卡马克(SST-1)上继续开展稳态物理和相关技术研究，积极参与 ITER 计划的建造和实验；另一方面将建造一个 D-T 聚变装置 SST-2。在印度 DEMO 之前建成一个聚变功率达 1 GW 的实验聚变增殖堆(EFBR)，实现氚自持。在 2037 年建成聚变功率达 3.3 GW 的 DEMO。计划 2060 年建成 2 座 1 000 MW 核聚变示范堆。参与印度 DEMO 设计与模拟的研究单位包括印度等离子体研究所的巴巴原子能研究中心(BARC)和甘地原子能研究中心(IGCAR)，它们分别提出了锂铅冷却陶瓷增殖剂(LLCB)和氦冷固态增殖剂(HCCB)包层概念，如图 3-20 所示。

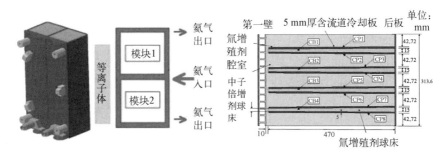

图3-20　印度DEMO包层概念设计结构示意图

8) 中国聚变堆发展

中国已有 40 余年受控核聚变研究发展历史,在国家"863 计划"长达 15 年 (1986—2000 年)的支持下,先后完成了不同堆型(磁镜、托卡马克)、不同用途(混合堆、工程实验堆、商用堆)的托卡马克聚变堆系列设计研究,目前主要在托卡马克装置 HL - 2A/3、EAST 和 J - TEXT 上开展国际前沿物理研究[35],同时根据实验取得的成果进一步开展中国聚变工程试验堆(CFETR)的前期研究工作。在产氚包层设计方面,国内两大主要核聚变研究单位核工业西南物理研究院和中国科学院等离子体物理研究所分别开展了氦冷固态陶瓷 (HCCB)包层和水冷固态陶瓷(WCCB)包层的设计,中国科学院核能安全技术研究所也开展了双功能氦冷液态金属(HCLL/DCLL)包层的设计,其中氦冷固态陶瓷(HCCB)包层和水冷固态陶瓷(WCCB)包层为 CFETR 装置的首选产氚包层概念,其概念设计结构如图 3 - 21 所示。

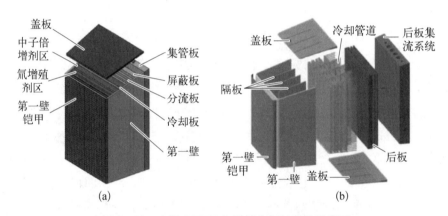

图 3 - 21 中国 CFETR 包层概念设计结构示意图

(a) HCCB 包层;(b) WCCB 包层

对于未来聚变示范堆及商业聚变堆,由于其堆芯功率大(>1 GW),运行时间长达数个月,因此产氚包层设计要求将更为苛刻,需要承受以下极端设计工况:

(1) 面向上亿度高温等离子体:① 承受高能粒子轰击,具备表面铠甲保护,不影响等离子体;② 承受约 $1 MW/m^2$ 的高表面热负载,具备良好的冷却、耐高温性能;③ 承受 14 MeV 高能中子辐照,具备良好的抗辐照性能,并有效导出核热沉积。

(2) 处于强电磁环境:承受约 10 T 瞬变磁场,具备良好的电磁兼容性能。

（3）满足复杂功能要求：① 确保产氚率足够高，实现全堆氚自持，具备良好的氚释放与提取性能；② 确保后侧超导磁体稳态运行，具备良好的辐射屏蔽性能；③ 确保经济效益好，冷却剂出口温度高，具备较高的热电转换效率。

目前提出的聚变堆产氚包层材料基本上难以满足这些要求，尤其是结构材料，尚未经过长时间、高剂量的聚变中子辐照测试，材料数据库还未完全建立。为充分评估聚变运行环境影响，需要搭建平台开展各种候选材料在中子、热、电磁等复杂多物理场条件下的性能测试，模拟等离子体中子源、非均匀体核热沉积、瞬态电磁场等的影响。

此外，产氚包层制造工艺仍需要进一步研发，包括 TIG 焊接、HIP 焊接、电子束焊接、激光焊接等各种焊接工艺和特种加工工艺，确保产氚包层结构具有足够的可靠性，能实现较长的 MTBF（平均失效时间）和较短的 MTTR（平均维修时间），满足聚变堆的可利用率要求。

3.4.4　发展方向

未来聚变堆产氚包层的选择需要考虑以下几个方面因素：

（1）具备足够的安全性，在正常运行及事故工况下不会对聚变堆运行造成严重影响。

（2）具备足够的经济性，冷却回路能量消耗低，热电转换效率高。

（3）具备足够的可用性，设计寿命足够长，在聚变堆寿期内不需要多次更换，且更换时间尽可能短。

（4）具备足够的技术成熟度，所需材料实现工业化批量生产，制造技术、冷却回路技术等通过广泛的工艺试验验证。

经过科学家多年的研究，从安全性、技术成熟度等方面考虑，以硅酸锂、钛酸锂等作为氚增殖剂的固态氚增殖剂包层是现有聚变技术的简单外推，短期内最有可能提前实现聚变堆应用。而从可用性、经济性等方面考虑，以液态锂铅共晶体等作为氚增殖剂的液态氚增殖剂包层则是远期最有潜力应用于未来聚变堆的产氚包层技术。

这两类产氚包层对应的材料如表 3-10 所示。其中，在冷却剂方面，近期产氚包层通常选择具有固有安全性的氦气以及广泛应用于工业界的水等，而远期产氚包层则倾向于出口温度较高的冷却介质，比如氦气、液态锂铅共晶体、超临界水、超临界二氧化碳等；在结构材料方面，近期产氚包层一般考虑已实现工业化生产的低活化铁素体钢,而远期产氚包层则倾向于高温力学性能优良的 ODS 铁素体钢、钒合金等。

表 3 - 10   未来聚变堆产氚包层材料选择

产氚包层材料	近　　期	远　　期
冷却剂	氦气、水	氦气、液态锂铅共晶体、超临界水、超临界二氧化碳
氚增殖剂	锂基陶瓷	液态锂铅共晶体
中子倍增剂	铍/铍合金	液态锂铅共晶体、铍合金
结构材料	低活化铁素体钢	ODS 铁素体钢、钒合金
面向等离子体材料	铍、石墨	碳纤维增强复合材料、钨/钨合金

未来聚变堆产氚包层还需要解决的问题主要包括以下几个方面:

(1) 结构材料、氚增殖剂、中子倍增剂等材料数据库的建立,包括热物理性能、热机械性能、中子辐照性能、高温蠕变性能、球床堆积性能等。

(2) 冷却风机/冷却泵研制,如氦气冷却回路中的高压氦气风机、液态金属冷却回路中的循环泵等。

(3) 液态金属磁流体动力学效应的缓解,如通过结构设计优化、电绝缘插件引入等。

(4) 冷却介质对结构材料的腐蚀效应研究,包括液态锂铅共晶体、超临界水、超临界二氧化碳等。

(5) 核-热-机械-电磁等多物理场条件下的产氚包层性能测试等。

3.5　冷屏与杜瓦

冷屏与杜瓦是保障聚变堆超导磁体稳定运行的必要系统。其中冷屏用于屏蔽堆芯的核热沉积和外部环境的辐射热量,杜瓦则通过提供真空环境减少超导磁体与其他部件的对流换热,极大地降低了低温系统的负荷,提高了超导磁体的运行稳定性。同时,它们还需要兼顾结构支撑功能,因此在设计中要考虑多种载荷,包括重力、电磁力、热应力、气压、地震载荷等,还要考虑与周边子系统的接口问题,包括与磁体、真空室、馈线、集合管、生物屏蔽层、遥控操作系统等的接口,要求系统有高的可靠性。

3.5.1 冷屏

冷屏(thermal shield,TS)是聚变装置中的隔热部件,其作用是阻隔来自真空室、杜瓦、集合管、中子源的热,并将热量带走,使到达超导磁体的热量降低到设计要求,以维持超导磁体的低温运行。由于冷屏运行在真空环境,气体的热对流作用微乎其微,故其热源类型主要为热辐射、导热、中子辐射。其空间位置分布在真空室和磁体之间的为内冷屏(vacuum vessel thermal shield,VVTS),又称为真空室冷屏;分布在磁体和杜瓦之间的为外冷屏(cryostat thermal shield,CTS),又称为杜瓦冷屏。图 3 - 22 所示为 ITER 的冷屏系统,内冷屏质量约为 360 t,外冷屏质量约为 520 t。

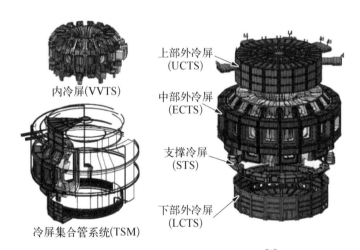

内冷屏(VVTS)

上部外冷屏
(UCTS)

中部外冷屏
(ECTS)

支撑冷屏
(STS)

下部外冷屏
(LCTS)

冷屏集合管系统(TSM)

图 3 - 22 ITER 冷屏的主要子系统[1]

1) 系统组成

冷屏系统主要包括以下 6 个子系统[36]。

(1) 外冷屏:位于杜瓦与磁体之间,用来阻隔来自杜瓦的热量。

(2) 内冷屏:位于环向场磁体线圈与真空室之间,用来阻隔来自真空室的热辐射和来自等离子体的中子辐射。

(3) 支撑冷屏:位于环向场磁体线圈重力支撑处,与外冷屏、内冷屏均相连,用来阻隔来自磁体重力支撑和杜瓦的热量。

(4) 冷屏集合管:冷屏集合管用于向冷屏各部件输入和输出冷却工质,带走热量,总管连接供冷系统,多条总管分出多路支路连接到冷屏子系统的小区域中。

(5) 冷却管路:分布在所有屏板上,对冷屏冷却,并带走热量,管道内通有低温氦气或液氮,冷却管通过集合管连接到供冷系统。

(6) 辅助仪器:用来监控冷屏的工作温度、结构状态等,包括各种传感器、线缆、控制柜以及真空馈线等。

2) 系统载荷因素

(1) 来自真空室的表面热辐射,对于 ITER 来说,真空室温度为 120℃[等离子体操作状态(plasma operation state,POS)]和 200℃[烘烤状态(baking operation state,BOS)]。

(2) 从常温杜瓦和磁体支撑而来,穿过冷屏支撑的辐射和导热。

(3) 从真空室集合管发出的热辐射,ITER 为 120℃(等离子体操作状态)和 200℃(烘烤状态)。

(4) 包层集合管的热辐射,ITER 为 150℃(正常等离子体操作状态)和 250℃(烘烤状态)。

(5) 作用于内冷屏(VVTS)上的中子核加热。

(6) 内部冷却剂压力和外部杜瓦内压力(水和低温流体在 4.5 K 和 80 K 的泄漏)的混合。一般情况下,冷却管内部压力应为 1.8 MPa,管外压力应为 0 MPa。

(7) 在冷屏上诱导出的总体和局部电磁载荷。

(8) 在正常和非正常操作条件下的电磁事件,包括① 竖直位移事件(vertical disruption event,VDE);② 主等离子体溃灭(major disruption,MD);③ 磁体快速放电(magnet fast discharge,MFD)。

(9) 重力载荷(自重)。在装配过程中以及正常和非正常状态下的重力载荷。

(10) 其他托卡马克组件施加的移动。冷屏要承受其他组件(TF 线圈和杜瓦)的位移带来的载荷,它们之间有冷屏支撑结构。

(11) 测试载荷。冷屏在测试、装配、试车、维修、部件拆卸中受到的各种力。

(12) 热诱导载荷。冷屏会遭受不同温度的热诱导载荷。

(13) 地震载荷。

3) 系统需求

(1) 热载荷需求:冷屏的作用应保证辐射到 4.5 K 磁体部件表面的热载

荷(热辐射和热传导)低于上限,包括总体和局部。

总体来说,在正常等离子体操作状态和烘烤状态条件下,从冷屏到 4.5 K 磁体表面的热载荷[37]应小于一定功率值(包括热辐射和冷屏支撑的热传导,不包括磁体重力支撑)。局部来说,辐射到 4.5 K 磁体表面的最大热载荷应小于一定单位面积功率值。

在正常等离子体操作状态条件下,施加于冷屏上的热载荷需小于一定功率值;在烘烤操作条件下,施加于冷屏上的热载荷需小于一定功率值。

(2) 机械应力需求:冷屏组件在装配态和子组件下,应能承受所有的载荷(重力、热、电磁),能承受支撑组件在挠曲、装配、拆卸、测试、地震、非正常事件下的载荷,并且不发生损坏;所有的冷屏在热扩展和收缩过程中不能超过容许应力[37];满足管道内外的压力要求;空隙应满足最大的设计热变形量;在不损伤冷屏或冷屏重力支撑的条件下,所有的载荷应该被抵消或在允许的范围内,除了第Ⅳ类事件(极不可能载荷类型)外,不能接触到邻近组件。

(3) 抗震需求:所有冷屏能承受地震载荷,在 SL-1 级地震事件下,不能发生冷屏损坏,不需要进行冷屏维修;在 SL-2 级地震事件下,允许冷屏系统损坏,但内冷屏不能发生需要拆卸真空室或内冷屏的损坏,对于其他冷屏,所有的组件都需要满足 SL-2 级地震下装置安全需求。

(4) 电磁载荷需求[37]:能够承受在冷屏上诱导出的总体和局部电磁载荷,能够承受正常和非正常操作条件下的电磁事件载荷,包括① 竖直位移事件(VDE);② 主等离子体溃灭(MD);③ 磁体快速放电(MFD);④ 电磁事件和其他载荷混合出现的复杂载荷。

(5) 接地和绝缘需求:中部赤道冷屏的重力支撑需要和环向场线圈进行电子绝缘,在溃灭、地震和其他动力事件下依然如此;为了不对环向和极向场系统造成不利影响,冷屏应在环向和极向上进行绝缘隔断;同样,外冷屏(CTS)的上下部需要有比杜瓦更高的电阻;排除冷屏和真空室及磁体间的电接触,排除赤道冷屏和其他冷屏间的电接触;排除冷屏子部件间迷宫接口的电接触(具有表面电绝缘或足够的间隙);冷却管道的排布需要电接地;内冷屏防止聚集放电,需要接地,在需要的情况下可接电阻;利用相应的结构连接,对外冷屏接地。

(6) 仪器和控制需求:需要提供仪器监控冷屏的状态[37],传感器在计算的磁场条件下在安装的位置能够运行;获取冷屏以及关联装置上的传感器信号,需要将信号传送到本地数据面板,数据面板连接到数据获取系统,在冷屏附近需要小隔间;冷屏应符合装置控制设计手册(PCDH)中的标准、规定、接口;在装置系统主机上的装置控制系统接口由中央控制系统（control，data access and communication，CODAC）提供，安装在冷屏仪器本地小隔间内；每个集合管都需要远程显示氦气的进出口温度、质量流量，保证试车过程中流量平衡，保证运行过程中的热平衡；每个集合管都应该有远程操控和隔离阀，隔离阀位于冷屏冷阀盒内。

（7）真空需求和真空分类：冷屏的设计、构造及所用材料，应满足提供一定的高质量真空条件，特别是要符合相应真空设计手册的需求。杜瓦内冷屏组件的真空类别为 2B，贯穿杜瓦壁的氦管路为 2A；需要满足一定的最大漏率，ITER 冷屏装配体允许的最大漏率为 1×10^{-5} Pa·m^3/s。

（8）核屏蔽需求：在内冷屏的内侧应附加中子屏障组件。

（9）材料需求：冷屏的材料和表面加工应符合相应的真空设计手册；选择材料要综合考虑成本、性能、制造；面对其他组件的冷屏表面应覆盖低发射系数材料；结构材料选用低导热、高强度材料来支撑；电绝缘的非金属材料和低热损失结构组件要与真空设计手册兼容；卤代材料（如绝缘材料和垫片材料）被禁止应用于除氚系统区域；冷屏材料应该与核环境兼容。

（10）制造需求：真空冷屏加工应适合相邻组件的间隙；制造、安装、定位公差的总和不应超过指定总公差带的允许值，以便真空室冷屏适应空间包层，保持精确的操作空间。

（11）维护需求：维修需求应与托卡马克装置定义的维修周期一致，冷屏的标准维修应最大限度地符合装置短期和长期维修周期；应该建立安排的和未安排的 TS 操作维修计划；冷屏的 RAMI（可靠性、可用性、可维护性、可检查性）分析完成后应有详细的说明计划。

（12）远程操作需求：冷屏属于永久性组件，远程操作类别为 RH（远程操作）类 3，即外冷屏组件的单个板可以用远程操作进行替换，内冷屏运行期间不进行更换。

（13）停运需求：在停运时，冷屏应满足低辐射不锈钢的要求。

4）基础结构

冷屏的主要作用是热屏蔽，热屏蔽的功能主要靠基础结构来实现，随着时间和应用场景的不同，冷屏发展出了不同的基础结构，聚变领域中常用的冷屏有如下几种基础结构。

（1）管板焊接结构。由于其结构简单，是冷屏中最常用的一种结构。冷却管道直接焊接到屏蔽板上，热量可以通过焊点导走，在 80 K 的低温下，不锈钢的热导率只有 8 W/(m・K),所以其导热性能一般。如图 3 - 23 所示,这种方法应用在 ITER 的冷屏上,需要焊接的管道长度约为 12 400 m,需要巨大的人力。为了减少辐射热量,ITER 的冷屏在其表面镀了一层银,银的发射系数很低,可达到 0.03,但少量的银容易使物质放射性超标。

（2）带导热块或导热带的管板结构[38]。为了提高管与板之间的导热,增加了导热性好的材料来提高热流速率,一般采用铜块或铜带连接管和板,这种导热块通常是 L 形、U 形或 Q 形的,导热带呈辫子状。如图 3 - 24 所示,这种方法应用在 Wendelstein 7 - X 的外冷屏和内冷屏上,其热绝缘包含了多层绝热材料和热屏蔽[5]。外冷屏管道通过铜块焊接在热屏蔽上。内冷屏管道与涂锡

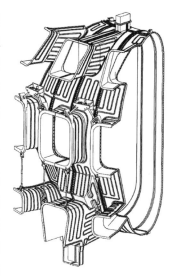

图 3 - 23 ITER 内冷屏的管板焊接结构[2]

的辫子状铜带焊接,铜带另一端通过铆钉连接到由铜网覆盖的多层玻璃纤维板上。这种结构降低了对弯曲管道的加工精度要求,降低了内冷屏焊接变形的风险。但需要完成大量异种金属焊接,容易藏匿杂质和驻留腐蚀性液体。

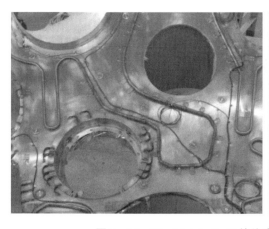

图 3 - 24 Wendelstein 7 - X 的外冷屏(左)和内冷屏(右)

（3）胀板结构。这种结构能达到较低的平均温度和较轻的重量。该结构需要使用高强度焊接来连接板,需要使用高压膨胀成型工艺来塑造管道流道。

如图 3-25 所示,这种方法应用在大型杜瓦罐冷屏上,用来测试大型超导磁体。这种冷屏兼具多种优点,但焊接量大,对于复杂的几何空间,流道内的流量难以均衡。

图 3-25　大型超导磁体测试真空杜瓦冷屏

（4）双层屏蔽板结构。为了增加导热能力并在厚度方向保持较窄的空间,由单层屏蔽衍生出了双层屏蔽。三明治结构包含了两层板和之间的冷却管道。与单层屏蔽板对比,在稳态运行条件下,双层屏蔽板会有两条导热路径,能提高约 6% 的热屏蔽性能。如图 3-26 所示,这种方法应用在中国全超导托卡马克（EAST）上[39]。方管可以让结构更紧凑并增加了接触面积,但需要更多的焊接工作,容易形成藏匿杂质和腐蚀性液体的空间。

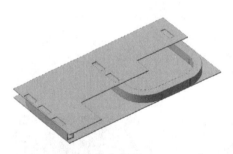

图 3-26　EAST 内冷屏的双层结构方案

5）热载荷计算

冷屏的热源由大到小主要为热辐射、导热、中子加热,不同的装置所占比重不同,不同功率运行条件下也会有差异。以 ITER 为例,进入冷屏的热载荷统计列于表 3-11。

表 3-11　进入 ITER 冷屏的热载荷统计[7]

热 源 类 型	等离子体运行工况 POS/W	烘烤运行工况 BOS/W
热辐射	269 400	463 100
导热	20 114	20 114

（续表）

热 源 类 型	等离子体运行工况 POS/W	烘烤运行工况 BOS/W
中子加热	2 700	0
总计	292 214	483 214

（1）热辐射载荷计算：冷屏与热源之间及冷屏与磁体之间的热交换主要靠热辐射，热辐射与温度的四次方和面积成正比。冷屏接收到的辐射热流量的计算公式[8]如下。

$$q = \frac{\dfrac{A_h}{A_c}\sigma(T_R^4 - T_S^4)}{\dfrac{1}{\varepsilon_1} + \dfrac{A_h}{A_c}\left(\dfrac{1}{\varepsilon_2} - 1\right)} \tag{3-3}$$

式中：q 为热流密度，W/m^2；σ 为 Stefan - Boltzmann 常数，$5.67 \times 10^{-8}\ W/(m^2 \cdot K^4)$；$A_h$ 为外辐射源的面积，m^2；A_c 为冷屏的面积，m^2；ε_1 为外辐射源的发射率；ε_2 为冷屏的发射率；T_R 为外辐射源的温度，K；T_S 为冷屏温度，K。冷屏与热源距离很近，用于估算，可取 $A_h/A_c = 1$。

（2）导热载荷计算：冷屏会有来自支撑的导热，计算导热功率的公式如下。

$$Q = \frac{(T - T_c)kA}{L} \tag{3-4}$$

式中：Q 为导热功率，W；T 为支撑热端温度，K；T_c 为支撑冷端温度，K；k 为热导率，$W/(m \cdot K)$；A 为导热面积，m^2；L 为支撑的长度，m。

（3）中子加热载荷：中子加热功率可以通过中子通量和冷屏体积计算，所有的冷屏都暴露在中子加热中，主要集中在内冷屏和附加的中子屏蔽（ANS），附加的中子屏蔽在内冷屏的内侧，用以保护中心螺线管线圈。对于运行在 500 MW 脉冲下的 ITER 来说，内冷屏（包括窗口）的总中子加热功率为 2 245 W，其中真空室冷屏为 1 192 W，附加中子屏蔽为 1 000 W，窗口为 53 W。

6）电磁载荷计算

冷屏工作在由环向场和极向场以及等离子体电流诱导的电磁场的复杂电磁环境下，在计算电磁载荷时必须考虑环向场线圈电流、极向场线圈电流和等离子体电流。磁体中的电流都有较为固定的位置和大小,容易计算,但等离子体电流会随着空间和时间产生变化,这种变化又与周围的导体产生电磁交互变化,非常复杂。所以,在电磁仿真计算中将运动的等离子体电流对应分布到固定的线束网格中,以固定网格内的电流变化来模拟等离子体电流的空间和时间变化。由于电磁场与导体之间会相互影响,所以在计算模型中要将真空室、杜瓦、冷屏、磁体全部考虑进来。图 3 - 27 所示为 CFETR 冷屏电磁载荷计算的简化模型。

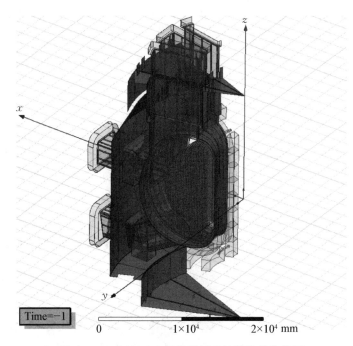

图 3 - 27　CFETR 冷屏电磁载荷计算的简化模型

等离子体自己产生的环向磁通量在数值模拟中是通过虚拟的环向螺线管来模拟的,这个虚拟的螺线管放置于真空室的中间,最终的磁通量将是磁体和等离子体磁通量之和。虚拟螺线管允许考虑等离子体的抗磁和顺磁特性,这里主要是顺磁特性,所以虚拟螺线管产生的磁场与 D 形线圈产生的磁场方向相同。在热溃灭的终点,抗磁通量衰减至 0,而顺磁通量消失在等离子电流溃灭的终点。

7) 发展方向

常用的管板型冷屏存在大量的焊接工作,不但工作量大还容易发生焊接变形、泄漏等情况,温度分布也不均匀。为了解决这些问题,科学家对新型的深孔型冷屏展开初步研究[40]。深孔型冷屏不但减少了焊接工作量和焊接变形情况,还有效地提高了温度分布的均匀性,并且表面光滑易于进行表面处理。胀板型的冷屏结构具有温度均匀、表面光滑的特点,解决好焊接和变形问题后具有很好的发展前景。冷屏的表面会用到银涂层以降低表面发射系数,但是银属于活化元素,即使微量的银也会导致 100 年后的材料放射性超标,所以应减少银的使用。在有效提高冷屏的导热性能后,应该考虑使用其他表面涂层来取代银,例如铬和钨等低活化、低表面发射系数的元素。对于小型堆,为了减少系统的复杂性,提高空间的有效利用率,冷屏部分也可以直接集成到磁体上。

3.5.2　杜瓦

在聚变反应堆中,杜瓦系统为极低温的超导磁体、冷屏等系统以及高温的冷却管路提供 $10^{-3}\sim10^{-4}$ Pa 的真空环境,可以减少高低温部件与气体之间的对流换热;同时,杜瓦通过支撑部件将施加在真空室、超导磁体、冷屏等系统的巨大惯性力、电磁力与热应力传递到地基和生物屏蔽层,保证装置的安全运行;杜瓦还通过不同规格的窗口为内部系统提供通道,实现加热、送料、控制、诊断、供电、维护等各种功能;最后,杜瓦是聚变堆放射性物质的二级约束部件,在发生泄漏事故时防止放射性物质直接释放在环境中。因此,杜瓦系统的结构安全性和密封性对于整个聚变堆的安全服役具有至关重要的意义。

根据其功能,聚变反应堆杜瓦可以分为壳体、支撑、窗口和辅助系统四类部件。

1) 壳体

杜瓦壳体的主要功能是抵抗内外压差、维持装置的真空度。壳体通常由球形顶盖、圆筒环体和底座组成,各部分之间采用焊接或拴接方式进行组装,并通过在壳体内外侧布置 T 形加强筋的方式增强稳定性。

从表 3-12 可以看出,杜瓦的尺寸随着聚变装置的发展不断增大[41-44]。根据式(3-5)可知,外压圆筒承受的环向膜应力与筒体直径成正比,为了保证杜瓦壳体的受力不超过材料的许用应力,就要不断增加其厚度。

$$\sigma=\frac{D_{o}p}{2e} \tag{3-5}$$

式中:D_o 为圆筒外径;p 为外压;e 为圆筒的壁厚。

表 3‑12　超导托卡马克杜瓦参数

参　数	EAST	KSTAR	JT‑60SA	ITER	CFETR	EU‑DEMO
直径/m	7.6	8.8	14	28.6	38	—
高度/m	7.1	8.6	16	29.3	39.6	—
壳体壁厚*/mm	25	30	34	50	50	10
材料	304L	304L	304	双标 304/304L	双标 304/304L	304L
自重/t	95	180	485	3 850	6 700	3 125
静载/t	353	600	1 685	约 20 000	约 30 000	—

注：＊代表杜瓦环体的最大直径。

增加壁厚不仅会给支撑部件带来额外的惯性载荷，还会增大制造和装配难度，提高装置的建造成本，如 CFETR 的杜瓦重达 6 700 t，预计制造成本为 10 多亿元人民币[45]。针对以上问题，美国提出紧凑型堆设计概念，利用高温超导磁体的高性能特点缩小装置的尺寸，提高经济性。而欧盟 DEMO 装置的杜瓦则考虑将大气压强的作用传递给生物屏蔽层，从而可以极大地降低杜瓦的壁厚和重量[46]。

杜瓦除了自身结构强度之外，还需要验证外压下的壳体稳定性，可参考 ASME 第 8 卷或 GB 150 中的线算法对临界外压进行校核，也可以采用有限元方法对杜瓦进行屈曲分析和稳定性评定。

在发生管道破裂事故时，冷却剂、低温冷媒可能会泄漏到杜瓦中，引起杜瓦内部的压力急剧升高，甚至超过大气压强。当内部压力达到一定阈值，将会启动杜瓦的紧急泄放系统，将内部气体排放到泄压罐中，以保证装置的安全。

2) 支撑

在聚变堆运行过程中，杜瓦除了承受自身、真空室、包层、超导磁体、冷屏等系统的重力外，还要承受数十倍于重力的动载荷，如等离子体大破裂或垂直不稳定事件产生的瞬态电磁力，地震事故下垂直和水平加速度带来的惯性力，以及等离子体运行、真空烘烤或泄漏事故导致的局部热应力等，这些载荷会使其杜瓦产生径向、纵向和环向运动的趋势，杜瓦通过支撑部件将这些载荷传递到地基和生物屏蔽层上,保证了自身的结构安全[47]。

以图3-28所示的CFETR杜瓦为例,支撑由底部的支撑环、支撑柱和侧面的裙座组成,支撑环为中空矩形截面的环形结构,内侧布置有加强筋进行加固,顶部通过螺栓组与重力支撑进行连接。由于电磁力和惯性力会使超导磁体和真空室产生倾覆的趋势,因此支撑环受径向力矩的作用会产生较大的弯曲应力。支撑环底部通过球轴承与支撑柱进行连接,支撑柱具有很高的结构刚度和强度,主要将杜瓦承受的纵向载荷传递到地基,一般布置在等径的圆周上保证均匀受力,中心轴与磁体重力支撑的重心重合,从而降低了支撑环承受的剪切应力。杜瓦底座的边缘通过裙座固定在生物屏蔽层上,约束了杜瓦的纵向位移和环向转动,但径向上允许杜瓦产生一定位移,来补偿自身的热收缩以及横向载荷的影响。

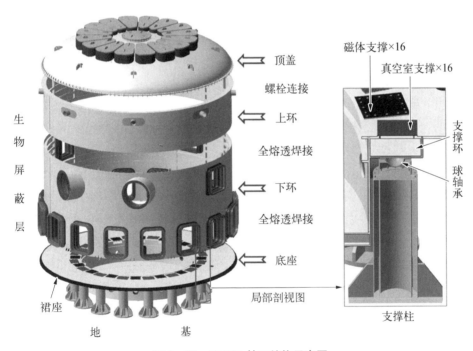

图3-28 CFETR杜瓦结构示意图

3) 窗口

杜瓦是隔绝聚变堆内部真空环境的屏障,其他系统的物质或信息传递必须通过杜瓦窗口才能实现,因此杜瓦几乎与所有系统都存在接口关系。功能类窗口可以划分为加热、诊断、送料、低温、馈线、冷却、排水、维护、遥操、抽气等窗口,其中加热、诊断等窗口与真空室连通,要求更高的真空度。根据部件的维护周期,窗口可以分为固定窗口和活动窗口,固定窗口一般布置在环体或底座上,安装完成后一般不会拆卸,活动窗口指可移除的顶盖、底座中心盖以及人员检修孔,用于内部部件的周期性维护或更换。根据窗口的功能需求和受力情况,一般采用焊接、法兰或金属密封来保证真空度。窗口处的开孔通过法兰和加强筋进行补强,内外两侧则通过波纹管与其他系统的窗口延伸段进行连接,补偿在各种工况下部件之间的相对位移,防止杜瓦壁面受力过大而破坏。

杜瓦窗口的分布原则是尽可能均匀地布置在整个壳体上,避免杜瓦重心偏移和受力不均。由于和真空室连通的窗口会减少增殖包层可布置的区域,使 TBR 出现较大的损失,因此 CFETR 等基于实现氚自持的装置在赤道区域仅保留中性束加热、诊断等必需的窗口,将电子回旋、离子回旋、低杂波等辅助加热系统转移到顶盖区域,同时,利用遥控操作技术可以将包层模块从顶部的窗口快速更换。但由于球形顶盖的几何限制,顶部窗口采用扇形截面的设计,增加了结构设计和工程制造的难度。

4)辅助系统

杜瓦配备真空抽气系统、泄放系统、监测系统等辅助系统。聚变堆在运行过程中,先通过泵系统将内部真空抽到 10^{-4} Pa 左右,通常抽气过程需要数十到数百小时。由于真空室、超导磁体、冷屏和杜瓦的金属壁面会不断放气,各窗口以及内部冷媒也可能出现微漏情况,因此需要继续运行泵系统来维持真空。泄放系统主要用于超压的释放,一般在超导磁体系统或水冷系统出现了极为严重的冷却剂泄漏时才需要启动。监测系统主要对杜瓦的内部压力、壁面温度和结霜情况进行监测,了解杜瓦系统的运行状态。

参考文献

［1］ 王秋良. 高磁场超导磁体科学［M］. 北京:科学出版社,2008.

［2］ Ferrari M, Barabaschi P, Jong C, et al. Design optimisation of the ITER TF coil case and structures［J］. Fusion Engineering and Design, 2005, 75 - 79:207 - 213.

［3］ 傅丽莹. ITER 纵场磁体超导馈线系统线圈终端盒的设计与分析［D］. 安徽:安徽理工大学,2010.

［4］ Shimomura Y, Spears W. Review of the ITER project［J］. Applied Superconductivity, IEEE Transactions on, 2004, 14(2):1369 - 1375.

［5］ Wan Y, Li J, Liu Y, et al. Overview of the present progress and activities on the

CFETR[J]. Nuclear Fusion, 2017, 57 (10)：102009.

[6]　Zhuang G, Li G Q, Li J, et al. Progress of the CFETR design[J]. Nuclear Fusion, 2019, 59(11)：112010 - 112016.

[7]　Davis A, Menard J, El Gueblay L, et al. PPPL ST - FNSF engineering design details[J]. Fusion Science and Technology, 2015, 68(2)：277 - 281.

[8]　Najmabadia F, The ARIES Team, Abdou A, et al. The ARIES - AT advanced tokamak, advanced technology fusion power plant[J]. Fusion Engineering and Design, 2006, 80(1 - 4)：3 - 23.

[9]　Creely A J, Greenwald M J, Ballinger S B, et al. Overview of the SPARC tokamak[J]. Journal of Plasma Physics, 2020, 86(5)：865860502.

[10]　李强. HL - 2A 托卡马克工程和实验概况[J]. 原子能科学技术,2009,43(增刊 2)：205 - 209.

[11]　Lee G S, Kim J, Hwang S M, et al. The design of the KSTAR tokamak[J]. Fusion Engineering and Design, 1999, 46(2 - 4)：405 - 411.

[12]　Ioki K, Barabaschi P, Barabash V, et al. Design improvements and R&D achievements for VV and in-vessel components towards ITER construction[J]. Nuclear Fusion, 2003, 43(4)：268 - 273.

[13]　Shibama Y, Okano F, Yagyu J, et al. Welding technology on sector assembly of the JT - 60SA vacuum vessel[J]. Fusion Engineering and Design, 2015, 98 - 99：1614 - 1619.

[14]　Cai L J, Liu D Q, Ran H, et al. Preliminary calculation of electromagnetic loads on vacuum vessel of HL - 2M[J]. Plasma Science and Technology, 2013, 15(3)：271.

[15]　黄运聪,冉红,曹曾,等. HL - 2M 真空室用 Inconel 625 材料性能研究[J]. 核聚变与等离子体物理,2016,36(3)：237 - 242.

[16]　Ioki K. Design of the ITER vacuum vessel[J]. Fusion Engineering and Design, 1995, 27(1 - 2)：39 - 51.

[17]　Pitcher C S, Stangeby P C. Experimental divertor physics[J]. Plasma Physics and Controlled Fusion, 1997, 39(6)：779 - 930.

[18]　Heinrich P, Manz P, Bernert M, et al. Self-sustained divertor oscillations in ASDEX Upgrade[J]. Nuclear Fusion, 2020, 60(7)：076013.

[19]　Brezinsek S, Kirschner A, Mayer M, et al. Erosion, screening, and migration of tungsten in the JET Divertor[J]. Nuclear Fusion, 2019, 59(9)：096035.

[20]　Sieglin B, Eich T, Scarabosio A, et al. Power load studies in JET and ASDEX - Upgrade with full - W divertors[J]. Plasma Physics and Controlled Fusion, 2013, 55(12)：124039.

[21]　Ezato K, Suzuki S, Seki Y, et al. Progress of ITER full tungsten divertor technology qualification in Japan[J]. Fusion Engineering and Design, 2015, 98 - 99：1281 - 1284.

[22]　冯开明. ITER 实验包层计划综述[J]. 核聚变与等离子体物理,2006,26(3)：161 - 169.

[23] 吴宜灿,王红艳,柯严,等. 磁约束聚变堆及 ITER 实验包层模块设计研究进展[J]. 原子能物理评论,2006,23(2):89-95.

[24] 柏云清,陈红丽,刘松林,等. 聚变堆增殖包层概念特征比较研究[J]. 核科学与工程, 2008,28(3):249-255.

[25] 刘松林,柏云清,陈红丽,等. ITER 氚增殖实验包层设计研究进展[J]. 核科学与工程,2009,29(3):266-272.

[26] Giancarli L M, Abdou M, Campbell D J, et al. Overview of the ITER TBM Program[J]. Fusion Engineering and Design, 2012, 87(5-6):395-402.

[27] Abdou M, Morley N B, Smolentsev S, et al. Blanket/first wall challenges and required R&D on the pathway to DEMO[J]. Fusion Engineering and Design, 2015, 100(4):2-43.

[28] 王晓宇,段旭如,赵奉超,等. 中国 ITER 氦冷固态增殖剂实验包层系统设计研发进展[J]. 中国核电,2020,13(6):753-758.

[29] Marbach G, Cook I, Maisonnier D, et al. The EU power plant conceptual study[J]. Fusion Engineering and Design, 2002, 63-64:1-9.

[30] El-guebaly L, Mynsberge L, Davis A, et al. Design and evaluation of nuclear system for ARIES-ACT2 power plant with DCLL blanket[J]. Fusion Science and Technology, 2017, 72(1):17-40.

[31] Sagara A, Tanaka T, Muroga T, et al. Innovative liquid breeder blanket design activities in Japan[J]. Fusion Science and Technology, 2005, 47(3):524-529.

[32] Lee D W, Lee E H, Kim S K, et al. R&D activities of the liquid breeder blanket in Korea[J]. Fusion Engineering and Design, 2012, 87(5-6):706-711.

[33] Shatalov G, Kirillov I, Sokolov Y, et al. Russian DEMO-S reactor with continuous plasma burn[J]. Fusion Engineering and Design, 2000, 51-52:289-298.

[34] Aggarwal D, Danani C, Youssef M Z. Preliminary performance analysis and optimization based on 1D neutronics model for Indian DEMO HCCB blanket[J]. Plasma Science and Technology, 2020, 22(8):085602.

[35] Cao Q X, Wang X Y, Wu X H, et al. Neutronics and shielding design of CFETR HCCB blanket[J]. Fusion Engineering and Design, 2021, 172:112918.

[36] Her N, Hur J, Kang K, et al. Progress on the manufacturing of ITER thermal shields[J]. Fusion Engineering and Design, 2020, 160:111855.

[37] Chang H N, Nam K, Dong K K, et al. Final design of ITER vacuum vessel thermal shield[J]. Fusion Engineering and Design, 2013, 88(9-10):1896-1899.

[38] Riße K, Nagel M, Pietsch M, et al. Design and assembly technology for the thermal insulation of the W7-X cryostat[J]. Fusion Engineering and Design, 2011, 86(6-8):720-723.

[39] Nagel M, Freundt S, Posselt H. Thermal and mechanical analysis of Wendelstein 7-X thermal shield[J]. Fusion Engineering and Design, 2011, 86(9-11):1830-1833.

[40] 谢韩,廖子英. EAST 超导托卡马克冷屏结构与受力分析[J]. 核聚变与等离子体物

理,2005,25(2): 133 - 138.

[41] Yu J, Wu S T, Mao X Q, et al. Cryostat engineering design and manufacturing of the EAST superconducting Tokamak[J]. Fusion Engineering and Design, 2007, 82 (15 - 24): 1929 - 1936.

[42] Her N I, Kim B C, Hong K H, et al. Development of the cryostat vessel for KSTAR tokamak[J]. Journal-Korean Physical Society, 2006, 49: S287 - S291.

[43] Shibama Y K, Sakurai S, Masaki K, et al. Conceptual design of JT - 60SA cryostat[J]. Fusion Engineering and Design, 2008, 83(10 - 12): 1605 - 1609.

[44] Botija J, Alonso J, Fernandez P, et al. Structural analysis of the JT - 60SA cryostat vessel body[J]. Fusion Engineering and Design, 2013, 88(6 - 8): 670 - 674.

[45] Zhen W, Yang Q X, Hao X. Conceptual design and structural analysis of the CFETR cryostat[J]. Fusion engineering and design, 2015, 93, 19 - 23.

[46] Ciupiński Ł, Zagrajek T, Marek P, et al. Design and verification of a non-self-supported cryostat for the DEMO tokamak[J]. Fusion Engineering and Design, 2020, 161: 111964.

[47] Doshi B, Zhou C, Ioki K, et al. ITER Cryostat — an overview and design progress[J]. Fusion Engineering and Design, 2011, 86(9 - 11): 1924 - 1927.

第 4 章
关键支撑系统

聚变反应堆的关键支撑系统是聚变反应堆正常运行的保障,主要包括加热与电流驱动系统、测量(诊断)与控制系统、真空系统、低温系统、遥操系统以及供电系统。

4.1 加热与电流驱动系统

聚变等离子体一旦达到自持燃烧后,主要由聚变反应物 α 离子加热。等离子体加热的作用是使聚变堆等离子体达到自持燃烧所需要的温度;等离子体电流驱动的作用是维持聚变等离子体的稳态运行[1]。它们是聚变堆不可或缺的重要组成部分。聚变堆加热和电流驱动主要采用中性束注入和射频波系统来实现。

中性束注入聚变等离子体后,通过电离或电荷交换,成为带电离子而被聚变堆的强磁场捕获,然后与等离子体离子和电子发生库仑碰撞,将能量传给等离子体,使等离子体温度上升。中性束加热具有加热机制清楚、加热效率高、不受等离子体位形影响的优点[2]。射频波能量的阻尼是波与粒子相互作用的结果,主要有两种方式。粒子在垂直于磁场的方向上绕着磁力线旋转,即拉莫尔运动。如果注入射频波的电场旋转与粒子的旋转方向和频率一致,那么粒子将从射频波得到能量,提升垂直方向的速度,称为回旋共振;在平行于磁场的方向上,当粒子的运动速度与注入射频波的相速度相近时,则发生朗道阻尼,射频波把能量沉积在粒子平行分量上,使速度分布函数在共振速度附近变平,然后通过速度空间的碰撞将能量传递给非共振粒子。对聚变等离子体注入环向不对称波谱的射频波,能够驱动等离子体电流。

4.1.1　中性束注入

聚变堆中性束注入束线主要包括离子源、中性化室、真空室、偏转磁场、量热靶、漂移管道、真空抽气系统、水冷系统、电源系统、时序控制保护系统等(见图4-1)。

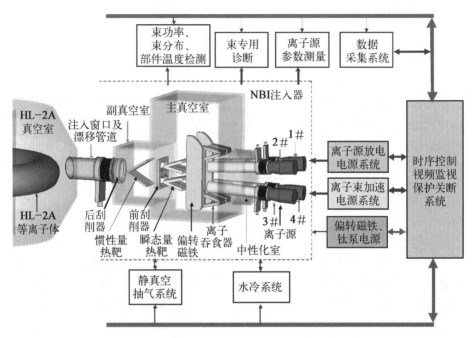

图4-1　HL-2A装置中性束束线结构和布局示意图

离子源是中性束束线的核心部件,包括等离子体产生器和加速器两部分。目前中性束加热用等离子体产生主要有两种方式,分别为热阴极弧放电和射频感应放电。热阴极弧放电由加热的阴极钨灯丝发射电子,通过弧压加速并碰撞电离中性气体而产生等离子体。射频感应放电是通过线圈上加射频电流感应出交变电磁场,电子在感应电场的作用下加速并碰撞中性气体而电离产生等离子体。加速器通过静电场将放电室放电产生的离子引出并加速到一定能量。

中性束室的作用是将由离子源引出加速后的离子中性化。目前主要的中性化方式为离子与中性气体靶碰撞。由于离子中性化效率随着离子能量的提高衰减很快,特别是当离子能量超过100 keV时,负离子束的中性化效率仍旧可以保持较高的数值,并且随着负离子能量的提高,中性化效率基本保持不变[4]。因此,对于较高能量的中性束束线一般采用负离子源。产生负离子的方式主要包括体产生和等离子体电极表面产生。为了提高负离子产额,目前采用的常用方法是向放电室内馈入铯,负离子产额可以达到没有馈铯情况下的 3 倍。由于热阴极弧放电离子源内灯丝寿命限制,长脉冲较高能中性束束线离子源大多采用射频负离子源。

负离子源引出束密度较低,约为正离子源引出束密度的 1/10。因此,要产生特定的引出束流,负离子源引出束面积相比正离子束要大很多。而聚变堆窗口不能太大,因此对负离子源中性束束线设计和加工提出了较高要求。负离子源放电气压较正离子源的低,一般为 0.3 Pa 左右,加速器电极内气压越低越好,以降低加速中的负离子电子剥离概率。因此,要形成一定厚度的中性化气靶,中性化室长度较长。

中性束射频负离子源虽然没有阴极灯丝寿命限制,但是馈铯增加了其维护频率。如何不馈铯产生负离子,已成为当前热门的研究课题。另外,寻找合适中性化靶,提高高能正离子束中性化效率也是一较好的解决途径。

4.1.2　射频波系统

聚变堆射频波加热和电流驱动主要使用电子回旋波、离子回旋波和低杂波。在聚变堆条件下,它们分别是毫米波、米波和厘米波[5]。不同波段的射频波在聚变堆等离子体中的加热和电流驱动的应用方面有许多共同之处,又因为频率不同,表现出各自的特点,所以在聚变等离子体中可达到不同的应用目的。

1) 离子回旋系统

离子回旋加热和电流驱动系统从外部向聚变等离子体发射高功率射频波,其频率接近离子在磁场中做回旋运动的频率或它的谐波。根据聚变堆的环向磁场范围和加热方式,离子回旋波频率范围为 50~130 MHz,属于短波和超短波范围。因而离子回旋射频系统在工程上可基于调频广播系统的大多数成熟技术[6]。

离子回旋系统的发射天线由安装在真空室内部的多个极向导体电流带组成,如图 4-2 所示,波与等离子体属于近场耦合。离子回旋波无论用于加热和电流驱动都有很好的可近性。单波传播到离子回旋共振层时,通过回旋阻尼,波功率沉积在共振层。离子回旋波没有密度极限,可以实现聚变等离子体芯部加热,可直接加热离子,也可以加热电子。离子回旋加热和中性束是两种最有效的加热离子的方法。

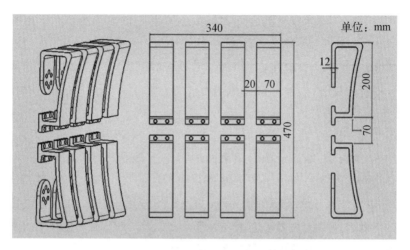

图 4‑2　HL‑3 装置离子回旋天线电流带结构图

离子回旋加热常用的加热方式有少数离子基频加热和二次谐波加热。在等离子体温度较低时,少数离子基频加热吸收效率比二次谐波加热高。但是由于离子回旋波的极化特点,基频波只作用于少数离子,而不是整个等离子体中的离子。这种加热方式适合聚变堆的启动阶段。二次谐波加热在高温等离子体中有较好的吸收效率。由于氦‑3 离子的回旋频率正好等于氘离子的 2 倍,可用于聚变堆点火。在聚变堆等离子体启动后,送入少量的氦‑3 气体并投入离子回旋系统,氦‑3 离子通过基频加热,再通过碰撞加热氘、氚离子。随着氚离子温度上升,二次谐波吸收效率增加。数秒后,氚离子直接吸收离子回旋波能量,可停止送入氦‑3 气体。

未来聚变堆连续运行,必须长期维持等离子体电流。由于离子回旋波到高温等离子体芯部有极好的穿透性和较高的电流驱动效率,离子回旋快波驱动特别适用于建立自举电流的种子电流,为在聚变等离子体芯部获得驱动电流提供了一种方法,有望成为控制中心电流密度分布的有效手段。

离子回旋系统的主要挑战在于杂质问题。离子回旋发射天线安装在真空室内部并且必须离等离子体足够近,以使发射天线材料表面受到高能离子轰击。发射天线材料进入等离子体后,通常会降低聚变等离子体温度。因此,设计出新型离子回旋天线、减少杂质是离子回旋领域的研究热点。

2）电子回旋系统

与离子回旋系统类似,电子回旋系统[7]向等离子体注入高功率电磁波,其频率与电子回旋频率的基波或谐波相近,对聚变等离子体进行加热和电流驱动。波吸收的主要机制是电子回旋阻尼。未来聚变堆的电子回旋波频率大于140 GHz,属于毫米波。

电子回旋波技术与离子回旋波不同,高功率毫米波以高斯光束的方式在真空中传播,电子回旋方式的天线无须靠近等离子体,不存在杂质问题。由于波功率只沉积在电子回旋共振层,电子回旋加热具有很好的局域性。电子回旋波束可通过发射天线以不同的角度注入等离子体,将功率沉积在需要的位置。为了提高聚变堆的经济性,需要高比压等离子体。但等离子体的磁流体不稳定性限制了等离子体比压,进而限制了聚变堆聚变功率。利用电子回旋波局域加热的特点,用电子回旋波在特定位置驱动等离子体电流,抑制与自举电流相关的新经典撕裂模,防止大破裂的发生。电子回旋波是未来聚变堆不可或缺的加热和电流驱动系统。

聚变堆等离子体的电流分布是不断变化的,磁流体不稳定性发生的有理面位置也在变化。为了有效抑制磁流体不稳定性,聚变堆的电子回旋波束方向必须反馈控制,沉积在目标磁面上。另外,磁岛在极向以数千赫兹的频率旋转,电子回旋波束功率在时间上需要被调制,使功率只沉积在磁岛内部。

电子回旋波主要采用弱场侧的基波寻常模(O1)或者二次谐波非寻常模(X2)入射。电子回旋发射天线一般安装在弱场侧,也可以安装在真空室顶部。在聚变堆中的主要任务为等离子体辅助启动,芯部电子加热,电流驱动和电流分布控制,锯齿不稳定性控制和新经典撕裂模控制,使等离子体进入高约束模式放电[8]。

电子回旋技术的主要挑战在于高功率连续波毫米波源。回旋管是一种微波振荡器,如图 4 - 3 所示,其机制为快波导高阶模与电子注的相互作用。在回旋管内部,存在模式竞争问题。而且,回旋管内部是高真空,波导工作在大气压或低真空状态,必须使用微波窗口隔离[9]。目前只有化学气相沉积(CVD)的高纯度人造金刚石可以满足要求。回旋管和微波窗口都需要无故障连续工作数月或者数年,这在微波工程上是极大的挑战。

3) 低杂波系统

低杂波的频率在离子回旋频率和电子回旋频率之间,常用的频率有3.7 GHz、4.6 GHz 和 5 GHz。低杂波在聚变等离子体的吸收机制与离子回旋和电子回旋的不同。低杂波在平行于磁场的方向通过朗道阻尼加速电子,在电子速度分布函数上建立起高能尾部,其能量范围取决于低杂波发射功率谱。由于低杂波直接作用于高能电子,驱动效率最高[10]。

图 4‑3　电子回旋微波源系统

　　为了提升天线的定向性,低杂波发射天线辐射面通常由数十个子波导构成,如图 4‑4 所示。子波导的微波来自多个速调管放大器。控制每个速调管的输出相位,可以控制发射天线的波谱。低杂波加热采用环向对称的发射功率谱,电流驱动采用非对称的功率谱。低杂波在等离子体内传播时要满足不能在高密度和低磁场区传播的条件。在聚变堆上,低杂波主要用于离轴电流驱动及其分布控制,有助于产生和维持稳态等离子体。

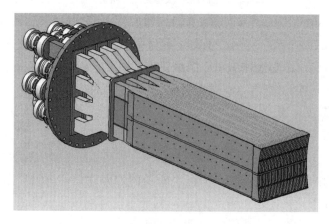

图 4‑4　典型低杂波发射天线

低杂波在等离子体边沿存在一个消散区,它要求低杂波发射天线必须靠近等离子体并发射慢波。天线辐射面必须能够承受等离子体热辐射和中子辐照。低杂波技术的研究热点集中在发射天线,缩小体积同时提升功率沉积深度。

4.2　测量(诊断)与控制系统

控制系统是聚变反应堆的神经中枢,承担着协调聚变反应堆上百项子系统协同工作、保障装置运行安全、实现稳态聚变反应等核心任务。聚变堆的控制系统比目前正在运行的托卡马克、仿星器等实验装置的控制系统更加复杂,它不仅要实现对等离子体的控制,保护装置的子系统与实验操作人员的人身安全等,还要可靠控制聚变反应产生的高能中子与 α 粒子、具有放射性的氚及其增殖,以达到对聚变点火条件的稳定控制。当然,等离子体控制是聚变堆控制系统设计的关键,它主要分为等离子击穿与爬升、平顶(聚变反应)、降落等过程,在这些阶段利用各种等离子体诊断和执行器系统,实现对目标等离子体参数的实时精准控制,等离子体控制主要包含测量(诊断)、控制算法和执行器三个环节,其中控制执行器包括磁体线圈和磁体电源(环向场、极向场和中心螺线管)、辅助加热(ICH&CD、ECH&CD、NBH&CD、LHH&CD)、加料、真空与抽气、冷却等系统。现有托卡马克装置的控制系统重点聚焦于等离子体形状、位置等基本参数的控制,不涉及氘氚聚变反应的控制,而聚变堆的控制系统则有两大重要的目标:一是通过精准控制加热、加料、磁体线圈等执行机构,尽一切努力提高等离子体密度、温度和能量约束时间,以稳定实现"聚变三乘积",达到源源不断产生聚变功率的终极目的;二是在聚变堆装置运行期间对异常事件的紧急处理,比如,在装置运行期间,如果预测到即将出现大破裂,就必须立即采取主动或被动的控制措施避免大破裂,以降低大破裂对聚变堆装置带来的潜在危害。

4.2.1　控制系统的结构

聚变堆的建造和运行非常复杂,它是由很多具有不同功能的子系统组成的大科学装置,涉及众多供应商、研究机构和高校等,不同供应商采用的软件、硬件和结构也各不相同,为了保障聚变堆装置高效、稳定运行,必须由集成控制系统将所有设备和系统整合为一体,对整个装置的运行状态进行管理,并提供可视化的交互界面给装置运行人员,用于远程监控各子系统,同时提供通信中间层和控制接口,用于将各系统的设备连接起来,使各设备间可以自由交换控制信息。但要将众多不同类型的系统集成到一起,保障子系统在建设和运行跨度达几十年的周期中顺利实现集成、维护和更新并协调的工作,其难度不言而喻。

国际热核聚变实验堆(ITER)装置的运行由 CODAC 系统来进行控制和监控,它是 ITER 装置运行的中央控制系统,主要由一个中央定位监视控制系统(supervisory control system,SCS)和在 SCS 的管理下的各个子系统组成,中央监视控制系统向各个子系统发送命令并监视各个子系统的运行状态,控制等离子体放电,调整等离子体参数,获取装置和科学诊断数据,显示报警信息,创建实验数据库,以及与场内和场外的控制室进行通信[11]。CODAC 不仅提供了通信和集成等功能,还提供了许多其他运行服务,比如中央数据归档、中央监控和协调。中央数据归档对 ITER 以及未来聚变堆都是一项非常具有挑战性的任务,它首先要将装置运行期间各子系统的数据进行收集,然后在最短时间内将这些数据提供给科学家进行分析,为判断装置运行状态和调整控制运行参数提供依据。

为了保持聚变堆子系统之间的一致性,确保中央控制系统与子系统可以通信,需要各类工厂仪表和控制设备按照统一的标准进行开发,ITER 的这套标准称为工厂系统设计手册,也叫 CODAC 核心系统,它以 EPICS(实验物理和工业控制系统)作为控制系统的软件框架。EPICS 主要使用客户端/服务器模式[12],服务器与客户端之间使用通道访问 CA(chanel access)协议进行通信。EPICS 服务器只要将过程变量(process variable,PV)通过 CA 协议发布到网络中,客户端就可以通过 CA 协议获取 PV 信息,其具有以下三大优势:① 客户端访问一个 PV,不需要知道 PV 是哪个服务器提供的,只需要知道 PV 名;② 新客户端或服务器接入网络中,不需要向中心节点注册,不会对原有的服务器造成影响,可直接读取原有服务器发布的 PV;③ 支持回调机制,客户端可建立 PV 监视,当 PV 变化时服务器会通知客户端,因此客户端不需要轮询 PV 变化,可以有效减轻网络负荷。因此,如果要将一个控制器集成到使用 EPICS 的控制系统,只需将控制器的状态、配置等以 PV 的形式发布,然后运行 EPICS 客户端,通过人机界面修改和读取控制器发布的 PV,就可以配置、监视控制器,最终达到控制硬件运行的目的。对于子系统本身,则需要满足如下条件:① 具有以西门子 PLC 为代表的慢速控制器;② 具有以 Linux 为操作

系统的快速控制器;③ 可集成 Plant System Host(PSH),允许在由 CODAC
控制组提供和维护的平台中实现公共服务;④ 能利用 Mini‐CODAC 提供的
一套简化的控制系统开展现场维护和测试,然后再集成到 CODAC 基础设
施中。

目前,CODAC 已经广泛应用至托卡马克装置中,比如 KSTAR 利用
CODAC 成功实现了等离子体密度的实时反馈控制,HL‐2A 开发了一种基于
EPICS 网络的实时监测和报警系统,并采用 EPICS+PLC 的双层控制系统,
实现了对装置主机测控系统的集成;基于 EPICS 框架,EAST 实现了数据服
务器系统状态的实时监测与报警;此外,J‐TEXT 也将 CODAC 系统部署到
了装置上,并经过了多轮实验测试,取得了良好的控制效果。上述研究结果
证实了 ITER CODAC 对托卡马克实施控制的能力,证明了其适用于托卡马
克装置的控制,对于聚变堆的运行控制而言,CODAC 也是最有潜力的解决
方案。

聚变堆控制系统中关键的子系统包括放电控制系统(discharge control
system,DCS)、等离子体控制系统(plasma control system,PCS)、时序控制
系统。装置放电运行前,操作人员会配置放电参数并传给 DCS,由 DCS 检查
放电参数的合法性,随后 PCS 将接管与装置运行相关的操作。在聚变堆的等
离子体启动阶段,需要 PCS 通过传感器信号监视等离子体状态,并能够通过控
制相关的执行器来抵消与参考值的偏差。PCS 的控制范围包括 4 个主要类
别,分别为放电时序控制、磁控制、动力学控制和破裂控制。当装置进入放电
运行状态后,时序控制系统首先进入运行状态,按照预设的时刻向其他子系统
发送触发信号。目前国际主流的时间同步方法为基于精确时间协议(PTP)的
TCN(time communication network)和基于网络时间协议(NTP)的 PON
(plant operation network)。TCN 为全局范围内的子系统提供时间同步,它允
许经过认证的客户端以 50 ns RMS 的精度与世界协调时(UTC)进行同步,任
何需要高精度时间同步和时间戳的主机都应连接到 TCN;PON 上的 NTP 为
慢速控制器提供了精度较低的(10 ms RMS)时间同步。

4.2.2　发展现状

目前托卡马克装置上的控制技术和水平离商业聚变堆的控制运行要求还
有很大距离,主要存在以下几个方面的问题。

(1) 托卡马克装置的控制水平强烈依赖于装置的操作人员,尤其是在放

电脉冲间隙或放电过程中采取大量的人为干预措施,但聚变堆的运行必须最大限度地减少人为干预。近年来,人工智能算法在聚变领域表现出极强的实用价值,成功为综合多项诊断、模拟算法的优化加速、诊断数据的快速处理等问题提供了解决方案,在聚变领域引入人工智能技术将有助于提升装置的智能化运行水平。

(2) 世界主流托卡马克装置都属于脉冲式放电装置,运行时间只能达到分钟或小时量级,但对于商业聚变堆而言,必须长时间稳定运行,如果仍然以脉冲方式运行,聚变堆发电将没有经济性可言,因此长脉冲稳态运行控制技术将是聚变领域的研究热点。

(3) 托卡马克装置重点聚焦于等离子体位形和磁流体不稳定性的控制,不涉及核聚变反应,但对于聚变堆的控制而言,稳态燃烧等离子体控制技术是根本,要着力解决自持燃烧等问题。

(4) 聚变堆内部空间非常有限,不能像托卡马克装置在真空室内部安装复杂的线圈来控制磁流体不稳定性,因此必须开发出适用于聚变堆不稳定性的控制手段。

磁约束聚变堆的测量与诊断是装置运行的"眼睛",是装置安全、正常运转不可或缺的关键子系统。聚变堆的测量和诊断可以为装置的安全防护、基本运行控制和参数性能提升等诸多方面提供关键的参数信息。通过获取可靠、可信的测量与诊断信息,让控制系统和操作人员能够实时评估装置的运行状态,并制订下一刻的运行策略——维持现状、变换运行模式、安全停堆等。因此,聚变堆的测量与诊断系统是与控制、磁体、真空、电源等系统密不可分的子系统之一。

对于聚变堆的测量与诊断而言,为了监控装置的运行状态,按照重要等级可以分为三大类。第一类是工程参数的测量,工程参数测量用于保障装置的安全运行,其涵盖了装置的力学监控(机械力、电磁力、位移、机械振动等)、热学性能监控(材料温度、热膨胀)、电气参数监控(电压、绝缘等)、真空与器壁监控(真空度、元素谱线杂质测量等),以及其他方面的安全监测。这些参数的正常与否是装置安全运行的支柱,任何参数的异常均会传输到控制系统并迅速通过多种测量的校核后进行远程修复,甚至执行反应堆停堆的操作。第二类是控制参数的测量,控制参数的测量是为了获取实时的装置运行基本信息,使控制系统根据当前状态进行反馈控制反应堆的运行。对于磁约束聚变堆来说,测量主要包括环电压、环电流、磁场、磁通、等离子体密度和温度等方面。

第三类是性能参数的测量,主要包含反应堆堆芯等离子体的状态参数,如等离子体密度(平均、剖面)、温度(平均、剖面)、能量、中子监测(中子通量、中子积分通量)、辐射监测、不稳定性监测等。通过这些关键信息的监控,获取堆芯等离子体的聚变反应信息和稳定性状况,从而进行加料、排废、运行模式切换等控制操作。上述三类测量有机结合、密不可分,共同组成了对聚变反应堆安全运转、控制运行、运行模式切换的系统性监控。全面、可靠、冗余的测量与诊断系统将是聚变堆安全运行的重要保障。

对于聚变堆基础设备设施的安全运行监测来说,将采用电学、电磁、力学方面的传感器对装置的电源线圈系统的电流电压、主机的位移振动、主机部件的温度等信息进行测量。

对于聚变堆堆芯等离子体的监测来说,与裂变反应不同,聚变需要将原料(主要是指氢的同位素氘、氚)加热到上亿度,才能达到聚变自持燃烧所需温度。传统的接触式测量方法将无法用在高温等离子体的测量中,因此,通过非接触式的手段对等离子体内部所感应、辐射出来的电磁波、能量、粒子等进行测量,从而获得等离子体重要的参数信息。我们将这种测量方式形象地称为诊断。聚变堆等离子体的诊断经过长期的发展,主要可以分为以下 4 类。① 电磁信息测量:通过测量等离子体行为所带来的磁通、磁场变化,获取等离子体位置、形状、参数等信息。② 聚变反应物诊断:针对聚变反应物氚进行计量和实时监控。③ 聚变产物诊断:中子和 α 粒子是聚变反应的直接表现,通过监控中子通量[13-14]、中子积分通量,获取聚变反应相关的信息。④ 其他测量:通过光学诊断、辐射测量、光谱诊断、微波诊断等,获取等离子体的元素、温度、密度、不稳定性扰动等信息。

以磁约束核聚变为例,当前托卡马克装置上的测量与诊断技术经历了多年发展,形成了多达数十种诊断技术与测量方法[15-16]。以目前正在筹建的国际热核聚变反应堆(ITER)为例,其将集成 70 余套诊断子系统、上百个测量参数。ITER 的诊断根据优先级进行了三个层级的分类,分别是装置保护、等离子体控制、性能评估与物理研究。其中优先级最高的是装置保护,关系到装置运行安全。这一类测量要求其系统的可靠性、冗余程度极高。主要包括工程参量、等离子体电流、破裂相关(前兆、Halo 电流)、第一壁温度监测等关系到装置切身安全的参数。其次是装置用于等离子体基本控制的关键参数的诊断,如等离子体位形、剖面(电流、密度、温度),其涉及装置运行模式的监测、控制和变换。再次是装置运行性能评价和物理研究相关的诊断,主要包括聚变功率、逃逸、不稳定性等。对于我国正在进行设计的 CFETR 装置来说,聚变增益将大于 20,单次运行时间超过 1 h,装置内部件热负荷和中子辐照将远高于我国现有运行装置如 HL-2A/3 和 EAST。作为聚变试验堆,CFETR 的诊断窗口有限、面临中子辐照、高热通量等关键难题,这对于 CFETR 装置的诊断集成设计和建设带来巨大的挑战。目前 CFETR 装置已经初步开展了诊断系统概念设计与诊断窗口的集成研究。以 ITER 装置为参考,开展了 CFETR 装置初步的部分诊断集成设计工作,开展了一定的面向聚变堆的诊断技术研究。但对于未来 CFETR 运行来说,现有的系统设计思路、系统测试条件、系统运行环境、系统可靠程度等诸多方面,还需要积累非常多的经验。

对于未来聚变商业堆来说,诊断测量系统应朝着简单化、可靠化的大方向发展。在运行模式、运行参数、运行环境已在实验装置或实验堆上验证完成后,聚变堆堆芯等离子体的运行模式将完善并固化,因此目前繁杂的各类用于物理研究的诊断技术将不再会应用于商业运行的聚变堆,诊断的方式和测量的参量需要较大程度的精简。未来商业堆作为成熟运行的聚变发电装置,对其诊断测量的可靠性、冗余性提出了极高的要求。因此,面向未来聚变堆的诊断测量,以下几个方面将会是重点研究方向。

1) 发展新方法和新技术

需要发展可靠的新诊断原理和技术。如离子温度、电流剖面等的测量,虽然这些关键参数有多种诊断手段,但诊断测量的精度、可靠性存在原理上、条件上的缺陷和限制。

发展面向聚变堆的长脉冲诊断测量手段,这主要包括解决部分诊断在长脉冲运行下的测量原理缺陷问题(如磁感应测量),以及一些关键诊断无法长期稳定工作、难以维护的问题。

2) 开展系统性的测试

开展面向聚变堆诊断系统性的测试方法研究,建设全面的聚变堆环境的测试平台。其中主要需模拟测试在强中子辐照、高辐射通量、高温环境下,诊断系统传感器件的测量精度、参数性能、系统寿命等多方面的问题。

3) 发展诊断的集成

开展面向聚变堆的诊断集成研究。未来商业堆为诊断测量预留的窗口、空间尺寸将受到极大的限制,如何将这些关键诊断集成为一个整体并通过远程操控进行维护,是目前面临的重大挑战。

4.3　真空系统

聚变堆等离子体的建立、约束及聚变反应均在大型核真空容器中进行,真空系统是聚变反应堆建造和运行中必不可少的关键子系统。

聚变反应堆中的真空系统主要由真空抽气系统、加料系统、壁处理系统、真空测量与控制系统等组成,如图 4-5 所示。对于真空系统而言,首要任务是通过真空抽气或结合壁处理手段,为各级真空室提供良好的真空环境和壁条件;此外,采用不同的加料方式满足反应堆聚变燃料或杂质粒子注入的需求。真空测量则是对真空度、气体成分进行实时监测并为反应堆运行提供必要的数据支撑,真空控制可实施对抽气、加料、壁处理的远程控制、反馈和监测。

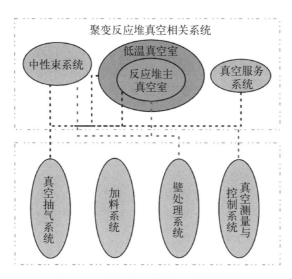

图 4-5　聚变反应堆真空系统示意图

真空系统大部分子系统及组件均集成于各级真空室中,真空系统需要将所有可能含氚的气体安全输运到氚工厂。

4.3.1　真空抽气系统

真空抽气系统主要为主真空室、低温真空室、中性束系统以及真空服务系统等提供真空环境。特别是对聚变反应堆而言,抽除的含氚气体必须通过安全、可控的方式运输到氚工厂进行处理。具体而言,真空抽气系统需满足聚变装置真空室制造过程中的零部件及总体抽气及检漏,真空室的烘烤除气(H_2O、T_2 等),辉光放电清洗等器壁清洗及原位处理,边缘粒子的抽运与控制,等离子体放电实验运行。

抽气系统主要包括粗抽系统和超高真空抽气系统。抽气系统是聚变堆各类真空室边界的延伸部分,后端分别连接清洁气体排放、氚工厂处理。同时,抽气系统也需要额外的工作气体服务系统作为基本的伺服驱动。

粗抽系统主要用于将真空室真空度降低至高真空泵的启动压力范围内。通常,该系统由机械泵串联罗茨泵组合而成,同时也需要配置相关的管道、仪表、控制器、阀门及过滤器等。

超高真空抽气系统普遍采用分子泵和低温泵协同工作的运行模式。分子泵的压缩比相对较高,且基本适用于聚变装置的使用环境,因此广泛应用于现有的装置抽气及真空检漏[17]。在现有装置的设计及实际运行中,低温泵一般设置为窗口阀门集成式低温泵以及真空室内置式低温泵[2]。通常,低温泵抽速较大,且可以采用不同温度运行,对于抽除气体具有较好的针对性。

1) 发展现状

目前运行的最新托卡马克装置 HL-3,其抽气系统结构布局如图 4-6 所示。抽气系统由前级汇总式大抽速真空抽气机组、氦质谱检漏仪、四极质谱计、标准漏孔等组成。其中 4 套前级汇总式抽气机组主要是提供真空检漏初始工作环境。机组特点是前级汇总式分子泵三级真空抽气机组,第一级涡轮分子泵机组能提供 4 800 L/s 的有效抽速。针对 HL-3 特点,配置有 4 台分布式低温泵作为主抽泵与分子泵协同运行。并且,该装置设计的内置式低温泵将于后期安装就位,用于装置放电期间边缘粒子的抽除和控制。HL-3 装置真空室的有效抽速达到 16 m^3/s,最小可检漏气率≤3×10^{-10} Pa·m^3/s。

ITER 装置是目前在建的最接近于聚变堆设计的托卡马克装置,其主真空抽气系统同样由两大部分构成:大环粗抽系统、高真空抽气系统。大环粗抽系统由两套两级罗茨泵和前级机械泵组成,可在 60 h 内将主真空室内压强从大气压抽至低于 50 Pa[18]。高真空主泵设计选用低温泵,其特点是可分批处理再生,整个泵组提供组合的 1 000 m^3/s 粗抽速(净抽速受限于气体通导),低温泵前级管道设计连接于主泵前级环形汇集管道上[19]。

CFETR 是目前我们正在进行工程设计的聚变实验堆。该装置的抽气系统设计为粗抽系统、堆芯真空低温抽气系统、绝热真空室低温抽气系统、前端低温泵低温分配系统以及通气和净化系统。为满足 48 h 内主真空室从大气压

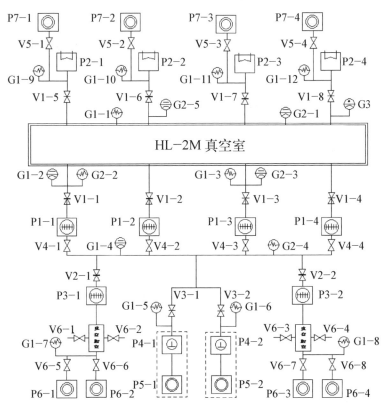

V1—CCQ-400B 超高真空气动插板阀；V2—CCQ-250B 高真空气动插板阀；V3—CCQ-150B 高真空气动插板阀；V4—GDQ-100B 高真空气动挡板阀；V5—GDQ-25B 高真空气动挡板阀；V6—GD-50 直通高真空手动挡板阀；P1—F-400/3500 超高真空涡轮分子泵；P2—CP-16/400 超高真空低温泵；P3—F-250/1500 超高真空涡轮分子泵；P4~P5—Okta1000+Hena300 罗茨泵组；P6—24L/S 旋片直联真空泵；P7—16L/S 旋片直联真空泵；G1—ZJ-52T 电阻规；G2—ZJ-27 电离规；G3—ZJ-12 规，电离规真空腔体-DN150×200。

图 4-6　HL-3 真空抽气系统原理图

抽至 10 Pa 左右的高真空抽气设备启动运行压强，粗抽系统的主设备设计为罗茨泵和螺杆泵二级配置。针对高真空抽气系统，CFETR 抽气系统配置由 3 组 6 台低温黏性流压缩机和 3 组 9 台涡旋泵组成的再生泵系统，可实现分别对氦气抽除及其他气体再生排除的能力。在 CFETR 高真空抽气系统的低温泵设计中，参照了 ITER 低温泵的结构形式，主体结构由低温回路、低温泵壳体、主进气阀及驱动机构和阀杆构成。该单台低温泵对氢气的抽速设计约为 $6.8×10^4$ L/s，大于 ITER 的 52 m^3/s 设计指标，其总热负载达到 66 805 W(80 K)、17 374.4 W(4.2 K)。

2）发展方向

对于未来聚变商业堆而言,其抽气系统规模庞大,系统配置大体上与 ITER、CFETR 采用类似的系统层级设计,低温泵及前级泵组是真空抽气系统的关键核心设备。

参照聚变堆特点,低温泵必须满足大抽速、快速再生的基本需求。尤为重要的是,低温泵的设计必须重点考虑氚的穿透性能,因此材料、材料涂层及再生温度控制是泵体设计的关键指标。其次,在低温泵与主真空室连接部位的大口径插板阀也是聚变反应堆真空抽气系统设计的重点,其功能应基本满足全高密封性和低漏率、快速启闭、阀门位置可调等技术特点。此外,聚变堆前级粗抽泵(罗茨泵、螺杆泵)需满足不同真空运行工况,如初始启动阶段、氘氚运行等,粗抽泵对于气密性、除氚功能等均有较高要求[20]。

在上述低温泵、大口径插板阀及粗抽泵等方面,国内均缺乏相关的技术储备,需要从泵体/密封等材料、密封技术以及除氚等方面入手进行技术研发。

4.3.2　加料系统

聚变堆加料系统主要用于堆运行的燃料投入和补充,是建立和维持等离子体运行的基本工艺系统。除此之外,加料系统还需满足器壁处理、偏滤器脱靶、破裂防护及诊断系统等燃料和杂质粒子注入的要求。系统主要工作介质包括氘、氚、氦、氩及氖等气体。

核聚变装置基本的加料方式为气体注入法,该方法简单易行,但其效率随着聚变真空室尺寸增大而降低。为适应未来 ITER、CFETR 以及聚变反应堆高效率加料的需求,超声分子束、弹丸[21]以及高能中性束[22]等新的等离子体加料技术也在进行研发和实验测试。同时,随着现有实验对等离子体运行规律及特点的深入研究,在维持等离子体稳定运行及提高等离子体品质方面,逐步开发了偏滤器脱靶注气、破裂弹丸注入、气体注入成像等满足运行及诊断多功能需求的加料系统。

气体注入系统由加料送气系统、等离子体关断系统及气体分配系统组成。作为聚变堆中最基本的加料方式,气体注入是依靠单点/多点喷气注入方式在主真空室内建立起初始等离子体击穿放电所需的气压环境,同时也可实现在等离子体运行期间进行燃料或杂质的补充和添加。除实现等离子体产生、维持和控制外,气体注入系统也应满足壁处理系统送气(主要为氢、氦)及偏滤器脱靶送气(燃料气体或杂质气体等)将气体注入主真空室的需求。在功能性方面,气体注入系统同时承担了等离子体关闭及弹丸注入等丸料气体和推进气体的供给任务。

相对于气体注入系统,弹丸注入系统具有高效、芯部加料等显著特点。弹丸系统是将气态燃料(氢、氘、氘氚混合等)通过冷凝方式形成固态弹丸,通过气动推进或离心加速等方式高速注入等离子体中,其较高的加料效率可形成等离子体密度的中心峰化分布从而达到改善等离子体约束性能的目的。

此外,超声分子束、高能中性束以及紧凑环等技术在聚变反应堆芯部加料方面具有独特的优势。超声分子束是高压气体通过拉瓦尔喷嘴进入真空室形成超声分子束进行加料的方法[23],在我国 HL - 1M、HL - 2A 及 HL - 3 等装置上均有应用。高能中性束是采用注入高能中性粒子用以辅助加热,同时兼有等离子体加料功能,如 JET 装置采用中性注入器作为氘引入氘氚等离子体的有效方法[24]。紧凑环则是最新开发的加料技术,采用气体被高压脉冲电源所电离从而形成的高密度等离子体团注入等离子体中,其特点为密度大、速度高等。

1) 发展现状

目前,所有运行、在建以及设计中的聚变装置均配置有气体注入系统。在 HL - 3 装置上设计并运行的气体注入系统必须满足装置等离子体的启动、运行要求,兼容考虑壁处理、偏滤器脱靶送气等功能[25]。如图 4 - 7 所示,该系统由多点位气体注入为主,上游设置有不同的气源储气、稳压、分流、快控等子系统。在系统设计中,综合考虑气体注入系统对等离子体放电击穿、运行影响的优劣势,引入了强场、弱场两侧独立/共同注气的工程设计方案,同时也针对装

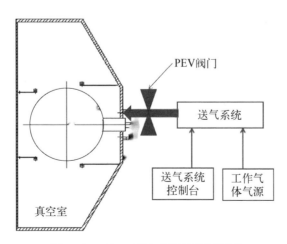

图 4 - 7　HL - 3 送气系统流程示意图

置真空室大环特点并结合抽气系统布局,设计并安装了环向两点、四点对称的送气系统。HL-3送气系统单点送气可提供最大约10 Pa·m³/s的流率,触发时间低于百毫秒的有效、可控气体注入。

相对于HL-3装置,ITER及CFETR装置的气体注入系统则较为复杂。这两个大型装置同样也在主真空室内设置有环向基本对称分布的送气端口。但是,由于系统涉氚,考虑到氚滞留、氚渗透等问题,控制阀门设计时,结构上具备一定的特殊性。涉氚管道采用中心管道正压、包容管道低负压的方式加强对氚的安全控制,由上游氚工厂及气体分配系统供气;阀门箱体等则布置于生物屏蔽层外侧,通过注入管线与送气端口连接。

弹丸系统作为已经发展了近30年的加料系统,在我国的环流器系统装置上多有应用,并取得了较好的实验结果。近年来,基于弹丸加料系统,在HL-2A及HL-3装置上进一步开发了用于破裂缓解、逃逸电子控制等方面的破碎弹丸、杂质弹丸等新型加料技术[10]。系统层面,弹丸系统在发射丸料数量、挤压方式、高压加速、快阀等方面也在逐步推进,目前研制完成的弹丸发射系统已经在等离子体运行中实现了弹丸速度约1 000 m/s、时间间隔数毫秒量级的实验结果。

在建的ITER装置也设计有针对氢、氘、氚、氩等气体的不同弹丸系统,根据需求其设计加料效率为10~120 Pa·m³/s,弹丸尺寸也设计规划有毫米至数十毫米不等,其速度约数百米每秒。

在CFETR工程设计中,弹丸加料系统采用挤压制丸和气动加速的组合方式,对阻氚泄漏也进行了考虑。弹丸加料具有长稳态运行能力,其气动加速具有弹丸传输可靠性高的特点。根据CFETR稳态放电情况下的总粒子流速要求,弹丸注入器将设置6套,其中1套为备用。CFETR单套弹丸注入器主要分为4个部分,分别为送气系统、弹丸制备系统、真空扩散系统、二级包容屏蔽,如图4-8所示。

送气系统主要功能是提供丸料气和推进气,涉及的主要部件及设备有压缩机、真空泵、气管、各类压力/流量计等。弹丸制备系统主要功能是制备弹丸和加速弹丸,涉及的主要部件及设备有挤压机、气动快阀、切割器、各类压力/温度计等。真空系统主要功能是提供真空环境和抽除废料/推进气等,涉及的主要部件及设备有真空泵、扩散室、截止阀、各类真空/流量计、弹丸输送导管等。二级包容屏蔽主要功能是提供防氚泄漏,起到包容屏障的作用,涉及的主要部件及设备有真空室、各类阀、真空/流量/压力计等。

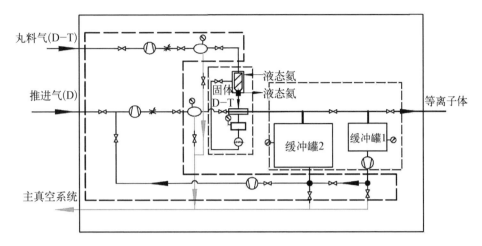

图 4‑8　CFETR 弹丸注入器组成框图

2）发展方向

在聚变反应堆的加料系统中,较为简易的气体注入系统、新型的弹丸系统必定是等离子体产生、维持的基本加料系统,新近发展的面向聚变堆的超声分子束以及类似于紧凑环等新研制的技术也将为聚变反应堆提供更多的加料选项。

就目前技术发展来看,适用于未来堆的加料方式主要还是以气体注入和弹丸为主。等离子体击穿以及边缘加料控制以气体注入方式为最佳,弹丸系统则需要针对聚变堆运行期间的燃料补充。所有加料系统面临的共同问题都是如何安全、可靠地对氚进行处理。而作为堆芯加料方式,弹丸系统则需要满足较大粒子数需求和较高的加料速度以提高整体加料效率。

目前,弹丸系统也在从丸料制备、发射模式等方面进行堆级系统等的研发工作。沿袭传统弹丸丸料形式,新型的双螺旋挤压弹丸成型在丸料制备质量、稳定性方面具有较大的优势。此外,多层包裹丸料在燃料类别控制、飞行耗散方面具有独特的优势,也是聚变堆弹丸加料系统中较有应用前景的一类丸料。

4.3.3　壁处理系统

壁处理系统是聚变反应堆运行的基本组成部分,用以实现低杂质水平、低再循环水平、低燃料滞留量的良好器壁条件,其中包括清除器壁吸附的水、氧和其余杂质成分,以及滞留的氘氚燃料和运行时所产生的灰尘等。

壁处理系统中需重点考虑的子系统有烘烤系统、直流辉光放电清洗系统、离子回旋清洗系统、除氚、除灰等。同时，还要考虑聚变堆特点，诸如高频辉光、在线原位壁清洗及处理等技术和方法在聚变反应堆也有一定的应用意义。

聚变堆最初开始运行之前以及真空室开启后重新投入运行之前，高温烘烤系统可作为清除氧和水的有效手段。

直流辉光放电清洗（GDC）是目前最为有效的一种表面杂质清除技术。GDC系统尤其适用于聚变堆最初开始运行之前以及真空室开启后聚变堆重新投入运行之前。通常，依据装置器壁表面面积对辉光电流进行合理且有效的放电，可以实现较大面积器壁的高效清洗。壁处理时的辉光电流参数与第一壁表面积应确保为 $0.1\sim0.2\,A/m^2$。系统电压的确定主要由击穿电压和清洗电压两部分组成，其一为初始击穿电压（该参数与气体种类及气压密切相关），其二为工况条件下的清洗电压。通常来说，用于辉光放电的工作气体可以是氢气、氘气、氦气或氩气。工作气体气压分为两部分，其一为初始击穿气压，其二为清洗工况下气压。工作气体的压强范围通常为 $10^{-2}\sim10\,Pa$，在清洗过程中将根据具体情况进行气压调节。放电均匀性主要依赖于电极固定位置以及电极与器壁之间的距离，因此设计应充分均布电极，且兼顾电极与器壁距离。

在聚变堆运行阶段，由于高温烘烤难以经常性地运行，且GDC不能有效地在磁场环境中运行，离子回旋清洗（ICRF）是聚变堆的常规壁处理手段。ICRF适用于放电间隔时运行。常用的射频波频率为 $13.56\,MHz$ 及其倍频，这些频率是国际上开放使用的频率，而且对应标准射频源较多，方便采购和降低成本。清洗功率的设计需要结合装置体积、工作气体压强等参数，通常使用平均功率密度来评估所需的清洗功率，功率密度＝注入功率[kW]/（装置体积[m³]×工作气体压强[Pa]），不同装置的功率密度范围变化较大，一般在 $50\sim10\,000\,kW/(m^3\cdot Pa)$ 范围内。具体设计需要根据运行条件来确定，通常连续运行的ICRF清洗可以选择较小的功率密度，而脉冲式清洗则可以选择较大的功率密度。通常使用氢气和氘气作为清洗的工作气体，氘气对未来清除氚滞留效果显著，而氦清洗则能够清除氘含量。工作气体的压强范围通常为 $10^{-4}\sim10^{-1}\,Pa$，ICRF清洗过程将根据具体情况进行调节。

1）发展现状

在HL-3装置上，壁处理系统以烘烤和直流辉光清洗为主，以硅化沉积、弹丸锂化及射频辅助清洗为辅[26-27]。HL-3装置烘烤系统设计烘烤温度为

300℃,可以实现将真空室整体及第一壁烘烤至该设计温度并保温运行,以实现氢、水等杂质脱附排出。目前,常规应用的器壁清洗手段为直流辉光放电清洗,该系统应用了以装置中心对称分布的新型板式直流辉光电极,如图 4‑9 所示。HL‑3 直流辉光清洗系统最大电流参数为 10 A,可实现的最小电流密度为 0.14 A/m^2;装置调试阶段 3 h 清洗可实现水的杂质含量减少至 25%。

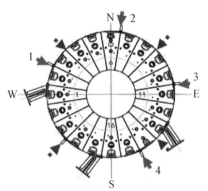
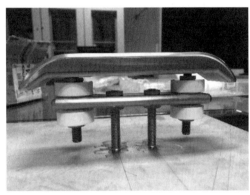

图 4‑9 HL‑3 装置 GDC 电极布置(左)及单个电极装配(右)图
注:左图中 1、2、3、4 分别为辉光清洗电极安装位置。

在 ITER 装置的烘烤系统设计中,采用针对性的设计方法,对于真空室、第一壁以及偏滤器分别采用了液体和气体介质以及不同的温度分别进行考虑。其真空室和第一壁均设计为采用水作为介质进行烘烤,真空室烘烤温度为 200℃,第一壁烘烤温度设计为 240℃[12]。ITER 偏滤器则采用氮气循环回路对其进行烘烤,烘烤温度设计为 350℃[12]。GDC 系统是 ITER 装置整个器壁处理系统中最重要的子系统之一,ITER GDC 系统总共采用了 7 个电极,总电流设计参数为 90~180 A,强场侧第一壁附近的辉光等离子体电流密度一般为 0.1~0.8 A/m^2。

ITER 计划利用 ECRH 和 ICRH 加热系统进行高功率的壁处理,特别是在氘氚运行阶段,控制氚的滞留将是壁处理的关键目标,当前估算 ITER 容许的最大氚滞留量为 700 g,在滞留量达到该上限后必须停止氘氚聚变运行直到氚被清除掉。将 ITER 偏滤器烘烤到 350℃也许能够清除部分的氚滞留,但是高温烘烤难以经常性地运行,因此放电间隔中的射频清洗将成为清除氚滞留的常规手段。ITER 射频清洗并无专用的清洗硬件系统,而是直接采用高功率的 ECRH 和 ICRF 加热和电流驱动系统。

ECRH 采用 170 GHz 的高强度电磁辐射束流加热等离子体中的电子,被加热的电子将吸收的能量通过碰撞的方式传递给离子。这种加热方式能够控制能量的沉积位置,最大限度地降低对等离子体稳定性的影响。此外与 ICRH 相比,ECRH 能够直接在空中传播,这就简化了系统设计,而且允许 ECRH 波源能够远离等离子体。ITER 的 ECRH 系统能够在 170 GHz 频率下注入 20 MW 的功率,用来加热、电流驱动、控制磁流体动力学等离子体不稳定性,这包括 12 个高压电源、24 个回旋管、两种类型的发射天线。

ITER 的 ICRH 系统采用 40～55 MHz 频率,将波能量传递给等离子体中的离子,ICRF 系统包括发射机、传输线、天线等部件。ITER 的 ICRH 系统设计为系统源功率 24 MW、等离子体耦合功率 20 MW,分别由 8 个 3 MW 的波源构成,由美国、印度和欧盟等国家和组织负责设计制造。

CFETR 壁处理系统在工程设计研究阶段重点对辉光放电清洗系统、烘烤壁处理系统和离子回旋清洗系统进行初步设计。该系统设计满足在聚变功率 1 GW 条件下维持稳态运行所需的壁处理要求,最终实现聚变堆芯真空室真空优于 10^{-5} Pa,真空室本底氢同位素含量低于 10^{-5} Pa,其他杂质气体含量低于 10^{-7} Pa。

辉光放电清洗系统中各电极后端组件均为集成装配到真空集成窗口中,电极在真空室内环向均匀分布在 6 个位置,且布局位于弱场侧上、下斜面,大半径方向位于第一壁后侧。对于 CFETR 而言,估算其第一壁表面积约为 6 000 m^2,相应的电极总面积应大于 3 m^2。在初步设计中,电极采用矩形截面、12 个电极,相应的单个电极表面积约为 0.3 m^2(0.5 m×0.6 m)。参照 CFETR 规模及初始放电情况,系统总电流需求约为 1 200 A,采用氦气作为主要工作气体。

离子回旋放电清洗系统由射频发射机、射频传输管道、功率分配器、阻抗调配器、真空射频馈通、射频天线、控制与采集等子系统组成。CFETR 由于真空室体积大,参考当前托卡马克和 ITER 的离子回旋放电清洗参数,初步确定 CFETR 离子回旋放电清洗的基本参数为 10^{-3}～10^{-1} Pa、4 MW,4 个相互独立的离子回旋放电清洗分系统,每个分系统都包含一个射频天线,配套 1 个真空射频馈通、1 条射频传输管路和 1 个阻抗匹配器和 1 台射频发射机。

2) 发展方向

壁处理系统作为聚变反应堆必不可少的子系统,其功能性、适用性、稳定性等各性能参数指标均会对聚变反应堆长时间稳态运行造成较大影响。未来的堆级装置,有必要对壁处理系统进行统筹规划,烘烤、清洗、处理等各种方式应最大限度地适应聚变堆的不同运行阶段和运行模式。

目前来看,射频清洗、在线原位处理等新型壁处理技术在聚变堆具有较大的应用前景。射频清洗兼容聚变堆磁场环境,同时也能产生低能等离子体对器壁进行有效的轰击,并配合抽气系统对杂质进行排出[28-29]。而在线原位处理则可以考虑在等离子体运行期间实时对器壁进行涂覆,从而有效达到壁处理的目的。此外,针对聚变堆氚沉积、氚灰等特点,有必要发展面向堆芯除氚、除灰壁处理系统。

除氚子系统需要确保聚变堆器壁氚滞留量低于其安全规范设计上限(ITER 装置氚滞留设计上限为 640 g)。高温烘烤是聚变堆用于除氚的重要手段之一。在聚变堆重新投入运行之前且无磁场条件时,采用 GDC 方式进行除氚,可结合高温烘烤同时运行。ICRF 主要用于在聚变堆放电间隙对器壁氚滞留进行清除。

除灰子系统需要确保聚变堆灰尘总量低于其安全规范设计上限(ITER 装置热表面的铍不高于 11 kg,并且钨应低于 76 kg,装置整体的灰尘总量应控制在 1 000 kg 内)。其中,需要重点考虑的问题是几乎所有的灰尘均携带氚,因此除灰策略的拟定需要将氚考虑在内。除灰子系统主要在装置维护阶段开展工作,系统主要由远程控制的真空清洗系统组成。

4.3.4 真空测量与控制系统

真空测量与控制系统包含真空抽气系统控制及测量、等离子体加料系统控制及测量、壁处理系统控制与测量,以及其他辅助真空系统的控制功能;除了真空相关系统的控制及测量,还涉及真空控制系统的网络架构、与中央控制系统及其他子系统的交互接口、协同运行模式等运行策略的设计方案。

真空测量与控制系统是整个真空平台控制系统,为各个真空子系统提供工程运行、实验分析、联锁保护等必需的状态参数或过程参数的测量和采集功能。其组成包括但不限于各类传感器、信号调理隔离电路、信号传输通道、数据采集设备、核辐照及电磁干扰屏蔽部件、相应的远程监控软件及数据归档设备等。所服务的真空系统包含但不限于堆芯真空系统、低温绝热真空系统、真空服务系统、等离子体加料系统、真空壁处理系统等。

真空测量与控制系统应在所有运行和调试模式下进行真空状态的诊断。

真空测量与控制系统应控制所有的抽气系统和相关系统的接口。真空测量与控制系统应提供对所有阀门的主要控制，这些阀门将托卡马克真空室与这些隔离阀外部的客户端隔离开来。真空测量与控制系统应提供与真空相关的安全、机器保护和运行 VDS 可用性的联锁。真空测量与控制系统接口到 CODAC、CSS 和 CIS 系统。真空测量与控制系统应在维护/待机期间具有充足的可用性。真空测量与控制系统应在与 CODAC 系统失去通信的情况下继续运行，以使真空系统处于安全状态。真空测量与控制系统在现场断电期间应保持可用，至少使系统处于安全状态，并保护投入。真空测量与控制系统应包括所有的过程控制、机器保护和与真空相关的安全系统。

目前运行的大、中型托卡马克装置在真空测量与控制部分并没有形成规模化、集成化的测量和控制模式。而对于 ITER、CFETR 而言，真空测量与控制的覆盖面广、涉及系统多并贯穿于装置运行的各个不同阶段，同时也有较多的物理设计边界。因此，真空测量与控制独自形成了一个具有特色的多学科交叉应用的领域。

特别的是，聚变反应堆中的真空测量是一门极其复杂的测量技术。比如，放电室内的非等温系统，其中性气体并不处于热平衡和各向同性的气体标准状态。而在聚变堆中，器壁对气体吸附、差分抽气过渡以及热出气分析等都是重要的测量对象，并能有效地反映聚变堆等离子体运行环境。在现有装置上研发和运行的关键技术有中性粒子压强测量、残余气体分析等技术，以及更为先进的超高分辨率质谱分析技术等（如 D/He 分离）。

CFETR 真空测量与控制系统是一套基于慢速控制器的 SCADA 工业控制系统，该系统为 CFETR 真空及其子系统提供集成的测量和控制平台，可以满足真空及其相关系统不同运行模式下的测控需求。该系统由多个运行相对独立的子系统构成，其划分与真空系统的功能边界相一致。该系统包含但不限于真空抽气仪控系统、真空加料仪控系统和壁处理仪控系统。

真空抽气仪控系统涵盖真空抽气系统所有抽气设备的集成控制及仪表测量系统的设计、选型及集成控制。真空抽气仪控系统的设计和配置应满足所在系统的设备控制、真空条件监测、安全联锁等相关要求，获取并维持满足 CFETR 多种模式运行下的真空运行条件。

加料仪控系统则包含 GP、SMBI、PI 等多种加料子系统的控制集成和运行模式的实现。CFETR 加料系统不仅为等离子体提供不同方式的燃料补给方式，也需要边界热流控制、加热波耦合、第一壁处理甚至在等离子体破裂时对

CFETR 进行保护。其组成主要包括三个部分：① 配气及输送系统-工作气体配送；② 气体注入系统-等离子体启动/边缘送气/壁处理；③ 弹丸注入系统-芯部加料/ELM 调制/破裂缓解/输运。

壁处理仪控系统通过 GDC、ICRF 壁处理子系统的控制集成和运行模式的实现，同时遵循相同的子系统设计原则。该部分由相关系统设计后集成到真空控制系统中。壁处理仪控系统采用 CFETR 统一的慢控制架构以实现复杂的协同运行和数据共享。初步设计采用 EPICS 架构，底层控制器采用西门子 S7-1500/S7-300 系列 PLC。分别为 ICRF 清洗、GDC 清洗及烘烤系统构建单独的 PSH 和 IOCs。用于采用统一的 EPICS 架构，每套系统即可以实现自身的独立运行和流程控制，又可以实现相互的数据共享和协同运行。

未来聚变堆真空控制与测量系统基本可以以现有装置的真空测控系统为基础，利用工业控制优势并结合等离子体运行的实际需求，在独立子系统控制回路的基础上更多地考虑集成化、协同化的模式进行开发。同时，也需要针对聚变堆特征研发，如复杂条件下中性粒子测量、高分辨率残余气体分析等独特的测量技术，为聚变堆运行提供有效的数据支撑。

4.3.5　真空检漏

聚变装置要求进行严格的实时泄漏监测，以确保最大限度地减小真空泄漏引入的杂质。真空检漏是检测真空系统的气体泄漏、定位及其漏率的过程。

在聚变装置中，通常所用的检漏系统包括真空计、残余气体分析仪（RGA）、质谱检漏仪（MSLD）以及相关的真空管道和阀门，同时也包括所需要的示踪气体。

氦检漏系统主要由前级汇总式分子泵大抽速真空抽气机组、氦质谱检漏仪、四极质谱计、标准漏孔等组成，如图 4-10 所示[30]。其中前级汇总式分子泵机组主要是对 $42~\mathrm{m}^3$ 真空室提供真空检漏初始工作环境。被检真空室可实现小时级别时间内抽至检漏所需的 $10^{-1} \sim 10^{-5}~\mathrm{Pa}$ 真空环境。系统设计加入二级涡轮分子泵，提高了检漏示踪气体（氦气）进入检漏仪的流动速度。检漏仪连接在前级机组上。运用将氦质谱检漏仪与四极质谱计相结合的工作方式，对真空室是否有影响实验运行的漏点进行定性分析与定量检测工作。系统可以查找出被检真空室上 $10^{-11}~\mathrm{Pa} \cdot \mathrm{m}^3/\mathrm{s}$ 漏率的漏孔。

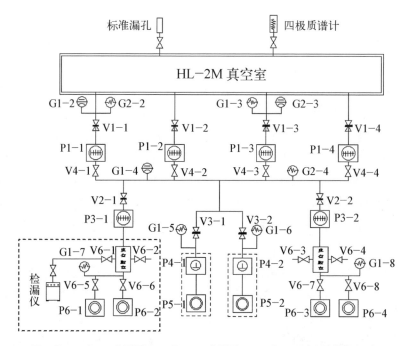

P1—F-400/3500 分子泵；P3—F-250 分子泵；P4—Okta-1000 罗茨真空泵；P5—Hena300 旋片泵；P6—24L/S 直联泵；V1—CCQ-400B 超高真空气动插板阀；V2—CCQ-250B(CF)超高真空气动插板阀；V3—CCQ-150B(CF)超高真空气动插板阀；V4—CDQ-160 高真空气动挡板阀；V5—CDQ-25 高真空气动挡板阀；V6—CDQ-50 高真空气动挡板阀；G1—ZJ-52T 电阻规；G2—ZJ-27 电离规。

图 4-10 HL-3 装置检漏系统示意图

对于 ITER 而言，检漏系统尤为关键，因为一旦泄漏会对周围环境产生放射性危害，所以该系统设计为可遥控检漏和遥控修复，并且与 ITER 的主抽气系统相协调。ITER 检漏系统分为 5 个子系统，分别用于真空室大环、中性束注入器、低温箱体、真空维修和波加热等子系统的检漏，其中大环的总漏率要求小于 10^{-7} Pa·m³/s[31]。

目前，在 ITER 的安装过程中，核工业西南物理研究院独立承担了 TAC1(杜瓦与真空室之间辅助系统安装)的检漏任务。TAC-1 项目主要承担杜瓦(14 000 m³)与真空室(1 330 m³)之间辅助系统的安装，包含了复杂的冷却管林系统，以及很多直径达 1 m 的穿透结构。杜瓦真空度为 1×10^{-4} Pa，单点漏率小于 1×10^{-10} Pa·m³/s。针对复杂的管林系统，检漏项目组综合运用了正、负压检漏方法，并研发了适用于管林系统的特殊检漏工装(见图 4-11)。

图 4 - 11　ITER TAC1 检漏工装(左)及管林系统检漏现场(右)

对于未来聚变堆检漏系统,可考虑基于目前用于环流器系列装置及 ITER 装置的检漏系统进行参数放大和功能拓展,该检漏系统就功能而言具有针对堆级装置的适用性。但是,针对聚变反应堆中可能出现的不规则结构及检漏对象复杂边界等系列问题,需要创新地研发不同的特种工装以适应实际需求。此外,尤为重要的是,与检漏系统相关的遥操系统需要投入大量的人力进行研制,最终检漏系统才能更为有效地服务于聚变反应堆。

4.4　低温系统

未来聚变堆的大型低温系统制冷量大、能耗高、负载多且波动大,在工程设计方面具有很强的挑战性。先进氦低温系统的设计建造不仅取决于研发团队的设计经验、理论水平,而且还与关键部件的先进性、国家的工业水平等息息相关。因此,在发展大型氦低温系统工程设计、实验运行关键技术与设备研究方面,着眼于现有的先进聚变堆实验技术,同时面向未来高温超导聚变堆低温系统的需求,着力原理和工程技术创新,依托该实验测试平台研究成果、低温仪器设备和关键技术等综合资源,使其具有独立的一套 $2\sim300\,\mathrm{K}$ 低温测试研究平台,形成完整的宽温区实验条件,为解决后期开展聚变能源相关的新技术研究、发展新系统提供低温科学和技术的支持。同时满足解决我国国民生产和国防科研过程中遇到的低温工程实际疑难问题,以及为相关的高校、科研院所和企业提供高水平的低温技术服务,使得科研技术的发展成果促进国民技术的发展,对于带动我国低温行业的整体发展有着重要意义。

4.4.1　系统设计

大制冷量级氦制冷机的制冷循环主要基于逆 Claude 循环[32],制冷循环的冷却级一般大于 5,由液氮预冷冷却级、透平膨胀冷却级和低于 4.2 K 的冷却级组成,4.2 K 以下的制冷一般由冷压机减压至标准沸点以下制取;从常温到液氦温区采用 11~13 级换热器来逐级回收蒸发氦气的冷焓,并利用绝热膨胀冷量将主流氦气连续冷却至液氦温区;氦压缩系统一般由 2~4 台螺杆压缩机、两级压缩、三级压力循环组成,中压一般为 3~5 bar,高压为 16~22 bar。

20 世纪中后期,随着核聚变实验装置等超导强磁场参数不断提高,极大地促进了大型氦制冷/液化技术的发展。目前世界上已有液化量从 0.5 L/h 到数千升每小时的氦液化装置,制冷量从数十瓦到数十千瓦的氦制冷机[33-36]。

系统设计主要包括以下 2 个方面:① 制冷机设计,流程上主要采用修正的 Claude 循环(JT+布雷顿),制冷循环的冷却级一般大于 5,由液氮预冷冷却级、透平膨胀冷却级组成;从常温到液氦温区采用 7~13 级换热器和 3~5 个透平利用绝热膨胀冷量将主流氦气连续冷却至液氦温区;通过等焓节流阀得到液氦;氦压缩系统一般由 2~4 台螺杆压缩机组成,中压一般为 3~5 bar,高压为 16~22 bar。此外还有一些吸附器、外纯化器,气体控制面板等设备。② 磁约束聚变装置(磁体、用户)需求上需要低温真空环境,不同磁场强度、不同温区的应用研究促进了低温系统的发展;同时低温系统在设计上考虑失超、迫流、超流等不同模式,进一步保障了装置的稳定和可靠,两者相辅相成。

系统设计内容包括以下 4 个方面:① 面向未来高温超导聚变堆,应重点开展超流氦制冷技术,掌握超流氦冷却高负荷大型超导磁体的传热相变机理,掌握失超检测与保护技术。② 研制百瓦级深低温大流量透平、冷压机和氦循环泵专用低温系统,实现关键设备的国产化。③ 模拟研究瞬态高功率/高磁能热扰动对低温系统冲击行为机制,掌握协同控制技术。④ 开展高磁场、深低温和高真空等多场耦合下的精密测量与测试技术研究,建立面向未来高温超导磁约束聚变堆低温系统的设计规范及测试标准。

系统设计流程包括热负荷分析、可靠性分析、流程分析、制冷机系统分析、管道设计与优化、场地布局及公共消耗以及工程建设。

1) 热负荷分析

工艺流程设计前,首先确定热负荷大小,需要冷却的装置系统的热负荷大小决定了氦制冷机的容量。计算氦制冷机的容量,需要对装置系统的热负荷进行仔细的分析计算,主要考虑以下因素。

(1) 静态热负荷:包括装置在工作状态下的所有热辐射、对流换热及导热。

（2）动态或脉冲热负荷：包括装置在磁场变化时的涡流损耗，即其他交流损耗、中子辐射的核热等。

（3）液化率负荷：包括用来冷却电流引线的液氦消耗量、减少传导漏热的液氦消耗量。

（4）高温区的热负荷：有时需要 20～80 K 的冷量来冷却热辐射屏。

（5）其他热负荷：如电接头的焦耳热，指超导体的接头一般是有电阻的，在通电时会产生热负荷。

除了装置的热负荷外，在确定制冷机设计容量时，还需考虑以下因素。

（1）低温传输管道及接头、低温分配阀箱、低温氦循环泵或冷压缩机的热负荷。

（2）降温过程的热负荷。最大的热负荷往往发生在降温过程中，因为降温时除了各种静态热负荷外，还有同时生产液氦充满设备的冷却通道。

（3）安全系数。对当前的热负荷和未来使用可能增加的热负荷进行详尽的分析后，一般要乘上一个安全系数才是最终的设计制冷量。一般安全系数取 1.5，有时在预算时也取 e 或 π。然而太大的安全系数会导致投资的增加，以及运行不得不用加热器消耗多余的制冷量，造成很大的浪费。

2）可靠性分析

通过 RAMI 功能分解，FMECA、RBD 以及缓解措施（mitigation）实现系统可靠性，进一步优化设备调研及选型。

3）流程分析

根据功能需求，高温超导托卡马克可分为如下 5 个区域。

（1）布局在最外围的氦气储存站，基本由高压的氦气钢瓶组、中高压的储气罐（卧式/立式）组成，其中储存系统具有解决脏气和纯气之间的置换功能。

（2）专门的压缩机房，用来安置噪声较大的活塞回收压缩机，一般该压缩机自带后处理设备，同时配有中/高压的纯化系统，将氦气提纯至 99.999% 以上，具备进入制冷机的条件。

（3）制冷机系统，该系统是低温系统的核心，一般由一台中压螺杆压缩机、除油系统、气体控制面板、冷箱以及杜瓦储存组成，能够为低温用户，如超导磁体、电流引线、冷屏、低温恒温器、超导变压器、背景场磁体等，提供超临界氦迫流冷却方式；同时也可以为超导材料、绝缘材料、模拟负载等提供两相迫流冷却方式。

（4）分配系统，一般由主分配阀箱、多通道管和各用户配套的小分配阀箱组成。分配系统意在合理地分配冷量、减少冷损、提高液氦传输效率。

（5）大型低温系统，该系统还需要配备液氮系统，合理回收氮气，提升液氮循环，能大大提高系统的节能效率。

4）制冷机系统分析

制冷机系统是低温系统的核心，高温超导托卡马克实验装置涵盖了不同温区、不同负荷的低温用户，因此制冷机流程上基本要实现的功能如下。

（1）在液氮预冷下，具有实现制冷模式、液化模式及混合模式的功能。

（2）能够提供 80 K 冷氦气，能够实现 80～300 K 的预冷模式。

（3）能够提供 20 K 冷氦气。

（4）通过低温管道传输，能够提供 4.5 K 超临界氦和液氦两种模式。

（5）提供旁通，能够实现冷氦气从低温阀箱的回气。

（6）能够自动化控制，具有稳态运行、快速升降温及宕机模式。

5）管道设计与优化

因为所有设备之间的接口都由管道控制，所以需要管道集成优化这一步。

6）公共消耗

公共消耗包括水、电、压缩空气、液氮等。

7）工程建设

工程建设包括如下几个方面。

（1）所有设备调研及选型。

（2）所有设备的加工制造＋集成。

（3）控制系统的设计与集成。

（4）系统的出厂调试与现场联调。

（5）试运行。

4.4.2　面向未来聚变堆建设

面向未来聚变堆建设，需要建立低温工程技术实验室，进一步研究低温工程领域面临的难点与重点。建立完善的低温工程技术实验室是切合国家重大战略需求、高新技术产业和科技发展的前沿内容。通过围绕低温工程学的重要基础问题和关键核心技术，发挥团队优势、学科交叉优势，深入系统地开展工作，争取在新型低温制冷方法、大型低温系统关键技术、先进低温材料等研究方向取得原创性的基础理论研究成果。同时，在低温工程学新技术的应用方面做出重大技术创新，推进其在面向未来聚变堆领域的科学前沿探索以及相关领域的广泛应用,加强低温工程学领域的人才培养、队伍建设和实验室研究条件建设,使低温发展与学科建设成为国内外低温工程学领域有重要影响的科技创新应用平台和高水平人才培养基地。

低温工程技术实验室(见图 4-12)包括低温关键技术研究平台和低温公共测试平台。建成后的低温工程技术实验室可以满足如下需求。

(1)千瓦级氦制冷机:满足大型超导磁体系统的冷量需求,可提供 $50\sim70$ K 冷氦气、50 K 氦气和 4.5 K 超临界氦接口,满足超导磁体系统对过冷氦低温环境的需求。

(2)千瓦级过冷氦制冷机组:满足中小型超导体研究系统的冷量需要。

(3)百瓦级氦液化器组:满足材料性能研究系统的液氦生产需要。

(4)低温关键技术研究平台:针对未来聚变堆百千瓦量级大型氦低温系统的工程需求,开展低温传热传质、低温流体机械、低温模拟控制与安全、低温精密测量测试研究。建设超流氦制冷机系统,开展超流氦制冷技术、超导磁体冷却及失超检测与保护技术研究。

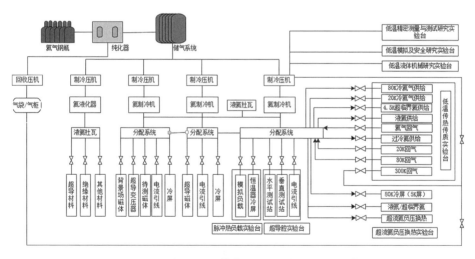

图 4-12　低温工程技术实验室氦低温工厂结构

低温公共测试平台针对性地为超导中心内超导体性能研究、超导磁体性能研究、超导材料性能研究提供服务。低温关键技术研究平台主要包括 4 部分:低温传热传质实验台、超流氦低温负压换热实验台、低温流体机械研究实验台、低温模拟与安全研究实验台和低温精密测量与测试研究实验台。

面向未来聚变堆,低温公共测试平台着力原理和工程技术创新,力争核心关键设备的国产化，为未来研制千瓦级以上的超大型低温系统奠定基础，同时使我国的大型低温制冷技术达到国际先进水平。依托研究成果、低温仪器设备和关键技术等综合资源，建设高水平的低温工程服务平台，重点解决我国国民生产和国防科研过程中遇到的低温工程实际疑难问题，为相关的高校、科研院所和企业提供高水平的低温技术服务，使得科研技术的发展成果促进国民经济的发展，对于带动我国低温行业的整体发展有着重要意义。

面向未来聚变堆，低温关键技术研究平台拟重点开展超流氦制冷技术，掌握超流氦冷却高负荷大型超导磁体的传热相变机理及失超检测与保护技术；研制百千瓦量级大型氦低温系统用深低温大流量透平、冷压缩机和氦循环泵，实现关键设备的国产化；模拟研究瞬态高功率/高磁能热扰动对低温系统冲击行为机制，掌握协同控制技术；开展高磁场、深低温和高真空等多场耦合下的精密测量与测试技术研究，建立面向聚变堆低温系统的设计规范及测试标准。

面向未来聚变堆，提出建立低温工程技术实验室(见图4-13)低温公共测试平台是针对性地为超导中心内超导体性能研究、超导磁体性能研究、超导材料性能研究提供服务。低温关键技术研究平台主要包括4部分：超流氦深低温传热传质研究平台、低温流体机械研究平台、低温模拟控制与安全研究平台、低温精密测量与测试平台。低温工程技术实验室建设是切合面向国家重大战略需求、高新技术产业和科技发展的前沿内容。通过围绕低温工程学的

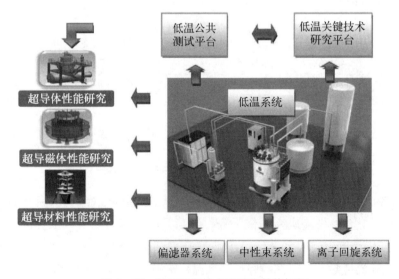

图4-13 低温工程技术实验室整体框架

重要基础问题和关键核心技术,发挥团队优势、学科交叉优势,深入系统地开展工作,争取在新型低温制冷方法、大型低温系统关键技术、先进低温材料等研究方向取得原创性的基础理论研究成果。同时,在低温工程学新技术的应用方面做出重大技术创新,推进其在面向未来聚变堆领域的科学前沿探索以及相关领域的广泛应用,加强低温工程学领域的人才培养、队伍建设和实验室研究条件建设,使核工业西南物理研究院低温发展与学科建设成为国内外低温工程学领域有重要影响的科技创新应用平台和高水平人才培养基地。

4.5　遥操系统

聚变产生的强中子具有很强的穿透性,能够与托卡马克真空室内部部件的材料发生核反应,使之活化,产生放射性,并劣化材料的物理和力学性能,使其丧失应有的功能。由于氘氚聚变会带来较高的辐射水平,堆内维护危害人员生命健康,禁止人类直接操作,因此在聚变堆的整个生命期内,其堆芯部件唯有通过遥控操作机器人系统(简称遥操系统)来接受性能监测和远程维护。由于操作对象的特殊性以及系统本身的复杂性,加之维护任务对遥控操作系统的实时性、安全性、可靠性及抗辐照能力等方面的严苛要求,其工程研制与测试均有极大的技术难度。

4.5.1　系统概述

聚变堆维护遥控操作系统根据应用范围的不同,分为托卡马克主机维护遥控操作系统、热室遥控操作系统以及桶形转运小车等,其中主机维护遥控操作系统又分为真空室内部维护遥控操作系统、杜瓦内部维护遥控操作系统以及用于中性束发射装置维护的遥控操作系统等。真空室内部维护遥控操作系统主要用于包层模块、偏滤器、窗口插件等的安装、拆卸、管道切割/焊接及部件转入/转出真空室等。真空室内部部件转出真空室后通过具有辐射屏蔽功能的桶形转运小车送至热室内进行维修翻新或退役处理。不论何种应用场景,聚变堆维护遥控操作系统均需要满足相应的耐辐照要求。本节将介绍遥控操作系统的总体研究现状与未来发展方向,并分别阐述包层维护遥控操作系统、偏滤器维护遥控操作系统、多功能重载机械臂、真空室内部观测系统、中性束发射装置维护遥控操作系统、桶形转运小车及热室遥控操作系统的基本功能、结构及工作原理等(见图 4 - 14)。

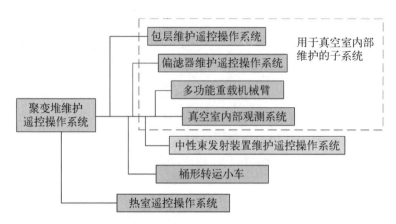

图 4-14　聚变堆遥控操作系统的主要系统构成

1）发展现状

在核聚变领域,具有代表性的遥控操作系统设计最早可追溯到美国橡树岭国家实验室。该实验室研究人员于 1989 年对 CIT 托卡马克装置的远程维护设备进行了概念设计,并于 1992 年对 BPX 燃烧等离子体试验装置的远程维修设备 TELEMATE 进行了概念研究,设计出能长期在核环境下工作的 SM-229 机械手系统。此外,该实验室于 1999 年针对 FIRE 核聚变实验装置,开展了用于维护和校正的远程操作设备的研究和概念设计,研究了在远程操作设备与反应室对接时的放射和污染控制方法,采用自动运装车将被维护部件运送到热室进行维修或退役。

JET 是目前世界上唯一成功地用全遥操方式对反应堆内部部件进行维护的托卡马克装置。JET 遥操系统于 1990 年左右完成了设计研制并开展了测试工作,1998 年完成了首次全 RH 遥操系统的内部部件维护任务。JET 遥操机器人共 700 多种类型,按照不同的功能需求,可完成包括清洗、3D 图像采集、真空室内部 TIG 焊接、结构部件 MIG 焊接、放射性剂量测量、目视、切割、磨削、螺栓拆卸、电缆安装、除尘、诊断系统的校准等各种工作。JET 遥操机器人系统由英国原子能管理局的下属部门 RACE 开发,主要由两个独立蛇形重载机械臂、末端精细操作机器人及工具箱组成,如图 4-15 所示。其中一只重载臂的末端搭载一台双臂精细操作机器人,另外一只重载臂末端搭载工具箱（装有一次维护任务所需的末端各类工具）,两只机械臂分别从装置两侧的中窗口进入真空室内部执行维护任务。JET 蛇形重载臂最大负载为 500 kg,长 12 m,具有 6 个自由度。

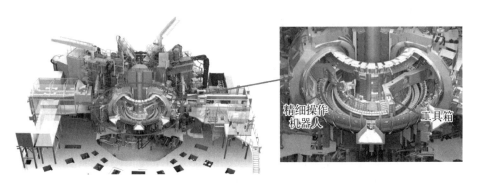

精细操作
机器人　　　　　　　　　工具箱

图 4‑15　JET 装置与双蛇形机器人维护系统

ITER 借鉴 JET 遥操系统的经验,设计出了载荷更大,耐辐射能力更强的遥操系统。ITER 遥操系统是多个复杂子系统的集成,每个子系统在设计时都考虑了兼容性、空间限制、核辐射等因素。ITER 遥操系统包含了包层遥操系统、偏滤器遥操系统、桶形转运小车、真空室内观测系统、中子束遥操系统、热室遥操系统等部分。目前,ITER 已经做出部分原型机,如包层维护机器人系统、偏滤器盒子多功能运输机和环向运输机、热室主从控制操纵设备等。芬兰国家技术研究中心(VTT)建造完成了 ITER 偏滤器维护机器人测试平台,日本和法国共同研制完成了位于日本东海市的包层更换系统测试平台。ITER 遥控机器人原型机代表了目前聚变堆遥控操作机器人系统的最高技术水平。比如包层遥操系统(见图 4‑16),操作对象的体积为 $1.5\text{ m}\times 1\text{ m}\times 0.5\text{ m}$,包

遥操机器人

包层模块

图 4‑16　ITER 包层遥操系统原型机

层块质量达 4.5 t,其末端对齐精度为毫米级别,操作的核辐射环境达到 250～500 Gy/h,装置累计耐放射剂量为 1 MGy。

此外,法国原子能和替代能源委员会(CEA)研发了 AIA(articulated inspection arm)蛇形内窥机器人,该机器人臂长 8 m,具有 8～11 个自由度,负载不大于 10 kg,自重约为 150 kg,采用钛合金制造,具有非常灵活的环境适应性,工作在垂直方向 2.4 m、半径 7.8 m 的范围内,末端执行器可按照需求进行更换,可在 120℃、10^{-6} Pa 的高真空环境下工作,如图 4-17 所示。该机器人的实用性已在 Tore Supra 和 EAST 装置的维护实验中获得了验证。

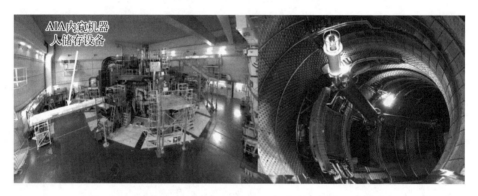

图 4-17 Tore Supra 的 AIA 内窥机器人

中国科学院等离子体物理研究所在法国 CEA - AIA 内窥机械臂的基础上升级研制了 EAST 真空室多关节遥控操作维护机械臂系统,于 2017 年成功完成了千克级石墨瓦抓取功能测试与 EAST 中子注量诊断系统原位刻度实验。上海交通大学机器人研究院为了提高托卡马克维护的可靠性,设计了一个高精度、高安全性的遥操机械臂,该机械臂结合手和眼的功能避免了碰撞的风险,设计出 1∶10 的缩比模型,在实验中完成了紧固螺母的维修任务。近年来在 CFETR 概念的牵引下,中国科学院等离子体物理研究所和核工业西南物理研究院从 2017 年开始分别进行了 CFETR 主机遥操系统和热室遥操系统的相关概念设计工作,取得阶段性成果。

2) 关键技术

聚变堆遥控操作机器人技术相比于传统机器人技术,具有其特殊性:严苛的环境(强辐射、高温、高真空、磁场环境),狭小又复杂的工作空间,操作对象为公差要求毫米级别的大型部件,有限的可介入窗口,作业为全遥操方式,可视性差,真空室内部部件由于多种工况和辐照原因会产生变形等。涉及的关键技术体现在如下几个方面。

(1) 抗辐射的驱动器和传感器技术。对于电机驱动的机械臂,电机在 200 Gy 左右的条件下就会失去控制能力。针对核环境下使用的特殊电机,在全部使用模拟电路的情况下也只能运作几十小时。聚变堆内的极强 γ 辐射使得常用的电子元器件在很短的时间内失效,这些电子器件包含在电机驱动、位置传感器、速度传感器、加速度传感器、摄像头、激光器、电磁感应器等部件中。在现阶段的技术条件下,如果不采用抗辐射器件,不增加抗辐射屏蔽,传统的机械臂和执行器将很快失效,失效的机械臂卡死在真空室内将造成严重事故。

(2) 放射性污染防护技术。遥控操作设备在真空室内会沾染气溶胶辐射污染,污染物包括氚、活化尘埃、活化腐蚀性颗粒、放射性器件材料。机器人在进入和撤出时要尽量少地沾染放射性污染物,以操持其性能并提高使用寿命。

(3) 高精度控制技术。遥控操作在几何空间有限的条件下进行,需要执行机构有很高的定位精度。末端执行器的定位精度要达到毫米级别。使用液压元器件作为驱动是解决抗辐照问题很好的选择。但液压元器件相比于电机的控制精度低,经过铰链串联放大后定位精度就更低了。与此同时,真空室内部部件在强中子辐射下、局部侵蚀、产氚变形、热应力、电磁力、腐蚀等作用下发生了变形,如果对现场部件没有实时准确的定位,是很难保证操作可靠性的。

(4) 传感器数据融合技术。传感器数据融合是把分布在不同位置的多个同类或异类传感器所提供的局部数据资源加以综合,采用计算机技术对其进行分析,消除多传感器信息之间可能存在的冗余和矛盾,加以互补,降低其不确实性,获得被测对象的一致性解释与描述,从而提高系统决策、规划、反应的快速性和正确性,使系统获得更充分的信息,也是提高机器人末端定位精度的根本途径。

(5) 其他关键技术还包括① 可靠、容错的机器人机构及作业工具设计技术;② 超冗余机器人的运动控制及路径规划算法;③ 基于虚拟现实技术的远程控制技术;④ 高真空高温高辐射环境下的固体润滑和密封技术;⑤ 机电液遥控操作系统耐辐射性能增强一体化技术;⑥ 多功能操作手和工具快速接口技术等。

3) 发展方向

从发展趋势来说,未来国内外的聚变堆遥控操作研究将朝着如下几个方面发展。

(1) 增强实用性。增加机器人可靠性寿命,减少操作步骤和次数,增大机器人末端载荷,取消或减少真空室内维护机器人中的电子元器件使用。

（2）更加注重控制设计过程。在反应堆设计初期，遥控操作工程师就应该介入，并将参与到整个堆的各个设计阶段。

（3）提高遥操系统的效率。设计多功能操作手，同时按照不同功能将相关工具打包在一起，维护时只需要调取相应的工具箱，操作手和工具箱协同完成常规操作，减少系统暴露时间。

（4）提高系统整体耐辐射性能。使用水液压系统，研发耐辐射机电系统，使用无芯片类的传感器，增强视觉信号采集系统的耐辐射强度等。

（5）提高机器人自身的可维护性。如果遥操系统自身发生意外，就需要有相应的维护措施。所以在意外发生前需要进行自我状态监测，在发生意外后有相应的维护支持。

4.5.2 包层维护遥控操作系统

包层维护遥控操作系统的主要功能是将需要维护的包层模块从真空室壁上拆解下来并移出真空室，或将翻新后的包层模块移入真空室并将其安装于真空室壁上，其辅助功能包括包层管林的切割和焊接等。

1) ITER 设计

ITER 包层的功能是屏蔽真空室内的高温以及聚变反应产生的 14MeV 中子，结构上主要包括环形轨道、轨道支撑设备、包层维护机器人等[37]，如图 4-18 所示。末端执行器上装有视觉、激光、压力传感器等用于实现精准定位及接触

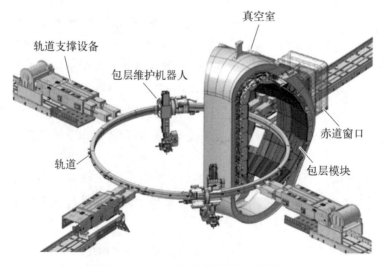

图 4-18　ITER 包层遥控操作系统构成

力控制。四套轨道支撑设备分别盛装在四个桶形小车内,在桶形小车与真空室中窗口完成屏蔽对接后,轨道支撑设备的长臂通过中窗口伸展进入真空室内用于支撑和固定环形轨道。包层维护机器人可沿着环形轨道在真空室内移动,到达相应的作业区域,通过末端执行器拆除并夹取包层模块,再将拆卸下来的包层模块通过中窗口转移出真空室。

ITER 包层维护机器人主要由移动底座、套筒式伸缩臂和末端执行器三部分组成(见图 4 - 19)。机器人可借助移动底座沿着环形轨道平移,并可绕轨道旋转。套筒式伸缩机械臂可以帮助机器人调节其臂展长度,并且机械臂可以实现相对于底座的旋转运动,使得机器人具有更好的末端可达性及操作灵活性。末端执行器可实现相对于机械臂末端的偏航、俯仰和翻滚三种自由度的运动,并通过其与包层模块的特殊机械接口实现对包层模块的夹取和移动。

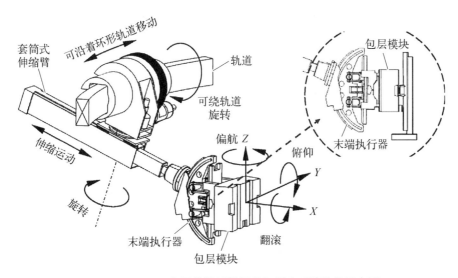

图 4 - 19　ITER 包层维护遥控操作机器人系统结构示意图

ITER 环形轨道及包层维护机器人进入真空室并完成安装的实现方式如图 4 - 20 所示。轨道与维护机器人(已提前安装于轨道之上)储存在具有屏蔽功能的桶形转运小车内。当执行遥控操作维护任务时,过渡桶形小车首先运动到真空室的中窗口处并与窗口对接,然后桶形转运小车运动到过渡桶形小车后边并与其对接。在过渡桶形小车内的牵引机与滑动梁的拖动下维护机器人与环形轨道进入真空室,并在辅助机械手的帮助下完成在真空室内的安装。

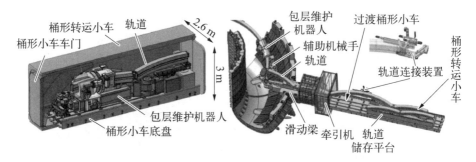

图 4‑20　环形轨道与包层维护机器人进入真空室并完成安装的方式

2) CFETR 设计

CFETR 包层作为实现氚自持的核心部件,承担着能量转换、氚自持及辐照屏蔽等功能,与 ITER 包层维护策略不同,CFETR 包层维护采用大模块(若干个包层模块组成的香蕉形扇段)垂直上窗口转运方案。装置共设置有 16 个维护上窗口,每个窗口覆盖区域为 22.5°,每个窗口区域分布有 5 块包层扇段(2 个高场侧、3 个低场侧包层扇段),总共 80 块。在上窗口区域,高、低场侧均有一块包层位于窗口的正下方。如图 4‑21 所示,包层维护整体策略为将非窗口正下方的包层环向转运至窗口正下方,通过顶部桶形转运小车内部的吊具将包层扇段垂直向上吊入桶形容器内部,然后关闭桶形容器的屏蔽门,再通过主机大厅的顶部吊车系统将装载了包层扇段的桶形容器吊至热室中进行维护。

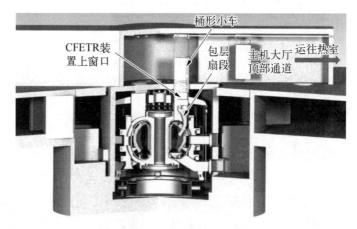

图 4‑21　CFETR 包层维护策略

由中国科学院等离子体物理研究所设计的 CFETR 包层遥控操作系统主要包括以下几个子系统:顶部转运平台、桶形容器及吊运系统、环向驱动器以及底部抬升及转运平台,如图 4‑22 所示。其中底部抬升及转运平台的功能是将包层扇段进行一定行程的提升,并将非上窗口正下方的包层扇段沿环向或径向运送至上窗口正下方。环向驱动器的作用是与底部抬升及转运平台配合,将包层扇段抬升一定高度后将其沿环向运送至上窗口正下方。顶部转运平台的功能是将上窗口正下方的包层扇段垂直向上吊至装置顶部桶形容器内部。总的来说,CFETR 包层遥控操作系统的主要功能包括完成对包层冷却总管路及提氚管路的切割与焊接、完成对包层支撑的拆卸与安装、完成非窗口区域包层环向和径向转运操作、完成窗口正下方包层扇段的吊运等。

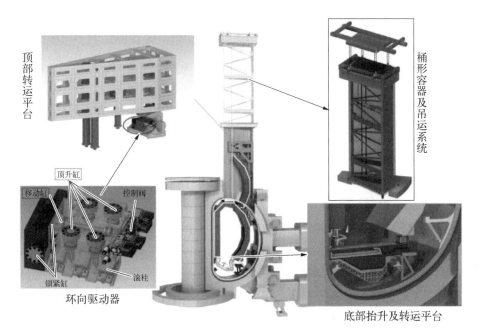

图 4‑22　CFETR 包层遥控操作系统

4.5.3　偏滤器维护遥控操作系统

偏滤器的主要功能是排除 α 粒子携带的主要功率及来自等离子体的氦和杂质。作为面向高温等离子体的部件,偏滤器在聚变装置的寿命期内需要进行多轮全部更换。因此用于偏滤器维护的遥控操作系统的主要功能是完成偏滤器拆卸、更换、传送以及冷却管切割、焊接等维护作业。

1) ITER 设计

ITER 偏滤器遥操系统主要由偏滤器环向运输机(cassette toroidal mover,

CTM)、偏滤器多功能运输机(cassette multi-function mover，CMM)及偏滤器桶形转运小车组成，如图 4-23 所示。该系统的基本维护策略是利用 CTM 和 CMM 将需要维护的偏滤器从托卡马克装置的下窗口拖拽到桶形转运小车内，再通过桶形转运小车将其运送到热室内进行维护[38]；或将翻新后的偏滤器通过桶形转运小车转运至托卡马克装置下窗口处，再利用 CIM 和 CMM 将偏滤器推送到真空室内部并完成安装。CTM 在其内、外两侧驱动轮的辅助下可沿着真空室底部的轨道做环向运动，其功能是将非正对真空室下窗口的待维护偏滤器搬运至正对下窗口的位置(如将翻新后的偏滤器装回真空室则进行反向操作)。CTM 的基本结构包括内侧驱动轮、外侧驱动轮、内侧抬升器、外侧抬升器、上部滑动台、上部机械手、工具储存仓及机体等。抬升器的作用是将偏滤器进行一定行程的提升以便于搬运，其本身也是 CTM 操作偏滤器时的机械接口。上部机械手可以从工具仓内选取必要的末端工具并完成工具的自动化更换。CMM 的基本功能是将待维护的偏滤器从真空室下窗口的内侧拖拽至桶形转运小车内(如果是将翻新后的偏滤器装回真空室则进行反向操作)。CMM 主要由径向驱动器、支撑轮、抬升轴、倾斜轴、安装版、液压驱动装置及机壳等部件组成。CMM 的支撑轮在伺服电机的驱动下可沿着桶形转运小车内的轨道做直线运动，安装板在伺服液压系统的驱动下可以做升降及倾斜运动，以适应被操作对象的不同安装角度。桶形转运小车内的轨道可以将其一部分延伸至下窗口通道内以拓展 CMM 的行走范围。

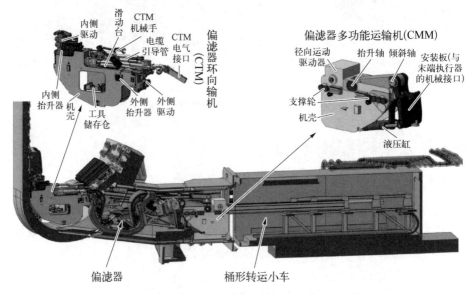

图 4-23　ITER 偏滤器遥控操作系统

2) CFETR 设计

根据 CFETR 偏滤器结构设计,偏滤器遥控操作采用上窗口整体吊装维护方案,如图 4-24 所示。该遥操系统主要由顶部吊装平台、环向转移多功能平台、底部转运拖车、桶形转运小车等子系统组成。其将偏滤器转出主机装置的操作流程如下:首先,装载有偏滤器维护设备的桶形转运小车与托卡马克装置的下窗口对接,将环向转移多功能维护平台和底部拖车送入真空室;然后借助机械手对偏滤器进行管路切割、支撑紧固件拆卸等操作;再通过环向转移平台将非上窗口下方的偏滤器环向移动至上窗口下方,并使用底部转运拖车调节偏滤器的径向位置,使其正对窗口下方;最后通过上窗口送入的吊装平台将偏滤器向上整体吊出真空室,然后转运至热室内进行维护。

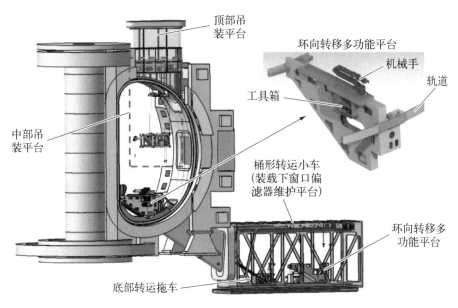

图 4-24　CFETR 偏滤器遥控操作系统

4.5.4　多功能重载机械臂

多功能重载机器人系统在真空室内部探伤、偏滤器第一壁更换、真空室灰尘检测与清理、管道维护、偏滤器/包层等遥操设备的辅助救援等方面起着至关重要的作用,其末端可搭载各类末端执行器,也可搬运载荷允许范围之内的真空室内部部件,如偏滤器第一壁。ITER 和 CFETR 的重载机械臂系统设计思路基本相同,如图 4-25 所示,其系统构成主要包括多关节重载机械臂、末端执行器(如双臂精细操作机器人)、桶形小车等。

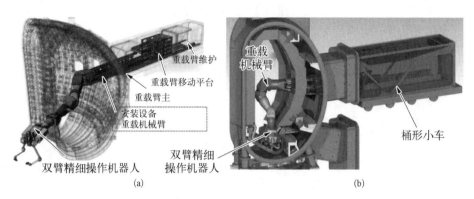

图 4-25 多功能重载机械臂系统
(a) ITER 重载机械臂系统;(b) CFETR 重载机械臂系统

多关节重载机械臂是该系统的核心子系统,ITER 多关节重载机械臂有 9 个自由度,最大末端载荷可达 2 t[39];CFETR 多关节重载机械臂分为短臂展和长臂展两种设计,短版具有 7 个自由度,最大末端载荷 2.5 t,长版有 9 个自由度,最大末端载荷 2 t,末端重复定位精度为 ±10 mm,工作空间为 CFETR 真空室中窗口两侧的 ±45°扇区内。桶形小车内的重载移动底盘主要由主支撑、基底座、牵引车等子部件构成,其功能是辅助重载臂进出真空室并在重载臂伸展开之后固定和支撑其肩部。非工作状态的重载机械臂系统储存在桶形小车内并放置于热室,当执行维护任务时,装载重载臂的桶形小车借助主机大厅内的轨道系统运动到真空室的中窗口处,并与窗口颈管对接,然后重载机械臂借助桶形小车内的辅助设备及轨道进入真空室内执行维护任务。

4.5.5 真空室和中性束

ITER 真空室内部观测系统(in-vessel viewing and metrology system, IVVS)对装置正常运行有重要作用,其功能在于通过机器视觉技术检测及测量第一壁的状态,给出真空室内部部件腐蚀情况的准确信息,并提供当前真空室内的灰尘量[40],如图 4-26 所示。IVVS 会周期性地或根据需求在停堆期间通过 IVVS 窗口进入真空室内部,针对包层、偏滤器、加热/诊断装置等面向等离子体部件进行视觉探测并获得测量数据。

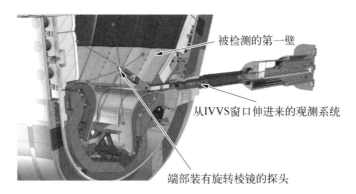

图 4-26　ITER 真空室内部视觉观测系统

ITER 的中性束发射(NBI)单元在设计时就包含了一套遥操系统用于单元内部的设备维护[41]。中性束发射装置遥操系统(NBRHS)主要由单轨起重机、中性束传输线部件遥操系统(beam line transporter，BLT)、中性束源遥操(NBSRH)系统、桶形小车以及相关的各类末端工具组成,如图 4-27 所示。其中单轨起重机系统是 NBI 单元中最主要的部件吊装及转运设备。束源是 NBI 装置中最容易损坏的部件,在托卡马克装置的整个寿命期内大概率需要更换。NBSRH 系统主要包括束源运载车、支撑柱、臂架、末端执行器等,主要功能是进行束源的更换。BLT 系统由一段固定在 NBI 单元建筑墙体上的轨

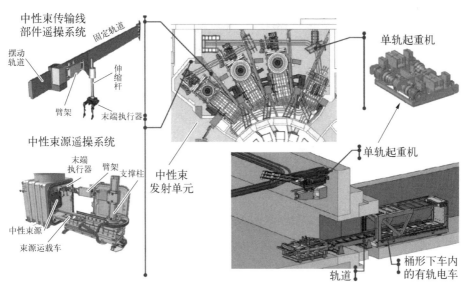

图 4-27　ITER 中性束发射装置遥操系统

道、一段有动力驱动的摇摆轨道、铰链式臂架、伸缩杆及末端执行器组成，具有较灵活的作业方式。BLT 的主要功能是转运中性束传输线上的部件，或在进行部件更换时切割/焊接水冷管道、拆除/安装中性束传输线真空室的边缘密封件或中性束源真空室的边缘密封件、操作螺栓、打开/关闭盖子与法兰等。

4.5.6　热室遥控操作系统

通常意义上的热室(hot cell)是处理对人体和环境具有危害的放射性、有毒、有害物质的封闭专用设施，其外面设有生物屏蔽层，其内部处理的物料具有强 γ 放射性活度或中子辐射，包容体积较大，采用主从机械手或其他机械手进行操作，能完成复杂的研究、试验、生产工作。聚变堆热室主要完成聚变堆内具有辐射污染特性的部件、设备及工具的暂存、维护、退役解体、整备转出与材料实验等相关工作。热室整体由设备维护间、工作线单元、材料实验室、除氚系统、通气系统、监测控制系统等组成，主要服务对象包括包层、偏滤器、诊断设备等部件或工具。目前 ITER 和 CFETR 热室均处于概念设计阶段或初步的工程设计阶段，尚未开展工程建设。由于聚变堆热室是个庞大的复杂系统，涉及的子系统与工艺方法数量繁多。由于篇幅所限，本书仅介绍 CFETR 设计中一些比较典型的遥操系统。

CFETR 热室综合设施分为维护厂房、退役厂房及控制大楼等三部分，考虑放置于主机大厅东侧。维护厂房分为地上四层，地下两层；退役厂房分为地上三层，地下两层。热室地下深度为 -20.8 m，地面高度为 36.8 m，东西长为 120.46 m，南北宽为 137.3 m。维护厂房主要完成堆内部件的储存、维修翻新及退役前的预处理等；退役厂房主要完成报废部件的解体、整备及转出等功能。热室与主机大厅的接口位于维护厂房西侧，3 个面向主机大厅的出、入口分别对应主机的上、中、下窗口(底标高分别保持一致)，以便于部件在主机与热室之间的转运。包层扇段及偏滤器等堆芯部件经主机大厅的顶部通道吊入热室，重载机械臂、诊断装置、加热装置及中性束源等通过中窗口横向转入热室，下窗口维护平台通过底部通道横向转入热室，如图 4-28 所示。

CFETR 真空室内部部件在热室中的基本退役流程依次为临时储存→清洗去污→块分割→除氚→缓存→解体→整备暂存等，如图 4-29 所示。

托卡马克装置运行期间真空室内部会产生大量的颗粒状粉尘(主要是由金属铍、金属钨等第一壁材料剥离造成的，CFETR 的第一壁材料主要是钨)。部件表面清洗去污的目的在于以下几个方面：① 减少粉尘对后续工艺及设备

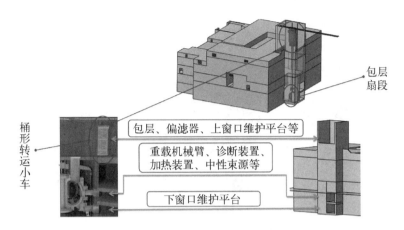

图 4 - 28 CFETR 热室布局概念设计

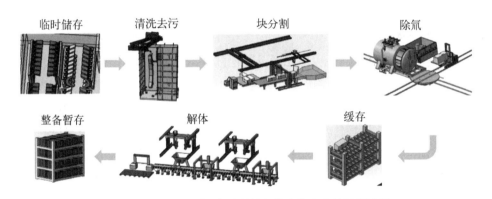

图 4 - 29 CFETR 中、高放射性部件在热室中的退役流程

的影响,提高热室的整体清洁度;② 良好的去污方式可以减少后续除氚的难度(部件及金属粉尘含有高密度的氚);③ 去除部分放射性杂质可以减少热室运行过程中的放射源及放射性。CFETR 采用的部件清洗方案如下:① 采用高压惰性气体喷射(氦或氩)与软刷擦拭相配合的方法使得部件表面吸附的灰尘脱落,同时采用真空抽吸的方式回收清洗产生的污质;② 通过管道和桶形转运小车将废气及粉尘等含氚二次废物输往热室除氚单元以进一步处置。图 4 - 30 展示了 CFETR 热室中包层清洗去污装置的概念设计,该系统主要包括密闭室、机械手、包层背部支撑、吊装设备及包层吊装轨道等,主要功能是去除包层表面沾染的放射性固态污质。

对于包层及偏滤器等含氚堆芯部件的切割方式首选冷切割,因为热切割可能造成氚逃逸。CFETR 设计的切割装置如图 4 - 31 所示,主要由龙门切割

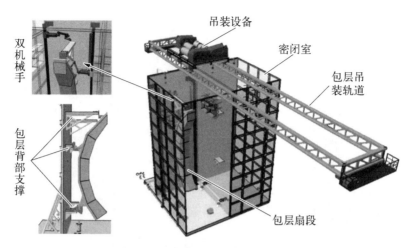

图 4-30 CFETR 包层清洗去污遥控操作装置

机、辊道、送料装置、维护动力手及吊装设备等组成。装置的设计目标如下：① 完成包层扇段的块分割、偏滤器及其他部件的切割等；② 完成部件切块的转运、缓存等；③ 合理的切割废物收集与转出方案等。切割产生的放射性固态废渣及粉末需要回收处理，切割废物收纳装置位于刀具下方，具体的废物转出流程如下：首先，可翻转辊道在伺服电机驱动下向上升起，然后液压升降机举起废料盒，当废料盒底部与辊道表面平齐时，再用动力手将废料盒移至辊道上；通过辊道传递，废料盒被转至另一端的轨道板车上；最后，板车将废料盒运往专门设置的切割废物处理区域进行集中处理。

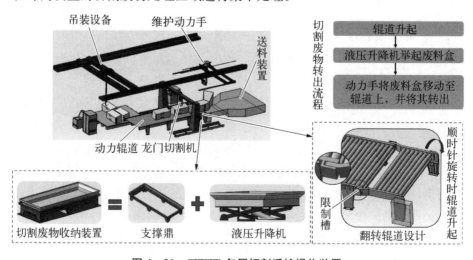

图 4-31 CFETR 包层切割遥控操作装置

由于包层和偏滤器等堆芯部件造价高昂,为了提高聚变能发电的经济性,要求堆芯部件能够尽量重复利用,即堆芯部件使用后会在热室中进行维修翻新,之后运回主机大厅重新服役,这也就要求热室具有部件的翻新功能。CFETR 真空室内部部件在热室中的基本维修翻新流程如下:部件临时储存→清洗去污→维修翻新→功能测试→临时储存→转回主机大厅等,如图 4-32 所示。

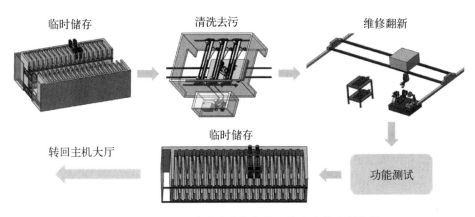

图 4-32　CFETR 真空室内部部件在热室中的翻新流程

4.6　供电系统

供电系统运行状况关系到聚变反应堆能否安全可靠运行。本节将从系统概述、发展现状及发展方向分别进行介绍。

4.6.1　系统概述

供电系统的功能是将电网的电力传递给聚变反应堆,满足磁体线圈、辅助加热系统高压电源、真空、低温、冷却水、诊断、数据采集等系统的用电需求。由于供电容量巨大,对于长脉冲稳态运行的装置,例如正在建设的国际热核聚变实验聚变堆(ITER)和正在设计的中国聚变工程试验堆(CFETR),均采用电网直接供电的方式。电网上的电能通过变压变流等技术,为各类负荷提供所需电压电流。

根据系统功能划分,供电系统可分为以下几个子系统:交流配电系统、无功补偿及谐波滤波系统、磁体线圈电源系统、辅助加热高压电源系统、接地和防雷系统。

1) 交流电网

交流电网用户的各子系统负荷数量多且种类繁杂,据负荷特质区分主要为脉冲性负荷(其供配电网络简称为 PPEN)和稳态性负荷(其供配电网络简称为 SSEN)两大类;以 ITER 装置为例,据负荷具体性质分为电源类、电机类、涉核类及常规类 4 种类型,如图 4-33 所示。

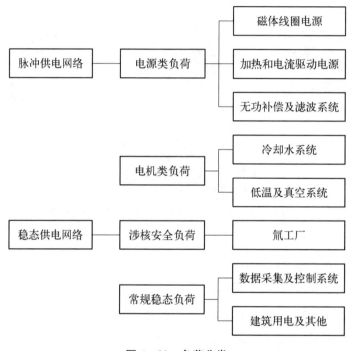

图 4-33 负荷分类

用于聚变反应堆主机的各类电源系统总称为脉冲性负荷,是主要能源消费对象,主要分为磁体线圈电源和加热及电流驱动电源,这两大类负荷均是基于全控或半控型电力电子器件的电源系统。其中磁体线圈电源中功率最大的为极向场线圈电源,均基于晶闸管器件的相控技术,虽然这一方案相对较成熟且控制简单造价适中,但变流器运行时不仅带来较大的有功波动,更会产生巨大的无功消耗导致母线电压较大跌落。随着新技术及器件的发展,基于全控型器件的变流器装置被采用,不仅提高了电源的可靠性,同时极大地降低了无功消耗,降低变流器与配网间的相互影响。各类加热及电流驱动电源主要提供大功率的无感电流加热能量,为等离子体注入能量提供能源支撑。它们的电源结构形式虽然多样,但都是将电能用于等离子体加热或驱动。大部分加热及电流驱动电源均基于 PSM 技术,不仅能满足各类注入装置的能量输入需求,还能据运行需求采用对应的控制技术。

脉冲性负荷随着等离子体放电波动性较强,但是稳态负荷功率消耗平稳,主要指装置中持续不断工作的负荷。稳态负荷除了正常建筑用电以外,大致可以据负荷种类区分为如下几类。

(1)电机类负荷。低温真空系统为实现可控核聚变提供低温及超导的环境,使用冷却水系统带走各类系统的设备器件的热量,使其不至于因发热而引起使用故障。这两大系统的电能功率消耗占据装置稳态性负荷中的一大半,两个系统中包含众多功率大小不一的压缩机及水泵。其中空气压缩机为恒转矩负载,即负载转矩是定值,其与转速无关;风机水泵类负载的转矩大小与转速的平方成正比。

(2)涉及核安全类负荷。反应堆最终能否实现成功运行,氚系统的设计及运行至关重要,总体氚投料量及滞留量直接影响了反应堆的运行效率及安全。从安全角度出发,涉及核安全的所有子系统,其供电方案除了满足正常运行时的功率需要外,发生紧急事件时的保障供电更为重要。

(3)常规稳态负荷。常规稳态负荷包括建筑暖通系统、安全控制系统、各类科研日常用电负荷等。常规稳态负荷虽然单个负荷功率较小,但是负荷种类较多,数量庞大。其中安全控制系统是反应堆运行的指挥中心,诊断测量系统是反应堆运行参数收集及测量的核心,这些稳态负荷的运行对核聚变反应堆的安全高效运行同样至关重要。

2)无功补偿及谐波滤波系统

装置电源系统运行时,将会产生较大的无功功率,造成电网电压波动,同时产生大量谐波污染,影响整个装置交直流供电系统的安全稳定运行,因此必须安装无功补偿及谐波抑制系统。以 ITER 装置为例,目前无功补偿及谐波抑制系统采用静止同步补偿器(static synchronous compensator,STATCOM)配合高压无源滤波支路(fixed capacitors,FC)和低频谐振抑制装置(low frequency resonance suppressor,LFRS)的总体技术方案。

3)磁体线圈电源系统

磁体线圈系统包括环向场(TF)、中心螺线管(CS)、极向场(PF)超导磁体以及可能的位于真空室内的快线圈系统等。磁体线圈电源系统包括供电的变压器、变流器、开关以及失超保护单元等。这些电源将为线圈提供装置运行所需的电流输出，并在出现失超时快速泄放超导磁体中的能量，起到保护的作用。

环向场磁体电源变流系统的作用是馈电环向场线圈，从而在等离子体中心产生稳定的、低纹波度的环向磁场；在失超时参与失超保护，为变流系统旁路，提供可靠电流回路。

PF&CS磁体电源变流系统将交流输入转换成等离子体控制所需的电压随电流变化，为等离子体产生、约束、维持、加热以及等离子体电流、位置、形状、分布和破裂的控制，提供必要的工程基础和控制手段，同时在失超时参与失超保护，为电流形成连续的回路。

等离子体在垂直方向的稳定性，需要利用真空室内部的快速响应线圈及与其配套的电源系统对等离子体的垂直位置进行实时、主动控制。

超导磁体变流电源采用大功率晶闸管作为开关器件。对于内真空室电源，为达到要求的电流随电压变化，采用了全控器件作为变流电源。

超导磁体装置的大功率晶闸管变流系统宜采用双反星形、同相逆并联和非同相逆并联等拓扑结构，图4-34所示为三种常用的6脉波变流器的拓扑结构。

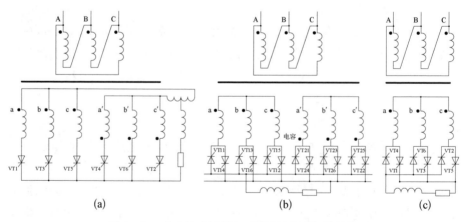

图4-34　大电流变流器(6脉波)的主要拓扑结构

（a）双反星形；（b）同相逆并联；（c）非同向逆并联

双反星形结构适合于低压大电流变流器，设备投资成本低；同相逆并联结构也适用于低压大电流(小于1 000 V)，该结构换流效率高，对周围环境电磁干扰相对较小；非同向逆并联结构适合于较高电压大电流的变流器。

为实现更大直流电流输出和抑制谐波，宜由移相变压器提供交流供电，多个 6 脉波变流器直流输出,经直流电抗器并联构成 12 脉波、18 脉波或 24 脉波的变流系统。为获得更高的直流输出电压,宜采用多个变流单元串联的方式,应避免采用晶闸管直接串联或 6 脉波变流器直接串联的方式。

为了达到电流双向流动的目的,对于晶闸管电源需采用四象限运行变流系统。根据变流系统中能量和电流方向的关系,变流系统运行区间可以分为四个象限(见表 4-1)。

表 4-1　四象限运行中直流电压、电流及能量传输方向

象限	直流电压	直流电流	能量传输方向	运行状态
I	(+)	(+)	电网→变流系统→负载	整流
II	(−)	(+)	负载→变流系统→电网	逆变
III	(−)	(−)	电网→变流系统→直流负载	整流
IV	(+)	(−)	直流负载→变流系统→电网	逆变

作为电源使用的变流系统通常运行于整流状态,实现电网向直流负载的单向功率输出,工作于逆变状态的变流系统,实现负载侧能量回馈电网。而负载侧的电压和电流,可根据实际需求实现双向输出。

4) 辅助加热高压电源系统

辅助加热系统主要分为中性束(NBI)加热和微波加热两种方式,NBI 高压电源系统主要为 NBI 加速器提供直流高压,是 NBI 系统中性束能量的主要来源。目前在日本的聚变实验装置上已建 1 MV 的中性束加速极电源,ITER 装置上也计划采用 1 MV 的加速器高压电源,其测试平台已经在意大利帕多瓦建成。波加热是在受控核聚变研究领域广泛采用的加热技术,主要包括电子回旋、离子回旋和低混杂波三种方式。波加热高压电源为波加热系统提供一定电压、电流和功率的高压供电,将高压电源系统提供的电能转移给电子回旋加热系统以对等离子体进行加热。

5) 接地和防雷系统

为了保证人和装置的安全,提高系统抗电磁干扰的能力,满足各系统电磁兼容(EMC)的需求,需在整聚变反应堆装置园区中设置接地和防雷系统。接地系统将为故障电流或者雷电流提供一个低阻抗通道,以达到保证人和设备

的安全。防雷系统主要为雷电流提供一个低阻抗通道,阻止或削弱雷电磁脉冲对人的影响和对设备的冲击。接地系统包括接地对象、接地引下线和接地网。而防雷系统主要包括接闪系统、接闪引下线和接地网。接地和防雷系统最终都汇入接地网,正因如此,将接地和防雷系统统一设计,实现设备和人的保护。

4.6.2　发展现状

聚变堆供电系统经过数十年的发展已日趋成熟,常规供电系统中的新技术也逐渐在聚变堆供电系统中得以应用,下面分别介绍交流电网、无功补偿及谐波滤波系统、磁体线圈电源系统、辅助加热高压电源系统、接地和防雷系统的发展现状。

1) 交流电网

目前 ITER 变配电网络的相关参数如表 4-2 所示。

表 4-2　ITER 变配电网络参数

序号	主　要　参　数	ITER
1	网侧 PPEN 脉冲功率	$P=500$ MW;$Q=160$ MVar
2	网侧 SSEN 稳态功率	$P=120$ MW;$Q=40$ MVar
3	供电(母线)电压等级	(2×400) kV$(Ud\leqslant2.5\%)$
4	母线短路容量/电流	$10\sim12$ GVA/<20 kA
5	双电源外线 出口距离/短路容量	线路一:8.5 km/13 GV 线路二:125 km/39 GVA
6	负荷配电电压等级	PPEN:66 kV/22 kV SSEN:6 kV/0.4 kV

根据负荷性质将聚变装置负荷分为脉冲性负荷及稳态性负荷,对应的供配电网络划分为 PPEN 及 SSEN,如图 4-35 所示。PPEN 电网主要为各类磁体线圈、加热及电流驱动供电,并包含因负荷自身低功率因数和非线性需配置的无功补偿及谐波抑制系统。SSEN 电网为装置园区所有需稳态电力供应的设备供电,同时兼顾发生紧急事件时,为现场应急电源如柴油发电机、不间断电源以及直流电池等相关设备和组件供电。

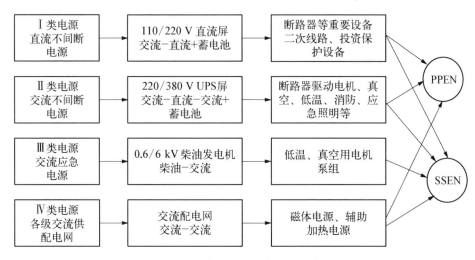

图 4‑35　聚变反应堆供电网络分类定义

2）无功补偿及谐波滤波系统

当聚变反应堆装置电源系统运行时，将会产生较大的无功功率，造成电网电压波动，同时会产生大量谐波污染，影响整个装置交直流供电系统的安全稳定运行，因此必须安装无功补偿及谐波抑制系统。

聚变反应堆无功补偿及谐波抑制系统采用静止同步补偿器（static synchronous compensator，STATCOM）配合高压无源滤波支路（fixed capacitors，FC）和低频谐振抑制装置（low frequency resonance suppressor，LFRS）的总体技术方案，该系统连接在 4 台主变压器 110 kV 侧，主要包括 4 套补偿容量为 ±200 MVar 的 STATCOM、4 套补偿容量为 250 MVar 的 FC 以及 4 套有源容量为 5 MVA 的 LFRS，从而实现聚变综合研究设施电源系统的动态无功补偿、母线电压支撑、负荷谐波以及低频谐振抑制。

聚变反应堆无功补偿及谐波抑制系统包含 STATCOM、高压无源滤波支路、LFRS 低频谐振抑制装置以及整体系统控制系统。

3）磁体线圈电源系统

磁体线圈系统包含为环向场（TF）、中心螺线管（CS）和极向场（PF）超导磁体供电的变压器、变流器、开关以及失超保护单元等。这些电源将为线圈提供装置运行所需的电流输出，并在出现失超时快速泄放超导磁体中的能量，起到保护的作用。

环向场磁体电源系统的作用是通过向环向场线圈通电，从而在等离子体中心产生稳定的、低纹波度的纵向主约束磁场;在失超时参与失超保护,将变流系统旁路,提供可靠电流回路。

PF&CS磁体电源变流系统将交流输入转换成等离子体控制所需的电压/电流,为等离子体产生、约束、维持、加热以及等离子体电流、位置、形状、分布和破裂的控制,提供必要的工程基础和控制手段。同时在失超时参与失超保护,为电流形成连续的回路。

等离子体在垂直方向的稳定性需要利用装置内部的垂直场线圈及与其配套的电源系统对等离子体的垂直位置进行实时、主动控制。

根据环向场磁体电源,可采用的变流系统如图4-36所示,变流电源系统主要由高压交流开关设备、变流器单元、隔离开关、变流器电源的控制系统和保护系统等组成。

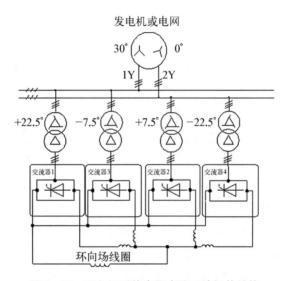

图4-36 环向场磁体电源变流系统拓扑结构

PF&CS磁体电源变流系统的变流器、变压器结构与环向场电源类似,但由于需要四象限运行,可采用正负组并联的有环流运行方式,拓扑结构如图4-37所示,具体参数待线圈参数确定后给出。

一方面,托卡马克装置运行期间为实现等离子体垂直位移的快速控制,须设置快速控制电源,快速控制电源的电流可达数十千安,电压为千伏量级,响应时间为1 ms,传统的晶闸管整流技术的最快响应时间为3.3 ms;另一方面,由于电源需要提供数百兆瓦级的瞬时功率,而平均功率仅有数兆瓦左右,若采

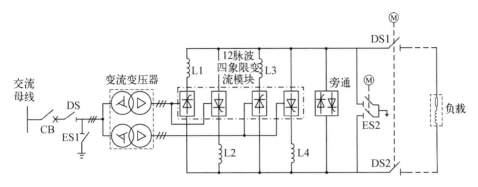

图 4-37　四象限变流系统拓扑结构

用传统的晶闸管整流技术,则在重载时会对电网造成较大的冲击,而在轻载时功率因数又会过低;显然不利于电网的稳定运行。因此,可采用三相 PWM 整流器作为充电电路、后级采用单相全桥逆变电路作为负载供电电源的两级结构,以实现网侧的单位功率因数运行,同时考虑到现有单个功率模块的容量无法满足系统需求,拟采用多模块并联结构,如图 4-38 所示。

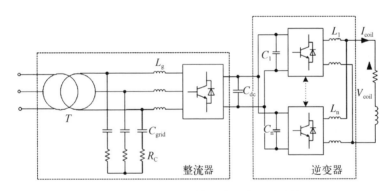

图 4-38　垂直位移控制电源主回路结构

聚变反应堆的直流传输和开关网络系统主要包括失超保护单元(fast discharge unit,FDU)、开关网络单元(switching network unit,SNU)、短路保护开关(protective make switch,PMS)和直流传输及检测系统(DC transmission and detection system,DTDS)。

一般来说,环向场(TF)磁体电源由于电感大,保护电压高,需要由多套失超保护单元、一套短路保护开关和一套接地电阻单元构成,基本结构如图 4-39 所示。

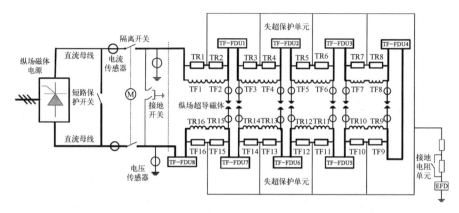

图4-39 环向场磁体电源直流传输和开关网络系统组成

而一般每套极向场(PF)磁体电源和中心螺线管(CS)磁体电源系统都由独立的失超保护单元、开关网络单元、短路保护开关和直流传输及检测系统组成,典型的单套PF/CS磁体电源直流传输和开关网络系统如图4-40所示,可以看出它是由一系列的直流开关设备及其辅助部件、连接电源及磁体的直流母线系统、磁体电源主电路检测设备以及接地电阻单元等设备组成。

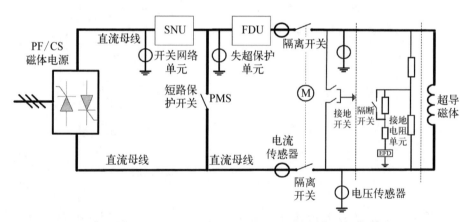

图4-40 PF/CS磁体电源直流传输和开关网络系统组成

可见,直流传输和开关网络系统是聚变反应堆磁体电源系统的重要组成部分,其主要功能如下:① 提供击穿并建立等离子体电流所需的高电压;② 实现电源和磁体在失超等故障下高储能磁体能量的安全可靠转移和快速泄放;③ 提供电源和超导磁体运行时高功率传输的可靠通路;④ 提供电源和超导磁体运行和保护所需的电流和电压信号;⑤ 提供磁体接地故障检测和保护,调试及维护时实现可靠的隔离磁体与电源和直流开关系统。

4) 辅助加热高压电源系统

(1) 中性束(NBI)加热高压电源。NBI 高压电源系统主要为 NBI 加速器提供直流高压,是 NBI 系统中性束能量的主要来源。聚变反应堆的 NBI 计划有 4 条束线,每条束线的束流为 50 A,加速极电压为 500 kV。NBI 加速器所需电压超过了 PSM 电源的最适宜电压范围,因此需要采用逆变型电源方案。

NBI 高压电源需要明确聚变反应堆稳态电网能提供给电源的电压(包括波动范围)、频率(包括波动范围)以及电网电源的谐波控制的要求。

NBI 高压电源的设计需要明确 NBI 系统加速器对高压电源输出电压、电流等参数的需求;需要明确 NBI 加速器级数,该级数直接决定了加速器高压电源的级数,若采用多级加速器结构,各级加速器需要高压电源提供的电压、电流均要明确。同时,需要 NBI 系统提供加速电压与束流之间的关系,即加速器高压电源输出电压与输出电流之间的关系。

NBI 系统加速器在正常工作时会频繁且不可避免地出现极板击穿和束流中断现象,需要高压电源快速切断,以及明确可接受的最大关断时间。针对极板击穿现象和束流中断现象,高压电源切断后是否需要重启,如果需要重启,必须明确重启等待时间、电压上升时间和最多重启次数。同时,必须明确加速器极板击穿和束流中断的频率。

NBI 系统作为主要的聚变装置辅助加热系统之一,需要几百千伏的大功率直流高压电源为其加速极供电,对高压电源的性能有极为严苛的要求。作为聚变装置等离子体辅助加热系统的重要组件,高压电源一直是辅助加热系统设计和运行的难点。目前常用的辅助加热系统电源方案主要有带脉冲调制器的高压电源、脉冲阶梯调制(pulse step modulation,PSM)电源和逆变型直流高压电源。带脉冲调制器的电源方案可以实现微秒级别动态响应、较高的输出电压精度和低输出电压纹波,但系统损耗大、效率较低且只能工作在脉冲运行模式下。受限于脉冲调制器的技术难度,只能用作百千伏及以下的高压电源方案。PSM 电源方案本质上是一种级联多电平方案,运行灵活、控制多样,输出电压可在大范围内连续可调,可以实现微秒级别的动态响应,鉴于输出电压越高,需要的模块越多,该方案最适宜范围为百千伏及以下。

逆变型电源的技术方案较多,普遍具有较高的输出电压精度和系统效率、较低的输出电压纹波,输出电压可以在较大范围内连续可调;根据不同的需求,不同的技术方案可以实现微秒至毫秒级的动态响应;逆变型电源方案的可控器件位于低压侧,高压侧不需要直流高压开关,适合用作几百千伏及以上的特高压电源方案。

由于聚变反应堆 NBI 电源系统输出电压高达 500 kV,前两种方案实现可能性低且成本极高,因此采用逆变型电源方案。聚变反应堆的 NBI 加速器电源规划由 35 kV/50 Hz 的交流电网供电,为了提高供电的可靠性、降低整流器的研制难度,前级整流环节必须采用整流变压器加整流器的方案。根据已知研究结果,当电源系统输出电压比额定电压低时,直流母线适当降低可减小输出电压纹波。因此直流母线电压需大范围可调。

当前用于兆瓦级中压大功率工业整流场合的基本方案主要有二极管不控整流、晶闸管相控整流、高频脉冲宽度调制(pulse width modulation,PWM)整流(包括两电平、三电平方案)和模块化多电平(modular multilevel converter,MMC)整流。

二极管不控整流不能控制整流输出电压,不予考虑。晶闸管相控整流方案具有技术成熟、成本低廉、可靠性高等优点;相控整流方案会对电网造成谐波和无功"污染",可以通过采用 12、18 或 24 脉波方案进行有效的改善;高频 PWM 整流方案通过对全控器件进行高频 PWM 调制,可以使整流器电网侧电流正弦化,在降低电网侧谐波的同时实现功率因数接近于 1,相比不控整流和相控整流技术难度大、成本高;MMC 技术是当前柔性直流输电的关键技术,具有工作电压高、波形质量高、损耗小等优点;由于 MMC 整流器中子模块数量较多,且每个子模块至少含有两个 IGBT,因而成本很高。综合考虑现有大功率整流器方案的优缺点和性价比,现阶段可采用晶闸管相控整流作为聚变反应堆 NBI 加速器电源前级整流方案。

(2)电子回旋共振加热(ECRH)高压电源。聚变反应堆项目电子回旋系统的初步目标是产生 8 MW 的射频功率,8 MW 射频功率将注入反应装置以对等离子体进行回旋共振加热。每只回旋管提供约 1 MW 的射频功率,初步计划使用 8 只 1 MW 回旋管,总共为聚变反应堆提供 8 MW 的 ECRH 射频加热功率。

电子回旋高压电源系统是为电子回旋加热系统提供一定电压、电流和功率的高压供电,将高压电源系统提供的电能转移给电子回旋加热系统以对等离子体进行电子回旋加热,如图 4 - 41 所示。

根据现有设备经验,初步估计 ECRH 主高压电源几个重要设计参数:电压—55 kV，电流 90 A，调制频率 1 kHz。再考虑到电子回旋管对高压的稳定度、保护时间等的要求，提出了以下设计参数。

由于主高压电压设计参数为—55 kV，电流为 90 A，并且电子回旋管对高压的稳定度要求高，电源需要快速调节和保护，拟采用 PSM 类型的高压电源。图 4-42 所示为 PSM 高压电源拓扑结构。高压电源的交流供电来自脉冲高压变电站（PPEN）。该电源分为 2 个单元，每个单元包括一个干式多绕组变压器和 48 个开关电源模块。在电源主回路设计中，主要考虑的部件包括真空断路开关、35 kV多副边绕组变压器、SPS 电源模块、高压支架、本地控制柜、控制系统、直流滤波器、直流负载隔离开关和接地设备开关。

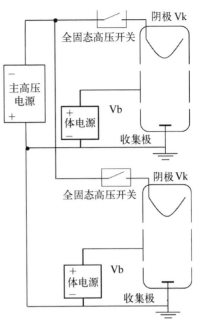

图 4-41 聚变反应堆电子回旋管(DTG型)高压供电配置图

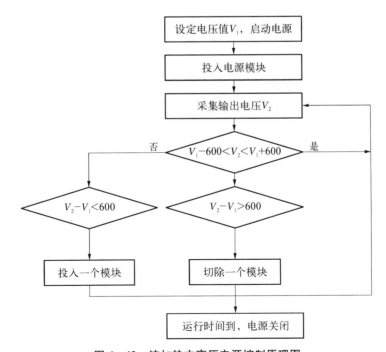

图 4-42 波加热主高压电源控制原理图

5）接地和防雷系统

为了保证人和装置的安全,提高系统抗电磁干扰的能力,满足各系统电磁兼容(EMC)的需求,需在整个聚变反应堆园区装置中设置接地和防雷系统。接地系统将为故障电流或者雷电流提供一个低阻抗通道,以达到保证人和设备的安全。防雷系统主要为雷电流提供一个低阻抗通道,阻止或削弱雷电磁脉冲对人的影响和对设备的冲击。接地系统包括接地对象、接地引下线和接地网。而防雷系统主要包括接闪系统、接闪引下线和接地网。接地和防雷系统最终都汇入接地网,正因如此,将接地和防雷系统统一设计,实现设备和人的保护。

接地网特性参数是综合反映接地网状况的参数,尤其反映了发生接地短路故障时接地网的安全性能,包括接地阻抗、地网导体电位升高和电位差、地线分流和分流系数、场区跨步电压和接触电压、电气完整性、场区地表电位梯度和转移电位等参数和指标,它们决定了故障时聚变反应堆园区设备和人员的安全性。地网特性参数指标一方面取决于接地网释放电流的能力,而释放电流的能力与站址土壤电阻率高低、接地网接地阻抗大小和架空地线的分流贡献等因素有关;另一方面,还与实际入地的短路电流水平相关。因此在接地系统总体方案设计中,选用共用接地网作为聚变反应堆接地系统设计方案,将各区域接地网相互连通,形成一个统一的接地网。本节主要依据各区域所在系统的接地需求分别对各区域的接地网进行初步方案设计。

4.6.3 发展方向

一般来说,磁体失超保护单元主要由旁路开关、换流开关、后备保护开关、移能电阻和控制保护等设备组成,若要达到聚变反应堆所需的单台电源最大为 71 kA 水平的供电需求,需开展针对性的研究以解决关键技术,其基本原理结构如图 4-43 所示。

失超保护单元基本工作原理是在超导磁体正常运行时,主回路上旁路开关处于闭合状态,转移支路上换流开关处于断开状态。一旦控制系统接收到超导磁体发生失超故障或系统其他故障保护信号,旁路开关迅速断开,同时换流开关闭合,磁体电流从主回路换流到转移支路。当旁路开关恢复阻断电压性能后,转移支路开关断开,电流转移到移能电阻上,从而将超导磁体中储存的巨大能量消耗在移能电阻上。此外,为保证超导磁体的安全可靠运行,失超保护系统还需设置高可靠性的后备保护开关,以确保在旁路开关或换流开关

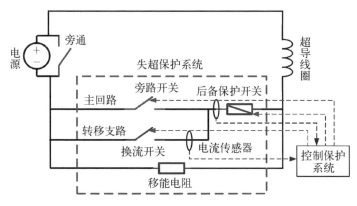

图 4 - 43　磁体失超保护单元基本原理结构

开断失效时,后备保护开关动作迅速断开回路,将磁体能量迅速转移并消耗在移能电阻上。

　　失超保护单元的主要功能是在超导磁体失超或其他故障保护需要时,通过相应的大功率失超保护开关动作,开断回路大电流,产生高电压,迅速将超导负载中的能量转移到移能电阻中消耗掉,实现对聚变反应堆装置的超导磁体测试和运行出现失超故障时的可靠保护,以避免对超导磁体造成不可估量的损坏。

　　开关网络单元一般包括旁路合闸开关、换流开关、开关网络电阻及控制保护设备,基本概念拓扑结构如图 4 - 44 所示。开关网络单元的基本工作原理是在超导磁体励磁充电阶段,换流开关稳态通流,在接收到开关网络动作命令时,在毫秒级的较短时间内快速断开回路,使磁体电流转移到开关网络电阻回

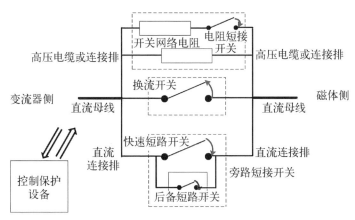

图 4 - 44　开关网络单元基本拓扑结构

路中,并在磁体两端产生击穿真空室气体并建立等离子体的高电压,在等离子体电流产生后,利用旁路合闸开关使开关网络电阻短接并提供稳态磁体电流通路。

可见开关网络单元的主要功能是在放电初始阶段,通过在磁体直流电路中串入开关网络电阻,以提供击穿并产生等离子体电流的高电压,并且在该阶段结束之后能够使开关网络电阻短路,为超导磁体提供稳态通路。

短路保护开关与变流器电源并联,同时也与磁体两端并联并靠近磁体附近,主要功能是当出现电源故障情况或磁体失超情况下开关快速短路,为磁体提供可靠的能量泄放通道,并隔离电源系统。在失超情况下,短路保护开关应在失超保护系统开关断开之前闭合,但应有一定的延迟,以保证并联的变流器电源进入逆变状态或与交流侧断开,避免电源短路。

直流传输及检测系统主要包括直流传输母线、隔离开关、接地开关、磁体接地保护电路以及系统的仪控保护设备。其基本功能如下:

(1) 连接磁体电源、直流开关系统和超导磁体系统,为磁体电源电路正常运行提供闭合回路,向磁体系统传输可变直流功率。

(2) 提供磁体和电源系统的运行接地电路来平衡磁体端口对地电压,并通过实时监测接地电阻中的电流来检测磁体电路接地故障。

(3) 提供磁体和电源系统运行控制和保护所需的电流和电压信号。

(4) 在系统调试或维护阶段,提供临时连接、分断和可靠接地,满足磁体及其电源系统相关测试和维护要求。

当前用于兆瓦级功率的中压大功率逆变器基本方案主要有器件串联两电平方案、组合式三相逆变器方案、电容钳位三电平方案、NPC 三电平方案、NPP(T-NPC)三电平方案、MMC 方案和级联 H 桥方案等。器件串联两电平方案具有拓扑简洁、控制简单和造价低等优点,但是其串联器件精确均压难以实现,故障保护困难,可靠性难以保证;组合式三相逆变器方案控制灵活,具有良好的带不平衡负载能力,但是该方案输出电压幅值相对较低,输出侧有 6 个接线端子,要求后接的变压器有 6 个接线套管,一定程度上增加了变压器的成本;电容钳位三电平方案具有开关损耗小、系统效率高、内外管负荷均衡等优点,但是存在直流电容过多,电容电压均衡控制复杂等问题,不适用于低开关频率场合;NPC 三电平方案具有结构简单、控制方便、器件承受的电压应力小、可靠性高等优点,虽然存在直流母线电容电压不均衡、内外管负荷不一致等缺点,但均有针对性的解决方案;NPP(T-NPC)三电平方案具有通态损耗小、内外管电压应力和损耗一致等优点,但是需要器件进行串联,导致可靠性较低;MMC 方案开关损耗小,但模块数量较多,装置体积较大,存在环流抑制难、多模块直流电压均衡难等问题,可靠性较低;级联 H 桥方案设计、安装和维护成本均较低,但是需要独立的直流电源给每个功率单元供电,可靠性较低。

NBI 加速器极板在运行时频繁而不可避免地会发生故障和束流关闭现象,为了保护 N-NBI 离子源和电源自身,要求逆变器具有极高的可靠性,且能迅速切断加速器电源的输出。在分析对比了现有中压大功率逆变器方案后,综合考虑可靠性和性价比,聚变反应堆 NBI 加速器高压电源逆变环节方案决定采用 NPC 三电平方案。

系统整体方案如图 4-45 所示,该方案由 35 kV 交流电网供电,主要包括 24 脉波相控整流环节、直流母线环节、三相三电平 NPC 逆变环节、隔离升压环节、高压不控整流环节、滤波环节和控制环节等。升压变压器之前的电路称为功率变换级(CS),升压变压器及之后的部分称为高压发生级(DCG)。电源共分为 5 级,每级输出 100 kV 直流高压,5 级输出串联组成 500 kV 输出电压的高压电源。

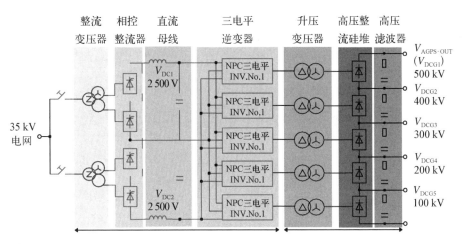

图 4-45　NBI 高压电源系统整体方案

对于聚变反应堆 NBI 电源系统,由于其功率等级更高,相控整流器调整母线电压时对电网造成的影响更大,因此采用 24 脉波相控整流方案。对开关器件的控制放在隔离升压变压器前的低压环节,能减少开关器件的大量串联,提高高压部分可靠性,减少成本。为限制故障工况时电源对加速极极板的短路释放能量,高压滤波器采用串联型 RC 滤波器。

参考文献

［1］ 严龙文.托卡马克等离子体物理［M］.北京：中国原子能出版社,2020.

［2］ 袁保山,姜韶风,陆志鸿.托卡马克装置工程基础［M］.北京：原子能出版社,2011.

［3］ 魏会领,曹建勇,姜韶风,等.HL－2A 中性束离子源灯丝温度分布研究［J］.核聚变与等离子体物理,2011,31(2)：133－138.

［4］ 罗怀宇,曹建勇,耿少飞,等.HL－2M 中性束负离子试验源磁场位形及引出结构模拟分析［J］.核聚变与等离子体物理,2018,38(3)：281－286.

［5］ 秦运文.托卡马克实验的物理基础［M］.北京：原子能出版社,2011.

［6］ Noterdaeme J M. Fifty years of progress in ICRF, from first experiments on the model C stellarator to the design of an ICRF system for DEMO［J］. AIP Conference Proceedings，2020，2254(1)：020001.

［7］ 毛晓惠,李青,宣伟民,等.HL－2M 装置电子回旋共振加热高压电源系统的研制［J］.核聚变与等离子体物理,2021,41(s2)：477－481.

［8］ 陈罡宇,周俊,黄梅,等.HL－2A 装置电子回旋加热系统传输线机械设计［J］.核聚变与等离子体物理,2013,33(1)：43－47.

［9］ Gantenbein G, Avramidis K, Franck J, et al. Recent trends in fusion gyrotron development at KIT［J］. EPJ Web of Conferences, 2017, 157：03017.

［10］ Hoang G T, Bécoulet A, Jacquinot J, et al. A lower hybrid current drive system for ITER［J］. Nuclear Fusion, 2009, 49(7)：075001.

［11］ Journeaux J Y, Wallander A. Plant control design handbook［M］. Cadarache：ITER, 2020.

［12］ Dalesio L R, Kozubal A J, Kraimer M R. EPICS architecture［R］. Los Alamos：Los Alamos National Laboratory, 1991.

［13］ Johnson L C, Barnes C W, Krasilnikov A, et al. Neutron diagnostics for ITER［J］. Review of Scientific Instrument, 1997, 68(1)：569－569.

［14］ 杨进蔚,张炜,宋先瑛,等.ITER 中子通量监测器原型的研制［J］.核聚变与等离子体物理,2005,25(2)：105－109.

［15］ Hutchinson I H. Principles of plasma diagnostics：2nd edition［M］. New York：Cambridge University Press, 2002.

［16］ 项志遴,俞昌旋.高温等离子体诊断技术［M］.上海：上海科学技术出版社,1982.

［17］ Goetz D G. Large turbomolecular pumps for fusion research and high-energy physics ［J］. Vacuum, 1982, 32(10－11)：703－706.

［18］ Ageladarakis P, Papastergiou S, Stork D, et al. The model & experimental basis for the design parameters of the JET divertor cryopump protection system including variations in divertor geometry & first wall materials［J］. Fusion Technology 1996, 1997：431－434.

［19］ Ladd P, Varandas C, Hurzlmeier H, et al. The design of the ITER primary pumping system［J］. Fusion Technology, 1997, 2：1173－1176.

［20］ JET Team. Development of key fusion technologies at JET［J］. Nuclear fusion, 2000, 40(3)：611－618.

[21] Milora S L，Argo B E，Baylor L R，et al. Pellet injector development at ORNL[J]. Fusion Technology 1992，1993，167(1)：579 - 583.

[22] Stork D. Neutral beam heating and current drive systems[J]. Fusion Engineering and Design，1990，14(1 - 2)：111 - 133.

[23] Scoles G. Atomic and molecular beam methods[M]. Oxford：Oxford University Press，1988.

[24] 朱毓坤. 核真空科学技术[M]. 北京：原子能出版社，2010.

[25] 曹诚志. HL - 2M 初始等离子体放电阶段的辉光放电清洗系统电极的设计与分析 [J]. 核聚变与等离子体物理，2021，41(3)：7.

[26] Xu H B，Zhu G L，Cao Z，et al. Preliminary experimental results of shattered pellet injection on the HL - 2A tokamak[J]. Fusion Science and Technology，2020，76 (7)：857 - 860.

[27] Combs S K，Baylor L R，Meitner S J，et al. Overview of recent developments in pellet injection for ITER[J]. Fusion Engineering and Design，2012，87(5 - 6)：634 - 640.

[28] 颉延风. HL - 2M 真空烘烤系统设计方案[R]. 成都：核工业西南物理研究院，2016.

[29] Shimada M，Pitts R A. Wall conditioning on ITER[J]. Journal of Nuclear Materials，2011，415(1)：S1013 - S1016.

[30] HL - 2M 团队. HL - 2M 工程联调大纲[R]. 成都：核工业西南物理研究院，2020.

[31] Hiroki S，Ladd P，Shaubel K，et al. Leak detection system in ITER[J]. Fusion Engineering and Design，1999，46(1)：11 - 26.

[32] Choi C H，Chang H S，Park D S，et al. Helium refrigeration system for the KSTAR[J]. Fusion Engineering and Design，2006，81 (23)：2623 - 2631.

[33] Claudet G，Mardion G B，Jager B，et al. Design of the cryogenic system for the Tore Supra tokamak[J]. Cryogenics，1986，26：443 - 449.

[34] Savary F，Gallix R，Knaster J，et al. The toroidal field coils for the ITER project [J]. IEEE Transactions on Applied Superconductivity，2012，22 (3)：4200904.

[35] Kalinin V，Tada E，Millet F，et al. ITER cryogenic system[J]. Fusion Engineering and Design，2006，81 (23 - 24)：2589 - 2595.

[36] Shi Y，Wu Y，Liu B，et al. Thermal analysis of toroidal field coil in EAST at 3. 7K [J]. Fusion Engineering and Design，2014，89 (4)：329 - 334.

[37] Noguchi Y，Saito M，Maruyama T，et al. Design progress of ITER blanket remote handling system towards manufacturing[J]. Fusion Engineering and Design，2018，136(PT. A)：722 - 728.

[38] Esqué S，Hille C V，Ranz R，et al. Progress in the design, R&D and procurement preparation of the ITER divertor remote handling system[J]. Fusion Engineering and Design，2014，89(9 - 10)：2373 - 2377.

[39] Choi C H，Tesini A，Subramanian R，et al. Multi-purpose deployer for ITER in-vessel maintenance[J]. Fusion Engineering and Design，2015，98 - 99：1448 - 1452.

[40] Dubus G, Puiu A, Bates P, et al. Progress in the design and R&D of the ITER In-Vessel Viewing and Metrology System (IVVS)[J]. Fusion Engineering and Design, 2014, 89(9 - 10): 2398 - 2403.

[41] Shuff R, Uffelen M V, Damiani C, et al. Progress in the design of the ITER Neutral Beam cell Remote Handling System[J]. Fusion Engineering and Design, 2014, 89(9 - 10): 2378 - 2382.

第 5 章

能量提取与发电系统

聚变堆堆芯发生氘氚聚变反应时会产生高能中子和 α 粒子。氘氚聚变反应释放的能量中 80% 是以中子动能的形式出现的,大部分聚变中子会进入包层,在穿透包层的各种材料(面向等离子体材料、结构材料、氚增殖剂、中子倍增剂、冷却剂、中子吸收慢化剂等)时,中子经过散射和吸收,最终在包层中实现能量沉积和产氚等功能。同时,高温等离子体也会通过热辐射的方式将能量施加到包层和偏滤器等真空室内部件上。来自偏滤器和包层的热量被一回路冷却剂带出后,与二回路进行换热,最终通过蒸汽发生器或其他介质发电。

目前已有的聚变实验装置主要研究等离子体物理运行与控制,并不具备产氚包层系统。国际热核聚变实验堆(ITER)的主要包层是屏蔽包层,用于屏蔽中子和热量,保护实验装置。ITER 仅有 2 个窗口用于产氚包层的实验,可同时容纳 4 个实验包层。ITER 冷却水系统仅用于设备及部件热量的导出,不具备发电功能的回路,并且 ITER 间歇运行,不能长时间稳定地提供能量输出,也不适合发电。聚变示范堆按照能够验证发电的模式设计,等离子体运行采用长脉冲的间歇运行方式,通过中间储能回路,可实现能量的连续稳定输出。

为了能够获得较高的净电功率输出,需要冷却回路的冷却剂出口温度参数尽可能高,以提高热电转换效率,回路阻力尽可能小,降低循环泵或风机等自身厂用电的能耗。

由于等离子体目前还不能实现长期持续稳定的运行,只能实现长脉冲运行,即放电一段时间以后,需要停歇一段时间,能量输出也是间歇的,这就与后端要求持续稳定能量输入的发电系统不匹配。因此,目前的设计考虑是在堆芯输出能量的一回路与发电的二回路之间,增加储能装置,把堆芯的间歇能量输出转变为稳定的能量输出提供给发电回路。由于管路系统及设备的温度周期性变化，阀门的频繁调节，都可能会带来材料的疲劳问题或设备寿命问题，这些问题都需要设计分析和实验验证。

目前采用氦气或水作为冷却剂的一回路技术相对成熟。考虑到氦冷系统的阻力特性以及氦气的流动特性，氦气风机功率消耗较大，对净输出发电功率有一定影响；而压水堆参数的水温度较低，热电转换效率也不高[1]。此外，超临界二氧化碳（sCO₂）、超临界水等方案，目前还处在研究阶段，在包层内部的流动与传热、发电循环理论、材料腐蚀等方面还存在较多未解决的问题。由于一回路冷却剂中含有一定量的放射性物质（氚、活化腐蚀产物等），同时考虑到一回路能量的间歇性输出，目前聚变堆暂不考虑一回路冷却剂直接进入汽轮机或透平发电。

5.1 一回路

一回路系统的主要功能包括以下几个方面：① 在聚变堆核电厂正常运行时将堆内产生的热量载出，并通过蒸汽发生器或换热器传给二回路工质，驱动汽轮机或气体透平发电；② 在停堆后的第一阶段，经蒸汽发生器或换热器带走包层的余热，系统的压力边界构成防止放射性产物释放到环境中的一道屏障；③ 系统的稳压器或压力控制系统用来控制一回路的压力，维持气体冷却剂冷却能力需要的压力，或防止水冷却剂在包层内发生沸腾，同时对一回路系统实行超压保护。

5.1.1 水冷却剂一回路

由于压水堆一回路系统技术成熟，当聚变堆一回路系统采用水作为冷却剂时，通常采用压水堆一回路系统的设计参数，其缺点是冷却剂温度参数低，热电转换效率较低。图5-1给出了聚变堆一回路水冷系统的示意图。由主泵泵入堆芯的水被加热成327℃、155个大气压的高温高压水，高温高压水流经蒸汽发生器内的传热U形管，通过管壁将热能传递给U形管外的二回路冷却水，释放热量后又被主泵送回堆芯重新加热再进入蒸汽发生器。水这样不断地在密闭的回路内循环，形成一回路。

与压水堆相比，聚变堆水冷却剂不参与堆芯反应性控制，所以水冷却剂中不需要加入硼。

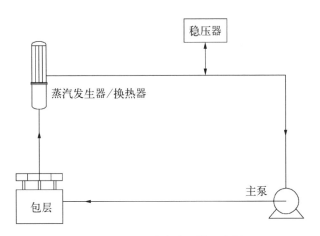

图 5 - 1　一回路水冷系统示意图

为了提高热电转换效率,需要提高冷却剂出口温度,为了保持水不会汽化,同时需要提高压力。日本于 1999 年首先提出超临界水冷固态增殖包层概念设计,并积极着手开展将超临界水冷概念应用于聚变包层的相关技术基础研究。超临界水冷包层方案借鉴了超临界火电和裂变堆中水冷技术的工程经验,具有成熟性和技术延续性。相比于亚临界水冷包层,能显著提高热电转换效率,是具有综合优势的一种聚变堆包层方案。一回路流程基本与压水堆参数冷却剂相同。

当水的压力和温度均超过临界点时($P_c = 22.1\,\text{MPa}$,$T_c = 374\,℃$),称之为超临界水。当温度升高或压力降低时,超临界水不会出现气相和液相的明显分界,可以看作不发生相变的单相流体,且兼具两者的特性。超临界压力水的热物性在临界、拟临界附近区域随温度的改变发生剧烈变化,由于有这个突变区的存在,超临界水物性的这些变化使其在包层流道中具有独特的换热与流动特性。

当采用超临界水作为冷却剂时,由于水压力温度较高,包层的承压设计有一定难度。同时还存在设备高压下密封、材料腐蚀、超临界水的水力试验、安全分析、稳定性分析与控制等问题。

一回路水冷系统的主要设备及系统包括主循环泵、稳压器、蒸汽发生器、化容系统。

1) 主循环泵

反应堆冷却剂循环泵又称为主泵,它的作用是为反应堆冷却剂提供驱动压头,保证足够的强迫循环流量通过包层,把反应堆产生的热量送至蒸汽发生器,产生推动汽轮机做功的蒸汽。

反应堆冷却剂泵是核电厂一回路最关键的设备之一,对它的基本要求是能够长期在无人维护的情况下安全可靠地工作。冷却剂的泄漏要尽可能少,转动部件应有足够大的转动惯量,过流部件表面材料要求耐高温水的腐蚀,便于维修。

根据密封方式的不同,主泵通常有两种不同的类型。

第一种是屏蔽泵,没有放射性介质外漏的可能。全密封泵长期在核动力舰艇上使用,其密封性能好,运行安全可靠。但由于它效率低(比轴封泵低10%~20%),屏蔽电动机造价昂贵,容量小,不宜安装飞轮,因而转动惯量小,维修不便,因此在裂变堆核电厂中已普遍被轴封泵取代。但在核动力舰艇,钠冷快堆以及一些实验研究堆、AP1000等场合下,全密封泵仍发挥着重要作用。

第二种是轴密封泵,随着对核电厂安全性和经济性要求的提高,特别是为适应大容量机组的要求,轴封泵的技术得到迅速发展并已经成熟,它有下列优点:采用常规的鼠笼式感应电机,成本降低,效率提高,比屏蔽泵效率高10%~20%;电机部分可以装一只很重的飞轮,提高了泵的惰转性能,从而提高了全厂断电事故时反应堆的安全性,虽然包层的余热低于裂变堆堆芯,几乎不会发生融化,但降低包层温度有利于维持包层的结构完整性;轴密封技术同样可以严格控制泄漏量;维修方便,轴密封结构的更换仅需 10 h 左右。

2) 稳压器

稳压器的主要作用是维持一回路冷却水的压力,与一回路内的热管段连接,防止超压。稳压器上半部为蒸汽空间,下半部被水注满。稳压器内顶部设有喷淋嘴,底部装有电加热器。透过控制稳压器内加热器和喷淋水的运作,便可调节稳压器内的水位及控制一回路的压力。稳压器内的水位由一套精密的系统所控制,以确保稳压器在反应堆功率变化或瞬态情况下,能够正常运作。当压力下降时,系统会自动启动电加热器,以增加蒸汽;在压力上升时,稳压器顶部会喷水,把蒸汽凝成水,以降低压力。此外,控制系统亦提供保护信号,在稳压器内的压力过高或过低的情况下,令反应堆自动停堆。

3) 蒸汽发生器

蒸汽发生器是产生汽轮机所需蒸汽的换热设备,在聚变反应堆中,包层产生的热量由冷却剂带出,通过蒸汽发生器将热量传递给二回路工质,使其产生具有一定温度、一定压力和一定干度的蒸汽。此蒸汽再进入汽轮机中做功,转换为机械能和电能。在这个能量转换过程中,蒸汽发生器既是一回路的设备,又是二回路的设备,所以被称为一、二回路的枢纽。

核电蒸汽发生器是核电站最为关键的设备之一。蒸汽发生器与一回路管道相连,不仅直接影响电站的功率与效率,而且在进行热量交换时,还起着阻隔放射性载热剂的作用,对核电站安全至关重要。因此,蒸汽发生器的一级安全等级、I 类抗震类别、一级规范级别和 Q1 级的质量要求,以及材料和制造的高技术含量均为当代制造业之最。

蒸汽发生器可按工质流动方式、传热管形状、安放形式及结构特点分类。按照二回路工质在蒸汽发生器中的流动方式,可分为自然循环蒸汽发生器和直流(强迫循环)蒸汽发生器;按传热管形状可分为 U 形管、直管、螺旋管蒸汽发生器;按设备的安放方式可分为立式和卧式蒸汽发生器;按结构特点可分为带预热器和不带预热器的蒸汽发生器。

在聚变反应堆中,可借鉴压水堆核电厂广泛使用的三种分类方式:立式 U 形管自然循环蒸汽发生器、卧式自然循环蒸汽发生器和立式直流蒸汽发生器。其中尤以立式 U 形管自然循环蒸汽发生器应用最为广泛。

4) 化容系统

化容系统的主要功能如下:用净化反应堆冷却剂保持要求的水质;维持稳压器水位,控制一回路水容积;当采用轴封式主冷却剂泵时,化容系统还向轴封注水。

当反应堆按规定的速率升温、降温或改变功率时,化容系统能维持主系统合适的水装量。它承担堆启动过程中的最大升温速率和停堆过程中最大降温速率所引起的水容积的变化。它还可以在一般主系统泄漏事故时提供足够的补给水。

5.1.2　氦气冷却剂一回路

氦气作为冷却剂,没有相变问题,不会发生传热恶化。氦气既是单原子气体,不会受中子辐照分解或活化,又是惰性气体,与材料兼容性好,没有磁流体的动力学问题,出口容易实现高温,有利于提高热电转换效率。

在 0～3 000℃、0.1～10 MPa 时,氦气非常接近理想气体,其定压比热容 C_p 和绝热指数 k 几乎为常数,$C_p = 5.193$ kJ/(kg·K),$k = 1.67$。与空气或燃气相比,氦气具有较高的定压比热容(约为空气的 5 倍),因此在同样温差条件下氦气的压缩比较小,并且在同样输出功率条件下氦气的质量流量小。氦气还具有较好的传热特性和较小的摩擦特性,有利于提高换热器效率,减小换热器体积。

目前设计的氦气回路工作压力一般为 7~12 MPa,一方面为了提高氦气的传热能力,降低风机功耗,倾向于提高压力,从而提高气体密度;另一方面要考虑包层的承压能力,以及提高压力后对一回路设计难度和建造成本的影响。

一回路氦冷系统的工作过程为氦气风机推动氦气,流经包层、蒸汽发生器/换热器,最后进入风机入口循环(见图 5-2)。

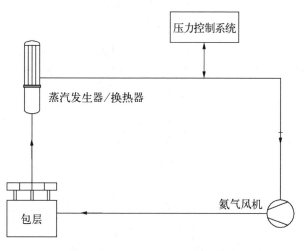

图 5-2　一回路氦冷系统示意图

一回路氦冷系统的主要设备及系统包括氦气风机、阀门、蒸汽发生器、净化系统、压力控制系统。

1) 氦气风机

由于高温气冷堆的发展,为聚变堆氦气风机提供了重要参考,但聚变包层及管路系统压降稍大,风机功率会大于气冷堆风机。为提高氦气冷却剂一回路聚变堆净输出电功率,需优化减小一回路阻力损失,同时提高一回路氦气温度。

氦气风机流量较大,考虑采用立式单级离心风机,位于蒸汽发生器的氦气出口,即循环氦气的冷端。风机叶轮与驱动电机同轴,叶轮悬臂安装于驱动电机轴端。驱动电机通过蜗壳与蒸汽发生器壳体相连,上侧为电机腔,下侧为风机腔,两腔之间设有隔热装置,以阻止下侧风机腔高温氦气直接流入电机腔。

氦气风机是氦气冷却剂一回路的主设备,功能是驱动一回路氦气流过包层,在反应堆正常运行和停堆等工况时,提供足够流量的氦气通过一回路系统,将包层产生的热量带走,流经蒸汽发生器,加压后返回包层,实现能量交换。对氦气风机的设计有如下要求。

适应一体化结构核安全设计:蒸汽发生器与冷却剂驱动装置一体化,同时要求风机与电机设计为一体化结构,结构设计要求具有更高的核安全性。电动机置入反应堆冷却剂腔,要求电动机具备更高的安全可靠性;蝶阀、冷却器满足核安全设计要求;电气元件贯穿压力边界,电气贯穿件安装在风机壳体上,成为压力边界的组成部分,在正常和发生事故的工况下,提供电气连接的通道,并在承受相应压力的前提下保持高度密封性。

高可靠性、高维修性:氦气风机较大,通常不考虑备用机。因此需进一步提高易损件的使用寿命,提高密封部件的密封可靠性,尽量做到免维修,满足数十年使用寿命的要求。

立式高速机组无级调速:氦气风机机组是变频电源供电且在数千转速范围内无级变速工作的立式机组。额定转速远高于一般压水堆主泵(1 500 r/min)机组;风机变频器供电,主泵为工频电源;无级变速工作的转子应当是刚性转子,转子动力学较简单,控制相对容易,在各种转速下振动小。

隔热设计:风机与电机同轴,转子轴工作在两个温度区,风机腔和电机腔温度梯度较大,需要综合考虑氦气风机机组各种工况,设计电动机腔隔热结构,控制温度应力分布,确保电机可靠运行。根据机组技术特点,设计隔热结构,减小传热功率;优化设计隔热结构尺寸,合理控制机组各部分温度梯度及温度应力,保证相关零部件安全可靠。

电磁轴承支撑:氦气风机机组整个转子由电磁轴承支撑,电磁轴承设计成悬式结构,工作时转子处于悬浮状态,在储存、运输及发生事故状态等情况下转子由辅助轴承支撑。电磁轴承系统能够进行转速、振动、位移及温度等的检测和控制。目前,大型电磁轴承国内还没有成熟商业应用。

2) 阀门

氦气具备了化学上的热惰性、良好的核性能、较好的传热和载热特性等优点,但是氦气同时具有很强的渗透性,而氦气本身价格昂贵,要求氦气阀门动作可靠、密封性能好、强度高、操作方便,使氦气阀门的设计制造具有一定的难度。对阀门的设计有如下要求。

长寿命、高可靠性:为了避免泄漏,氦气阀门与管道的连接方式均采用焊接结构,损坏后难以做整体更换,这要求阀门在使用期间内能一直安全可靠地工作。

材料的要求：为了确保介质氦气的纯度，要求阀门与介质接触的零部件具有良好的抗腐蚀性能。氦气阀门的阀体材料采用不锈钢，对这些阀体要进行超声波、着粉或磁粉探伤，以满足氦回路氦气阀门对材料的要求。

良好的密封性能：包层冷却剂带有放射性，对其压力边界要有严密的密封措施，如果这些系统的阀门发生外泄漏，不仅会影响反应堆的正常运行和安全停堆，而且将危及操作人员和周围环境的安全。另外氦气本身价格昂贵，如果阀门泄漏将造成经济上的浪费。

表面光滑，清洁度高：为减少放射性物的积聚，阀门与介质接触面要求光滑。为避免介质通过阀门时带入脏物，影响回路氦气的质量，要求对阀门进行严格的清洗、风干，并在清洁间里装配，管口接头处要求加保护盖，用清洁的塑料袋封装内置干燥剂以满足阀门清洁度的要求。

远距离操作：部分阀门所处系统的位置，操作人员都难以接近，同时为了实现运行的自动化，故要求用电动或气动等进行远距离操作，执行机构应该确保在当地的辐照、温度、湿度环境下可以可靠地使用。

阀门的数量应保持最少，以减小回路的压力损失，减少异常的开启或关闭而引起的事故发生。阀门的大小必须与管道的尺寸相匹配，并尽可能采用波纹管密封，减小外漏漏率。

氦气安全阀安装在冷管段与压力控制调节系统相连，主要功能是在反应堆一回路系统达到压力设计限值时，通过安全阀排出部分氦气，防止回路的压力超过设计限值，保证一回路压力边界的完整性。

氦气安全阀结构形式可选用全封闭弹簧直接载荷式安全阀。其开启方式为全启式，并采用波纹管背压平衡式。该结构的优点是背压的波动变化不会影响阀门的开启压力。安全阀关闭件的密封面是安全阀最薄弱的环节，如阀瓣与阀座装配时不能严密配合或密封面发生机械损伤等，将会造成安全阀密封面的内泄漏，泄漏的出现会进一步引起密封面的侵蚀，促使泄漏增加，最后导致安全阀不能再继续使用，因而保证安全阀的内密封至关重要。安全阀动作后再回座时，要达到密封，也是难点之一。几次动作就有可能丧失其原有的密封性。

氦气安全阀在防内漏的密封设计上，采用阀瓣导向机构的设计，这样可保证多次启闭循环后阀瓣与阀座仍能很好地对中。阀瓣与阀座采用了不同硬度的材料，配合面为锥形密封，并在其表面堆焊了硬质合金，以防止阀座表面损坏，并保证阀门良好的防内漏密封性能。由于氦气的易漏及渗透性，氦气安全阀在防外漏的密封设计上,对进口配件与阀体的连接、阀体与中部包壳的连接和中部包壳与上部包壳的连接均采用裙边密封焊的结构,既保证了密封,也可在安全阀服役期的检修周期内对安全阀进行 2~3 次的解体检修。另外,设计波纹管结构,既起到背压平衡作用又防止由阀杆引起的外漏,是防止安全阀外漏的另一重要措施。

3) 蒸汽发生器

一回路氦气温度较高,从换热、热应力角度考虑,可以采用螺旋管式直流蒸汽发生器(helical coil tube type once-through steam generator, HCSG)。HCSG 的传热面由螺旋管组成,与直管式直流蒸汽发生器相比,首先在换热方面,螺旋管的结构可以实质性地改善热传递效率,特别是对于沸腾和蒸发,临界热通量明显增大,而且沿管道的局部横流(即二次环流)以及管内外逆流换热同样可以提高其换热能力;其次,螺旋管的结构可以相对自由膨胀,因此不会产生过大的热应力;最后,螺旋管的布置可以保证紧凑的设计,从而减少占用的空间。但螺旋管式直流蒸汽发生器设计和制造相对较复杂。

4) 净化系统

为了减少杂质对结构材料的腐蚀,除去氦气中的杂质,并回收从包层渗入氦气中的氚,需要设置一回路净化系统。

氦回路中杂质的来源如下:初装氦气中的其他气体;回路充氦前,容器和管道内壁、结构材料吸附的气体;各种水冷器、热交换器和蒸汽发生器水侧往氦气侧的渗漏等。主要杂质有氢气、氧气、水等。为去除氦中过量的这些杂质,需要设置可连续运行的主要由氧化铜床和分子筛床组成的氦净化系统,用以确保回路氦气的纯度,确保杂质的含量低于聚变堆一回路的设计许可值。

氦净化系统的进出口管道分别与主回路氦气风机出口和进口段相连,利用氦气风机产生的压头将部分氦气送入净化系统。氦回路的氦净化系统由电加热器、氧化铜床、分子筛床、热交换器、真空泵、气体在线取样分析、多组阀门和管道等组成。

该系统主要用于去除冷却剂氦气中的氢气、水等杂质。利用主回路风机提供的驱动压头将小部分氦气送入净化系统,经电加热器加热到约 300℃,高温氦气流入氧化铜床,将氢气氧化成水。从氧化铜床出来的氦气经换热器温度降至室温,再经分子筛床吸附水等杂质,净化后的氦气重新回到主回路。

氦净化系统的主要部件包括以下几种。

氧化铜床：固定式催化反应器，内装高效脱氧复合催化剂和高比表面积的氧化铜催化剂。高效脱氧催化剂的活性成分为金属钯。氧化铜床的工作原理如下：在高效脱氧复合催化剂上，氢气和氧气发生反应生成水。余下的氢气与高活性的氧化铜反应生成水。经一段时间的运行后，大部分氧化铜被还原成铜而失去净化功能，需补充氧气再重新生成。

分子筛床：系统中布置有两套分子筛床，为固定床吸附器，用于吸附氦气中的水等杂质，内装高活性的 5A 分子筛及电加热管。其工作原理如下：利用 5A 分子筛在常温对水等吸附容量较大的特性，将上述杂质吸附在分子筛中。在分子筛吸附饱和后，再利用分子筛在高温、低压下对水等杂质吸附小的特性，实现 5A 分子筛的再生。系统中有一台旋片式真空泵，与空闲的分子筛床相连，供净化设备抽真空和再生使用。

湿度计：可在线测量氦中微量水分，显示值可以是露点温度、湿度、绝对湿度或水蒸气分压等。湿度传感器与系统被测管道相接，被测氦气经传感器后排往除氚系统，省掉了循环装置，损失少量氦气。传感器和测量室在测量前要充分抽真空，为从传感器得到真正反映流过氦气中的水含量信号，降低测量室初始环境对测量后果的影响，被测氦气流过测量室的时间要足够长。

气体质量流量控制器：气体质量流量控制器用于显示和控制系统的工作流量。

气体冷却器：采用循环水冷却器冷却电离室、色谱的进样气体，冷却器由换热器和水冷循环组成。

缓冲罐：缓冲罐的功能是为电离室和色谱仪分析提供低压气体。

电离室：电离室的功能是用于分析进入冷却剂总的氚浓度。由于进入纯化系统中的冷却剂是高温、高压气体，因此被分析气体在进入电离室前，需经过旁通分流、降压和通过冷却器冷却。

5）压力控制系统

一回路压力受到氦气平均温度、泄漏等的影响，为了稳定压力在要求的范围内，需要通过压力控制系统来实现。压力控制系统是对回路氦气的供给、回收、压力控制的重要功能单元。

压力控制系统连接于主回路氦气风机入口段，其优点在于，此处氦气温度较低，便于氦气的储存和释放，不需要压力控制系统加热额外的设备来控制温度；回路正常运行时，系统几乎与主回路是隔绝的，当主回路改变运行状态、有少量氦气泄漏或发生冷却剂丧失事故，压力控制系统就会通过氦气的回收与释放来调节主回路的压力。

　　压力控制系统由源罐、储存罐、缓冲罐、压缩机、压力调节阀以及压力测量装置等组成。根据不同的功能,3 个氦气罐体积各不相同。储存罐的设计容量能够储存整个回路及压力控制系统需要的所有氦气。源罐的作用是在氦气主回路压力低于要求值时,通过开启源罐与主回路之间的阀门,向主回路提供氦气,故其压力高于主回路,体积较小,当源罐中的氦气压力低于设定值时,通过压力控制回路中的压缩机往源罐充入氦气来保持源罐较高的压力。缓冲罐的作用是当主回路压力高于要求值时,通过阀门将过量氦气排入缓冲罐,因此缓冲罐中的氦气压力应远小于主回路压力,当缓冲罐中压力接近主回路压力时,也通过压缩机将缓冲罐中过量的氦气压入源罐或储存罐。

　　通过压缩机和阀门控制,实现回路的氦气供给、回收,把缓冲罐的氦气压入源罐来维持缓冲罐的低压和源罐的高压,最终实现主回路压力的控制。由于氦气易泄漏,压缩机应当采用密封性能好且不污染氦气的形式,宜采用隔膜压缩机。

5.1.3　超临界二氧化碳冷却剂一回路

　　固态包层中目前常用的冷却剂大多为氦气和水。由于氦气的相对分子质量较小,体积流量较大,需要消耗的风机功率较高,因此会降低聚变堆的净电功率输出。而水冷包层中由于其出口温度和入口温度的差别较小,且出口温度较低,因此热电转换效率也会受到影响。因此在目前的参数情况下,使用氦气或水作为聚变堆包层主冷却剂,难以得到较高净电功率输出。

　　自从 20 世纪和平利用核能开始,二氧化碳已经作为主冷却剂应用于裂变反应堆中。1956 年英国就建成了世界上第一座使用二氧化碳作为冷却剂的镁诺克斯反应堆(MAGNOX),但是此反应堆具有功率小、体积大、造价高和消耗大等一系列缺点。因此,英国很快发展了新型先进气冷堆(advanced gas-cooled reactor,AGR)。与 MAGNOX 相比,AGR 大大提高了二氧化碳冷却剂的出口温度,从而提高了 AGR 的效益。自从 20 世纪 70 年代第一座 AGR 核电站运行以来,AGR 一直运行良好,从未出现任何事故,并且一直稳定发电。因此,英国政府在 2012 年对在役的气冷堆进行了延寿,截至 2023 年底,仍有数座气冷堆在运行。

　　AGR 中二氧化碳的工作温度为 339～639℃,覆盖了目前聚变堆气冷固态包层的工作温度。同时,二氧化碳密度大约是氦气的 11 倍,因此大大减少了储存气体的装置体积。而且,二氧化碳对风机功率要求小于氦气,即在同样条件和要求下,使用二氧化碳会比氦气发出更多电量,从而提高反应堆的发电效率。二氧化碳在工业中应用成熟,价格低廉且易得。

但目前 AGR 气冷堆采用的二氧化碳冷却剂压力较低,没有达到超临界状态,风机消耗的功率还是较大,如果采用超临界二氧化碳(sCO_2)循环,利用 sCO_2 在临界点附近密度大、压缩功小的特性,有望实现更高的发电效率。目前 sCO_2 研究主要集中在发电热力循环方面,对于包层一回路热力循环方面研究较少,sCO_2 在包层复杂流道内的传热研究也较少。为了实现循环风机进口的较低温度参数,需增加高效回热器、冷却器等设备,对回路和包层研究还处于初步阶段。图 5-3 给出了 sCO_2 冷却包层一回路示意图。

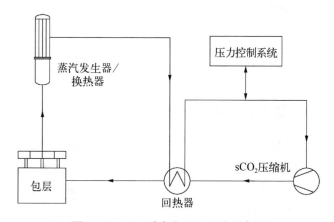

图 5-3 sCO_2 冷却包层一回路示意图

sCO_2 布雷顿循环系统具有效率高、成本低等优势,是具有革命性前景的发电系统。其核心部件之一的 sCO_2 压缩机工作在二氧化碳临界点(7.377 3 MPa,304.128 K)以上,具有耗功低、效率高及尺寸小的优点。

sCO_2 一回路冷却系统的关键设备包括 sCO_2 压缩机与回热器。

1) sCO_2 压缩机

sCO_2 系统运用中面临的关键问题是,CO_2 在临界点附近物性变化剧烈,尤其是密度、比热容和声速。微小的温度和压力变化就可能导致物性的剧烈改变,进而导致流场高梯度、强烈非线性。同时,流场局部由于加速膨胀容易进入液态区,形成局部凝结相变。一方面这对数值模拟中物性计算准确度提出了严格要求,另一方面也给计算流体动力学(computational fluid dynamics,CFD)程序计算稳定性带来很大挑战。部分科研单位开展了超临界二氧化碳压缩机的数值模拟研究,针对 CO_2 状态方程过于复杂、在模拟中直接求解方程计算量太大的问题,将 CO_2 物性状态方程制成表格供 CFD 程序调用,研究包含超临界区、液态区、气态区及气液两相区的物性表格的分辨率对计算结果的影响;采用非等距采样插值保证临界点附近的插值精度并减少采样点数以控制计算量;通过调节网格及控制方程松弛因子等方式降低高分辨率及跨区物性表格带来的计算不稳定性;然后基于干度分布分析冷凝区域位置、大小,研究后弯角等叶片几何参数对压缩机冷凝区及性能的影响。研究人员还对美国 Sandia 实验室 sCO_2 循环主压缩机模型开展数值模拟,结果与其试验数据吻合较好,表明所采用的数值模拟方法能够较为准确地预测多工况条件下近临界点压缩机的总体气动性能。

除了理论计算设计,设备开发也同样重要。美国、英国、德国、日本、韩国、西班牙等国家均开展了 sCO_2 发电技术的研究,部分国家已经开展了样机制造和试验。美国制造了一系列的样机,国内也有多个研究所开始了样机的制造,其中,由中国科学院工程热物理研究所研制的国内首台兆瓦级 sCO_2 压缩机,在中国航发沈阳黎明航空发动机有限责任公司燃气轮机分公司完成加工装配,成功交付工程热物理研究所衡水基地。压缩机是 sCO_2 布雷顿循环系统的核心部件之一,其研制成功是中国在 sCO_2 布雷顿循环系统研究领域的一次重要进展。

压缩机是 sCO_2 发电系统的"心脏",由于 sCO_2 工质的物性独特,导致传统透平设计理论的适用性存在疑问,与压缩机相关的高速转子、高压密封、轴承等成套技术也需要测试验证。2018 年,中国国内首座大型 sCO_2 压缩机实验平台在衡水基地正式建成。实验平台是用于测试 sCO_2 压缩机工作性能和开展 sCO_2 流体压缩特性相关基础实验的通用平台,还可以用于开展高速转子测试、轴承测试和密封测试等实验。该平台可调制 $7\sim9$ MPa、$0\sim35$℃的亚临界或超临界二氧化碳,压缩机出口压力可以达到 20 MPa 以上;转子转速最高可达 40 000 r/min,流量最大达到 30 kg/s;可进行百千瓦到兆瓦级 sCO_2 压缩机的精密连续测试,是目前中国唯一的兆瓦级 sCO_2 压缩机实验平台,也是世界上规模最大、等级最高的同类实验平台。

2) 回热器

sCO_2 布雷顿循环系统具有效率高、紧凑性好、成本低等优势,在新一代核能、太阳能等领域具有极为广阔的应用前景。sCO_2 循环模式包括取热器、高温回热器、低温回热器、冷却器等换热器。换热器是 sCO_2 循环系统中数量最多、体积最大的设备,其成本在整体系统占比较大。此外,换热器对于系统安全、稳定运行,系统整体效率的提高具有重要作用,是该系统最为关键的设备之一。聚变堆一回路中,需要把 sCO_2 压缩机入口的温度控制到适合的范围,降低压缩机的功耗,同时要维持包层高温入口的冷却剂参数条件,高效紧凑性中间换热器,即回热器可实现此功能,目前已在实验回路中广泛采用。

印刷电路板式换热器简称 PCHE,最早由英国 Heatric 公司于 1985 年研制成功并开始生产制造。得益于其独特的生产方式,PCHE 是一种结构紧凑性高、效率高且换热性能优异的新型换热器,整体强度高,处理能力强。PCHE 的换热芯体部分采用光电化学蚀刻的工艺技术在换热板片上蚀刻出细微的通道,传统 PCHE 流动通道的截面形状为 1~2 mm 的半圆形,然后利用真空扩散焊技术将换热板叠加焊接而成。

PCHE 的最初设计是为制冷方面的应用开发的,随着工艺技术的不断发展,如今已应用于石油天然气(海上平台)、化学加工(加氢裂化等)、电力能源(核电、太阳能、地热发电等)、超临界水处理危废、制冷等众多工业领域,较好的机械、化学、热力性能能够满足使用过程中出现的高压、高温等高要求工况,并且结构紧凑,可降低工质泄漏情况发生的概率。其承压能力超过 60 bar,耐极端温度的能力可从低温到 900℃,换热效率超过 90%,最高能达到 98%。相比同等管壳式换热器,体积和质量可分别减少 85%。这些优良性能大大拓展了这种高效换热器 PCHE 的应用领域,为新兴工艺提供了核心的设备保障基础。

当温度和压力达到临界点时,二氧化碳就进入了临界状态,超临界状态下的二氧化碳出现为一种既非气体又非液体的状态。超临界二氧化碳具有特殊性质:黏度低,密度高,对高聚物具有很强的溶胀和扩散能力,非易燃易爆,无毒,无腐蚀性。超临界二氧化碳的特殊性质直接促成它在各个领域中广泛使用,其在能源领域获得很好的应用效果。

作为环境友好型工质,CO_2 具有良好的物理和输运特性,在超临界状态时,其密度像液体一样高,与此同时,黏度却像气体一样低。因此,将 sCO_2 用于布雷顿循环发电系统,只需消耗较低的压缩功率,就能实现较高的系统热效率,具有非常广阔的应用前景。与传统蒸汽朗肯发电系统、氦气布雷顿循环发电系统相比,sCO_2 布雷顿循环发电系统在涡轮入口温度高于 550℃时,表现出更高的效率。此外,在相同的输出功率的情况下,超临界 CO_2 涡轮尺寸大约是蒸汽涡轮的 1/10,从而导致整个系统结构紧凑、投资成本低。但由于整个系统运行压力高,希望占地面积小,因而传统换热器,如管壳式换热器、板翅式换热器等,均不再适用。

sCO_2 在近临界点或拟临界点区域物性变化较大,传统换热器设计方法不再适用,因此部分研究所开发了新型换热器设计方法,从矩阵分析角度阐述了工质物性剧烈变化条件下换热器参数设计的新思想,为开发高效低流阻的新型 sCO_2 换热器提供了理论依据。而且基于 sCO_2 传热流动特性以及印刷电路板换热器加工特点,开发了多种的新型换热板型及换热器结构形式。在 sCO_2 换热器综合试验平台建设方面,中国科学院工程热物理研究所已建成综合试验平台。该实验平台设计压力高达 33 MPa、设计温度高达 660℃,满足 sCO_2 回热器、冷却器全工况测试需求,成为国内满足全温全压条件下大功率 sCO_2 系统回热器、冷却器测试需求的综合实验平台。通过该实验平台,可开展 sCO_2 传热流动特性研究、换热器设计方法及结构方案验证、新型换热结构的测试等系列理论和技术方面的研发需求,为兆瓦级 sCO_2 循环系统的建设奠定了坚实基础。

中国部分研究所和企业已经开始了 PCHE 换热器的研制。

中国科学院工程热物理研究所传热传质研究中心针对兆瓦级 sCO_2 发电系统用回热器和冷却器,设计加工了百千瓦级 PCHE 缩比样机;建成了国内首座全温全压超临界 CO_2 换热器综合试验平台,对 sCO_2 发电系统用 PCHE 进行了详细测试。通过多次反复实验验证,结果表明,在设计工况下,研发的回热器效能最高可达 99%,热侧压降小于 50 kPa,冷侧压降小于 40 kPa;冷却器效能最高可达 95%,冷热侧压降均小于 33 kPa。

2020 年,中国船舶集团有限公司第七二五所联合中国原子能科学研究院、合肥通用机械研究院有限公司研制的中国首台液态金属钠-超临界二氧化碳 PCHE 换热器顺利通过专家组验收,产品技术达到国际先进水平。PCHE 作为一种颠覆性的紧凑高效微通道换热器具有换热效率高、耐高低温、耐高压、可靠性高等优势。

近年来,杭州沈氏节能科技股份有限公司成功研发出高效紧凑式微通道换热器,是具有高完整性扩散结合结构的高效换热器。扩散结合成就了换热器耐高低温和出色的机械性能,使其几乎成为可用于 sCO_2 循环的最佳换热器。

5.2 二回路

一回路高温高压的冷却剂把热量从包层或偏滤器传导出来后,需要把热量传递给二回路用于发电。由于一回路、二回路冷却剂被分离开来,这有利于放射性的包容。其中二回路冷却剂放射性较低,适合发电系统。另外,基于聚变堆间歇运行的特点,可以通过设计中间储能回路,把一回路波动的能量输出转换为二回路稳定的能量输出。

5.2.1 汽轮机发电

目前,二回路汽轮机发电的技术最为成熟,流程如图 5-4 所示。因此,在聚变堆二回路系统设计中,主要基于汽轮机发电的方式开展二回路系统的概念设计。

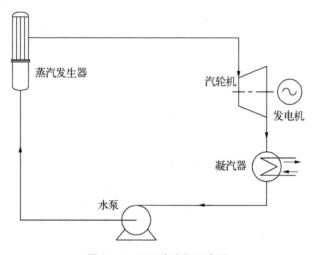

图 5-4 二回路流程示意图

1) 常规岛设计概述

核岛设计边界条件:核岛最大热功率按 1.0 GW 考虑;核岛运行典型规律假定:额定功率运行 2 h,停机 20 min;核岛运行时输出波动为 ±5% 的额定功率;水冷包层核岛典型输出参数:一回路参数为 290℃/325℃/15.5 MPa,二回路蒸汽温度为 285℃;氦冷包层核岛典型输出参数:一回路参数为 300℃/600℃/12 MPa。

发电厂常规岛设计原则是发展安全、稳定且具有一定经济性的聚变发电技术,具体包括如下原则。

遵守核岛技术要求,符合核岛运行特性;采用一堆一机配备方案,机组容量与核岛运行特性相匹配;常规岛(含汽轮发电机组设备及系统)系统配置应符合堆芯热功率对应汽轮发电机组并网发电的配置方案,满足核岛与汽轮发电机组在启动、停机、异常、事故等各种工况下的联合运行要求;在常规岛故障情况下,不能影响核岛正常运行(考虑核岛物理实验需求);常规岛辅助厂房设计满足聚变堆核电站的总体设计要求;常规岛机组尽量采用常规的、成熟的技术路线;工程建厂条件,优先考虑沿海厂址;常规岛采用海水直流冷却方式,不考虑设置冷却塔。

设置储能缓冲系统:由于核岛功率输出的不稳定性,工艺侧需考虑设置中间储能缓冲系统,以解决核岛能量输出间断、波动问题,确保汽轮机机组能够安全、平稳地运行,并能稳定发电输出。发电输出端不考虑设置储能(如蓄电池等)。

设置辅助散热系统:为满足核岛不间断运行的要求,常规岛侧需考虑设置辅助散热系统。在汽轮发电机组停机的情况下,启用辅助散热系统,旁路蒸汽发生器,即通过在一回路侧并联辅助散热系统,持续导出核岛热量,确保核岛正常运行。

2) 水冷包层常规岛方案

核岛参数条件:核岛最大热功率按 1.0 GW;核岛典型输出参数:一回路参数为 290℃/325℃/15.5 MPa,二回路蒸汽温度为 285℃。压水堆主蒸汽参数为略带湿度的饱和蒸汽,压力一般为 5~7 MPa(264~285℃),湿度为 0.25%~5%。水冷一回路参数与压水堆参数相似。

设计初步考虑:输出参数基本符合压水堆核电机组参数范围,汽机主汽参数可在 264~285℃ 范围选取;发电机组发电容量在 300~350 MW 范围(参考压水堆发电效率评估)。需要考虑储能方式(或储能介质特性)对汽机参数匹配的影响。

秦山一期核电站是中国自行设计、建造与商运的第一座压水堆核电站。其中,配套的汽轮机为 300 MW 级核电汽轮机,表 5-1 列出了其主要参数,由上海汽轮机厂设计供货。

表 5-1 秦山一期 310 MW 核电汽轮机参数[2]

参　　数	数　　值
最大连续出力	330 MW
额定功率	310 MW

（续表）

参　　数	数　　值
转速	3 000 r/min
主汽压力	5.34 MPa
主汽温度	268.2℃
主汽干度	99.5%

系统详细配置可参考压水堆相关资料，主要包括如下系统。

主蒸汽系统：主蒸汽系统的主要功能是将蒸汽发生器产生的蒸汽引送到汽轮机，并为汽水分离再热器、汽轮机轴封蒸汽系统和辅助蒸汽系统提供汽源。

汽轮机旁路系统：当汽轮发电机组突然降负荷或汽轮机脱扣时，可平衡反应堆和汽轮机之间的功率差，将蒸汽发生器内产生的多余蒸汽排向凝汽器，保证反应堆安全运行；在启堆和停堆过程中，为反应堆提供正常排热，旁路容量按40%额定主蒸汽量设计。

辅助蒸汽系统：辅助蒸汽系统的功能是把由辅助锅炉和汽轮机抽汽系统来的蒸汽输送到各个用户。辅助蒸汽系统用户包括除氧器、轴封蒸汽系统及其他用户等。主要设备是1台辅助启动锅炉。

汽水分离再热器系统：在高压缸排汽进入低压缸之前，从湿蒸汽中去除水分并随之对其加热，以提高经济性和改善汽轮机低压部分工作条件。主要设备是2×50%容量汽水分离再热器。

凝结水系统：将汇集在凝汽器热井中的凝结水抽出并经过低压加热器加热后输送至除氧器。主要设备是3×50%容量凝结水泵、1台轴封冷却器、4级低压加热器、除氧器。

主给水系统：通过给水前置泵和主给水泵将除氧器中经过除氧的低压给水压头升高，送经高压加热器加热至要求的给水温度，将品质合格的给水供应给核岛蒸汽发生器。主要设备是3×50%容量给水泵（液偶调速）、2级高压加热器。

汽轮机抽汽系统：利用汽轮机的抽汽来加热凝结水、给水和蒸汽再热，有效地提高机组的热力循环效率，并使进入蒸汽发生器的给水达到预定的温度。

闭式冷却水系统：闭式冷却水系统为汽轮机辅助设备冷却器、发电机氢气冷却器、励磁机空气冷却器、给水泵和汽水取样冷却器等提供冷却水，带走辅助设备排出的热量，并通过水-水热交换器将这些热量排至开式循环冷却水系统中。主要设备是 2 台 100％闭式循环冷却水泵、2 台 100％水-水换热器、1 台膨胀水箱。

抽真空系统：在机组启动前，将主凝汽器汽侧空间以及附属管道和设备中的空气抽出，以达到汽机启动要求；机组在正常运行时除去凝汽器空气区积聚的非凝结气体，提高凝汽器换热量。主要设备是 4 台 50％容量的水环式真空泵。

辅助散热系统（核岛）：考虑常规岛机组发生故障，汽轮发电机组必须停机时，为了不影响核岛实验，在核岛主机和蒸汽发生器间设置并联的辅助散热系统，将堆芯热量排出。主要设备是 2 台 50％容量的常规岛旁路换热器。

储能系统：解决核岛能量输出间断、波动问题，确保汽轮机机组能够安全、平稳地运行，并能稳定发电输出。

循环水供水系统：为常规岛凝汽器及辅机循环冷却水系统、辅助散热系统等提供冷源，采用海水直流冷却供水系统。主要设备是 3 台 33.3％容量循环水泵。

化水系统：包括除盐水系统、凝结水精处理系统、供氢系统、循环水处理系统、常规岛化学加药系统和常规岛水汽监测系统。

电气系统：以 220 kV 电压等级，以两条线路出线接入当地 220 kV 电网。交流厂用电设备包括 6 kV 配电装置、厂用低压变压器和 380 V 配电装置，其监控由分散控制系统（DCS）实现。主要设备是 1 台主变压器、1 台高厂变、1 台高备变、1 台断路器、1 套 220 kV 户内 GIS、1 套 110 kV 户外 GIS。

仪控系统：集控室设计采用"一堆一机一控"方式，并采用核岛、常规岛以及辅助车间等系统集中控制方式；常规岛、辅助车间采用与核岛相同软、硬平台的一体化的 DCS 控制。

暖通系统：二次设备室、励磁小室、配电室等电气用房设置分体空调系统，常规岛采用自然进风、屋顶风机机械排风的通风系统。

3）氦冷包层常规岛方案

核岛参数条件：核岛最大热功率按 1.0 GW；核岛典型输出参数：一回路参数为 300℃/600℃/12 MPa，二回路蒸汽温度约为 550℃。

球床模块式高温气冷堆核电站（HTR-PM）二回路主蒸汽参数：过热蒸

汽,压力 13.24 MPa(566℃)。氦冷包层二回路蒸汽参数与 HTR - PM 二回路参数相似,但氦冷一回路温度(600℃)参数低于 HTR - PM(750℃),在蒸汽发生器选型与设计上,将会有所不同。

设计初步考虑:输出参数基本符合 HTR - PM 核电机组参数范围,汽机主汽参数可在 550℃ 左右选取;发电机组发电容量在 350~400 MW 范围(参考HTR - PM 发电效率评估),但是考虑包层及氦气管路系统,整体压降大于气冷堆一回路压降,氦气风机功率相对较大,净电功率输出会受到一定影响。

需要考虑储能方式(或储能介质特性)对汽机参数匹配的影响。

后端发电系统与水冷包层近似,不再赘述。

5.2.2 氦气透平发电

高温气冷堆的研究始于 20 世纪 60 年代,前期主要在英国、德国和美国发展,至 20 世纪 90 年代早期,将高温气冷堆和燃气轮机循环发电系统相结合的先进概念被提出来。下一代核反应堆的探索和研究活动正在多个国家开展,以实现高效率和经济发电。在这方面,氦气透平已经广泛地作为重要设备来研究,特别是在高效发电方面,基于封闭的布雷顿循环,替代传统的朗肯蒸汽循环。球床模块高温气冷堆(PBMR)、燃气轮机模块氦冷反应堆(GT - MHR)是使用氦气透平循环的典型项目。

燃气透平最主要的一个优点就是相对于它体积的非常高的输出功率。因此,燃气透平已经广泛地用于飞行器的推进装置和电厂的发电设备。开式循环吸气燃气透平也积累了丰富的经验。现有的吸气燃气透平方面的技术可以用于闭式循环的氦气透平机械。由于高放射稳定性和高热容量,氦气已经被视为高温气冷堆燃气透平的适当选择。虽然氦气透平的设计遵从现有的燃气透平的设计习惯,但是由于氦气的物理性质和应用于核反应堆的压力的不同,两者仍有明显的差别。与空气透平相比,氦气透平具有更短的叶片高度和更多的级。较短的叶片高度会使叶片顶端漏气增加,导致效率下降。大量透平级导致的更长的流动距离端壁边界层的增长和二次回流,同样导致效率下降。由于氦气压缩机的特点,为了获得更高的效率和喘振裕度,叶片设计时必须考虑到二次回流损失。同时,需要更先进的叶片安装技术来消除流动分层,叶片也需要适当的扭转角度以消除端壁附近的流动变形。氦气透平的密封装置也比空气和蒸汽的要复杂。

由于氦气在压缩机内流动不断减速,顶部间隙和二次回流在压缩机内的损失要比在透平中严重。由于设计和操作经验丰富,空气压缩机中损失的估算已经十分精确,然而氦气压气机方面积累的经验却很少。尽管如此,氦气透平仍具有诸多优势,包括比吸气燃气透平更小的马赫数和更高的雷诺数。

世界上第一个氦气透平机组由美国设计和建造,并在 1962 年开始运行。该透平机的入口温度为 650℃,其输出功被用来运行一个低温的制冷循环。这个小的示范原型为未来的透平设计提供了经验。1966 年在美国建成了入口温度为 660℃的氦气透平机,用于氦气的分离。20 世纪 70 年代,德国建造和运行了两座氦气设施,一个是 Oberhausen II 50 MW 气体透平动力厂,该氦气透平机的入口温度已经达到 750℃,德国人用它来发电和供热。由于该透平机系统压力相对较低,使其未发挥应有的效率,按现在的设计水平,其尺寸相当于200 MW 电厂的氦气透平机,但功率却小得多;另一个高温试验设备是 HHV,该透平机由 2 级透平机(45 MW)和 8 级压缩机(90 MW)组成,其尺寸和 GT-MHR(60 MW)相当。

20 世纪 80 年代以来,美国麻省理工学院的 Lidsky 等人发展了 GT-MHR(gas turbine modular helium reactor),利用模块式高温气冷堆直接气体透平发电,它具有结构紧凑、效率高的特点。美国和南非的气体透平动力厂停留在概念设计阶段,还未投入运行。他们的设计基本利用了现代的燃气透平分析设计和制造原理,运行经验很少。

在国内研究方面,在 10 MW 高温气冷堆(HTR-10)成功建造和运行基础上,2003 年,"高温气冷堆氦气透平直接循环发电系统"被列入国家"863 计划"攻关项目,其目标是将气体透平与模块式高温气冷堆相结合,利用高温堆产生的高温工质直接推动气体透平以实现更高的发电效率,这是高温气冷堆领域的重要发展方向之一,也是高温气冷堆除固有安全性以外又具有强大生命力的一种体现。我国投入了大量的人力物力进行研究和开发,并广泛开展国际合作。由清华大学核能与新能源技术研究院承担的"高温气冷堆氦气透平直接循环发电系统"计划在 HTR-10 蒸汽发生器压力壳内加装氦气透平直接循环发电实验装置,研究并展示氦气透平循环发电技术,实现氦气透平直接循环发电,并验证这一技术在未来大型商用堆电站的适用性。

高温气冷堆氦气透平直接循环方案是建立在闭式布雷顿循环的理论基础上的,如图 5-5 所示,其热力循环过程大致是加压氦气经过反应堆堆芯后(或换热器)被加热,这一高温高压氦气直接冲击涡轮机做功,涡轮机带动发电机发电同时也带动压气机压缩氦气。涡轮机的尾气仍然具有较高温度,经过回热器低压侧后将热量传输给高压侧氦气,然后进入预冷器降至低温。低温氦气进入带有中间冷却器的压气机机组,然后被压缩成高压氦气。高压氦气经回热器高压侧后被加热至接近涡轮机的排气温度,然后再进入反应堆堆芯重复被加热。

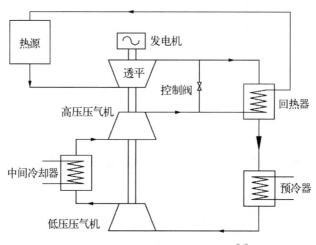

图 5-5　氦气透平发电基本原理[3]

　　氦气透平压气机组是氦气透平循环发电系统的核心部件,氦气条件下的透平压气机组研制在国际上目前尚无商用成功先例。为了验证空气、氦气工质相似换算规律和设计方法的可靠性、准确性,国内第一台氦气压气机单级样机试验装置已经建立并进行了大量试验,取得了重要的研究成果,为氦气透平压气机组的成功研制打下了良好的基础。电磁轴承是高温气冷堆氦气透平发电系统的关键技术之一。在清华大学核能与新能源技术研究院的电磁轴承原理性试验台架上,刚性转子电磁轴承系统成功通过了一阶弯曲临界转速 18 000 r/min 和二阶弯曲临界转速 42 000 r/min,实现了 60 000 r/min 转速的高速稳定旋转,攻克了世界难题,使中国成为极少数能够使用电磁轴承控制高速转子通过二阶临界转速的国家。目前,用于工程验证的大型重载柔性转子电磁轴承试验台架也已建造完毕,转子质量达 3.5 t。研究获得了一定成果,但没有在 HTR-10 上开展透平实验。

　　目前氦气透平压气机组主要存在以下技术难点。

　　氦气密封问题:由于动力转换系统被集成在大的压力容器中,减少了一回路冷却剂的压力边界,但不可避免地会使冷却剂管道变得很复杂,故需要一定的塑性以允许由于热膨胀造成的位移。同时材料要有足够的强度,保证各种材料由于压力不同而造成的畸变不会超过限值。设计的另一个要求是发电机和透平机械能够移动和替换。这些要求使所有的部件不能焊接在一起,又由于氦气泄漏会降低效率,所以结构部件间的密封就成为一个重要问题。对于氦气工质的密封主要面临两方面的问题:保证透平机拆卸后,装入新的或修理后的透平机,密封依然完好;设计氦气泄漏监测系统及确定其泄漏位置。

转子动力学问题:GT-MHR 的透平发电机组由发电机、透平机和压缩机组成,它们连接在同一轴上。由于透平机、压缩机级数较多,轴细而长,所以机组的转子动力学问题成为氦气透平机发电的一个关键问题。美国专家对这一问题进行了初步分析,分析结果表明,假设使用磁力轴承,支撑刚度为105 000 N/mm 或更小,转子系统必须经过 4 个或更多的危险速度区(临界速度),才能达到 3 600 r/min 的额定转速。按照理论需增加刚度,才能使转子系统在启动和停机时渡过临界转速,防止共振。为了发展令人满意的轴承转子系统,需要对转子动态模型做进一步研究,不仅要考虑轴的刚度,还要考虑选择轴承数量和刚度。

不同的热膨胀:由于流道温度的不同及流道的复杂性,流道不同位置处有不同的热膨胀。其中,透平机转子和定子之间的轴向热膨胀、压缩机静态结构和容器机构之间不同的轴向热膨胀、回热器扭曲热膨胀是三种危险的热膨胀。这些可能使管道或器件热应力超过材料的许用热应力值。消除不同热膨胀带来的影响有几种可以考虑的方法,最满意的方法是取消透平机入口的轴承,但这有待进一步的研究和评价;另外可以采用耐高温轴承材料和不同的冷却方式。

目前聚变堆包层出口温度相对高温气冷堆温度较低,热电效率较低。

5.2.3　超临界二氧化碳透平发电

聚变能的热电转换效率受很多影响因素制约。其中,热电转换效率与回路选择的蒸汽循环方式、回路循环布局有关,目前在裂变堆中已经成熟应用的有朗肯循环以及布雷顿循环。而在聚变示范堆应用上也有不同选择,比如蒸汽涡轮透平循环、氦冷透平循环,以及 sCO_2 透平循环,热电转换效率与回路中冷却剂的工质、温度、压降等有关,而冷却剂的工质、温度、压降等参数与聚变堆包层的设计和冷却剂选择密不可分。

在世界上运行的和在建的核电站中,水蒸气朗肯循环作为电站能量转换系统,占主流地位。然而,其约30%的能量转换效率制约了核能的高效利用。因此,使用更先进的能量转换系统显得极为必要。氦气布雷顿循环虽然效率较高,可以达到45%~48%的循环效率,但其堆芯出口温度需要达到900℃高温,对设备材料而言是相当大的挑战。对于在中等温度范围内的热源来说,sCO_2布雷顿循环是合适的能量转换技术。但目前sCO_2发电技术还处于研究阶段,仅从理论分析,在此温度区间内,其循环热效率明显高于蒸汽朗肯循环和氦气布雷顿循环。

sCO_2是温度和压力均高于临界值($T_c=30.98℃$、$P_c=7.38\ MPa$)的CO_2流体。超临界流体介于气体和液体之间,又同时兼有气体和液体的物理和化学性质。sCO_2作为萃取剂、染色剂、清洗剂、反应介质等在医药工业、食品工业、轻工业、高分子科学等方面已有较多的应用。作为热能循环工质,与其他同类型的循环工质相比,sCO_2既有超临界流体的一般特性,也有其独特的特点:① 密度接近液体,大于气体2个数量级,传热效率高,做功能力强;② 黏性接近气体,较液体小2个数量级,流动性强,易于扩散,系统循环损耗小;③ 临界温度和压力较低,容易达到超临界状态,便于工程应用;④ 较常用的惰性气体超临界流体密度大、压缩性好,系统设备结构紧凑、体积小;⑤ 腐蚀性小于水蒸气;⑥ 无毒、不燃、稳定,廉价易得。

布雷顿循环是典型的热力学循环,如图5-6所示,由两个等压和两个绝热过程组成(绝热压缩、等压吸热、绝热膨胀及等压冷却4个过程),工质在循环中不发生相变。

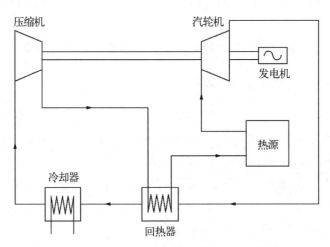

图5-6 简单sCO_2布雷顿循环流程图[4]

气体布雷顿循环存在压缩功耗高、排气热损失大、部分负荷时效率低等不足。以 sCO_2 作为循环工质,利用超临界流体独特的物性,可弥补气体工质的热力学缺陷,显著提高布雷顿循环的性能。循环的冷端运行在 CO_2 温度和压力的临界点附近,将 CO_2 冷却到低于拟临界线会使 CO_2 的密度与比热容迅速增大,带来压缩机的低功耗、冷却器与回热器的高换热系数等优势。在相同的涡轮机与压缩机进气温度条件下,sCO_2 布雷顿循环可获得比理想气体布雷顿循环更高的效率。

基本的回热 sCO_2 布雷顿循环发电系统包括压缩机、回热器、热源加热器(包层或其他热源)、高速涡轮机、冷却器等设备。其工作过程如下:低温低压的 sCO_2 工质经过压缩机升压;工质经回热器高温侧预热后进入热源加热器,利用热源将工质等压加热;高温高压的工质进入涡轮机推动涡轮做功,涡轮带动发电机发电;工质做功后经回热器低压侧冷却后,再由冷却器冷却至所需的压缩机入口温度,再进入压缩机形成闭式循环。

回热器高压侧 sCO_2 流体的比热容大于低压侧,传递相同的热量,回热器低压侧需较大的温差才能使高压侧产生较小的温升,令传热恶化,造成"夹点"问题,降低了循环效率。实际应用中,采取加入中间冷却、分流、再压缩等热力过程以提高效率。

sCO_2 布雷顿循环发电系统,主要具有以下特点。

(1) 循环系统损耗及压缩做功小,热能转换效率高。

sCO_2 黏性小,传递性和扩散性好,高密度使流体压强很高,循环系统损耗小。循环过程无变相,循环压缩做功有效减小,只占涡轮输出功的 30%;而常规氦气循环压缩做功占涡轮输出功的 45% 左右,燃气轮机压缩做功占涡轮输出功的 50%～60%。

采用多级循环的方式,在热源温度为 550℃ 时,sCO_2 理论发电系统的热电转换效率为 45% 左右;温度为 700℃ 时,发电系统热电转换效率可达 50% 左右。效率高于现役大型超超临界蒸汽循环发电机组,也高于氦气循环发电系统。

(2) 系统结构紧凑,体积小,重量轻。

CO_2 工质在循环中均处于超临界状态,不发生相变,密度大、动能大。相对于水蒸气或氦气工质,涡轮机所需涡轮级数更少,尺寸更小,且涡轮机和压缩器可一体化同轴布置;回热器、冷却器、管路附件等尺寸均可相应减小。整个系统结构简单、紧凑、体积更小,可实现模块化建造。在相同发电能力条件下，sCO_2、氦气、水蒸气 3 种工质所需的涡轮机体积之比约为 1∶6∶30。

（3）涡轮机设计影响因素少。

sCO_2 在循环过程中无相变，不存在汽轮机面临的末级叶片水滴冲蚀的问题。且涡轮机压比低（小于 3），尺寸紧凑。涡轮机的设计中需考虑的影响因素相对较少。

（4）制造材料成本低。

sCO_2 具有相对稳定的化学性质，中低温条件下与金属发生化学反应而侵蚀的速率较慢，同时发电系统在中低温段已具有很高的效率。系统关键设备和循环部件选材范围相对较宽，降低了选材难度和材料成本。

（5）运行噪声低。

运行噪声主要来自旋转设备的振动，通常振动特征频率集中在轴频以上。sCO_2 发电系统一般采用高速涡轮机发电机，转速高，以高频振动线谱为主，有利于隔振降噪。此外，主要运动设备全部采用高速回转运动形式，涡轮机、发电机采用高速电磁悬浮轴承一体化连接，有利于减小振动激励和传递。

（6）经济性好，发电成本低。

sCO_2 布雷顿循环热机效率高，且核心设备结构简单，可模块化制造，降低了发电站的建设成本和运营成本。

sCO_2 发电是未来能源综合利用的一个发展方向，要全面掌握和利用该技术，重点需要在以下几个方面开展研究。

sCO_2 物性、换热规律复杂，需要系统性研究。超临界流体不同于常规液体或气体，在热力学变化过程中会偏离理想气体，特别是在近临界区和跨临界点时，热力参数呈非线性变化，其独特物性带来的流体流动和换热规律的特殊性，会使系统变工况运行和负荷调节控制难度变大，因此需要全面掌握 sCO_2 物性、换热规律。

sCO_2 发电系统运行状态控制难度大，需要开展控制研究。系统循环的高效率是建立在冷凝器出口即压气机吸入口（循环起点）的二氧化碳仍处于 32℃、7.4 MPa 超临界状态的临界点上，当系统输出需求发生变化时，整个系统的热量获取、冷却量供给、高速涡轮发电机、高速压气机的转速均要做相应调整，需要精确调节控制，确保系统仍处于超临界状态以上，才能使系统效率达到最优。

需要突破 sCO_2 高速涡轮发电机组设计制造技术，提高发电效率。涡轮发电机组的效率和可靠性是确保 sCO$_2$ 发电技术优势发挥的关键,确保涡轮发电机高转速是设备减少体积、降低重量、提高效率的重要途径。涡轮发电机组在设计过程中,在确保高转速的前提下,既要兼顾高速精密轴承、转子运行稳定性,同时要充分考虑 sCO$_2$ 工质温度、压力、密度等参数,以及发电机电磁、温升等参数的影响问题,因此高速涡轮发电机组的设计与制造是系统高效率的保证。

高效换热器是超临界发电系统工程应用的基础。sCO$_2$ 布雷顿循环要求压缩机参数处于近临界点,降低换热端差,同时对于临界点附近的换热性能突变充分考虑运行裕量,实现这些目标要求有紧凑、高效和可靠的换热器进行快速的热量交换,实现低温差高效换热。

系统材料耐压、耐高温、耐腐蚀要求高,需要研究高性能材料。为实现高效率,必须提高系统热力循环的温度、压力,要求 sCO$_2$ 热力循环达到高温高压。为了满足高温高压参数要求,包层、涡轮机、发电机的材料都必须具有高强度、耐高温、耐腐蚀性的特点,设备的加工、生产、热处理、检验探伤等工艺则需要技术突破。

目前 sCO$_2$ 发电单机容量较小,技术逐渐成熟度较低,适合聚变堆的大型发电机组还有待进一步开发。

5.3　中间储能回路

由于托卡马克磁约束聚变运行的特点,目前预计聚变堆会运行一段时间,然后停一段时间,意味着聚变堆能量输出呈现出不稳定的状态。但是二回路的汽轮机发电系统需要持续稳定的热源,为了把聚变堆的不连续热输出转变为连续的输出,可借鉴太阳能发电系统的储能技术,使得聚变堆持续发电成为可能。参考太阳能发电储能系统,以下介绍聚变电站储能系统主要需要考虑的问题。

聚变发电厂发电过程:托卡马克一回路冷却剂穿过包层(含偏滤器),带走包层产生的热量,流经蒸汽发生器,把热量传递给二回路,产生蒸汽,推动汽轮机发电。一回路介质降温后经循环泵压缩,连续不断地进入包层带出热量。

预计等离子体运行数小时,停数分钟,周而复始地周期性运行,但是二回路汽轮机需要稳定的蒸汽输入,在一回路间歇的期间,需要有正常运行时储存的热源或外来的热源供给二回路产生蒸汽发电,如图 5-7 所示。聚变堆技术复杂,涉及面广,应尽可能采用成熟的技术方案。相比于外热源加热技术,大规模储热技术在太阳能发电技术中已取得较好的应用,聚变堆以储能发电为主要考虑方向。

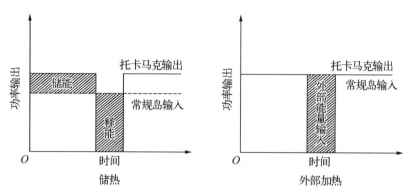

图 5-7 对能量输出的调整示意图[2]

5.3.1 中高温储热技术及工程实践

储热技术在太阳能发电领域已有成熟应用,这里简要介绍储热技术的分类,常用的储热介质和储热形式。

1) 储热技术分类

目前较常见的储热技术分为显热储热、潜热储热和热化学储热,其中以显热储热应用最广。

(1) 显热储热。显热储热主要是依靠温度的升高与降低来进行热量储存与释放的一种储热形式,储存热量的多少与其本身的温度变化量密切相关。经过在太阳能行业的应用,相关技术的发展较为成熟,并且该储热技术在设备的运行方面具有一定的使用优势,便于人员对机器设备进行操作。除此之外,与其他相关的储热技术相比,该技术所需要的基础材料最为丰富,例如水和卵石是可以从自然界中直接获得而且价格十分低廉。与此同时,显热储热的技术成本相对低廉,并且在储热材料进行吸热与放热的过程中具有相对简单且容易操作的强化传热技术,因此显热储热技术得到了较为广泛的应用。但是,该技术所能应用到的储热材料大多是储热密度较低、利用率低的矿物类原料,比如岩石、砂石、矿石、矿物质油约为 $60 \text{ kW} \cdot \text{h/m}^3 (200 \sim 400 ℃)$,铸铁大约为 $150 \text{ kW} \cdot \text{h/m}^3 (200 \sim 400 ℃)$。因此,显热储热必须采用体积量巨大并且工序繁杂、操作复杂的机械设备才能满足相关储热技术的使用条件。此外,用来进行储热的材料与设备与周围环境之间存在着一定的温度差,在储热材料进行热量的储存与释放过程中会导致热量损失严重。因此,显热储热技术不适合用来进行热量的长期大容量储存,具有一定的限制性,阻碍了对未来储热技术的推广。

(2) 潜热储热。根据储热材料从一个相态向另一个相态发生转变时需要大量的热量来维持反应进行的特点来吸收和储存热量是潜热储热的主要理论依据。这是一种具有较高的储热密度,并且能够在小范围的温度浮动过程中进行热量释放的一种储热方式。热量在释放后储热材料会从终止态返回到初始态,相变循环往复实现储、释热,因此也称作相变式储热。在相变过程中能够产生气体的相关相变材料尽管在发生相变的过程中也具有可观的潜热量,但是储热材料因为在相态发生改变的过程中会产生大量的气体,因此不利于实际的生产应用。与其相比,固液相变能够实现更好的使用价值,并且在无任何影响因素的情况下,相同物质在温度相同、方向相反的相变过程中储存或释放的相变潜热应该是保持不变的,也是一个纯物理的过程。

(3) 热化学储热。热化学储热是依据化学反应的可逆性原理,利用反应过程中所产生的反应热进行热能储存的技术方式,实现了将热能转化为化学能,并在需要时进行逆向转化。利用化学反应储热必须满足相应的条件:具有良好的可逆性,化学反应响应快并且反应过程中无副反应;热化学反应的产物必须是容易分离并且能够实现稳定储存的物质;在反应体系中,反应前与反应后均不存在有毒、易腐蚀和可燃物;反应过程中所产生的热量大,反应原料价格低廉等。热化学储热技术并没有发生物理相变过程,是一个纯化学反应的过程,如果能够在反应过程中利用催化剂对储热材料进行一定程度的催化,就能够完成热量储存时间延长的目的,能够在一定程度上提高热化学储热在实际生活中的利用率。热化学储热的优点很多,但是也具有十分繁杂的化学反应过程,并且有的时候可能要使用大量的催化剂才能够使化学反应得以进行,对化学反应过程以及装备的运行稳定性要求十分的严格。目前对热化学储热的投资成本比较大,技术成熟度比较低,并且对储存、释放热量的过程较难控制,因此热化学储热技术仍然在小规模的试验阶段,还有很多的问题亟待解决,难以实现大规模的实际应用。储热技术简要对比如表 5-2 所示。

表 5－2　储热技术对比[6]

储热技术类型	典型储能周期	成本/€·(kW·h)⁻¹	技术优点	技术缺点	技术成熟度	未来研究重点
显热储热	数小时至数天	0.1～10	储热系统集成相对简单;储能成本低,储能介质通常对环境友好	储能密度很低,系统的体积庞大;自放热与热损问题突出	技术成熟度高,工业、建筑、太阳能热发电领域已有大规模的商业运营系统	储热系统运行参数的优化策略创新;储热释热过程中不同热损的有效控制等
潜热储热	数小时至数周	10～50	在近似等温的状态下释热,有利于热控;储能密度明显高于显热	储热介质与容器的相容性通常很差,热稳定性需强化,相变材料较贵	技术成熟度中,处于从实验室示范到商业示范的过渡期	新型相变材料的开发,已有相变材料的相容性改进,储热释热过程的优化控制等
热化学储热	数天至数月	8～100	储能密度最大,非常适用于紧凑装置;储热期间的散热损失可以忽略不计	储/释热过程复杂,不确定性大,控制难;循环中的传热传质特性通常较差	技术成熟度低,处于储热介质基础测试、实验原理机验证阶段	新型储热介质对的筛选、验证;储释循环的强化与控制;技术经济性的验证,以及适用范围的拓展

2) 显热储热介质

显热储热方式是目前储能方式中较为成熟的方案,发电系统主要考虑显热储热方式。显热储热材料主要采用液体,需要高热容、低熔点、高沸点、高热稳定性、低蒸气压、低腐蚀性、低黏度、高热导率等特点。工程应用常见有水、导热油和熔融盐。

(1) 水。水作为储热介质,优点是比热大、热导率高、无毒、无腐蚀、易于运输和获取;缺点是饱和压力随温度上升而迅速上升。以蒸汽储热器作为蓄热设备,在钢铁、石化等行业已有非常成熟的应用,但基本使用参数在 3 MPa、325℃以下。工程案例有西班牙 Plant Solar 10/20 塔式电站、八达岭太阳能热发电实验电站。

(2) 导热油。导热油主要应用的是液相合成导热油,优点是使用温度范围广、饱和蒸气压低、对金属无腐蚀;缺点是具有一定的可燃性、部分具有毒性、价格较高。表 5-3 给出了主要导热油的种类和特点。

表 5-3　主要导热油种类和特点

类　型	特　性	代表性产品
联苯-联苯醚型	液相适用温度范围为 12~400℃,热稳定性好,渗透性强,气味难闻,具有神经毒性及致癌性等	陶氏化学公司的 Dowtherm A,苏州首诺导热油有限公司的 Therminol VP-1
氢化三联苯型	高温稳定性好,蒸气压低,毒性相对较低,使用温度可达 350℃,凝固点为 −10℃ 以下	苏州首诺导热油有限公司的 Therminol 66
二苄基甲苯型	倾点为 −32℃,使用温度可达 350℃,渗透性强、气味难闻和水体毒性强等	中国石化北京化工研究院燕山分院的 YD-350L
烷基苯型	低温性能优异,倾点可达 −60℃,使用温度可达 320℃,水体毒性较低等	苏州首诺导热油有限公司的 Therminol 55

应用导热油储能的电站有美国 SEGSI 电站、八达岭太阳能热发电实验电站。

(3) 熔融盐。熔融盐种类繁多,工程上主要应用的是混合硝酸盐,优点是适合高温应用、饱和蒸气压低、价格较低;缺点是熔点较高、对金属有腐蚀性。表 5-4 给出了常用熔融盐特点。

表 5-4　常用熔融盐特点

参　数	Solar salt	Hitec	Hitec XL
组分/质量分数	60% $NaNO_3$ 40% KNO_3	7% $NaNO_3$ 53% KNO_3 40% $NaNO_2$	7% $NaNO_3$ 45% KNO_3 48% $Ca(NO_3)_2$

（续表）

参　数	Solar salt	Hitec	Hitec XL
熔点/℃	220	142	120
最高工作温度/℃	585	450～538	480～505
300℃下比热容/$J(kg \cdot ℃)^{-1}$	1 495	1 560	1 447
300℃下密度/$kg \cdot m^{-3}$	1 899	1 860	1 992
300℃下黏度/cp	3.26	3.16	6.37

大量国内外光热电站采用熔盐储能,国内的有中广核德令哈 50 MW 光热示范项目(9H 储能)。

3）储热形式

有直接式双罐储热、间接式双罐储热、间接式单罐储热和蒸汽储热器储热,如图 5-8 所示。储热系统主要设备包括换热器、高温工质泵、储罐等,如 API610 BB2 型高温导热油泵、API610 VS1 型熔融盐泵、立式拱顶储罐等,以及必要的辅助系统,包括氮气保护系统、净化系统、疏盐系统、化盐系统、管道预热及伴热等。

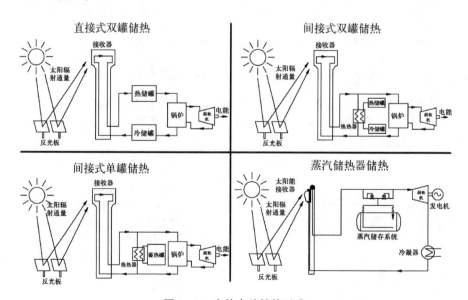

图 5-8　光热电站储热形式

4）聚变储热介质选择

根据氦冷包层和水冷包层冷却剂进出口温度，分别选择熔融盐和导热油作为储热工质。表 5-5 给出了熔融盐和导热油的主要物性参数。

表 5-5　熔融盐对比导热油

对 比 项 目	氢化三联苯型 Therminol 66 导热油	SQM 熔融盐
使用温度范围/℃	−7～350	260～621
倾点或凝固点/℃	−32（倾点）	221（固化）/238（晶体化）
闪点（ASTM D-92）/℃	184	—
着火点（ASTM D-92）/℃	212	—
300℃下比热容/kJ(kg·℃)$^{-1}$	2.57	1.50
300℃下密度/kg·m^{-3}	809	1 899
300℃下黏度/cp	0.42	3.26
300℃下热导率/W(m·℃)$^{-1}$	0.095	0.5
300℃下饱和蒸气压/kPa	30	3.1
国内市场价格/元·t^{-1}	38 000	5 000
推荐作为储能工质适用对象	水冷包层	氦冷包层

在同样的储热容量下，仅储热工质的成本，导热油大概是熔融盐的 4.5 倍，但熔融盐相关的换热器、输送泵、储罐、管道及阀门的材料要求或腐蚀余量要求更高，所以熔融盐储热系统建造成本更高。由于熔融盐熔点高，需要电加热或电伴热等防凝固措施，运行的辅助能源消耗更高。由于使用温度和腐蚀等原因，在系统操控的灵活性、储热系统优化潜力方面，导热油要优于熔融盐。

5.3.2　常规岛储能方案

从目前储热方案来看，双罐储热适用于周期性的储热模式，由于储热介质不是直接采用一回路冷却剂，间接式双罐储热适用于核岛热量周期性输出波动的工况，考虑核岛与动力岛是否可以解耦运行，间接式双罐显热储热借鉴光热电站的双罐储热模式，有两套选择方案。方案一是核岛与动力岛耦合运行，如图 5-9 所示,核岛输出的高温冷却剂部分用于蒸汽发生器产生蒸汽发电,部分与储热介质换热、储存热量,核岛无热量输出时,储热介质通过换热器把热量传递给一回路介质,保证蒸汽发生器一回路侧有足够能量输入。方案二是核岛与动力岛解耦运行,如图 5-10 所示,一回路介质全部通过换热器与储

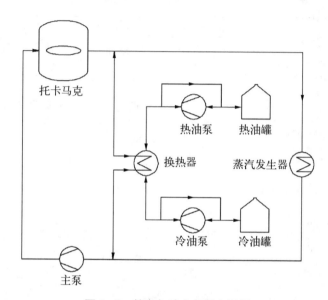

图 5-9 核岛与动力岛耦合运行

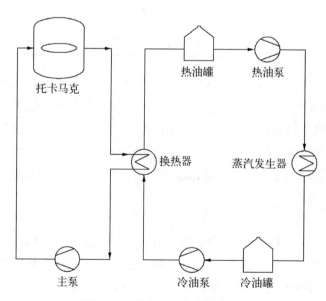

图 5-10 核岛与动力岛解耦运行

热介质换热,储热介质充当中间换热回路的介质,储热介质进入蒸汽发生器与水换热。核岛输出热量时,部分储热介质储存在热罐中,部分储热介质流经蒸汽发生器,核岛无热量输出时,储存在热罐中的储热介质被送入蒸汽发生器,维持蒸汽发生器的热输入。

表 5-6 给出了耦合运行与解耦运行方案对比,在耦合运行模式下,一回路的热惯性对储热系统影响较大,一回路热惯性越大,储能所需要的容量就越小,储能系统允许的切换时间就越长。另外,储热系统泵和阀门在高频应用下,切换周期为小时级别,寿命问题也是需要研究的重点。解耦运行模式实现相对容易。

表 5-6　耦合运行与解耦运行方案对比(以导热油为例)

方　案	耦 合 运 行	解 耦 运 行
核岛-动力岛运行耦合度	核岛与动力岛有直接换热	核岛与动力岛无直接换热
动力岛的运行波动性	核岛运行的波动将传递至动力岛,其影响程度与一回路的热惯性以及储热系统的响应速度有关	只要储热系统储热量足够,动力岛的输出可通过热油泵平稳调节,不受核岛运行波动影响
储热工况下的发电效率	较高,一回路高温水与蒸汽发生器直接换热,不存在其他损失	较低,必须经过换热器的一次换热,存在㶲损失
放热工况下的发电效率	较低,必须经过换热器的两次换热,㶲损失较大	较高,只经过了储热过程的一次换热,㶲损失较小
总的发电效率	较高,因储热工况运行时间占比高	较低,因放热工况运行时间占比低
一回路循环	回路较长,且主泵需要克服换热器、蒸汽发生器的压降,扬程较高	回路较短,主泵无须克服蒸汽发生器的压降,扬程较低
储热工质	储热温度上限受托卡马克出口温度(325℃)和换热器端差限制,下限受托卡马克入口温度(290℃)和换热器端差限制,温度区间较小,工质用量较多	储热温度上限受托卡马克出口温度(325℃)和换热器端差限制,下限受蒸汽发生器的给水温度(暂定 226℃),温度区间较大,工质用量较少

(续表)

方 案	耦 合 运 行	解 耦 运 行
换热器	存在储热和放热两种工况,且两者功率差别特别大,换热器设计可能有一定难度	只需考虑储热工况的运行,设计相对容易
蒸汽发生器	常规核电站的蒸汽发生器	导热油炉

参考文献

[1] Ishiyama S, Yasushi M, Yasuyoshi K, et al. Study of steam, helium and supercritical CO_2 turbine power generations in prototype fusion power reactor[J]. Progress in Nuclear Energy, 2008, 50: 325 – 332.

[2] 梁展鹏. CFETR 常规岛概念设计介绍[R]. 线上: 广东省电力设计研究院有限公司, 2020.

[3] 符晓铭, 王捷. 高温气冷堆在我国的发展综述[J]. 现代电力, 2006, 23(5): 70 – 75.

[4] 董力. 超临界二氧化碳发电技术概述[J]. 中国环保产业, 2017(5): 48 – 52.

[5] 汪翔, 陈海生, 徐玉杰. 储热技术研究进展与趋势[J]. 科学通报, 2017, 62(15): 1602 – 1610.

第 6 章

堆燃料循环系统

氘氚聚变反应堆以稀缺的氚为燃料，一个堆芯功率为 500 MW 的聚变反应堆，氚的年消耗量将达到数十千克的规模，因此任何一个用于能源生产的聚变反应堆，都必须实现氚燃料的自给自足，也就是氚自持。在聚变堆中，利用聚变反应产生的高能中子，在堆芯外的产氚包层中与锂、中子倍材料作用产氚，并通过燃料循环系统实现增殖氚提取与补充堆芯等离子体以及堆芯未燃耗氚的净化循环使用；聚变堆总体获得增殖氚与燃耗消耗、衰变、渗透等损失氚的动态平衡，即实现氚自持[1-5]。

产氚包层和氚燃料循环技术是氘氚聚变堆的核心技术。目前已运行或已退役的聚变研究装置中，仅欧盟的 JET 等少数几个聚变实验装置实现了短暂的氘氚反应，也只配备了部分功能的氚循环回收系统，且都没有安装产氚包层[6-7]。ITER 有较大规模的氚加料和托卡马克排出气氚回收系统（内循环），但是其主要的屏蔽包层亦不具备产氚功能，只有两个测试窗口用于产氚包层及相关的提氚实验[8-10]。产氚包层位于聚变堆堆芯，直接承受等离子体轰击、高能中子辐照和高热负载，面临包层材料、复杂结构设计与制造、氚提取与能量提取技术等多个关键技术挑战。产氚包层与氚燃料循环总体构成聚变堆燃料循环系统，其主要功能包括如下几个方面。

（1）未燃烧氘氚的回收和循环再利用：通过气体净化、氢同位素分离等工艺处理过程，回收排出气体中未燃烧的 DT 和 T_2，并根据反应堆运行参数要求，提供各种气体组成和气体流量的 D_2、DT 和 T_2 气体，该目标是通过"氘氚内燃料循环"实现的。

（2）反应堆氚的自持：氚增殖包层中氚的在线提取、氢同位素分离、纯化、氚的储存与配送，即"氚燃料增殖循环"或"外循环"，实现聚变反应装置运行时的氚自持。

（3）氚的包容与回收：各种含氚流出物和固态含氚废物的处理，以及在发生事故的条件下氚的安全包容与回收，以实现氚环境排放量、工作人员和公众辐射剂量的有效控制。

6.1 聚变反应堆的燃料循环体系

为实现氘氚燃烧和氚自持、氚安全的总体目标，典型的聚变堆氚循环系统整体设计如图 6-1 所示。如前所述，聚变堆的燃料循环系统按照其功能可以划分为内循环、外循环及氚安全包容系统三个部分。

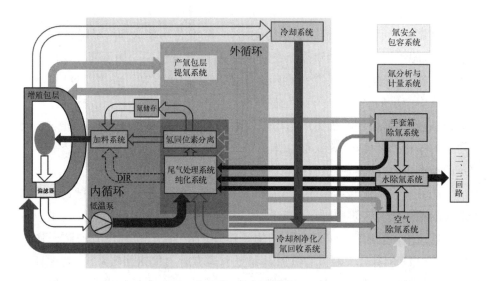

图 6-1　聚变堆氚循环示意图

内循环：加入堆芯的氘氚，只有少部分发生了聚变反应生产氦、中子并释放能量，未发生聚变反应的氘氚将与产生的氦灰一同从偏滤器位置抽出。通过托卡马克排出气处理系统（tokamak exhaust processing system，TEP）将氘氚与氦灰等其他杂质气体分离、净化。获得的氢同位素气流若氘氚比例适当，可以直接循环到真空室；若氚超标，则送入氢同位素分离系统（isotope separation system，ISS）经过处理生产出可供氘氚燃烧的混合气体，或去除贫化氢中的氚以便向环境排放，或者储存在燃料储存和配送系统（storage and delivery system，SDS）以便后续向真空室加料。分离出来的杂质气流经过氚的回收处理降低了氚浓度，进一步处理降低氚浓度，达到排放控制标准后，通过去氚化系统排放。

外循环：为了实现氚自持，聚变堆在堆芯外的产氚包层中通过聚变中子与锂的核反应生产氚,通过氚提取系统(tritium extraction system,TES)对包层生产的氚进行在线持续提取,利用氢同位素交换的原理一般采用掺氢的氦吹扫气体将氚从包层中置换、载带出来。经过纯化后输送至氢同位素分离系统将氚、氢分离,补充入内循环部分。

氚安全包容系统:作为氢的同位素,氚极易从金属管路渗透及泄漏到其他系统或建筑中,并且在渗透过程中大量滞留在各种固体材料中。在氚增殖包层中,分压驱动氚渗透与等离子体驱动氚渗透尤为显著。包层面向堆芯等离子体,在高温下运行,且与冷却系统有较大的换热面积,故有相当一部分氚从增殖区或等离子体侧渗透进入冷却系统中。在包层中各种辐照缺陷的复杂作用下,包层第一壁及其他结构材料中会有显著的氚滞留。从氚自持、氚放射性安全、降低放射性废物氚浓度等角度考虑,都需要对氚的渗透、滞留和泄漏进行控制,尽量回收已经进入其他系统的氚,以尽可能降低聚变堆排放到环境中的氚,控制潜在事故发生时可能的氚释放量。氚安全包容系统的主要子系统包括用于从冷却系统中回收氚的冷却剂净化系统(coolant purification system,CPS),用于从水系统中去除氚的水除氚系统(water detritiation system,WDS),手套箱、套管、真空套、建筑及相应的气氛除氚系统和通风除氚系统构成的多级氚包容系统,以及聚变堆热室中的放射性废物氚回收系统等。上述的内循环、外循环与氚回收及安全包容系统都根据功能需求配备氚测量、计量、衡算系统。

为实现氘氚燃烧和氚自持、氚安全的总体目标,典型的聚变堆氚循环系统整体设计如图 6-1 所示。

6.1.1 聚变反应堆的燃料循环体系-氚自持

聚变堆燃料循环的重要目标之一是实现氚的自给自足,即考虑衰变及无法回收的损失后,包层生产的氚可以满足聚变反应氚的消耗[11-12]。

为加深聚变堆动氚规模的理解,在此以聚变功率为 1 000 MW 的聚变堆为例进行氚自持关键参数的估算。其氚自持示意图如图 6-2 所示。

1)聚变反应消耗

每秒的氘氚反应数为

$$每秒氘氚反应数 = \frac{聚变功率}{单次聚变释放的能量}$$

$$= \frac{1\,000\ \text{MW}}{17.6\ \text{MeV} \cdot 1.6 \times 10^{-19}\ \text{J/eV}} = 3.55 \times 10^{20}/\text{s} \qquad (6-1)$$

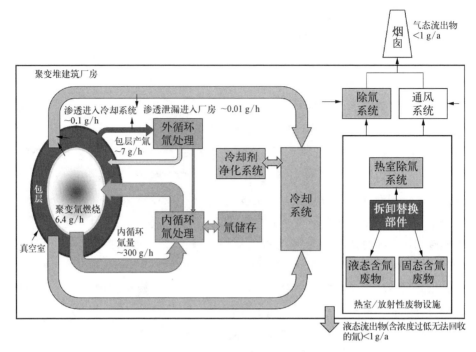

图 6-2 1 000 MW 聚变堆氚自持平衡示意图

单位时间消耗的氚为

$$单位时间氚消耗 = m_T \times 3.55 \times 10^{20}/s = 1.77 \times 10^{-3}\ g/s$$
$$= 6.37\ g/h = 55.8\ kg/a \qquad (6-2)$$

式中：m_T 为单个氚原子的质量。

2）内循环量

加入堆芯的氘氚大部分无法达到反应条件，将从托卡马克排出气中排出。假设堆芯燃烧率为 3%，加料系统效率为 70%，则对于上述 1 000 MW 的聚变堆，从氚工厂提供给加料系统的氚量需求为

$$氚工厂提供给加料系统的氚 = \frac{6.37\ g/h}{70\% \times 3\%} = 303.4\ g/h \qquad (6-3)$$

可以看出，由于燃烧率的限制，托卡马克内循环加料的量要比消耗的量大很多，也体现出了高效、快速氚回收的重要性。

3）外循环量

每次聚变反应产生一个中子，在包层中通过中子倍增反应和中子与锂的反应,可以产生略多于聚变反应燃耗的氚。在设计中,用包层氚增殖比(tritium breeding ratio,TBR)来描述:

$$氚增殖比 = \frac{包层单位时间产生的氚}{聚变反应单位时间消耗的氚} \qquad (6-4)$$

不同包层设计方案和材料选择以及加热、诊断等无法布置包层的窗口影响,全堆 TBR 一般在 1.05～1.2 范围内。因此,1 000 MW 聚变堆的外循环中氚处理速率为 6.7～7.6 g/h。

6.1.2 聚变堆氚工厂系统

聚变堆燃料循环的内循环、外循环及氚安全包容系统由复杂的子系统组成,针对每个子系统的需求,人们开展了不同的工艺方法研究。根据工艺成熟度、可靠性、经济性、安全性等各种方面考虑优化选择或通过不同工艺组合实现各子系统的需求,如表 6-1 所示。

表 6-1 聚变堆氚工厂子系统技术总结[13]

氚工厂子系统	氚处理功能特点	相关氚技术举例
托卡马克排出气处理系统 氢同位素纯化系统	氢同位素含量高; 去除氢同位素中的其他气体(氦气等)	低温分子筛吸附、金属床吸附、钯膜反应器、扩散器、催化反应器等
同位素分离系统	氢、氘、氚的分离	低温精馏、热循环吸附、色谱法
氚储存系统	氚的高效储存	储氚材料(贫铀、锆钴合金等)
包层提氚系统 氦冷系统净化系统 空气除氚系统 手套箱气氛除氚系统	将氚从固态/液态金属氚增殖剂中载带出来; 从大规模气体(氦气、空气、氩气等)中分离出微量的氢同位素	催化氧化、常温分子筛吸附、低温分子筛吸附、湿法洗涤
水除氚系统	去除水中的微量氚	联合电解催化交换(CECE)等
氚分析、计量系统	氚浓度监测,用于工艺控制、安全控制等; 氚存量计量、衡算	电离室、量热计、气相色谱等

氚工厂子系统	氚处理功能特点	相关氚技术举例
氚包容系统	多级包容、降低正常运行及事故下的氚释放风险	多级包容系统、手套箱、防氚涂层等
热室、放射性废物除氚	降低替换部件和放射性废物中的氚存量	加热除氚炉等

6.2 聚变堆内循环系统

聚变堆燃料循环中的内循环是指向堆芯加入燃料，并对未燃烧的氚燃料进行处理、循环利用的循环部分。主要包括托卡马克排出气处理系统（TEP）、氢同位素分离系统（ISS）、氘氚气体储存与配送系统（SDS）等。内循环的循环量主要由氘氚聚变功率和堆芯氘氚燃烧效率决定。

6.2.1 托卡马克排出气处理系统

等离子体排出气处理系统是整个燃料循环中最为重要的系统之一，由于堆芯的氚燃烧率较低，高达90%以上未燃烧的氘氚燃料需要经过该系统，分离出纯净的氘氚后再注入。从偏滤器出口抽出的托卡马克排出气主要由未燃烧的氘氚、氘氚聚变反应生成的氦灰，以及从第一壁进入等离子体的微量的其他杂质（氮、氧、碳、氢化合物）、等离子体控制引入的惰性气体、真空室残余气体（包括泄漏）等组成。TEP的主要功能是将氘氚同位素从托卡马克排出气中分离净化出来，以适当燃料配比返回环形室；若氢超标，则送入同位素分离系统，进行同位素分离以生产可供燃烧的氘氚混合气，或者暂时储存以便以后燃烧使用。此外，除了正常运行时产生的排灰气以外，聚变堆在系统维护、壁锻炼等过程中也会产生含氚杂质气体，这些含氚气体也需要经过TEP，以回收其中的氘氚。

TEP的可选工艺包括低温分子筛吸附、金属床吸附、钯膜反应器、扩散器、催化反应器等。目前国际上研究的技术有CAPRICE、CAPER（德国KIT）[14-16]、氧化电解膜反应器（日本JAERI）[17]、钯膜反应器（美国LANL）、氧化-铁粉分解-铀粉分解多级处理（欧盟JET）、ZrNi合金（日本LHD）等。其中,CAPER 流程在 1999 年至 2005 年之间进行了多次修改,所有单元均进行了克量级的氚验证实验,最终形成了稳定的 CAPER 流程,该流程已被 ITER 氚工厂所采用。托卡马克聚变堆排出气的典型工艺技术路线如图 6-3 所示。

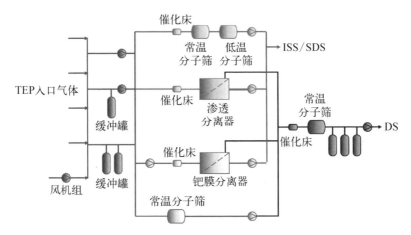

图 6-3　托卡马克聚变堆排出气氚回收系统设计示意图

钯合金膜的渗透器技术通常被认为是实现氢同位素气体中杂质分离的最佳选择。而对于从含氚杂质(如 Q_2O 和 CQ_4)中回收氚,所选择的技术路线是一种组合工艺路线,包括用于氢碳裂解和水煤气变换反应的催化反应器和用于同位素交换的膜反应器。

托卡马克排出气中的氕氚快速回收技术研究,目前开展或计划开展的有优化氕氚快速回收技术方案,以及对钯基膜分离等关键技术开展工艺实验、优化工艺条件、确定关键设备性能参数,包括① 开展钯膜相关性能研究,包括透氢速率、耐高压、耐热、机械强度、活化等性能,最终选择和制备高性能钯膜材料;② 针对 Nm^3/h 级氕氚快速回收需求,开展多个分离装置并联方式纯化氢同位素的工艺考核试验,确定多个分离装置并联处理的可行性;③ 搭建氕氚快速回收系统,开展氢、氘及氦混合气模拟验证试验,测试氢、氘的分离效率,确定并优化钯基膜分离装置的关键性能参数,掌握排灰气中氕氚快速回收工艺技术路线与工艺参数。

6.2.2　氢同位素分离系统

聚变反应的燃料为一定比例配置的氘氚气体,当燃料中存在氕时,对氘氚反应有阻碍作用。所以需要通过 ISS 实现氘、氚纯气体的生产以及氕气体的去除。聚变燃料循环系统的 ISS 分为内循环氢同位素分离系统 ISS-I 和外循环氢同位素分离系统(ISS-O)。来自托卡马克排出气处理系统(TEP)的氢同位素混合气体比例(氘∶氚)约为 1∶1,来自包层氚提取系统(TES)的氢同位素混合气体比例(氢∶氚)为 100～10 000∶1。

传统内循环设计将托卡马克排出气中回收的氘氚混合气体全部送入同位素分离系统分离为 D_2 和 T_2,再送入加料系统按设计比例混合后加入堆芯,如图 6-4 所示。

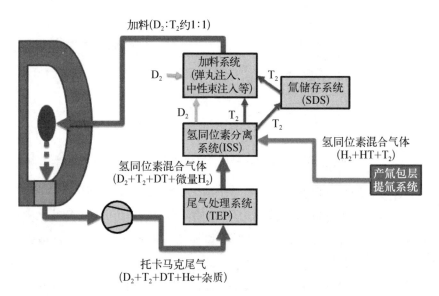

图 6-4 传统氘氚内循环概念示意图

由德国 KIT 提出的直接内循环(DIR)(见图 6-5)工艺采用一种新颖真空抽气泵系统,该工艺流程如下:排出气首先被抽到一个电离腔内,氢同位素单质气体在该腔室内部被电离成氢原子,然后经过超渗透膜,将氢同位素单质气体与杂质气体分开,超渗透膜后端接水银扩散泵,利用液体循环泵(液体同为水银)作为水银扩散泵后级泵,抽出的氢同位素单质直接作为燃料循环回燃烧室,而杂质气体再次进行类似 CAPER 流程的处理。该工艺可实现以连续抽气的方式代替分批或循环操作的低温泵,同时兼具气体分离功能。由此,氢同位素气体就可以在偏滤器位置从其他气体中分离出来,从而燃料净化系统的主要负荷是一个较小的氦气气流,仅有少部分氢同位素混合气体送入 ISS 分离后用于氘氚气体配气或在 SDS 中暂存。DIR 可以提高处理速率,降低 ISS的处理量,降低氚工厂中的氚存量[18]。

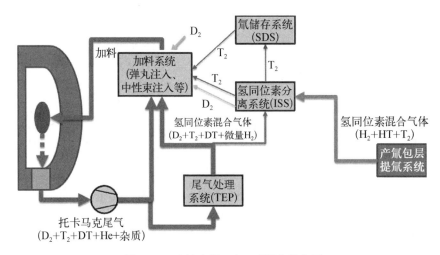

图 6-5　直接内循环(DIR)概念示意图

　　氢同位素分离系统(见图 6-6)的主流工艺包括低温精馏、热循环吸附、色谱法等。其中,低温精馏具有处理量大、分离因子高、能够连续操作等优点,在国外已广泛应用于重水生产、CANDU 堆重水除氚等各个领域,是工业规模氢同位素分离的首选。燃料内循环系统氢同位素分离技术是基于低温蒸馏(cryogenic distillation,CD)技术的。CD 的不足之处是能量消耗和大量氚(氢)库存,而且存在安全隐患。然而,ISS-I 的估计处理能力相对较小(<0.5 Nm³/h),

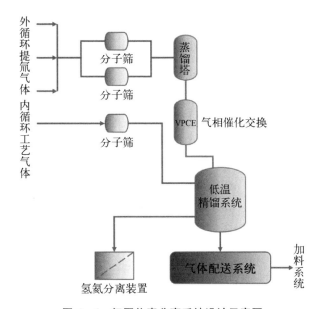

图 6-6　氢同位素分离系统设计示意图

这使得 CD 的优势不太突出。但是,由于 CFETR 设计需要稳态运行,因此内部燃料循环系统最好处于连续运行模式。从这一点来看,连续操作 CD 比其他分批分离技术(如气相色谱法)更具有优势。

外循环氚浓度低是氢同位素处理的重要特征。对于氚富集而言,CD 是最佳选择,因为其他技术方法不能满足处理能力($10\ Nm^3/h$)的要求。氚富集后,下一步是分离氢氚(H–T)混合气体。对于 H–T 分离,目前的选择也是 CD。然而,热循环吸附法(TCAP)也被认为是一种替代方法。

从分离能力、能耗连续操作特性,特别是大规模工业应用等综合因素考虑,低温精馏是一种比较适合的方法。ISS 由 4 个相互连接的分离柱以及 7 个化学平衡器构成。低温蒸馏柱装于一个冷箱内,冷箱用于隔热和氚包容。每个柱的气体压力受控于一个固定的值,通过测量分离柱产品气提取点的气体成分,反馈控制产品气体流量,并通过调节提取速度控制分离过程的温度,从而使产品气流组分在规定的范围之内。

6.2.3 氚储存系统

氚储存系统的主要功能是对氚循环中生产的氚进行储存,用于补充加料系统或者出厂使用。SDS 的主要任务是接受 TEP 和 ISS 的产品气体流,并向燃烧腔室提供氘氚比满足设计要求的 D–T 气体和惰性气体(氦、氖、氩),并实现运行过程中氘氚的安全储存。氚储存主要是基于吸气剂床技术,利用金属铀(U)或锆钴合金(Zr–Co)作为吸气剂材料。对于氚浓度相对较低(例如 <1%)的大量燃料气,也将使用金属储罐。

目前开展的氘氚燃料储存与供给技术研究,其主要工作是将氢同位素分离系统富集的氘氚气体输入氘氚燃料储存系统进行储存,之后将定比例配制的氘氚燃料气体输入供给系统,实现氘氚燃料的储存及快速供给。开展的研究工作如下:① 氢同位素储存用储氢合金选型及批量制备技术研究,包括氢同位素储存材料改性 ZrCo 合金和 LaNiAl 合金性能研究,及储氢合金的抗粉化包覆工艺研究;② 金属氢化物储存床结构设计及其传热传质性能优化研究,设计加工实验储存床,对吸放氢过程床体不同位置进行应变测试、对氢化物内温度进行监测采集,研究储存床形状、内换热板形状、金属氢化物装填量及装填方式等不同工况对应力变化及温度场的影响规律,优化储存床结构设计;③ 中子源氢同位素储存与供给系统设计搭建及其工艺性能测试。

6.3 产氚包层与外循环系统

在聚变堆中,产氚包层位于等离子体和真空室之间,是实现聚变堆能量转换与输出的核心部件之一,也是氚燃料循环中不可或缺的部件之一,承担着燃料氚增殖等重要功能。产氚包层一般由第一壁、盖板、筋板/隔板、后板分流系统、支撑结构等零部件构成,主要材料包括面向等离子体材料/第一壁铠甲材料、结构材料、氚增殖剂材料、中子倍增剂材料、冷却剂等,其中氚增殖剂材料为锂基材料,中子倍增剂材料一般采用铍、铅等材料。

当14 MeV的聚变中子经过产氚包层时,会经受各种材料的弹性散射和吸收,导致各种核反应和原子位移,中子通量和能量也会随空间变化,最终在包层中实现中子能量沉积、产氚等功能,通过冷却回路把包层中的核热带出,实现能量转换进行发电,通过提氚回路将包层中产生的氚回收利用,实现燃料氚自持,同时将14 MeV聚变中子沉淀在其中,使离开包层的放射性水平降低到聚变堆其他部件和生物可以接受的水平。产氚包层中涉及的主要核反应如下:

$$^{6}Li + n \rightarrow {}^{4}He + T + 4.78 \text{ MeV} \tag{6-5}$$

$$^{7}Li + n \rightarrow {}^{4}He + T + n - 2.47 \text{ MeV} \tag{6-6}$$

$$^{9}Be + n \rightarrow 2{}^{4}He + 2n - 1.57 \text{ MeV} \tag{6-7}$$

$$^{208}Pb + n \rightarrow {}^{207}Pb + 2n - 7.36 \text{ MeV} \tag{6-8}$$

产氚包层根据氚增殖剂的形态大体可分为两类:固态氚增殖剂包层和液态氚增殖剂包层,分别采用固态锂基陶瓷材料和液态锂基金属材料。由于氚增殖剂成分及形式的不同,固态氚增殖剂包层和液态氚增殖剂包层中各材料的功能也有一定区别。固态氚增殖剂包层中锂基陶瓷材料一般不包含中子倍增元素,需要额外的中子倍增剂;液态氚增殖剂包层中液态锂基金属材料可同时作为中子倍增剂以及冷却剂。本书3.4节对产氚包层有详细的介绍。

6.3.1 产氚包层氚输运过程

产氚包层中氚的输运一般包括扩散、溶解、表面吸附和解吸、与缺陷相互作用等过程,在固态氚增殖剂包层和液态氚增殖剂包层中,由于氚增殖剂形态和氚释放环境的不同,氚的运输过程有一定区别。

1) 固态氚增殖剂包层

固态氚增殖剂中释放的氚需要由额外的低压提氚气体进行在线提取。氚增殖剂小球生成的氚首先在小球中进行扩散,然后沿氚增殖剂小球表面扩散,经过表面吸附/解吸过程进入氚增殖剂小球之间的缝隙中。其中一部分会滞留在提氚气体中,一部分会由提氚气体带出包层,还有一部分会继续扩散至结构材料与提氚气体界面处,然后再次经过表面吸附/解吸过程进入结构材料以及冷却剂、面向等离子体材料和等离子体区域中。

在氚增殖剂小球表面以及结构材料与提氚气体界面处存在多种氚输运过程,主要包括氚增殖剂小球缝隙到结构材料表面的解离吸附过程、结构材料表面再结合反应导致的吸附过程、氚增殖剂小球缝隙的脱吸附过程等。提氚气体中一般掺杂少量的氢气(H_2)或水蒸气(H_2O)等,添加的氢能够通过与氢、水发生同位素置换反应形成 HT、HTO 分子,减少氚的表面吸附。其中 T_2 与 H_2 发生反应会生成 HT,在锂和中子反应过程中又会生成一定的氧(O),与 H_2、HT 结合分别形成 H_2O 和 HTO,HTO 又有一定概率会与 H_2 反应变回 HT,因此最终释放的氚包括 HT、HTO、T_2、T_2O 等多种不同化学形式。

已有氚输运分析结果表明,提氚气体中氚的主要化学形式为 HT,HT 约为 HTO 的 40 倍;提氚气体流速对氚分布的影响比自然扩散更显著,提氚气体流速越快,带走的氚越多,氚滞留量和氚分压随之下降,但会趋于饱和,因此设计时需要考虑氚提取系统对氚分压的要求,确定提氚气体的流速[19]。

2) 液态氚增殖剂包层

液态氚增殖剂中释放的氚一部分会直接溶解在氚增殖剂中,由氚增殖剂带出,另一部分通过结构材料表面渗透进入结构材料中,然后扩散进入冷却剂、面向等离子体材料和等离子体区域中。对于目前考虑的几种液态氚增殖剂(液态锂铅共晶体、液态金属锂、熔盐氟锂铍等),其氚溶解度均比较低,对应引起的氚渗透问题比较严重。尤其是当采用钒合金作为结构材料时,大量氚会通过第一壁渗透进入等离子体区域,此时等离子体排灰系统一般会与氚回收系统相连,以减少氚的损失。

6.3.2 产氚包层氚提取与处理系统

在固态氚增殖剂包层与液态氚增殖剂包层中,需要提取与处理的氚均包括两部分,一部分是提氚气体或液态氚增殖剂带走的氚,另一部分是渗透到冷却剂中的氚,分别对应氚提取系统和冷却剂净化系统。在目前提出的产氚包层概念中,固态氚增殖剂包层通常采用氦气作为提氚气体,而液态氚增殖剂包括液态锂铅共晶体、液态金属锂、熔盐氟锂铍等几种形式。各流体介质中氚提取与处理工艺如下。

1) 固态氚增殖剂氚提取

氦气为惰性气体,氚处理工艺相对比较成熟。其对应的氚提取系统一般考虑两种工艺: ① 通过金属催化氧化床(材料为 CuO 等)将提氚氦气中的 HT 转换成 HTO;② 通过分子筛吸收床(材料为沸石等)吸收提氚氦气中的 HTO; ③ 通过还原床(材料为 Zr – Mn 合金等)将吸收的 HTO 转换成 HT;④ 通过液氮温度下的分子筛吸收床(材料为 Zr – Co 合金等)直接吸收 HT;⑤ 通过高温(再生状态)下的分子筛吸收床(材料为 Zr – Co 合金等)实现 HT 的解吸[20]。

2) 液态锂铅共晶体

液态锂铅共晶体中氚的溶解度较低,溶解的少量氚可通过渗透窗、液滴喷射、气泡塔、多级液滴等工艺进行提取[21]。其中液滴喷射法相对较为简单,使液态锂铅共晶体通过一系列喷嘴后形成液滴,通过真空泵或反向循环流动氦气方法来进行氚的回收。

3) 液态金属锂

液态金属锂中氚的溶解度也较低。为便于氚的提取,一般在液态金属锂中掺有少量氚,使得氢的饱和值高于 200 ppm①,进而通过"无网冷阱"等工艺将 Li(T＋H)从锂中提取出来,最后加热到 600℃实现氚的解析和提取。

4) 熔盐氟锂铍

熔盐氟锂铍中氚的溶解度也较低。为便于氚的提取,一般会在熔盐氟锂铍中掺杂一定的锂,以便与氚发生反应生成较稳定的 LiT,减少熔盐氟锂铍的氚放射性活度,而 LiT 中氚的提取与回收可以进一步通过电解、吸附床、渗透窗、分馏、冷肼、电化学等方法实现。

产氚包层氚提取与处理系统的工艺包括催化氧化、常温分子筛吸附、低温分子筛吸附、金属吸附床、钯膜分离等[22-25]。如图 6 - 7 所示,从吹扫气体中回收氚的方案包括两级分子筛床(molecular sieve beds)。在室温(25℃)下工作的第一级分子筛用于捕获氧化物形式的氚(HTO)。第二级 MSB 在液态镍-氮温度(196℃)下工作,用于捕获元素形式(HT)的氚。第一级分子筛床的再

---

① ppm 在行业内常用来表示浓度(质量占比)单位,意为"百万分之一"。

生产生高氚水($\sim 10\,000\,Ci/kg$),这些水将在金属还原床(metal reducing beds)中转化为元素形式(HT/H_2)。第二级 MSB 的再生产生氢气,氢气被氦气和可能的杂质(如 CO、CO_2、O_2)污染。与 TEP 类似,钯合金基渗透器用于净化产生的氢气。

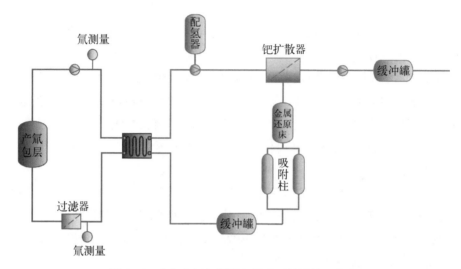

图 6-7 产氚包层氚提取与处理系统设计示意图

根据功能需求,TES 系统将分为两个主功能回路:① 含氚水提取回路;② 含氚氢同位素气体提取回路。同时,本系统还具有高效换热、除尘以及氢同位素净化单元。

按功能划分,本系统包括以下几个主要工艺单元:① 数个除尘单元;② 高温区换热及冷却单元;③ 常温分子筛床水吸脱附单元;④ 金属还原床热解水单元;⑤ 低温区换热及冷却单元;⑥ 低温分子筛氢同位素气体吸脱附单元;⑦ 氚计量单元;⑧ 氢同位素气体纯化单元;⑨ 加氢配气单元;⑩ 泵输系统。

6.3.3 氦冷却剂净化系统

氦冷剂净化系统的主要功能为去除氦气冷却系统(HCS)中的氚和其他杂质、按照需求控制氦冷却剂的成分[26-27]。由于氦冷系统流量巨大,一般 CPS 设计为分流少量的氦气进行净化后返回 HCS,达到动态的平衡。氦冷却剂中的氚主要来自包层增殖区的渗透和等离子体向第一壁的渗透,按照经验估计,氦冷却剂中的氚浓度低于 TES 中的氚浓度。回收后的氢同位素输送至同位素分离系统。

包层 HCS 的规模与包层需要带走的核热及包层进出口温度设计相关，表 6‑2 为不同聚变功率及包层进出口氦冷却剂温差下，包层 HCS 总流量的估算。

表 6‑2　氦冷却系统流量估算

聚变功率/MW	包层氦冷却剂进出口温差/K	包层 HCS 氦冷却剂质量流量/kg·s^{-1}
50	200	50
100	200	100
150	200	150
200	200	200
50	300	32
100	300	64
150	300	97
200	300	129

受处理能力限制，CPS 只分流部分氦冷却剂进行除氚，将除氚后的氦气返回 HCS，如图 6‑8 所示。

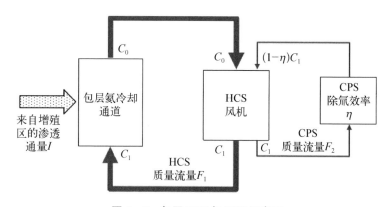

图 6‑8　包层 HCS 与 CPS 示意图

根据质量平衡,稳态时氦气中的氚浓度为

$$C_0 = \frac{1 + \eta \dfrac{F_{CPS}}{F_{HCS}}}{\eta F_{CPS}} I \qquad (6-9)$$

如果 CPS 处理的氦气流量只占 HCS 总流量的很小部分,即 $\dfrac{F_{CPS}}{F_{HCS}}$,则 HCS 各处氦气中氚浓度(C_0 和 C_1)基本相等,且基本与 HCS 流量无关,而只与 CPS 流量和效率相关。

HCS 中的氚主要来自从包层增殖区和等离子体边缘的渗透,渗透通量与包层的设计及材料选择相关,根据设计经验,进入 HCS 的氚约为包层产氚的百分之几。以氚渗透量 3×10^{-6} g/s(即每小时氚渗透量为 0.011 g)为基础,在不同 CPS 流量和效率下,氦冷却剂中的 HT 浓度如表 6-3 所示。

表 6-3 CPS 处理量与 HCS 中氚浓度关系

CPS 氦气处理量/g·s⁻¹	CPS 一次通过除氚效率/%	HCS 氦冷却剂中氚(HT)浓度/ppm
50	90	0.050
50	95	0.047
100	90	0.025
100	95	0.024
200	90	0.013
200	95	0.012

从堆安全考虑,需要尽量降低一回路氦气中的氚量,但是又要考虑 CPS 的规模和处理量。CPS 氦气处理量应该为 100~200 g/s。

氦冷却剂净化系统待选工艺包括催化氧化床、分子筛床、金属吸附床、流量计、氚测量系统、缓冲罐等,如图 6-9 所示。从氦冷却剂中回收微量氚是基于氧化和吸附技术路线。所有气态氚(HT)首先在催化氧化床中氧化成 HTO,然后在分子筛床中捕集。与从净化气体中提取氚的情况类似,高氚化水(1 000 Ci/kg)将通过金属床的再生产生。

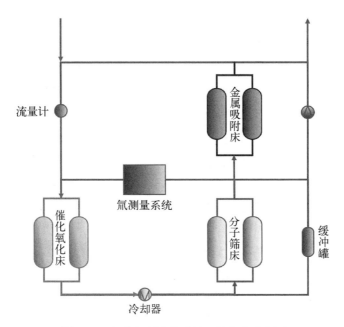

流量计

氚测量系统

催化氧化床

金属吸附床

分子筛床

缓冲罐

冷却器

图 6 - 9　氦冷却剂净化系统工艺方案示意图

冷却剂净化首要功能是去除冷却剂中的氚,提高系统安全性和环境安全性,从前述方法对比可知,催化氧化＋分子筛吸附是一种合适方法,因为该方法技术成熟,适合大流量氦气中微量氚的去除。该方法的关键设计包括两个方面。① 催化剂设计和床层设计,满足大空速和低压降需求,并且要具有长时间服役特性;② 吸附剂设计和床层设计,满足高效和深度水蒸气去除需求。

6.4　水除氚系统

在聚变堆运行过程中,包层、氚系统工艺管道中的氚不可避免地渗透进入一回路水冷却剂或通过换热器管壁渗透进入二次侧水冷却剂管路中。因此,不论是为了实现聚变能源的氚自持,还是从安全运行和环境保护角度出发,必须对冷却剂中的氚进行回收。在聚变堆中,水除氚系统(water detritiation system,WDS)负责对真空室水冷系统、部件水冷系统、包层水冷回路中的氚浓度进行控制。水冷却剂中的氚回收技术实际上是水中氢同位素的分离技术。

渗透或泄漏进入水冷系统的氚量与换热器或换热部件的参数直接相关,在此以 HCS 水冷换热器举例,假设从 HCS 进入二回路 WCS 的氚量应该约为从包层进入 HCS 氚量的 1%。以 3×10^{-8} g/s 为典型值,则聚变堆 100% 运行因子满功率运行一年,从 HCS 进入 WCS 的氚量为 0.95 g。假设不进行 WDS 处理,以二回路水 1 000 m³ 估算,则累积 1 年后水中氚浓度达到 3.4×10^{11} Bq/m³,累积多年后氚浓度更高,无法直接排放。氚在水中的主要形式是 HTO,WDS 的主要功能应该以降低水中氚浓度为主,类似 CPS 与 HCS 的关系,WDS 可以分流一部分水进行处理。

目前主要的 WDS 系统工艺有水精馏、催化交换、联合电解催化交换等[28]。联合电解催化交换系统(combined electrolysis chemical exchange,CECE)由催化交换塔、固态膜电解池、水净化、纯水加热器、氧气去氚化干燥器、Pd-Ag 膜分离器和带有与 N-VDS 系统相连接的氮气吹洗管道的二级包容、氢气注入等子系统构成。水除氚系统 WDS 首先富集水中的氚浓度,然后将氚从液相(HTO)转移到气相(HT)进行进一步的同位素分离。对于 WDS,采用水蒸馏(WD)技术对氚水进行预富集,采用电解-催化交换(combined electrolysis chemical exchange,CECE)技术对氚水进行进一步富集,最终实现氚从液态到气态的转化。

WD 和 CECE 都是成熟的技术,并已经实现工业规模应用。WDS 基于功能分为运行和暂存两部分。运行部分主要是通过水精馏预处理子系统、液相催化交换子系统和电解子系统将含氚水中的氚去除,减少系统运行过程中产生的含氚废水量。暂存部分是在运行阶段前将不同氚含量的氚化水储存在相应储罐中,以便更高效地去氚化处理。设计应急储罐用于漏水事故工况的临时储水。对于极低水平含氚废水,经评估后,可以直接向环境排放。在异常事件中产生的氚化水,于应急储存罐中长期储存。所有的氚化水储存罐都装备有与氚安全包容系统相连接的吹洗管道,以避免氚化水辐照效应产生的 $H_2 + O_2$ 混合气体。

6.5 氚安全及包容系统

根据纵深防御原则开展氚安全及包容系统的设计。氚安全包容系统主要由手套箱、套管、真空套、建筑及相应的气氛除氚系统和通风除氚系统构成的多级氚包容系统组成[29]。

空气除氚系统的设计与建筑通风分区设计直接相关,ISO 17873 标准对建筑通风分区划分提出要求[30]。如图 6-10 所示,正常运行时 C2 分区房间不通过除氚系统,只通过通风系统维持负压,而 C3 分区考虑到其中管路正常运行的渗透或释放,为了维持房间到 1DAC 以下,通过除氚系统持续除氚。事故时如果 C2 分区被污染,当氚浓度高于 $1×10^8$ Bq/m^3 时,与通风系统隔离,切换到除氚系统,事故时部分房间污染较严重时,切换到事故除氚系统,增加除氚系统抽气流量。

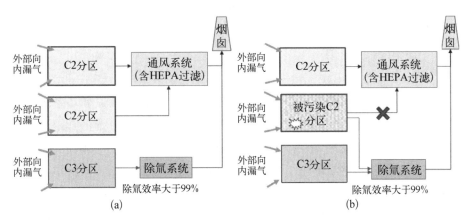

图 6-10　空气除氚系统切换示意

(a) 正常运行;(b) 污染事故情况

其中氚渗透和泄漏较多的高温系统部分包括 HCS 和 TES 的高温部分,应布置在 C3 分区或使用手套箱等二次包容,这部分需要在正常运行时连接除氚系统。通过系统部件优化设计,需要处理的空间一般为数万立方米,以 24 h 处理完整个空间一次设计,另外需要设计一定的事故下应急除氚能力,除氚系统总处理量约每小时数千立方米。

氚工厂大厅及各工艺间内,都处在氚安全包容系统的保护范围内。基于基准设计事故分析各除氚系统事故除氚效率。对于 N-VDS,以 100 g 氚泄漏到 150 m^3 操作空间作为参考事故,初始空间氚浓度为 6 666.67 Ci/m^3,除氚因子为 1 000,处理至浓度达到 1DAC-HTO(10^{-5} Ci/m^3),N-VDS-1 耗时为 2.55 h,N-VDS-2 耗时为 3.05 h,S-VDS 单独运行仅需 0.68 h,但实际事故中 S-VDS 与 TC-ADS 联用,两者事故处理时间一致。对于 HC-VDS,1.53 h 降至 1DAC。

氚安全包容系统中的除氚系统待选工艺包括催化氧化、常温分子筛吸附、低温分子筛吸附、金属吸附床、钯膜分离、湿法洗涤等。为了满足氚工厂的氚安全规范,在氚工厂的设计中采用了三层包容概念。例如,工艺设备、管线设计为氚的初级包容,用手套箱作为氚的二级包容,包含了氚处理系统的建筑物和房间作为氚的最后一级包容。在这些包容系统的加热、通风和空气调节的系统(HVAC)管道上都安装了应急隔断阀,并与非循环型空气去氚化系统(S-VDS)和循环型室内空气中去氚化系统(S-APS)连接。这些系统能够保证当发生氚释放入房间时房间保持负压;抽出的空气经过去氚化处理,并保证排放到环境前氚浓度达到所规定的值;受影响房间中氚浓度能够迅速降低。

6.6　氚测量与计量

　　氚测量与计量系统将分布于氚循环各子系统中,以实现氚循环系统的氚工艺监测和控制、氚安全监测和控制、氚计量和衡算等功能。氚测量范围跨度环境中的氚到高丰度氚,浓度跨越 18 个量级,并且需要测量气体、液体、固体等不同状态和各种化学形态下的氚。因此,氚测量需要选择不同技术、量程、准确度、灵敏度的在线或离线测量元件或系统进行组合应用[31]。当前可成熟用于聚变堆氚测量的技术手段包括电离室、量热计、气相色谱、质谱法等,这些测量手段的原理、优缺点以及适用范围如表 6-4 所示。

表 6-4　聚变堆氚测量与计量技术

测量技术	利用原理	优　点	缺　点	主要适用范围
电离室	射线电离	在线测量,小型	气体压力影响测量精度,记忆效应	工艺检测,气氛氚浓度检测
量热计	氚衰变余热	精度高,测量绝对活度值	测量时间长,只能用于离线测量	氚计量
气相色谱法	吸附速率	可以分辨多种成分	取样离线测量,需要取样时间,产生测量废气	氚计量,氚工艺测量
质谱法	电离后原子核质量数与电荷数之比	在线测量,可以分辨不同元素	成本高,取样至真空环境下测量	氚工艺测量
液体闪烁计数器	射线电离	测量灵敏度高	取样离线测量,需要取样时间,产生测量废物	氚工艺测量,环境污染浓度取样测量

（续表）

测量技术	利用原理	优　点	缺　点	主要适用范围
红外吸收光谱	感应偶极矩	灵敏度高,在线测量	不能测量气体样品	氚工艺测量
激光拉曼光谱	极化	灵敏度高,分辨率高,在线测量	设备复杂、成本高	氚工艺测量

参考文献

［1］ 蒋国强,罗德礼,陆光达,等. 氚和氚的工程技术[M].北京：国防工业出版社,2007.

［2］ 杨怀元.氚的安全与防护[M].北京：原子能出版社,1997.

［3］ 朱毓坤.核真空科学技术[M].北京：原子能出版社,2010.

［4］ Mohamed A, Morley N B, Smolentsev S, et al. Blanket/first wall challenges and required R&D on the pathway to DEMO[J]. Fusion Engineering and Design, 2015, 100：2 - 43.

［5］ 冯开明.ITER 实验包层计划综述[J].核聚变与等离子体物理,2006,26(3)：161 - 169.

［6］ Keilhacker M, Watkins M L, JET Team. D-T experiments in the JET tokamak[J]. Journal of Nuclear Materials, 1999, 266 - 269：1 - 13.

［7］ Laesser R, Atkins G V, Bell A C, et al. Overview of the performance of the JET active gas handling system during and after DTE1[J]. Fusion Engineering and Design, 1999, 47(2 - 3)：173 - 203.

［8］ Glugla M, Antipenkov A, Beloglazov S, et al. The ITER tritium systems[J]. Fusion Engineering and Design, 2007, 82(5 - 14)：472 - 487.

［9］ Yoshida H, Glugla M, Hayashi T, et al. Design of the ITER tritium plant, confinement and detritiation facilities[J]. Fusion Engineering and Design, 2002, 61 - 62：513 - 523.

［10］ Giancarli L M, Abdou M, Campbell D J, et al. Overview of the ITER TBM Program[J]. Fusion Engineering and Design, 2012, 87(5 - 6)：395 - 402.

［11］ Nishikawa M, Yamasaki H, Kashimura H, et al. Effect of outside tritium source on tritium balance of a D-T fusion reactor[J]. Fusion Engineering and Design, 2012, 87 (5 - 6)：466 - 470.

［12］ Abdou M, Riva M, Ying A, et al. Physics and technology considerations for the deuterium-tritium fuel cycle and conditions for tritium fuel self sufficiency[J]. Nuclear Fusion, 2021, 61(1)：013001.

［13］ Penzhorn R D, Anderson J, Haange R, et al. Technology and component development for a closed tritium cycle[J]. Fusion Engineering and Design, 1991, 16：141 - 157.

[14] Glugla M, Lässer R, Le T L, et al. Experience gained during the modification of the Caprice system to Caper[J]. Fusion Engineering and Design, 2000, 49 – 50: 811 – 816.

[15] Glugla M, Dörr L, Lässer R, et al. Recovery of tritium from different sources by the ITER Tokamak exhaust processing system[J]. Fusion Engineering and Design, 2002, 61 – 62: 569 – 574.

[16] Bornschein B, Glugla M, Güenther K, et al. Tritium tests with a technical PERMCAT for final clean-up of ITER exhaust gases[J]. Fusion Engineering and Design, 2003, 69(1 – 4): 51 – 56.

[17] Fukada S, Suemori S, Onoda K. Proton transfer in $SrCeO_3$ – based oxide with internal reformation under supply of CH_4 and H_2O [J]. Journal of Nuclear Materials, 2006, 348(1 – 2): 26 – 32.

[18] Day C, Giegerich T. The direct internal recycling concept to simplify the fuel cycle of a fusion power plant[J]. Fusion Engineering and Design, 2013, 88(6 – 8): 616 – 620.

[19] Beloglazov S, Bekris N, Glugla M, et al. Semi-technical cryogenic molecular sieve bed for the tritium extraction system of the test blanket module for ITER[J]. Fusion Science and Technology, 2005, 48(1): 662 – 665.

[20] Kawamura Y, Yamanishi T. Tritium recovery from blanket sweep gas via ceramic proton conductor membrane[J]. Fusion Engineering and Design, 2011, 86(9 – 11): 2160 – 2163.

[21] Fütterer M A, Albrecht H, Giroux P, et al. Tritium technology for blankets of fusion power plants[J]. Fusion Engineering and Design, 2000, 49 – 50: 735 – 743.

[22] Ciampichetti A, Nitti F S, Aiello A, et al. Conceptual design of tritium extraction system for the european HCPB test blanket module[J]. Fusion Engineering and Design, 2012, 87(5 – 6): 620 – 624.

[23] Bornschein B, Day C, Demange D, et al. Tritium management and safety issues in ITER and DEMO breeding blankets[J]. Fusion Engineering and Design, 2013, 88 (6 – 8): 466 – 471.

[24] Cristescu I, Priester F, Rapisarda D, et al. Overview of the tritium technologies for the EU DEMO breeding blanket[J]. Fusion Science and Technology, 2020, 76(4): 446 – 457.

[25] Cismondi F, Spagnuolo G A, Boccaccini L V, et al. Progress of the conceptual design of the European DEMO breeding blanket, tritium extraction and coolant purification systems[J]. Fusion Engineering and Design, 2020, 157: 111640.

[26] Tincani A, Aiello A, Ferrucci B, et al. Conceptual design of the enhanced coolant purification systems for the European HCLL and HCPB test blanket modules[J]. Fusion Engineering and Design, 2019, 146: 365 – 368.

[27] Chang W S, Lee E H, Kim S K, et al. Design and experimental study of adsorption bed for the helium coolant purification system[J]. Fusion Engineering and Design, 2020, 155: 111687.

[28] Iwai Y, Misaki Y, Hayashi T, et al. The water detritiation system of the ITER

tritium plant[J]. Fusion Science and Technology, 2002, 41(3P2): 1126 - 1130.

[29]　Beloglazov S, Camp P, Hayashi T, et al. Configuration and operation of detritiation systems for ITER Tokamak Complex[J]. Fusion Engineering and Design, 2010, 85 (7 - 9): 1670 - 1674.

[30]　Nuclear facilities—Criteria for the design and operation of ventilation systems for nuclear installations other than nuclear reactors: ISO 17873: 2004[S/OL]. [2004 - 10 - 15]. https://www. iso. org/standard/37257. html.

[31]　赵崴巍,杨洪广,刘振兴,等. 聚变堆氚工厂氚分析与检测技术研究进展[J]. 中国原子能科学研究院年报,2014,00: 153 - 154.

第 7 章

堆材料

聚变反应堆的建造离不开基础材料，也不可或缺特种材料。ITER 是一个试验装置，其重在构筑一个可发生聚变的环境，以验证磁约束核聚变的可行性，其工程建设的材料需求方面以成熟可靠为导向，本身并不存在材料研发的问题。而 ITER 后的示范型聚变装置，由于更高的壁负载、还需要考虑反应堆部件的寿命以及对环境的影响，材料问题就成了制约聚变工程成败的一个重要因素。

聚变堆材料首先用于聚变堆环境的维持，尤其是磁场环境。现有的磁约束聚变研究装置多数采用常规磁体，需要磁体线圈材料具有高的电导率来承载大电流和高的热导率来散热，同时兼顾较高的强度和韧性，以便在巨大的电磁力下使结构形变处于可容纳的范围内。稳态聚变装置的磁体要用到超导线圈，其涉及的低温超导材料在其他领域已有较好的应用基础，但在制作大型磁体方面依然面临技术挑战。未来的聚变堆潜在地会应用到高温超导材料，则还有较多问题亟待解决。

包层和面对等离子体部件（如偏滤器和第一壁）是聚变堆特有的关键部件，这两类部件处于堆芯，所面临的工况环境极为苛刻。包含等离子体与中子在内的粒子流及其带来的热流，另外还有电磁效应及冷却剂带来的应力，这些都是造成材料损伤的重要因素，而相关的协同效应仍未得到充分的认识。与其他材料不同，包层和面对等离子体的部件作为堆芯部件，其材料对于诱导放射性的控制标准很高，要求材料在退役若干年后的放射性水平可以达到回收标准。当然，回收手段可以根据残余放射性水平分为远程操作回收或现场操作回收。对于包层来说，该部件承担了氚增殖、中子屏蔽和能量转换的三重功能，其抗 14 MeV 中子辐照损伤性能是全球聚变堆材料研发的重点之一，目前没有任何一种成熟材料可以完全满足放射性、辐照寿命、高温变形寿命、抗腐蚀寿命等各方面的共同要求。面对等离子体材料的关键要求主要体现在等离子体相容性：磁约束聚变装置中的堆芯等离子体在脱离刮削层后作用在第一壁和偏滤器最表面，会导致材料的溅射损耗，沉积的高热流还会导致部件连接界面的开裂。最主要的是，等离子体与材料相互作用所产生的溅射杂质被输运到芯部等离子体区域时，可使燃烧等离子体熄灭，从而干扰等离子体燃烧的自持。同时，氘燃料在面对等离子体材料中渗透然后滞留，既会造成燃料的损失，又会造成材料脆性和环境的安全隐患。

而牵涉到长时间的稳态氘氚聚变反应，还必然地关联氚燃料的自持。自然界中几乎不存在氚，必须采用辐照增殖的方式获取，最实用的氚增殖方式为中子-锂反应。如何制成可靠的氚增殖剂是一个技术考验，因为既要产生氚，还要释放氚，并保持增殖剂的强度和换料所需的流动性。另外，一个中子最多仅可产生一个氚原子，考虑到反应率及损耗等因素，不可能只依赖聚变中子本身来直接产氚。一种可行的方法就是通过聚变中子倍增，得到更多的中子来达到略高于1的燃料增殖比，并且采用阻氚渗透材料来减少氚在聚变堆部件中的滞留损失，从而可保障燃料的自持，这就又需要中子倍增材料和阻氚涂层材料来辅助达成目标。

以上材料都有多种候选的材料体系。目前针对聚变堆的关键材料多处于研发阶段，各种材料体系的成熟度相差较大，但大体的发展范围和方向已经基本圈定。未来，聚变堆材料的发展将在聚变工程大发展的形势下得到加强，技术突破将层出不穷，最终推动聚变堆技术的进步和加速聚变能的实现。

7.1 磁体材料

磁场是磁约束核聚变的最基本需求，通常要达到数特斯拉(T)，这是永磁体所不能达到的，因此必须采用电磁铁，这在控制方面也能够有更多的自由度。对于电磁铁来说，磁体的安匝数是非常重要的指标，单匝导线的最大电流值就关乎装置的运行水平。为了提高导线的电流值，必须采用电阻低的材料，在目前条件下，综合成本与性能等多种因素考虑，铜和超导体都是很好的选择，对应的磁体就分为常规磁体和超导磁体。

7.1.1 常规磁体材料

目前，全世界绝大多数聚变研究装置使用的磁体都是常规磁体，最典型的知名托卡马克装置主要有 ASDEX‑U、JET、TFTR、DIII‑D、HL‑3。常规磁体采用的导体材料主要是铜及铜合金,根据导体材料的结构形式分为绕制式和版式结构。多数装置的磁体均是采用中空水冷铜导体绕制而成的,如 ASDEX‑U、JET。而 HL‑3 装置的环向场线圈则采用铜合金板材拼接而成。

　　中空铜导体具有导电截面大、单位时间通过冷却介质流量多、散热性能好等特点。作为重要的导线材料,广泛应用于大中型电机、加速器和核能工业。中空铜导体主要材料是无氧铜(C10200),其化学成分为铜加银含量大于 99.95%,氧含量小于 0.001%;主要物理性能(密度、电阻率、热导率、热膨胀系数)随温度变化情况如表 7‑1 所示。

表 7‑1　无氧铜密度、电阻率、热导率、热膨胀系数随温度变化情况

温度/℃	密度/ $kg \cdot m^{-3}$	电阻率/ $\mu\Omega \cdot cm$	热导率/ $W(m \cdot k)^{-1}$	热膨胀系数
20	8 940	1.68	401	16.83
50	8 926	1.88	398	16.98
100	8 903	2.21	395	17.20
150	8 879	2.55	391	17.41
200	8 854	2.89	388	17.59
250	8 829	3.23	384	17.77
300	8 802	3.58	381	17.92
350	8 774	3.93	378	18.07
400	8 744	4.29	374	18.22
450	8 713	4.65	371	18.36
500	8 681	5.01	367	18.50
550	8 647	5.38	364	18.65
600	8 612	5.76	360	18.80
650	8 575	6.15	357	18.97

（续表）

温度/℃	密度/ $kg \cdot m^{-3}$	电阻率/ $\mu\Omega \cdot cm$	热导率/ $W(m \cdot k)^{-1}$	热膨胀系数
700	8 536	6.55	354	19.14
750	8 495	6.95	350	19.34
800	8 453	7.37	347	19.55
850	8 409	7.79	344	——
900	8 363	8.23	340	——

中空铜导体的机械性能要求为抗拉强度大于 205 MPa、屈服强度大于 65 MPa、延伸率大于 35%。图 7-1 所示为中空铜导体应力应变曲线。

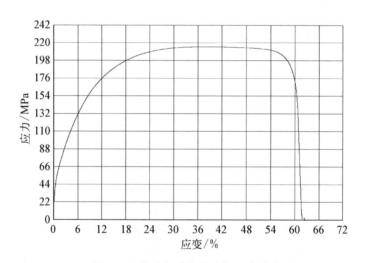

图 7-1　中空铜导体应力与应变曲线

HL-3 装置是中国目前规模最大、参数能力最高的磁约束核聚变实验研究装置，其环向场线圈主要采用的就是铬锆铜和银铜合金板材。铬锆铜合金板材的化学成分要求如下：铬含量为 0.5%～1.2%，锆含量为 0.03%～0.3%，杂质含量小于 0.3%（其中，硅含量小于 0.1%，铁含量小于 0.08%），铜含量大于 98.9%。银铜合金板材的化学成分要求如下：铜加银含量大于 99.90%，银含量大于 0.034%，氧含量小于 0.003%，其他杂质总含量小于 0.3%。铬锆铜和银铜合金板材的典型参数如表 7-2 所示。

表 7 - 2　铬锆铜和银铜典型性能

铜合金	导电率/%IACS	延伸率/%	抗拉强度/MPa	屈服强度/MPa	硬度/HRF
银铜	98.9	15.6	302	271	86
铬锆铜	88.5	19	385	331	98

HL-3 装置环向场线圈为 D 形结构,采用的铜合金板材形状不规则,需采用锻造工艺来制造异形铜合金板材。

L 形铬锆铜合金板材采用的制造工艺流程如下:配料→真空熔铸→锯切→加热→热锻成型→固溶热处理→冷锻→时效→锯切→包装入库。具体包括如下步骤。

步骤 1:依据铬锆铜合金板材成分要求配好原材料。

步骤 2:采用工频感应电炉对原材料进行真空熔铸,将铸锭底部的内浇道取样化验。

步骤 3:采用锯床对铸锭进行冒口切割,并对铸锭剥皮及清理冒口缩孔。图 7-2 所示为清理好冒口的铸锭。

图 7 - 2　铸　锭

步骤 4:采用加热炉对锯切后的铸锭进行加热,加热温度到 900℃,保温时间为 3 h。

步骤 5:采用油压机对加热好的铸锭进行热锻开坯,并逐渐将铸锭形状锻造成 L 形状。图 7-3 为热锻成 L 形的铬锆铜铸锭。

图 7-3　热锻成 L 形铬锆铜板

步骤 6：将具有 L 形状的铸锭加热到 950~980℃,保温 1~3 h,然后冷却。

步骤 7：采用油压机对铸锭进行冷锻,将铸锭锻造到部件要求尺寸,留出一定的加工余量。

步骤 8：最后将冷锻完成后的 L 形铜板加热到 400~450℃,保温 2~3 h。

步骤 9：将时效处理后的 L 形铜板进行各项取样检测,表面粗加工后锯切边角,再将铬锆铜板按照要求折弯。

步骤 10：将各项检测合格的 L 形铜板进行包装入库。

HL-3 装置铜导体通电的电流密度最大约为 40 A/mm^2,用去离子水进行冷却,用中空铜导体制造常规磁体线圈需要解决中空铜导体的焊接工艺、匝间绝缘工艺、中空铜导体的绕制工艺、主绝缘工艺等。中空铜导体焊接采用中频感应钎焊,焊料为 $Cu_{80}Ag_{15}P_5$。中空铜导体的焊接采用中间带有铜套管和预制焊片的结构较好,如图 7-4 所示,这种结构的好处是中间铜套管限位,较容易实现接头对接,减少错位,不会出现液态钎料在内孔形成焊豆或者堵孔现象。

钎焊工艺过程如下。

(1) 将铜管对接面加工平整,按照中间铜套管的尺寸对铜管进行扩孔。清理毛刺时不得倒角,不得伤害平面光洁度。

(2) 将对接处和中间铜套管用酒精清理干净。

(3) 对接处预置厚度为 0.2 mm 的 $Cu_{80}Ag_{15}P_5$ 的随形焊片,用工装夹紧,

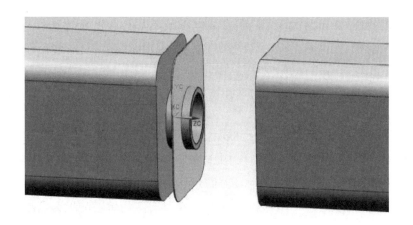

图 7‑4　焊接结构示意图

采用中频感应加热方式进行钎焊。

（4）加热功率为 50～56 kW（根据铜导体截面尺寸调整加热功率），1 min 内钎料熔化，保温 5～10 s。钎焊时间为 1～1.5 min。钎焊温度为 700～720℃，焊后用湿布冷却。

焊接完成后，打磨清理接头处，进行外观检测，要求无裂纹、无气孔、无缺肉、无未熔钎料、无未熔合区域。更高要求的检查包括 PT、RT。

匝间绝缘一般采用半叠包聚酰亚胺和玻璃丝带。聚酰亚胺具有优良的绝缘性能，玻璃丝带可以增强匝间绝缘的机械强度。中空铜导体绕制过程中需要施加适当的拉力，确保匝间能够贴合紧密，每绕制好一段之后就需要用夹具将绕制完成的部分固定。线圈绕制好之后，将其放入真空压力浸渍罐中进行真空压力浸渍。

早期装置的绝缘材料没有考虑抗辐射，在未来的聚变堆上采用的绝缘材料需要考虑抗辐射功能。

7.1.2　超导磁体材料

未来的聚变堆装置必须具有稳态的强磁场，从而确保能量的增益和聚变功率的提升，这对导体的电流密度提出了极高的要求，而超导体则是最具高电流密度的材料。

超导现象背后的物理原理实际上是电子系统在凝聚态物质中发生量子凝聚以后的现象，表现出很多优良的性质。超导材料具有三个最典型的特征：零电阻现象、迈斯纳效应和约瑟夫森效应。正是这三个优于常规导体及半导体材料的特性,使超导材料无论是在强电领域还是弱电领域都带来了非常可观的应用前景,被世界上不少的国家所重视,希望能在能源、医疗、交通、国防和大科学工程等方面有更多应用。目前,以美国、日本和欧盟为代表的发达国家和组织均在超导材料、超导物理和技术方面进行了大量投入,力争在未来的大规模应用中占得先机。

超导材料被发现以来,研究对象经历了从简单金属到合金,再到复杂化合物的过程,超导转变温度也逐渐提升,目前已经提升到 164 K(高压测量)。在研究新型高温超导材料的过程中,人们对超导物理的理解也不断更新[1]。迄今为止,已经发现的超导体有上千种,但真正具有实用价值的仅有已经实现商业化生产的 NbTi、Nb_3Sn、Nb_3Al、铋锶钙铜氧(BSCCO)系的 Bi - 2223 和 Bi - 2212、二硼化镁以及铜氧化合物(往往是稀土及钡的铜氧化合物,简称 REBCO,如钇钡铜氧 YBCO)涂层导体。

NbTi、Nb_3Sn、Nb_3Al 一般工作在液氦温区(4.2 K),称为低温超导材料。若超导磁体工作在更高温区则需要采用临界温度 T_c 及临界磁场强度 H_c 更高的超导线材和带材,如 Bi - 2223、Bi - 2212 或者铁基超导体。从经济的角度来看,液氮作为冷却介质具有来源丰富且制备难度低的特点,其沸点为 77.3 K(约为 -196℃),因而发现临界温度高于 77.3 K 的超导体具有非常重大的经济意义。目前,高温超导体一般用麦克米伦极限来界定,即临界温度超过 40 K 的超导体。目前研制成功的超过 40 K 温度的超导系列包括铜氧化物超导体和铁基超导体,而二硼化镁超导体的临界温度在 40 K 左右。因而,对于高温超导体如 BSCCO、二硼化镁以及铁基超导体的研究是一个热点问题。

1) 低温超导材料 NbTi、Nb_3Sn 和 Nb_3Al

NbTi 超导材料是一种质地较软的合金,可以在室温下直接施加一定的压力使超导芯成型。铌钛合金材料是超导工业里的"先导材料",自 20 世纪 60 年代首次被发现后一直都是超导磁体上应用最广泛的超导材料。它和 Nb_3Sn 超导材料是实际超导磁体应用的首选材料,具有高的上临界磁场(在 4.2 K 下约 11 T,在 2 K 下约 14 T),可与铜很好地共同拉制,具有良好的加工塑性、很高的强度以及良好的超导性能。

NbTi 超导材料具有强度高、延展性好、临界电流密度(J_c)高和造价成本相对较低的优点,可制成直径为 $5\sim50\ \mu m$ 的超导细丝,可有效地减少磁通跳跃及磁化效应。铌钛合金超导体的原材料制造成本远低于其他超导材料,且在绞制、绕制和其他应用方面的组装工序之前就可以进行增强超导性能的热处理工序,它的屈服强度与钢材接近,这些优良的特性将使得 NbTi 超导材料在今后一段相当长的时间内仍被广泛使用。NbTi 超导线材的不足之处是其临界温度 T_c 及临界磁场 H_c 相对较低,一般用于制作场强小于 9 T 的超导磁体,在研制更高场强的磁体时,就需要用上临界磁场更高的 A15 型化合物,如 Nb_3Sn、Nb_3Al 等,其 T_c 为 14~23 K,H_c 高达 20~30 T。但 A15 型化合物具有脆性,一般不能制成直径特别细的超导丝,其超导丝直径通常在 50 μm 以上,且 A15 型化合物需要进行热处理才能形成超导相[2]。

对于 Nb_3Sn 超导材料,其是具有 A15 晶体结构的铌锡金属间化合物。Nb_3Sn 超导材料具有高临界温度、高临界场和高载流能力等优点。目前,实用的 Nb_3Sn 超导线材的临界电流密度在 12 T 及 4.5 K 时可达到 2 000 A/mm^2 以上,它是目前国际上制造高场超导磁体的首要选择,其超导转变温度 T_c 为 18.3 K,在 4.2 K 时 H_c 为 22.5 T,是制作 10 T 以上超导磁体的主要材料。Nb_3Sn 超导材料的主要制备方法有"青铜法"和"内锡法",即将铌芯插入青铜基体内,经过组装成其复合体后拉拔成线材,并最终按线材尺寸进行热加工处理。

Nb_3Al 超导材料具有 A15 结构,其密度为 4.54 g/cm^3,生成温度为 20~60℃,中间相原子分数为 19~24.5 at%,超导临界温度为 18.9 K,在 4.2 K 时的上临界磁场为 29.5 T。Nb_3Al 超导材料超导性能良好,其应力应变容许性能优势明显,且能在较高的应力下依然保持良好的传输电流的能力,是制备长距离输电线的理想材料。另外,Nb_3Al 超导材料也可以较好地应用在条件要求严苛的航空航天、探测器等精密的高科技产业中[3]。制备 Nb_3Al 超导材料的传统方法一般有快速加热快速凝固法、雾化法和激光熔炼法等,这类方法所需的热处理温度通常高于 1 000℃,能耗大且资源利用率不高,因此不适宜大规模生产。采用设备易得、工艺过程简单的球磨法与后续低温烧结相结合的方法可制备 Nb_3Al 超导材料,不仅其热处理温度显著降低,而且还可以进一步制备出尺寸为纳米级的 Nb_3Al 晶粒,能够显著改善其载流能力,是一种成本低廉、适用于大规模工业化量产的方法。

2)二硼化镁

日本研究人员在 2001 年发现,这种看起来毫不起眼的化合物二硼化镁 (magnesium diboride),在温度越接近 40 K 时越会转变为超导材料。它的状态转变温度几乎是同类型超导体的 2 倍。并且它的实际工作温度为 20~30 K,而要达到这个温度可借用液态氖、液态氢或是封闭循环式冷冻机的手段来完成降温,比起工业界以液态氦来冷却铌合金等低温超导材料,既经济又简单。

并且在掺杂了碳或其他杂质,二硼化镁在有磁场或有电场的情况下,维持超导状态的能力不逊色于铌合金,甚至可能更好。它的潜在应用包括超导磁铁、电力传输线及灵敏的磁场侦测器。

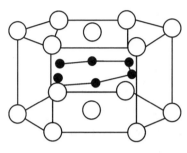

图 7 - 5 二硼化镁结构

二硼化镁(MgB_2)是一种硬而脆的离子化合物,延展性很差,晶体结构属六方晶系(见图 7 - 5)。它是一种插层型化合物,镁层和硼层交替排列,是迄今为止发现的临界温度最高的简单的金属化合物超导材料。它是结构非常简单的二元中间金属化合物,因此可以说是超导材料探索中的意外之喜。由于其具有的相干长度较长,层状特性较弱,而且只构成二元化学分子。

理论计算表明,在二硼化镁中有不止一个能带跨越费米面,电声耦合所造成的费米面失稳完全可能在两个能带的费米面处产生能隙,这一点又与所有传统的超导体完全不同,有关两个能隙的图像后来被比热、核磁共振、电子隧道谱和角分辨光电子谱的实验广泛证实。至于两个能隙如何能形成以及怎样影响其超导特性是二硼化镁超导体的研究热点。二硼化镁超导体在电、磁、热等方面具有重要的应用。

二硼化镁超导材料应用的基础是高临界电流密度、高稳定的长线带材,已经商业化的二硼化镁超导长线材目前都是采用粉末套管法和原位反应技术,很容易制备出千米级的导线。在未来 3～5 年之内,应该会出现商业化的基于二硼化镁超导线带材制备的开放式医用核磁成像系统投入使用。

二硼化镁超导薄膜是物理研究和发展新型超导器件的基础,可利用气相沉积技术制备出具有一定应用潜力的优质薄膜。美国宾州州立大学和北京大学合作开发了混合物理化学气相沉积技术,通过使用有机镁[$(MeCp)_2Mg$]和BH_6为原料,在碳化硅衬底上成功制备出高质量二硼化镁超导薄膜,极大地提高了二硼化镁超导薄膜的上临界磁场值,使之达到了 60 T 以上。基于二硼化镁薄膜的新型超导量子干涉器件研制工作,以及在高能加速器的谐振腔内腔超导层的制备方面也取得了进展。

3)BSCCO 超导体

目前商业上使用的 BSCCO 超导体主要分为两种,即 Bi - 2223 和 Bi - 2212,它们都是高温超导材料。Bi - 2223 的临界温度较高,能够达到 110 K,但由于其化学性质很不稳定,它很难用于单相加工。Bi - 2212 虽然临界温度只有 80~90 K,其易于加工,加工难度远远低于 Bi - 2223,低温下载流能力也较强,Bi - 2223 超导带材一般是用粉末装管法工艺制造的,用反应不完全的前驱粉放入银管中,经过一系列的旋锻以及拉拔工艺得到带材,然后对带材通过热处理工艺最终得到所需的带材。Bi - 2212 线材也可以用与 Bi - 2223 相似的粉末装管法制造,也可以像制造 REBCO 导体那样将 Bi - 2212 导体涂在银上做成涂层导体,这两种制造方法都是用局部反应的熔融反应的方式生成 Bi - 2212 相。

Bi - 2212 在液氮温度下载流能力很好。对高温应用而言,Bi - 2212 超导体已被 Bi - 2223 明显地超越了。Bi - 2223 具有较高的临界温度和不可逆磁场,然而在低温下(约在 20 K 以下)Bi - 2223 有着较高的磁场。Bi - 2212 保持着超导磁体产生高场的纪录,日本昭和线缆有限公司运用预退火中间轧制(PAIR)法,使其在长的浸镀带电流密度值达到了 7 100 A/mm^2(在自场下)和 3 500 A/mm^2。并且,Bi - 2212 在 12 K 温度以下工作时,会出现高磁场所需的稳定状态。由此论证了 Bi - 2212 是种极好的磁场材料,将其加工成导线,有希望制成世界上最强的磁体,磁场强度可达 30 T。

4)铁基超导体

2008 年 2 月末,日本东京工业大学 Hosono 教授小组发现在母体材料 LaFeAsO 中掺杂氟元素可以实现 26 K 的超导电性,使铁基超导体研究发生了突破,这一突破掀起了高温超导研究的新高潮。铁砷基母体材料 ROFeAs(R 代表稀土元素 La、Pr、Ce、Nd、Sm 等)的研究历史可以追溯到 1974 年美国杜邦公司 Jeitschko 等人为寻找新的功能材料进行的研究工作。随后德国的一个研究合成了一系列具有同样 ZrCuSiAs 结构的新材料。

铁基超导体是超导工业领域目前研究的热点问题之一。FeAs 所构成的平面在铁基超导体中对超导起到关键作用,通过简单的能带计算可知铁 3d 轨道的 6 个电子参与导电,形成了多能带和多费米面的情况。

铁基超导体性质介于低温超导体和高温铜基氧化物超导体之间,同时也在一定程度上兼具两者的优点。铁基超导体具有较高的临界转变温度,极高的上临界场,较小的各向异性,晶界载流能力较强等特点,这些优越的属性决定了铁基超导体有非常广阔的应用前景,是高场应用领域的最佳候选材料之一。铁基超导材料有着特殊的优势和广阔的应用前景,特别是在高磁场领域的超导磁体方面,如核磁共振波谱仪、核磁共振成像系统和高能物理加速器等,而超导磁体的绕制需要用到超导线带材。铁基超导线带材最常用的制备方法是粉末装管法。

5) YBCO

钇钡铜氧(YBCO)是一种离子晶体,其化学式为 $YBa_2Cu_3O_{(7-x)}$,它是非常有名的第二类超导体(超导态和正常态之间不直接过渡,它们之间存在混合态),是第一个转变温度在液氮沸点以上的高温超导材料,在它之前发现的超导体都必须用液氮或液氢冷却。YBCO 的实际运用是绕指成磁体,应用于核磁共振成像、磁悬浮设施以及约瑟夫森结。目前主要有以下问题限制了YBCO 在超导方面的应用:① YBCO 单晶有很高的临界电流密度,而多晶的则很低。② YBCO 这类氧化物材料很脆,若制成线材则不能保持其良好的超导性能。③ 在实际工程中,将大范围的物体冷却到液氮温度下是极度不经济和不现实的。

对于 YBCO 的制备,常规方法是在镍基金属材料基底上制备多层的缓冲层和超导材料,如图 7-6 所示。

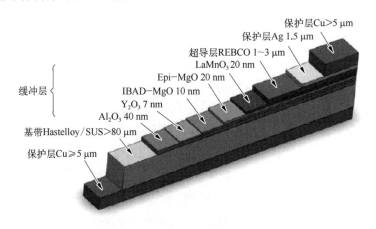

保护层Cu>5 μm
保护层Ag 1.5 μm
超导层REBCO 1~3 μm
LaMnO₃ 20 nm
Epi-MgO 20 nm
IBAD-MgO 10 nm
Y₂O₃ 7 nm
Al₂O₃ 40 nm
缓冲层
基带Hastelloy/SUS>80 μm
保护层Cu≥5 μm

图 7-6 第二代高温超导带材结构

第二代高温超导带材由哈氏合金基底提供良好的机械性能,向上生长出多层氧化物缓冲层,这些缓冲层一方面可以隔离超导层与基底,防止两者元素相互扩散,又可以形成超导层生长需要的双轴结构,提高 YBCO 晶体的排列质量,以得到较好性能的超导层[4]。超导层生长在缓冲层之上,是实现带材超导性能的功能层。除此之外,带材一般还有金属银、金属铜等若干保护层和封装层,使带材可以满足实际使用在环境适应能力和结构强度上的需求。

$YBa_2Cu_3O_{(7-x)}$ 最早是利用 $BaCO_3$、$Y_2(CO_3)_3$ 和 $CuCO_3$ 在 $1\,000\sim1\,300\,K$ 加热制备的。现阶段,广泛使用的 YBCO 超导带材的超导层制备方法有三种:

激光脉冲沉积、化学气象沉积和化学溶液法。现在 YBCO 的制备以相应的硝酸盐和氧化物为原料。

7.2　面向等离子体材料

面向等离子体材料在聚变堆中将直接面向高温等离子体,是保护真空室内壁免受高温等离子体直接辐照的关键屏障,具有极其重要的作用,关系到聚变堆的安全和稳定运行。由于面向等离子体材料直接暴露于聚变高温等离子体边缘,其服役环境极端复杂而苛刻,受到聚变环境中的氘、氚、氦、中子等各种粒子的轰击、高热负荷沉积、电磁辐射和电磁力等的共同作用。面向等离子体材料通过与热沉材料或者结构材料连接组成面向等离子体部件,应用于聚变堆的偏滤器和第一壁(包括限制器)。根据应用位置的不同,其运行工况也不尽相同,以 ITER 装置为例,其第一壁需要承受热通量为 $0.5 \sim 1 \, \mathrm{MW/m^2}$ 的普通热负荷和 $4.7 \, \mathrm{MW/m^2}$ 的增强热负荷[5];而偏滤器则需要承受更高通量的热负荷,穹顶部分所承受的稳态热负荷约为 $5 \, \mathrm{MW/m^2}$,垂直靶板位置承受的稳态热负荷(包括准稳态)则高达 $10 \sim 20 \, \mathrm{MW/m^2}$[6];除了稳态高热负荷外,ITER 偏滤器还会受到等离子体破裂和边缘局域模(edge localized modes,ELM)导致的高达吉瓦每平方米量级的瞬态热负载,时间尺度通常为 $0.1 \sim 1 \, \mathrm{ms}$;聚变高热负荷的作用将会导致面向等离子体材料和部件的各种损伤及性能退化。除了高热负荷外,ITER 面向等离子体材料还将遭受 $10^{22} \sim 10^{24}/\mathrm{m^2 \cdot s}$ 的高通量低能等离子体以及 $14 \, \mathrm{MeV}$ 的高能中子的协同辐照;高通量等离子体辐照会导致材料表面的物理溅射、化学刻蚀以及氢同位素的滞留等各种问题;中子辐照导致材料发生原子离位损伤以及元素嬗变、析出,使材料的性能恶化,如辐照脆化、力学性能和导热率下降等。与 ITER 相比,未来聚变示范堆或商用聚变堆面向等离子体材料和部件的服役工况将会更加严苛,一方面材料和部件将会面临更长时间、更高通量的高热流辐射,稳态热流可能高达 $20 \, \mathrm{MW/m^2}$,另一方面更高通量的中子辐照也会造成更严重的损伤,如偏滤器钨面向等离子体材料的辐照损伤水平可达 3 dpa/y,铜合金热沉材料的辐照损伤水平可达 5 dpa/fpy[7]。

聚变堆的高热负荷、高通量等离子体和高能中子运行工况对面向等离子体材料的性能提出了极高的要求。聚变高热负荷会使得面向等离子体材料的温度急剧升高,这就要求材料必须具备高熔点、高热导率和优良的高温组织稳定性等特点;由于沉积在面向等离子体部件的热量将通过热沉或结构材料内的冷却剂带走,如此会导致面向等离子体材料从表面到内部形成非常大的温度梯度,从而产生巨大的热应力,这就要求面向等离子体材料必须具有优良的力学性能;同时,长时间的高温运行工况还要求材料必须具备优良的高温性能,包括高温蠕变和热疲劳性能等。高通量等离子体辐照则要求面向等离子体材料需要耐等离子体溅射和刻蚀,还需要具备低的氚滞留和渗透能力。对于 14 MeV 高能中子辐照而言,则需要面向等离子体材料具备低的中子诱导的放射性,即中子辐照嬗变后不产生高放射性产物,还要保持中子辐照下的组织和性能稳定。更为严重的是由于面向等离子体材料在服役过程中将面临高热负荷、高通量等离子体和高能中子的同时作用,即协同效应,因此面向等离子体材料需要同时具备上述优异性能,才能保证在严苛的服役工况条件下材料本身的安全性和可靠性;同时避免材料对聚变高温等离子体的运行产生影响,保障聚变堆的安全运行。由此可见,开发适应未来聚变堆服役工况的高性能先进面向等离子体材料面临着巨大的挑战。

7.2.1 历史沿革

在磁约束核聚变研究的发展进程中,为满足装置实验的需求,面向等离子体材料也一直处于不断开发的过程。按照原子序数划分,面向等离子体材料可分为低 Z(原子序数)材料(如碳基材料、硼、锂、铍等)和高 Z 材料(钼、钨等),面向等离子体材料的使用经历了从高 Z 材料向低 Z 材料,再向高 Z 材料转变的过程。现阶段的聚变装置所用的面向等离子体材料主要包括下面三种材料:碳基材料(高纯石墨和碳纤维增强碳基复合材料 CFC)、铍和钨,如 ITER 原计划在第一壁用铍作为面向等离子体材料,偏滤器选用钨和 CFC 作为面向等离子体材料。上述三种候选材料具有各自的优缺点(见表 7-3),如碳基材料作为低 Z 材料,其与等离子体相容性非常好,而且热导率高、不发生熔化、耐热冲击能力强,但是其缺点也非常明显,如非常高的氚滞留、高的化学腐蚀产额、高温下辐射增强的升华显著、低物理溅射阈值、很差的抗氧化能力,特别是经过中子辐照后材料的热导率发生显著下降,从而限制了其在未来聚变堆中的应用。铍作为 ITER 的第一壁面向等离子体材料,它同样是低 Z 材料,与等离子体良好相容,并且是非常好的氧吸收剂,但是它的熔点较低、物理溅射阈值低、耐中子辐照性能差,不仅昂贵而且其粉尘还有剧毒,同样不适宜未来聚变堆的应用。钨作为面向等离子体材料的优点是低活性、高熔点、高热导率、低蒸气压、高物理溅射阈值、低氚滞留量、耐高热负荷,但是由于钨是高 Z 材料,其与等离子体的相容性较差,并且韧脆转变温度高,再结晶导致材料脆化、中子辐照导致的低温脆化效应显著,材料的加工性能较差。

表 7-3　常用面向等离子体材料的优缺点对比[8]

材料种类	优　　点	缺　　点
碳基材料 (石墨和 CFC)	低 Z 材料(与等离子体相容性好)、高热导率(特别是 CFC 材料)、不熔化、优异的耐热冲击能力	不耐等离子体刻蚀、高氚滞留、低物理溅射阈值、中子辐照后材料的热导率严重下降、抗氧化性能差
铍	低 Z 材料(与等离子体相容性好)、低活性、高热导率、无化学溅射、吸氧能力强	低熔点、低物理溅射阈值、低腐蚀寿命、不耐中子辐照、热导率随温度升高快速下降、有剧毒
钨	低活性、高熔点、高热导率、高物理溅射阈值、低蒸气压、低氚滞留量、优异的耐热冲击能力	高 Z 材料(与等离子体相容性差)、高韧脆转变温度、低再结晶温度、中子辐照脆化、加工性能较差

综合来看,由于钨具有非常多的优点,被认为是未来聚变堆最有可能全面使用的面向等离子体材料。如托卡马克装置 ASDEX-U 已经将石墨内壁换成了全钨内壁,实验结果表明钨杂质向芯部等离子体的传输过程受到多种辅助加热手段的有效抑制,从而验证了钨作为面向等离子体材料在聚变中应用的可行性;JET 装置已将其第一壁和偏滤器改造成了类 ITER 结构,EAST 和 WEST 装置的偏滤器全部更换为钨基材料;从 2013 年开始,ITER 已经确定了在开始运行阶段将偏滤器的面向等离子体材料全部更换为钨,最终过渡到全钨内壁的发展路线,并且在 ITER 以后的堆型设计中,全钨金属内壁概念也基本上成为聚变领域的共同选择。

7.2.2　钨材料发展现状及重要进展

钨作为面向等离子体材料存在很多优点,但是其依然还存在非常多的问题,如烧结致密化困难、韧脆转变温度高导致其具有较大低温脆性、晶粒易于再结晶引起材料力学性能下降、中子辐照导致硬化/脆化严重、聚变等离子体辐照引起材料表面奇异化,而且纯钨材料的加工性能也较差。ITER 偏滤器所用的面向等离子体材料为工业生产的纯钨,包括了轧制纯钨板和锻造纯钨棒两种材料;ITER 材料性能数据库规定,作为 ITER 面向等离子体材料应符合标准 ASTM B760 规定的相关要求,如密度大于 19.0 g/cm³、晶粒尺寸达到 3 级或更细、纯度达 99.94%等;同时,钨材料还需要满足 ITER 偏滤器的相关服役工况条件,承受 10~20 MW/m² 的(准)稳态高热负荷。工业纯钨虽然能满足 ITER 偏滤器运行工况的需求,但是考虑到未来聚变堆更加严苛的服役工况环境,目前工业纯钨无法满足未来聚变堆的需要,因此必须开发更高性能的先进钨基面向等离子体材料。

近年来,聚变材料界开展了大量的工作以提高纯钨块体材料的性能,逐步形成了合金化、弥散强化、钾泡强化、纤维强化以及复合强化等各种钨基材料体系。其中,钨的合金化是选择合适的合金元素,通过固溶强化以及降低杂质含量来提升纯钨材料的性能,主要的合金化元素包括铼、钽、铪、锆、钛、钒、钼、铬、铌、铱等。其中,钨铼合金是目前研究最多的合金体系,也是工业生产比较成熟的体系。在钨中加入铼元素能够有效提高钨的高温强度和再结晶温度,同时能够降低钨的韧脆转变温度(DBTT),铼的含量一般为 3%~25%[9]。但是铼经过中子辐照会发生嬗变,形成脆性的析出相。铱元素也能起到与铼相似的作用,添加微量的铱可以有效改善钨的室温韧性。但是,由于铼、铱是稀有的贵金属,不适合聚变堆大规模的应用需求。钒、钽、钼和铌等元素在钨中可以无限固溶,但是聚变中子辐照会使钼和铌转变成长寿命的放射性同位素,因此钼和铌不适应于未来聚变堆低活性的要求,它们在钨中的应用受到严格限制。钽和钨能够无限固溶,钽的加入可以提高钨的高温强度,但是也会引起材料的韧性/塑性降低。钒与钨的合金化目前研究较少,已经开展的研究表明钒元素对纯钨性能的提升不明显,甚至恶化了材料的性能。同时,在钨中添加较多的合金化元素会导致钨的热导率下降。鉴于高热导率是钨作为面向等离子体材料的基本要求之一,因此合金化元素的添加含量需保持在合理的水平,以维持钨材料的高热导率。目前已经开展了一些钨的微合金化研究,如微量铪在钨合金中可以起到固溶软化的作用[10],微量的锆同样可以提高钨合金材料强度和低温延展性。铪和锆等元素可以降低钨中游离氧和碳元素的含量,净化晶界,提高晶界强度。但是这些工作尚不系统,还需要开展进一步的研究。

针对聚变应用,科研人员还开发了一些新型合金化钨材料,如为了防止聚变堆发生意外事件时空气或水汽进入聚变堆芯而引起具有放射性的钨发生氧

化,从而挥发到环境中造成核泄漏的风险,德国开发了具有优异抗氧化能力的
$W-Cr-Y$、$W-Cr-Ti$ 和 $W-Cr-Si$ 等自钝化钨,但是铬等元素的含量较高,
导致钨合金的力学性能较差、热导率也较低。高熵合金近年来被验证为具有
优异的耐辐照性能,其研究范围逐渐拓展到了聚变领域,如美国洛斯阿拉莫斯
国家实验室开发了一种新型含钨的高熵合金($W_{38}Ta_{36}Cr_{15}V_{11}$)[11],退火过程
中产生了富含铬和钒的第二相颗粒,可以吸收辐照缺陷,具有优异的耐辐照能
力,但是该合金为薄膜,且合金化元素的添加量极高。针对聚变应用的块体钨
高熵合金研究报道还非常少,一方面是低活性的合金化元素选取困难,另一方
面是大量合金化元素的添加有可能导致材料的热导率急剧下降。目前来看,
这些新型的钨合金并不适宜偏滤器高热流环境,或者有潜力应用于聚变堆包
层的第一壁。

　　弥散颗粒强化也是一类提高钨材料性能的方法,在钨中引入弥散分布的
第二相颗粒可以通过细化晶粒和钉扎位错以改善钨的力学性能,提高钨的再
结晶温度和高温强度,以及提高抗辐照性能。主要的弥散颗粒包括了碳化物
和氧化物两类。碳化物弥散颗粒有 TiC、ZrC、TaC、HfC 等,如日本的研究人
员通过在钨中添加 TiC 开发了具有优异力学性能和耐辐照性能的碳化物弥散
强化钨材料[12],但是材料的热导率下降较多,室温热导率不到 100 W/m·K,
且材料制备工艺过于烦琐、成本较高。中国科学院固体物理研究所采用机械
合金化制备了纳米 ZrC 增强的细晶钨,可以将再结晶温度提高到 1 400℃ 以
上,韧脆转变温度降低到约 100℃[13]。氧化物弥散颗粒则包括了 La_2O_3、
Y_2O_3、Ce_2O_3、ThO_2 等,工业上比较成熟的 $W-La_2O_3$ 合金,其具有比烧结纯
钨更好的加工性能,La_2O_3 颗粒的加入可以提高材料的高温力学性能,再结晶
温度也可以提高到接近 1 800℃ 的水平,并且再结晶后强度较高。但是合金中
添加 La_2O_3 颗粒尺寸较大,与纯钨相比,$W-La_2O_3$ 合金的低温韧性提高不明
显,韧脆转变温度甚至要高于纯钨。相比于 La_2O_3,由于 Y_2O_3 颗粒具有更高
的熔点和硬度,通过 Y_2O_3 弥散强化钨是目前聚变领域的研究热点。欧盟的
西班牙、瑞典、瑞士和奥地利的普兰西公司,以及国内多家单位也开展了 Y_2O_3
弥散强化钨的制备研究。尽管目前颗粒弥散强化钨的研究取得了一些进展,
但是其开发应用还有一些问题需要解决,比如烧结温度过高导致添加的第二
相颗粒在烧结过程中易发生团聚和长大,在晶界形成大量的微米/亚微米第二
相,失去强化效果,而且粗大的第二相粒子有可能不利于钨基面向等离子体材
料的耐高热负荷、等离子体和中子辐照性能;同时,还需要控制第二相粒子的

含量,避免添加过多第二相粒子引起的材料热导率下降,而且过多的第二相粒子可能不利于材料的耐等离子体辐照和氚滞留性能。

钾泡强化钨(W-K)也是聚变堆面向等离子体材料的候选之一,其主要借鉴了掺杂钨丝的强化机理,通过钾、铝、硅复合粉体进行掺杂,钾会在烧结过程中蒸发形成钾泡,而钾泡在加工过程中会破裂成尺寸更小的钾泡。钾泡强化钨在工业上的应用主要是作为耐下垂钨丝,通过极大变形量形成串列钾管,采取适当的热处理工艺使细长的钾管破裂形成相对均匀细小的钾泡串,从而起到提高钨的再结晶温度和高温蠕变性能的作用,其再结晶温度可以提高到1 800℃以上。近年来,世界各国也开展了块体钨钾合金的制备研究,其通过放电等离子体烧结成功制备出了纳米钾泡的小尺寸块体钨,具有较好的力学性能和耐热冲击性能。日本东北大学通过热轧和高温旋锻分别制备了钨钾板材和棒材,降低了材料的韧脆转变温度并提高了再结晶温度,其中大变形量钨钾板材的韧脆转变温度接近50℃,再结晶温度提高到了1 350℃。在钨钾板材中加入了3%的铼可以使材料的韧脆转变温度达到室温,再结晶温度也进一步提高到了1 450℃。大变形制备的钨钾棒材韧脆转变温度低于150℃,再结晶温度则提高到了1 600℃以上。但是,目前所开发的钨钾合金块体性能还远未达到掺杂钨丝的水平,因为高温烧结过程中形成了较大尺寸的钾泡,而后续的塑性加工变形量不足以使钾泡形成长钾管,大尺寸钾泡的强化效果不明显。因此,如何将掺杂丝材的性能复制到钨钾合金块体中仍然面临极大的挑战。

为了适应聚变堆苛刻的服役工况条件,聚变领域还提出了一些新型钨基复合材料,如钨纤维增强钨和复合层状增韧钨[14]等。其中德国马克斯-普朗克研究所等离子体物理研究所提出了一种全新的基于钨丝强化的增韧概念,将钨长纤维编织成网,再利用化学气相渗透得到块体钨。通过改善钨纤维和钨基体之间的界面获得合适的结合强度,在断裂过程中形成更多的新表面,从而改善钨的韧性,降低了材料完全失效的风险。但是钨纤维和钨基体间需要增加陶瓷层以阻止高温烧结过程中纤维和基体烧结成一体,否则会失去韧化效果。纤维增强钨还包括短纤维强化这种方式,该类材料主要通过烧结方法制备而成。复合层状增韧钨采用交替层叠的钨层和增韧层,增韧层包括金属钽、铜、钒等,通过高温烧结、轧制而成,可以提高钨的韧性。这些材料目前还处于初步研发阶段,且材料制备成本较高、工艺难度大,还难以满足聚变堆的工程化应用。

除了上述钨块体材料外,钨涂层也可以作为未来聚变堆的面向等离子体材料。钨的涂层技术不但可以直接制备钨基面向等离子体材料,还可以用于材料之间的连接,在热沉材料或结构材料上直接沉积一层钨涂层而制备成为面向等离子体部件。目前的托卡马克实验装置 JET、ASDEX Upgrade 的第一壁和偏滤器已经验证了钨涂层作为面向等离子体材料的应用可行性;而钨涂层能否应用于未来聚变堆可能取决于生产效率的高低和高性能厚钨涂层技术的开发。主要钨涂层制备技术有物理气相沉积(physical vapor deposition, PVD)、等离子体喷涂(plasma spraying, PS)、化学气相沉积(chemical vapor deposition, CVD)和熔盐电镀(molten salt electrodeposition, MSE)等。其中,物理气相沉积钨涂层的主要问题是涂层的碳、氧等杂质含量较高,所制备的涂层也比较薄,厚度仅几微米至几十微米,不适用未来聚变堆的需求。等离子体喷涂钨涂层的工艺比较简单,生产效率高,造价较低,可以制备复杂形状的部件,涂层厚度可以达到 0.2~1 mm,并且还可以用于面向等离子体部件的原位修复。但是,等离子体喷涂钨涂层的纯度和致密度比块体纯钨要低很多,材料的热导率和力学性能较差,涂层与基体结合强度也较低,且还需要解决大面积制备的难题。相比较而言,化学气相沉积钨涂层具有优良的性能,如涂层的纯度可达 99.99% 以上,涂层的致密度、热导率和强度与工业块体纯钨相当,并且也能够制备复杂形状的部件,其主要缺点是沉积速度慢、沉积面积小以及制备成本高等。

常压化学气相沉积厚钨涂层具有较高的沉积速率,制备的涂层厚度可以达到 10 mm 以上,具有大规模、工业化制备的能力。近年来,常压化学气相沉积应用于厚钨涂层的制备,其钨涂层的沉积速率可有效控制在 0.4~1.0 mm/h,能够在数小时内制备出毫米级的厚 CVD - W 材料。以高纯六氟化钨和氢气为原料可以使沉积涂层的纯度达到 99.999 9% 以上(除氧、碳等杂质外),材料的致密度和热导率都接近于纯钨的理论值。核工业西南物理研究院与厦门钨业股份有限公司合作进行了有益的探索,基于常压化学气相沉积厚钨涂层 CVD - W 的偏滤器和第一壁模块表现出良好的耐高热负荷能力,证明了常压化学气相沉积制备钨基面向等离子体部件的工艺可行性。但是,该涂层尚存在晶粒尺寸大、脆性大、内应力高等缺点,涂层的制造成本仍相对较高,还需要进一步考虑降低成本的制备工艺路线[15]。

7.2.3　发展方向

从上述研究可以看出,目前聚变领域已经广泛地开展针对未来聚变示范堆或商业聚变堆的先进面向等离子体材料的开发,特别是在钨基面向等离子体材料研发方面已经取得了长足的进步。但是,由于未来聚变堆的运行工况极端复杂而苛刻,现有的面向等离子体材料还远无法满足未来聚变堆的需要,这就要求我们发展更高性能的钨基材料以及其他先进面向等离子体材料。

开发先进面向等离子体材料,首先需要持续深入地开展聚变堆工况条件下的材料服役行为研究,即等离子体与材料相互作用研究。目前的研究显示面向等离子体材料在高热负荷、高通量等离子体和高能中子辐照下的材料性能变化和损伤行为与材料的成分、组织、热物理和力学性能等密切相关,但是现在还无法给出适应未来聚变堆运行服役工况所需的具体材料组织与性能指标。由于现有托卡马克装置的运行参数与未来聚变堆还相距甚远,因此聚变边缘等离子体与材料的相互作用研究主要还是通过实验装置来进行模拟。通过实验装置模拟聚变堆高热负荷、高通量等离子体和高能中子辐照真实服役工况,开展面向等离子体材料的性能变化和损伤行为影响规律,找出影响材料服役性能的关键因素。在高热负荷实验研究方面,现在已有众多的红外加热、等离子体流、离子束、中性束、激光和电子束等装置可以模拟聚变高热负荷,高功率的电子束高热负荷实验装置可以完整地模拟未来聚变堆 $10\sim20\ \mathrm{MW/m^2}$ 稳态高热负荷、吉瓦每平方米量级的瞬态高热负荷以及稳态和瞬态高热负荷的协同作用。在我国,已经成功运行的高热负荷装置主要是核工业西南物理研究院的 60 kW 电子束材料测试平台(EMS-60)和 400 kW 的工程模块测试平台(EMS-400),还有在建的中国科学院等离子体物理研究所的 60 kW + 800 kW 电子束设备。在高通量聚变等离子体辐照方面,国内外也建立了众多的高束流/低能量的离子束和等离子体束设备,特别是荷兰 FOM 基础能源研究所(DIFFER)的 Magnum-PSI 装置,可以模拟 ITER 的边缘等离子体,其通量能够达到 $10^{23}\sim10^{25}/\mathrm{m^2\,s}$,还可以同时模拟大于 $10\ \mathrm{MW/m^2}$ 的高热负荷,实现更加接近聚变堆服役工况的高热负荷与高通量等离子体的协同效应。中子辐照的研究则一般通过高能加速器、散列中子源和裂变中子源进行试验模拟,但是产生的辐照效应与聚变 14 MeV 高能中子的辐照效果还有很大差距。即使 RTNS-Ⅱ 辐照设施能产生 14 MeV 的中子,但通量远低于聚变工况,故目前尚无真正可验证聚变工况的中子辐照装置。最为关键的是聚变堆面向等离子体材料和部件的实际工况为高热负荷、高通量等离子体和高能中子等的多场协同作用,现在几乎无法通过实验装置模拟来研究这些协同效应。因此,开展聚变堆工况条件下的材料服役行为研究的难度极大,这方面的工作在聚变研究领域中具有极其重要的地位,也是建造未来聚变堆必须解决的关键科学与技术问题。

除了开展面向等离子体材料在聚变堆工况下的服役行为研究外,还需要从材料设计和工艺出发,探索新的制备方法与手段,研发出新型、更先进的面向等离子体材料,协同提升材料的综合性能。比如在钨基材料方面已经广泛开展了新型材料的研究,通过材料成分设计和先进制备工艺(弥散强化、纤维强化、高熵合金等)研发了多种高性能钨基材料,尽管材料的整体性能还未达到聚变堆服役工况对材料性能的需求,但是个别的材料性能指标,如力学性能、高温组织稳定性、抗辐照性能等都得到了大幅度改善。随着面向等离子体材料在聚变堆工况条件下的服役行为的深入研究,通过理解材料成分、组织与其耐高热负荷性能、耐中子辐照和耐等离子体辐照性能之间的影响规律,再借助先进的材料制备手段就有可能制备出满足未来聚变堆服役工况要求的面向等离子体材料。

鉴于未来聚变堆对先进面向等离子体材料的大规模使用需求,在发展先进制备技术提高材料性能的同时,还需要兼顾材料的工程化和规模化制备技术,如高性能的先进钨基面向等离子体材料研发方面需要发展可工业化生产的大规模粉末制备、大尺寸坯烧结以及热塑性加工方法,从而能够经济、批量化地制备大尺寸块体钨材料。另外,由于面向等离子体材料需要与热沉材料或者结构材料连接制备成为部件才能得到应用,因此还需解决先进面向等离子体材料的加工与连接等问题。通过发展先进的材料连接技术,从而制备出能够承受高热负荷、耐中子辐照的先进面向等离子体部件。在钨基面向等离子体材料方面可以发展材料的近终成形技术,如金属注射成形、增材制造、涂层技术等,解决钨材料难以加工的问题,同时还可以解决其连接问题。

除了继续发展固态面向等离子体材料,液态金属自由表面作为未来聚变堆偏滤器和第一壁面向等离子体材料也具有独特的优势。液态金属具有热导率高、运行压力低等优点,其高热负荷承载能力可以高达 50 MW/m^2 以上,还可以通过循环更新来克服材料由于中子辐照所导致的使用寿命限制等问题,有望解决固态面向等离子体材料存在的诸多问题。液态金属作为聚变堆中面向等离子体材料的概念最早于 20 世纪 70 年代由苏联研究人员提出,目前正在进行聚变应用的工程可行性研究,托卡马克装置上的实验验证结果表明液态金属自由表面具有很大的可行性。但是,液态金属作为面向等离子体材料依然面临着磁流体动力学效应以及与结构材料相容性等问题,磁流体动力学效应是限制液态金属在未来聚变堆中应用需首先解决的工程问题。

7.3 氚增殖材料

氚增殖材料是解决聚变堆中氚自持问题的关键功能材料之一,其功能是在包层内部实现聚变燃料氚的增殖,一般氚增殖剂为含锂的材料。增殖过程主要通过聚变反应产生的中子与包层内部氚增殖剂材料中的锂发生核反应来实现。从产氚的角度考虑,氚增殖剂材料应具有以下特点:高锂原子密度、高导热性、高能中子辐照下高辐照稳定性与优良的氚释放和提取性能(氚释放速率大、氚滞留量低,则氚提取容易)。

7.3.1 氚增殖概述

氘氚聚变是目前所能获得条件下最容易实现的聚变反应,也是目前作为聚变能源研究的重点之一。氘氚聚变反应的燃料分为氘和氚。氘在自然界的储量丰富,每千克海水中含有 0.02 g 氘,地球上约有 4.6×10^{21} kg 的海水,就有 9.2×10^{16} kg 的氘,共可提供聚变能约为 5×10^{10} Q,足够人类使用几百亿年。然而,另一个燃料氚由于其不稳定性,在自然界中几乎以微量存在。因此,将来核聚变反应堆所用的燃料氚必须通过人工生产。

氚的首次人工生产是在 1934 年,卢瑟福用加速器加速氘核轰击氘靶,导致氚的发现。后来,更先进的方法则是利用反应堆中子辐照锂靶(富含 ^{6}Li 同位素),可生产约百千克级别的氚。目前,人工生产氚的技术已经被许多国家掌握,已经发展和正在建议发展的产氚技术包括军用堆产氚技术、CANDU 重水提氚技术、商业轻水堆产氚技术、加速器造氚技术和聚变堆氚增殖技术[16]。

氚的人工生产是通过核反应进行的,理论上凡是一个核反应的最终产物中包含氚,则该反应均可以用来生产氚。以下是生产氚优先选择的核反应 ^{6}Li (n,α)T:

$$^6\text{Li} + n \rightarrow {}^4\text{He} + T + 4.78 \text{ MeV} \tag{7-1}$$

$$^7\text{Li} + n \rightarrow {}^4\text{He} + n + T - 2.47 \text{ MeV} \tag{7-2}$$

在以上核反应中，产氚反应^{6}Li(n,α)T是最有价值和最应优先考虑的。这不仅是因为锂在地壳中的含量高，特别是在海水中的含量比较丰富。而更在于^{6}Li对慢中子具有极大的吸收产氚截面。由于^{6}Li的有利产氚条件，在已经发展的人工产氚反应中受到特别关注。如在核聚变堆的氚增殖技术中，主要通过中子轰击^{6}Li发生^{6}Li(n,α)T反应来实现氚的增殖。

聚变堆中的产氚反应主要发生在产氚包层，其主要过程为聚变反应产生的中子通过第一壁之后进入产氚包层，与产氚包层中的氚增殖剂中的^{6}Li发生^{6}Li(n,α)T反应产生氚，再通过氚工厂的氚提取系统将氚提取提纯之后，再次作为燃料送入聚变堆，以实现聚变堆的燃料氚循环。聚变堆包层的主要功能：一是产氚，以持续提供聚变反应所需的燃料；二是实现能量的提取，将聚变产生的能量转换为热能，由冷却剂带走以便用于发电等。因此，包层的设计除了考虑经济性和安全性外，还应考虑有较高的氚增殖比、满意的氚释放性能、尽可能低的中子活化、高可靠性以及维修方便。这就要求聚变堆包层中的氚增殖剂材料应具有以下性能：高锂原子密度以提高产氚率，低的氚滞留和优良氚释放性能以提高包层氚提取效率，高的热导率以提高热能的提取效率，良好的辐照稳定性和机械稳定性以提高氚增殖剂服役周期，良好的兼容性以提高安全性，低放射性活度以提高锂的循环利用。聚变堆产氚包层中的氚增殖剂主要是含锂的陶瓷材料或者是液态金属。

目前，国内外对氚增殖剂材料的研究尚处于实验室阶段，而随着聚变堆的快速发展，对氚增殖剂的综合性能和制备规模的需求越来越高。以中国聚变工程试验堆(CFETR)为例，如果采用全覆盖氦冷固态产氚包层，则对氚增殖剂材料的需求达到一百多吨。因此，需要开展更多新型先进氚增殖剂的研制和工业规模化制备技术的研发。

7.3.2 氚增殖剂材料

氚增殖剂材料一般分为液态和固态增殖剂两种。以下分别对氚增殖剂中^{6}Li的富集、氚增殖剂种类及其优缺点进行介绍。

1) 氚增殖剂中^{6}Li的富集

在自然界中锂有两种同位素，分别是^{6}Li和^{7}Li，其中^{6}Li的中子吸收截面大，可用于产氚。而^{7}Li的中子截面小，不容易发生产氚核反应。自然界中^{7}Li的丰度为92.58%，而^{6}Li的丰度为7.42%。在聚变堆产氚包层中为了提高氚增殖率通常需要高丰度的^{6}Li。因此，在制备氚增殖剂前通常需要通过同位

素分离的方法使 ^{6}Li 富集。如在中国氦冷固态氚增殖剂实验包层模块 (CN HCCB TBM)中就使用 ^{6}Li 富集度为 80% 的固态氚增殖剂[17]。锂同位素分离方法分为化学法、萃取法、激光法和电化学法等。

化学法在一定的溶液体系中进行,主要依靠同位素交换反应,实现 ^{6}Li 的富集。通过化学法富集 ^{6}Li 要获得高的单级分离系数($\geqslant 1.03$),要求满足元素在溶液体系中均匀分散、整个化学体系稳定、两相交换接触时反应迅速等特点。目前,已经开发出的化学交换体系有锂汞合金体系(锂汞齐法)、萃取体系、离子交换色层体系等。锂汞齐法由美国研究人员于 20 世纪 30 年代提出。由于 ^{6}Li 与汞的亲和力比 ^{7}Li 的强,通过锂汞齐和含锂相不断接触反应,从而使 ^{6}Li 在汞齐相中富集,常用锂汞齐-锂溶液(LiOH)体系进行分离,其单级分离系数可达 1.05,在目前研究的锂同位素分离方法中,该法的分离系数也较高。此方法自报道后得到长期的发展,截至目前该法也是唯一成功应用于工业化生产的方法。

萃取法也是分离锂同位素的方法之一,依靠 ^{6}Li 与 ^{7}Li 在两溶剂相中分配系数不同而进行萃取。萃取法本质也是同位素之间的交换,但所采用的体系与锂汞齐法不同。Li$^+$ 水合能较大,选用适合的萃取体系是此方法的关键。在 20 世纪 60 年代,佩德森研究了大环聚醚及类似物对阳离子的络合作用,发现大环聚醚中环的大小与阳离子的选择性络合有关[18]。自此之后,冠醚和穴醚体系成为分离锂同位素的研究热点。20 世纪 90 年代,中国兰州大学傅立安和方胜强对冠醚分离体系的机理展开一系列的研究,提出冠醚尺寸增加会导致结构的改变,从而使体系自由能降低,分离系数减小[19,20]。冠醚体系单级分离系数较高,能有效分离锂同位素,但冠醚合成复杂,成本较高。目前的研究集中在新型体系的建立,该方法在实验中已经获得不错的效果,有待进一步提高效率,扩大生产规模。离子交换色层法的化学交换体系也可用于锂同位素分离。江南大学顾志国课题组制备掺杂苯并 15-冠-5 和咪唑基离子液体的介孔硅胶材料用于锂同位素分离,形成络合物 $[(Li_{0.5})_2(B_{15})_2(H_2O)]^+$ 后,^{7}Li 富集于水相,^{6}Li 富集于固相,得到单级分离系数为 1.046 左右,其优势在于增大了萃取率,用离子液体代替有机液体有效避免了挥发问题,且介孔材料在萃取后可以再生循环利用。但离子交换色层法中存在离子交换数量少的问题,达到平衡所需时间长,且交换剂不稳定。该方法在锂同位素分离上还有待研究。

激光法属于物理法的一种,其原理为锂同位素原子从基态到激发态所需能量不同,可以采用不同波长的光对其进行激发,利用化学物理性质差异将同位素分离。在 20 世纪 80 年代到 21 世纪初,激光法得到了一些科研工作者的关注,主要是将具有天然同位素丰度的^{6}Li 通过调整激光波长激发至^{2}P$_{1/2}$能态,将^{6}Li 富集到 90% 以上。激光法的优势在于具有高选择性,但所需设备成本较高,不易从实验室扩大到工业生产。

此外,电化学法也被用于锂同位素的分离。加利福尼亚大学布莱克等将金属锂样品放入 LiClO$_4$ 碳酸丙烯酯溶液中,采用镍作为点击,通过电化学同位素效应使得锂同位素分离,^{6}Li 较轻,因此优先富集在金属中;他们同时研究了不同电化学条件对分离系数的影响[21]。

目前锂同位素分离的主流方向还是化学交换法,当前可以从两个方面进一步发展同位素分离技术:① 以化学性质相似的金属替代汞,开发新的体系;② 研究不同体系如萃取、离子交换化学色层的机理,通过学科交叉,开展大规模量产反应器研究,满足热核反应氚增殖锂源用料需求。

2)氚增殖剂种类及其优缺点

在获得高丰度的^{6}Li 之后,需要制备适合于聚变堆产氚包层的氚增殖剂材料。这里"增殖"的含义是在核聚变堆中通过聚变中子在产氚包层的氚增殖材料中产生的氚大于 D-T 聚变反应所消耗的氚,氚在整个聚变核燃料循环过程中是增殖的。目前,产氚包层设计对氚增殖剂材料提出的一般要求如下:① 高的锂原子密度,可以提高产氚包层的产氚率,确保实现 TBR>1。通常为了实现这个目标需要富集^{6}Li,且有可能还需要添加中子倍增剂材料。② 良好的辐照稳定性和服役稳定性。材料需要在聚变堆高能中子辐照和高功率密度的恶劣环境下具有良好的物理、化学和热力学稳定性,以提高氚增殖剂服役周期,确保产氚包层组件的整体一致性,以提高产氚包层的使用寿命。③ 良好的热传导性能。氚增殖剂材料具有高的热导率和热扩散系数,可以减小产氚包层内部的温度梯度和热应力,提高热能输出效率。④ 良好的氚释放性能。在氚增殖剂材料中产生的氚要尽可能最大化地提取,就需要氚增殖剂具有低的氚滞留量和较低的氚释放温度窗口,以提高产氚包层中的氚提取效率,减小氚损失,这样也有利于氚的安全和对环境的影响。⑤ 良好的相容性能。产氚包层通常是由几种材料组合在一起而成的,材料之间的热力学适配性和组合界面的化学反应(腐蚀行为)会直接影响产氚包层的综合性能和使用寿命。这就要求选择的氚增殖剂材料能与结构材料、冷却剂材料和中子倍增材料等实现最大限度的稳定兼容。

上述条件只是选择和研发氚增殖材料的一般要求,实际上没有一种材料能同时满足所有的要求。产氚包层的设计者可依据聚变反应堆的不同类型、不同应用、相关材料发展的成熟度,以及产氚包层的构成(结构材料/冷却剂材料/氚增殖材料/中子倍增材料)的不同组合设计不同的产氚包层并选择合适的氚增殖剂材料。目前,产氚包层设计中氚增殖剂一般采用含锂的材料,分为液态和固态两种。

(1) 液态氚增殖剂材料。液态氚增殖剂材料的共同特点是在产氚包层的工作温度区间时氚增殖剂全以液相的形式存在。目前常见的液态增殖剂有锂(Li)、锂-铅($Li_{17}Pb_{83}$)和 FLIBE(Li_2BeF_4),表 7-4 列出了上述三种液态氚增殖剂材料在产氚包层设计中部分性能参数的比较。在这三种材料中,锂是金属单质,锂-铅($Li_{17}Pb_{83}$)是一种低熔点的锂铅共晶合金,Li_2BeF_4 是 LiF 与 BeF_2 一种盐的混合物。在液态金属氚增殖剂的性质中,锂原子密度决定着氚增殖比的大小,电阻率影响液态氚增殖剂在横向运动的压降,氚的溶解度和扩散系数与液态氚增殖剂中的氚提取效率相关,而其他性质与液态氚增殖剂在特定条件下的化学和热力学稳定性相关。

表 7-4 液态氚增殖剂材料的几个重要性能参数

性　　质	纯　锂	$Li_{17}Pb_{83}$	Li_2BeF_4
熔点/℃	180	235	363
密度/g·cm^{-3}	0.48	9.4	2.0
锂密度/g·cm^{-3}	0.48	0.064	0.8
氚增殖性能	良好	良好	必须有中子倍增材料
400℃,1 Pa 下氚摩尔溶解度/%	0.088	1.8×10^{-8}	1.8×10^{-11}
400℃,1 Pa 下氚扩散系数/m^2·s^{-1}	1.0×10^{-11}	1.2×10^{-12}	—

上面介绍了三种液锂氚增殖材料,三者的性质不尽相同,被用于增殖包套的可能程度也不相同。液态纯锂具有最高的锂原子密度和最低的熔点,可用于自冷却产氚包层,然而安全性可能是限制它在聚变堆产氚包层中实际应用

的关键因素。$Li_{17}Pb_{83}$ 合金中的锂原子密度在三者中最低,但是铅可以作为中子倍增材料,在产氚包层中可以实现 TBR>1,而且其安全性远优于液态纯锂。因此,在一些聚变堆产氚包层的概念设计中,已考虑将 $Li_{17}Pb_{83}$ 合金用于自冷却或水冷却的产氚包层。但是液态 $Li_{17}Pb_{83}$ 合金也存在一个问题,为了减小磁流体动力学效应,$Li_{17}Pb_{83}$ 在管道中的循环流动速度很慢,因此相邻两次从液锂中提取氚的时间较长。而氚在 $Li_{17}Pb_{83}$ 中的溶解度十分有限,这就导致 $Li_{17}Pb_{83}$ 上方气相氚分压力增大,加剧了通过管壁扩散进入冷却系统的氚。另外,$Li_{17}Pb_{83}$ 与水的相互作用也需要进一步研究。而 Li_2BeF_4 用作液态氚增殖剂材料具有较高的化学稳定性,安全性能优于纯锂和 $Li_{17}Pb_{83}$ 合金,同时其较低的导电性能可以大大减小磁流体动力学效应造成的压力降。但其熔点过高,中子辐照 Li_2BeF_4 的产氚反应会生成氟化氚(TF),会对结构材料有很强的腐蚀性。

液态氚增殖剂材料用于聚变堆产氚包层中的产氚反应有诸多优点:① 锂原子密度高。通常可以不用富集 ^6Li 和中子倍增剂便可以实现氚增殖比 TBR>1。② 可以同时承担氚增殖剂和冷却剂的作用。液态氚增殖剂可以在产氚的同时将热量带出,可用于自冷却产氚包层,这样可以大大简化聚变堆产氚包层的设计。③ 液态产氚包层具有高的热传导性能,没有高热负载带来的种种问题,这有助于将氚增殖剂中的热量及时传出,有助于包层的安全运行,若与高强度碳化硅(SiC)结构材料相结合,可把热/电转换效率提高到 0.4。④ 液态氚增殖剂材料没有中子辐照效应。⑤ 液态氚增殖剂产生的氚可通过液态回路运输到环形真空室外,在借助已发展的气-液氢同位素交换技术在专门的氚系统上进行氚的提取。

液态氚增殖剂材料也存在几个主要问题:① 磁流体动力学效应引起的压力降与壁应力;② 液态氚增殖剂与结构材料以及冷却剂材料的相互作用引起的安全问题。

液态氚增殖剂的磁流体动力学效应是源于电磁的相互作用。液态氚增殖剂是一种导电的流体,当它在垂直于环向磁场方向的金属管道内流动时,会在流动的液态氚增殖剂材料中产生感应电动势,液态氚增殖剂材料流动的速度越大,感应电动势越高。由于流动的液态氚增殖剂材料与金属管道内壁有良好的电接触,短路的感应电流很大。而强的环向场磁场强度与短路感应电流作用形成极大的电磁力,这个电磁力施加于液态氚增殖剂,改变液态氚增殖剂材料的流速分布,造成较大的压力降。其反作用力施加于金属管道的管壁,产生大的机械应力,而该应力不能通过增加壁厚而减小。另外,磁流体动力学效应改变了液态氚增殖剂材料在管道流动的湍流状态,从而对热量的传导和质量的输运也产生显著的影响。人们经过对液态氚增殖剂材料磁流体动力学效应的广泛研究也提出了一些解决办法,如在金属管道内壁涂敷一层 AlN 或 CaO 绝缘涂层,或在金属管道内壁与液态氚增殖剂之间插入 SiC 流道插件,使得液态氚增殖剂与金属管道内壁之间隔开,都起到了较好的效果。

液态氚增殖剂材料与结构材料及冷却剂材料的相互作用引起的安全问题,主要来源于液态氚增殖剂对结构材料产生的腐蚀和液态氚增殖剂与空气的高度化学活性。液态氚增殖剂材料对结构材料的腐蚀,如低活化铁素体/马氏体钢或钒合金材料等,其腐蚀程度与产氚包层的工作温度和液态氚增殖剂材料在管道内的流动速度等密切相关。当结构材料为低活化铁素体/马氏体钢时,为了安全起见液态产氚包层的工作温度和液态氚增殖剂在管道内的流动速度都受到限制,导致其热/电转换效率也受到限制。此外,液态氚增殖剂材料(特别是液态纯锂)与空气会产生剧烈反应,遇水会产生爆炸性反应,释放大量的热,局部温度甚至可以升到 3 000℃ 以上,这会带来极大的安全隐患。表 7-5 给出了液态氚增殖剂材料的优缺点对比。

表 7-5 液态氚增殖剂材料的优缺点对比

氚增殖材料	冷却剂	优 点	缺 点
Li	Li	产氚包层结构简单,TBR 大,热导率高,氚泄漏低,中子载荷高	磁流体动力学效应,锂对结构材料腐蚀,氚提取困难,对空气和水反应性高,熔化温度较高
	He	相对安全,氚压力低,中子载荷高	产氚包层结构复杂,氚回收困难,兼容性低,氦压力高
$Li_{17}Pb_{83}$	LiPb	产氚包层结构简单,氚较易回收,中子载荷高	磁流体动力学效应,兼容性低,高温容易与氧发生反应,融化温度较高
	He	氚较易回收	氚增殖比小

（续表）

氚增殖材料	冷却剂	优 点	缺 点
Li_2BeF_4	Li_2BeF_4	产氚包层结构简单,锂盐稳定,氚滞留量低,反应性低	氚增殖比较低,兼容性低,氟化氚腐蚀,熔化温度较高,热导率低
	He	锂盐稳定,感生放射性低	氚压力高,氚增殖比小

（2）固态氚增殖剂材料。固态氚增殖剂材料在聚变堆产氚包层运行温度窗口以固相形式存在,主要是含锂的氧化物陶瓷材料。常见的固态氚增殖剂主要有 Li_4SiO_4、Li_2TiO_3、Li_2ZrO_3、$LiAlO_2$ 和 Li_2O 等。这些锂基陶瓷被认为是聚变堆产氚包层很有前途的固态氚增殖剂材料,它们显示了极好的氚释放特性和热物理、热机械性能。在近期一些聚变堆产氚包层的概念设计中,如国际热核聚变实验堆（ITER）实验包层模块（TBM）和各国正在研发设计的商用示范堆（DEMO）产氚包层中都把固态氚增殖剂的产氚包层作为一种选择。与液态氚增殖剂相比,固态氚增殖剂最大的优点在于其高安全性和无磁流体动力学效应。

作为产氚包层中的固体氚增殖剂需满足以下几个要求:锂原子密度高,与结构材料的相容性好,热学、化学、机械、辐照性能良好,氚释放速率大,滞留量低,提取容易。此外,由于球形氚增殖剂材料具有装卸容易、更大的比表面积、小球间有更多的孔道,透气性能好有利于氚的提取、缓解热膨胀和辐照肿胀效应等优点,固态氚增殖剂通常采用球形。表 7-6 所示为主要候选固态氚增殖剂材料的物化性能参数。

目前,国内外开展的固态氚增殖剂材料的研究主要集中在二元或三元锂陶瓷材料,以及这几种氚增殖剂的氚性能、机械性能和热性能上。这些氚增殖剂的性能按大小顺序排列情况如下。氚释放速率: $Li_2O > Li_2ZrO_3 > LiAlO_2 > Li_2SiO_3 > Li_4SiO_4$;氚滞留量: $Li_4SiO_4 > LiAlO_2 > Li_2SiO_3 > Li_2O > Li_2ZrO_3$;传热性能: $Li_2O > Li_4SiO_4 > LiAlO_2 > Li_2TiO_3 > Li_2ZrO_3$;辐射损伤: $Li_2O > Li_4SiO_4 > Li_2ZrO_3 > LiAlO_2$;机械性能: $Li_2O > Li_2ZrO_3 > LiAlO_2 > Li_4SiO_4 > Li_2TiO_3$。综合以上性能,这几种常见固态氚增殖剂的优缺点列于表 7-7。

表 7-6 候选固态氚增殖剂材料的物化性能参数

材料	Li_2O	$LiAlO_2$	Li_2ZrO_3	Li_4SiO_4	Li_2TiO_3
熔点/K	1 696	1 883	1 888	1 523	1 808
密度/$g \cdot cm^{-3}$	2.02	2.55	4.15	2.4	3.43
锂原子密度/$g \cdot cm^{-3}$	0.94	0.27	0.38	0.51	0.43
热导率(773 K)/$W \cdot m^{-1} \cdot K^{-1}$	4.7	2.4	0.75	2.4	1.8
与水反应	强烈	较少	无	较少	无
氚释放时间(713 K)/h	8.0	50	1.1	7.0	2.0
锂的挥发温度/℃	>600	>900	>800	>700	>800
长期使用(2年)	不稳定(锂蒸发)	稳定	不稳定(开裂)	不稳定(锂蒸发)	不稳定(钛损失)
氚释放(易释放温度)/℃	>400	>400	>400	>350	>300
氚释放温度窗口/℃	400~600	400~900	400~800	350~700	300~800
氚增殖率(TBR)	高	低	中等	中等	中等
活化产物	$^{16}O(n,p)$: 7 s	$^{46}Ti(n,p)$: 84 d $^{47}Ti(n,p)$: 3.4 d $^{48}Ti(n,p)$: 1.8 d	$^{90}Zr(n,p)$: 64 d $^{91}Zr(n,p)$: 57 d $^{94}Zr(n,2n)$: 10^6 a $^{96}Zr(n,2n)$: 64 d	$^{28}Si(n,2n)$: 4 s $^{29}Si(n,p)$: 6 min $^{30}Si(n,a)$: 9 min	$^{27}Al(n,2n)$: 4 s $^{27}Al(n,p)$: 9.5 min $^{27}Al(n,a)$: 15 h

表7-7 常见固态氚增殖剂的优缺点

特性	Li$_2$O	LiAlO$_2$	Li$_2$ZrO$_3$	Li$_2$TiO$_3$	Li$_4$SiO$_4$
优点	锂密度高 导热高 活化低	辐照稳定性好 化学稳定性好	释氚温度低	释氚温度低 对水不敏感	低活化 锂密度较高
缺点	辐照肿胀严重 极易与水反应 锂挥发严重	锂原子密度低 释氚行为一般	活化严重	还原氛围下钛 会被还原	易吸水

综合考虑，目前最有潜力的氚增殖剂分别是 Li$_4$SiO$_4$ 和 Li$_2$TiO$_3$。根据不同类型的产氚包层类型选用的氚增殖剂也不同。氦冷固态产氚包层通常选用 Li$_4$SiO$_4$ 作为氚增殖剂，水冷固态产氚包层选用 Li$_2$TiO$_3$ 作为氚增殖剂。常见的固态产氚包层所选用的氚增殖剂材料如表7-8所示。

表7-8 典型聚变堆固态产氚包层概念及材料选择

国家及组织	包层概念	结构材料	氚增殖剂	中子倍增剂	冷却剂
日本	WCCB	RAFM(F82H)	Li$_2$TiO$_3$	Be	水
欧盟	HCPB	RAFM(Eurofer)	Li$_4$SiO$_4$ 或 Li$_2$TiO$_3$	Be	氦气
中国	HCCB/HCSB	RAFM(CLF-1/CLAM)	Li$_4$SiO$_4$	Be	氦气
中国	WCCB	RAFM(CLF-1/CLAM)	Li$_2$TiO$_3$	Be$_{12}$Ti	水
韩国	HCCR	RAFM	Li$_2$TiO$_3$	Be	氦气
印度	LLCB	RAFM	Li$_2$TiO$_3$ 和 PbLi$_{16}$	PbLi$_{16}$	氦气和 PbLi$_{16}$

7.3.3 氚增殖剂研发现状

随着磁约束核聚变的发展，国内外针对液态氚增殖剂和固态氚增殖剂开展了大量的研究,以支撑聚变堆包层产氚技术的研发。以下将分别从液态氚增殖剂和固态氚增殖剂两个方面对其研发现状进行介绍。

7.3.3.1　液态氚增殖剂研发现状

目前液态增殖剂具有无辐照损伤的独特优势,不必开展辐照损伤研究。但是,液态锂铅作为氚增殖剂也存在一些问题,有待深入研究。比如,低的氚溶解度导致氚的分压较高,由此产生的氚渗透与泄漏问题;高温、高流速状态下的腐蚀效应和磁流体动力学效应问题等。此外,液态氚增殖剂中的氚提取技术也是目前液态氚增殖剂研究重点关注的领域。

在理论模拟方面,Alpy 等[22]在通风橱内建设水银回路模拟系统,该系统由液体回路和气体回路组成,利用该系统在流体力学系统方面展开了模拟研究,进行了氚总量与渗透分析。其主要目的是开展氚的平衡管理工作,为ITER 包层的结构和热工水力设计提供参考。同时分析不同运行条件(如进入提氚系统的锂铅分流量、涂层氚渗透减少因子等)对氚渗透的影响。王红艳等[23]在热工水力分析的基础上,采用大型 CFD 软件,对液态锂铅流体中的产氚反应产生的氚气泡在管道内的输运和流动进行模拟分析,研究了锂铅与氚气泡复杂的耦合两相流现象,分析了携带氚气泡的锂铅流动行为和传热特性,提供了国内首个液态锂铅携带氚在管道内流动特性研究的理论基础。Song等[24]建立了多个针对锂铅回路的氚分析模型,并开展氚总量及氚渗透分析计算。给出不同运行条件下回路系统内氚的总量、分配与通过冷却系统时氚的渗透情况,以及氚提取系统(TES)的锂铅分流量、涂层氚渗透减少因子(TPRF)对氚渗透的影响。

在氢同位素与液态锂铅合金的相互作用研究方面,Alpy 等依据氢同位素在液态锂铅中的溶解度开展模拟研究。通过模拟计算对诸多关键参数,例如锂铅的流动速率、氦气的流动速率、溢流流动速率、Sievert 常数、氚在锂铅中的扩散速率、锂铅的黏度、氦的黏度、传质单元的高度进行优化,并对鼓泡器模型不断进行改进。他们认为一个完整的鼓泡器系统由氚监测、过滤器、串接鼓泡器、气体质量流量计、真空机械泵、真空排气阀和截止阀等构成。谢波[25]等开展了针对 LLLB 工艺的部分实验研究,在模拟锂铅中氚提取过程中选用旋转喷嘴鼓泡法提取锂铅中的微量氢,对鼓泡床的相关参数进行初步的研究。结果表明:锂铅熔融温度越高,氢提取累计效率越高;鼓泡床气含率受叶轮孔径影响;随着氦气流速的增加,氢提取速率加快;喷头转速对氢提取影响有限。

在液态金属磁流体动力学效应的研究方面,液态金属磁流体动力学流动分析基于非导电流体力学,研究液态金属导电流体中磁场和流场的相互作用。同时,经典流体力学的基本规律适用于液态金属磁流体,如动量守恒、质量守恒、能量守恒等。除此之外,液态金属磁流体还遵循电动力学的基本规律,如麦克斯韦方程组和欧姆定律等。早在 1937 年,哈特曼研究了磁场垂直穿过无限平板间的磁流体,成为理论研究不可压缩导电流体磁流体动力学效应的先驱,同时这一问题也成为最基本的经典磁流体流动问题[26-27]。此后,多人对矩形管道的磁流体动力学控制方程进行简化求解,得到了相应的二维充分发展流动的速度分布和压力梯度等。但这些分析仅限于对简单直管流道内的充分发展流动积分求解,对于复杂的磁流体流动,要得到相应的理论分析解几乎是不可能的。

由于理论分析的局限性,国内外开始采用实验方法对液态金属磁流体的管道内的流动和传热特性进行了积极的探讨和研究。美国加利福尼亚大学洛杉矶分校建设了 MeGa 装置和 Mani - fold 装置,分别研究液态金属铅、铋和镓在自由表面磁流体流动实验和在分配箱内磁流体流动和传热效应实验。核工业西南物理研究院建立了 LMEL 液态金属大型实验装置,研究液态金属钠钾在均匀磁场下的磁流体动力学效应和材料相容性,以及液态包层含涂层裂缝及插件管道内的磁流体动力学实验等[28]。中国科学院核能安全技术研究所自主设计建造的基于液态锂铅实验回路 DRAGON - IV 的磁流体动力学实验段,是世界上第一个以高温液态锂铅为工质的磁流体动力学实验。此外,国内外还建立了一些小型的液态金属试验装置来开展相关的研究。

虽然国内外近几十年来对磁流体动力学理论分析和实验开展了大量的工作,但依靠理论分析和实验还不能详细给出聚变堆液态包层高温强磁场下复杂流道内液态氚增殖剂的磁流体动力学效应,无法揭示其内部流动与传热细节。如果考虑流体流动与传热、中子增殖与核热产生、在线产氚等之间的相互作用,通过理论和实验的方法目前还不能对其进行耦合分析。因此,随着计算流体力学及计算机技术的发展,数值分析在研究液态金属流体的流动和传热中发挥着越来越重要的作用。美国加利福尼亚大学洛杉矶分校基于磁感应方法和电势法开发了两套磁流体动力学效应的模拟程序,其中基于磁感应法程序可以精确求解二维高哈德曼下的磁流体流动。德国 FZK 基于商用软件 CFX 开发的磁流体动力学模拟子软件可以精确模拟哈德曼数小于 1 000 时的磁流体流动,且已通过了理论分析和实验验证。中国科学院核能安全技术研究所 FDS 团队开发并在不断完善具有自主知识产权的电磁场与热工水力学耦合分析软件系统 MTC。核工业西南物理研究院通过数值模拟开展了液态第一壁膜流磁流体流动及稳定性机制的研究。此外,国内外还有多人采用 Fluent 或 OpenFOAM 软件开展液态金属相关的数值模拟研究。

针对液态氚增殖剂中的氚提取问题,国内外研发了多种氚提取技术。如从液态锂铅合金中提氚的操作方法主要有膜渗透法、中间热介质通路附设冷阱法、喷雾法、鼓泡器法等。这部分涉及的具体氚提取技术由 6.2 节讲述。此外,针对液态氚增殖剂对结构材料的腐蚀问题,国内外也开展了一系列研究,主要研究不同结构材料的耐腐蚀性能,以及结构材料表面的抗腐蚀涂层等。

7.3.3.2 固态氚增殖剂研发现状

产氚包层中固态氚增殖剂一般采用含锂的陶瓷材料,主要包括二元锂陶瓷 Li_2O,三元锂陶瓷 $LiAlO_2$、Li_2ZrO_3、Li_2TiO_3、Li_4SiO_4 等。由于球形氚增殖剂具有装卸容易、力学性能好、比表面积大、氚扩散和释放性能好等优点,所以固态氚增殖剂通常采用球形设计,近几年也在发展一种多孔氚增殖剂单元。目前国内外氚增殖剂的研究主要集中在氚增殖剂的制备工艺、氚增殖剂性能研究、氚增殖剂辐照产氚行为和释氚行为研究、氚增殖剂球床热机械性能研究。

1) 氚增殖剂的制备

目前氚增殖剂小球的制备工艺主要有熔融喷雾法、挤出滚圆法、直接湿法(溶胶凝胶法)、间接湿法、石墨球床法等。

熔融喷雾法主要是将原料在坩埚内加热至熔化,熔融态的氚增殖剂从坩埚稳定流出,在喷嘴处随气流带出或被气流吹散成许多熔融态的小液滴,在表面张力作用下形成球体,然后在重力下降的过程中快速冷却凝固成陶瓷小球。德国 KIT 最早采用熔融喷雾法制备高密度($>95\%$TD,TD 为理论密度)的 Li_4SiO_4 微球[29],如图 7-7 所示。该方法适宜批量生产球形度优异的锂陶瓷微球,但是由于材料由熔融到冷却成球过程中热应力没有完全释放,因此材料力学性能欠佳,微球易开裂。2010 年,核工业西南物理研究院同样采用熔融法得到了高密度的 Li_4SiO_4 微球[30],如图 7-8 所示。

挤出滚圆法的一般流程是在粉末中添加有机成型剂后,通过挤压设备挤出棒状坯料在滚圆机上滚动,其受到摩擦力作用逐渐滚圆。中国原子能科学研究院杨洪广等通过此法制备了 Li_4SiO_4 小球,得到了纯度为 98.5% 的 Li_4SiO_4 小球,其密度达到 90.4%TD。此外,加拿大原子能公司 AECL 也发展了挤出-成型-烧结工艺,用来制备直径为 1.2 mm 的 $LiAlO_2$、Li_2ZrO_3 和

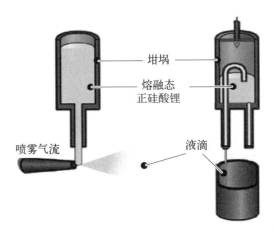

图 7-7　德国 KIT 熔融喷雾法(左)及其改进型(右)示意图

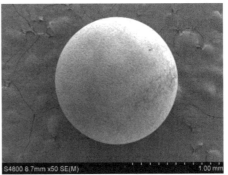

图 7-8　核工业西南物理研究院采用熔融喷雾法制备的 Li_4SiO_4 小球

Li_2TiO_3 小球,密度为$(80\%\sim90\%)$ TD。法国 CEA、中国科学院上海硅酸盐研究所也使用相似的方法制备了 1 mm 的氚增殖剂小球。

　　直接湿法也称溶胶凝胶法,该方法主要工艺是将原料与有机溶剂混合后,经过溶胶、陈化、凝胶和煅烧等一系列过程,制得氚增殖剂陶瓷小球。该方法要加入有机物的成本高、操作复杂。中国科学院上海硅酸盐研究所通过此法制备了 Li_4SiO_4 小球,最终得到的小球直径为 1.2 mm,密度为 74%TD。通过溶胶凝胶法制备的小球密度较低。

　　间接湿法是将粉末和黏结剂混合均匀后滴入甲醛、丙酮、液氮等冷体,通过液滴表面张力成型,再经过烧结过程得到氚增殖剂小球。中国工程物理研究院核物理与化学研究所采用此方法成功制备了 Li_4SiO_4、Li_2TiO_3 氚增殖剂小球。此外,四川大学、北京科技大学等分别采用类似工艺合成了 Li_2TiO_3 和

Li_4SiO_4 小球。该工艺制备的小球粒径可控,小球粒径分布较窄,力学性能优异,而且适合工业化生产。

石墨球床法由北京科技大学研发,主要工艺过程是将浆料滴入石墨模具中经过干燥成球,最后通过煅烧和烧结过程制备出氚增殖剂小球。采用该工艺并借助于特殊的烧结制度,成功制备出小球直径 0.92 mm、相对密度 90.3% 的 Li_4SiO_4、Li_2TiO_3 氚增殖剂小球。

此外,制备氚增殖剂小球的方法还有团聚烧结法、乳液法、行星式滚动法等。采用这些制备工艺不同单位分别成功制备出 Li_2O、Li_2ZrO_3、Li_4SiO_4、Li_2TiO_3 等氚增殖剂小球。表 7-9 总结了国内外锂基陶瓷氚增殖剂的制备技术。目前各国聚变堆固态氚增殖剂实验包层模块均以 Li_4SiO_4 和 Li_2TiO_3 为主,从循环回收 ^6Li 的角度来看,熔融法有着先天的优势。目前,Li_4SiO_4 的制备主要以熔融法微珠为主,Li_2TiO_3 的制备主要以湿法工艺为主。

表 7-9　国内外锂基陶瓷氚增殖剂的制备技术

国 别	材 料	制 备 方 法	密度/%TD	直径/mm
日本	Li_2O	熔融滴入法 溶胶凝胶法 湿法工艺	～65 <80 ～80	<1 ～1 ～0.6
	Li_2ZrO_3	团聚烧结法	～90	～1
	Li_2TiO_3	溶胶凝胶法 湿法工艺	<80 80～90	～1.6 ～1
欧盟	Li_2TiO_3	挤出滚圆法	～90	0.8～1.2
	Li_4SiO_4	熔融喷雾法	>95	0.5～1
中国	$LiAlO_2$	行星式滚动法	70～80	1～5
	Li_2ZrO_3	行星式滚动法 溶胶凝胶法	60～80 80～90	1～5 <1
	Li_2TiO_3	溶胶凝胶法 湿法工艺 石墨球床法	～80 80～90 ～84	～1 0.8～1.2 0.3～1
	Li_4SiO_4	熔融喷雾法	>95	0.3～1.2

为了满足高锂密度、高熔点、高热导率、高抗压强度以及优异的氚释放性能等要求,对新型先进氚增殖微球的探索仍在进行。目前,球形氚增殖剂的研发主要集中在掺杂研究改善机械性能、复相和核壳结构改善氚增殖剂小球的机械性能和氚释放性能等方向。此外,为了改善氚增殖剂的机械性能和提高填充率,国内外正在开展一种新型多孔氚增殖剂单元的研发。基于陶瓷 3D 打印工艺的多孔 Li_4SiO_4 氚增殖剂单元的研制,制备的氚增殖剂多孔单元的密度达到 85%TD,机械性能和等效热导率得到显著提升[31]。采用该方法可以对氚增殖剂多孔单元的空隙结构进行人工设计和控制。多孔氚增殖剂单元可以有效提高氚增殖剂的机械性能和传热性能,但是孔隙的控制是多孔氚增殖剂的一个关键点,应该尽可能减少闭孔、盲孔,增加通孔,以提高多孔单元内部氚的吹扫提取。目前多孔氚增殖剂的研制尚处于探索阶段,缺乏全面的性能数据,制备工艺需要进一步优化和改进。

2) 固态氚增殖剂性能研究

固态产氚包层在运行期间,材料将受到热膨胀、热梯度、热冲击和热循环引起的许多应力,因此对氚增殖剂材料的性能要求是多方面的,主要性能指标包括产氚性能、传热性能、耐辐照性能、中子活化性能、热力学稳定性及与结构材料的相容性等。表 7-6 已总结了候选固态氚增殖剂材料的主要物化性能,这里不再重复。

3) 固态氚增殖剂的辐照性能

聚变环境中的中子、$^6Li(n,\alpha)T$ 产生的氚(2.7 MeV)和氦(2.1 MeV)原子,以及其他二次粒子与锂陶瓷材料作用后,锂陶瓷材料的微观结构、物相组成和物化性能均会发生一定的变化。辐照会引起材料的肿胀,当 ^6Li 燃耗达到 3% 以上时,氦泡的形成会造成 Li_2O 的体积膨胀明显大于三元锂陶瓷材料。目前国外已经开展了较多的氚增殖剂辐照实验(见表 7-10)。

在 EXOTIC-8 实验中,当 Li_4SiO_4 的 ^6Li 燃耗达到 11% 时,球内的小裂缝增加,并出现较大的穿透裂缝(见图 7-9),但辐照后仍表现出良好的力学性能,说明 Li_4SiO_4 能够承受高燃耗工况。在所进行的一系列中子通量和燃耗较低的情况下,三元锂陶瓷材料在微观结构、物相组成和机械力学性能方面没有表现出明显的变化。

表 7 - 10 国外固态陶瓷氚增殖剂中子辐照实验[32]

实验编号	氚增殖剂材料	形态	^6Li丰度/%	燃耗 ^6Li/%	燃耗 总锂燃耗/%	中子通量(热中子)/10^{20} cm^{-2}	中子通量($E>1$ MeV)/10^{22} cm^{-2}	辐照时间/天	温度/℃
FUBR-1A	Li_2O,$LiAlO_2$, Li_2ZrO_3,Li_4SiO_4	芯块	56,95	1.1~1.2 2.0~2.2 3.1~3.5	—	—	1.4~1.45 3.9~4.1 2.5~2.7	96.7 177.6 274.3	—
FUBR-1B	Li_2O,$LiAlO_2$, Li_2ZrO_3,Li_4SiO_4	芯块	0.07,7.5, 56,95	3.9~4.3	—	—	4.7~5.1	341.5	450~1 225
BEATRIX-I	Li_2O,$LiAlO_2$, Li_2ZrO_3,Li_4SiO_4	芯块	0.07,7.5, 56,95	6.7~7.4 10.3~11.3 10.3~11.3	—	—	8.2~8.9 13~14 13~14	599.3 940.8 936.9	—
MOTA-2A (BEATRIX-II)	Li_2O,$LiAlO_2$, Li_4SiO_4,Li_2ZrO_3	环状芯块, 小球	0.07,0.2,7.5, 56,95	1.7,7.6~9.9	—	—	0.2,7.4~8.8	299.7	550~640 440~1 000
MOTA-2B (BEATRIX-II)	Li_2O,$LiAlO_2$, Li_4SiO_4,Li_2ZrO_3	环状芯块, 小球	0.2,85,95	1.27,5.3~7.9	—	—	0.2,7.7~7.9	203.3	530~640 440~1 100
CRITIC-3	Li_2TiO_3	小球	1.85	—	0.9	0.57	—	334	200~900
COMPLIMENT (ELIMA-2, DELICE-3)	$LiAlO_2$,Li_2SiO_4, Li_4SiO_4,Li_2O, Li_2ZrO_3	芯块,小球	7.5	—	0.25,1	—	—	178 (HFR) 75	400~450 (OSI - RIS)
650 - 700 In - Pile Pebble - Bed	Li_2TiO_3	小球	—	—	—	0.01	—	JMTR	400~610

（续表）

实验编号	氚增殖剂材料	形态	^{6}Li丰度/%	燃耗		中子通量(热中子)/10^{20} cm^{-2}	中子通量($E>1$ MeV)/10^{22} cm^{-2}	辐照时间/天	温度/℃
				^{6}Li/%	总锂燃耗/%				
EXOTIC-1 (BEATRIX)	LiAlO$_2$,Li$_2$SiO$_3$,Li$_2$O	芯块	0.06,0.6,7.5	—	0.004,0.035,0.28	0.01	0.013~0.025	25	350~700
EXOTIC-2	LiAlO$_2$,Li$_2$SiO$_3$,Li$_2$O	芯块	0.55~0.6	—	0.1	0.02~04	0.025~0.05	50	350~725
EXOTIC-3	Li$_2$ZrO$_3$,Li$_2$O,Li$_2$SiO$_3$	芯块	0.55~0.6	—	0.12~0.13	0.03~0.06	0.03~0.08	75	385~650
EXOTIC-4	Li$_2$ZrO$_3$,Li$_6$Zr$_2$O$_7$,Li$_2$ZrO$_6$,Li$_2$O,Li$_2$SiO$_3$	芯块	0.55~0.6,7.7	—	0.13~0.15,0.8	0.04~0.07	0.05~0.1	97	310~680
EXOTIC-5	LiAlO$_2$,Li$_2$ZrO$_3$,Li$_4$SiO$_4$,Li$_6$Zr$_2$O$_7$,Li$_8$ZrO$_6$	环状芯块,小球	7.5	—	1.8~2.1	0.07~0.13	0.08~0.17	166	325~630
EXOTIC-6	LiAlO$_2$,Li$_2$ZrO$_3$,Li$_6$Zr$_2$O$_7$,Li$_8$ZrO$_6$,Li$_4$SiO$_4$	环状芯块,小球	7.5	—	3.0~3.2	0.08~0.15	0.1~0.2	199	315~520
EXOTIC-7	Li$_2$ZrO$_3$,Li$_8$ZrO$_6$,Li$_4$SiO$_4$,LiAlO$_2$	环状芯块,小球	38~50	—	5.8~18.1	0.27	0.13	261	410~745
EXOTIC-8/1	Li$_2$TiO$_3$	小球	7.5	—	1.86	0.046	—	201	310~570

（续表）

实验编号	氚增殖剂材料	形态	^{6}Li丰度/%	燃耗 ^{6}Li/%	燃耗 总锂燃耗/%	中子通量（热中子）/10^{20} cm^{-2}	中子通量（$E>1$ MeV）/10^{22} cm^{-2}	辐照时间/天	温度/℃
EXOTIC-8/2	Li$_2$TiO$_3$	环状芯块	7.5	—	1.34	0.039	—	173	420~640
EXOTIC-8/3	Li$_4$SiO$_4$+2%TeO$_2$，Be	小球	50	—	2.6~4	0.003~0.013	—	201	200~700
EXOTIC-8/4	Li$_4$SiO$_4$+2%TeO$_2$	小球	7.5	—	1.38	0.033	—	201	280~590
EXOTIC-8/5	Li$_2$TiO$_3$	小球	7.5	—	2.1	0.06	—	200	500~660
EXOTIC-8/6	Li$_2$ZrO$_3$	小球	7.5	—	2.5	0.071	—	299	400~640
EXOTIC-8/7	Li$_4$SiO$_4$，Be	小球	51.5	—	8~17.5	0.025~0.064	—	648	400~690
EXOTIC-8/8	Li$_2$TiO$_3$，Be	小球	50	—	4.1~10.9	0.11~0.38	—	450	400~700
EXOTIC-8/9	Li$_2$TiO$_3$	小球	7.5	—	3.51	0.1	—	448	420~560
EXOTIC-8/10	Li$_4$SiO$_4$	小球	7.5	—	—	0.09	—	448	520~695
PBA	Li$_4$SiO$_4$，Li$_2$TiO$_3$	小球	7.5	—	1.5~2.9（^{6}Li天然丰度）	0.04~0.07	0.11~0.17	294	550~800
EXOTIC-9	Li$_2$TiO$_3$ Li$_4$SiO$_4$	小球	7.5,30.5, 7.5,20	—	3.1（^{6}Li天然丰度）	0.15	0.09	300	340~580
K-578(WWRK)	Li$_2$TiO$_3$	芯块,小球	96	—	18~23	—	—	220	500~900
HICU	Li$_4$SiO$_4$ Li$_2$TiO$_3$	小球	0.06,7.5,20, 0.06,11,30	—	0.7~13	1.5	0.7	403	600~900

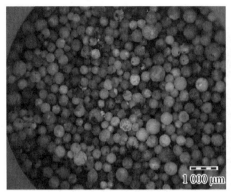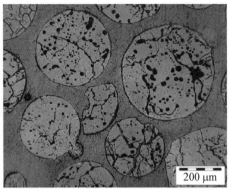

图 7 - 9　EXOTIC - 8 辐照实验后正硅酸锂小球的形貌

锂陶瓷增殖剂的电导率与材料表面的辐照损伤和杂质有关,辐照损伤将导致电导率明显下降。锂陶瓷增殖剂经热中子辐照后,其电导率大小顺序为 $\gamma - LiAlO_2 < Li_2ZrO_3 < Li_2SiO_3 \approx Li_4SiO_4$。$Li_4SiO_4$ 的 γ 放射性活性很低,而 $LiAlO_2$ 和 Li_2ZrO_3 相对较高,产生长寿命的 ^{26}Al 和 ^{94}Nb。在不考虑氚和放射性杂质的情况下,陶瓷增殖剂的活性顺序为 $Li_2O < Li_2TiO_3 < Li_4SiO_4 < LiAlO_2 < Li_2ZrO_3$。中子辐照后,锂陶瓷增殖剂的放射性活性远低于结构材料的放射性活性。

4) 固态氚增殖剂的辐照产氚行为和释氚行为

在没有聚变中子源的情况下,各研究机构均采用裂变反应堆进行锂陶瓷氚增殖剂材料的辐照产氚实验。产氚实验分为堆内在线产氚实验和堆外离线产氚实验。堆内在线产氚是锂陶瓷材料在反应堆运行的同时进行产氚,并通过改变温度和载气条件获得氚增殖剂在连续辐照时的宏观释氚特性(如稳态产氚速率、释氚温度、氚的化学形式和比例等)。堆外离线产氚是将氚增殖剂材料密封在特制的容器里(如石英玻璃管),经过反应堆热中子辐照后取出,在实验室释氚系统进行退火产氚实验研究。在堆内辐照实验中,各氚增殖剂释放氚的化学形式为 HT 和 HTO,其比例受系统的氧势所影响。大量堆外实验表明,无论载气条件如何变化,氚水(HTO)是固态增殖剂的主要释氚形式,HT 的份额随着载气中的氢气的分压增加而增加,同时与中子通量也有关系。三元锂基陶瓷氚增殖剂的释氚温度主要分布在 $200 \sim 600\text{℃}$,峰形特征与退火升温速率、载气条件和杂质等因素有关。

氚的输运与释放是一个很复杂的过程,包括氚在晶粒中的扩散、捕集、晶粒边界的扩散、表面反应、解吸、吸附和孔隙间的扩散等,而影响这些过程的因素众多,如增殖剂微观结构(晶粒大小、孔隙大小及分布)、密度、辐照条件、温度、载气成分及其流速等。因此,无论是堆内辐照产氚还是堆外热解吸实验,关于增殖材料氚释放行为的研究结果还存在一定差异,需要积累更多的实验数据并加以修正。

5) 固态氚增殖剂球床性能研究

固态氚增殖剂在现有的固态产氚包层中主要以球床的形式服役。球床的堆积性能、热物理性能、热机械性能等对固态产氚包层的设计和分析至关重要。德国、日本、韩国、美国和中国等都建立了测量锂陶瓷球床热力学性能和热机械性能的实验装置,重点研究了球床热膨胀、热蠕变和有效热导率等几个方面。此外,还利用数值模拟和实验研究球床的堆积结构、热机械性能、提氚气体热工水力特性等。德国 KIT、日本 JAEA 和美国 UCLA 采用稳态法、瞬态热线法等开展了氚增殖剂球床有效热导率的实验研究,获得了氚增殖剂压缩球床和非压缩球床的有效热导率,并开展了聚变堆产氚包层氚增殖剂球床在单轴加载/卸载过程、循环加载/卸载载荷下的热机械性能的实验研究。总的来说,他们的实验研究主要集中于球床在非压缩和压缩条件下的有效热导率测量及球床的机械特性测量,主要涉及单尺寸 Li_4SiO_4、Li_2TiO_3、Be 球床等。

国内聚变堆产氚包层球床堆积性能、热物理性能、热机械性能实验研究起步较晚。2014 年,核工业西南物理研究院采用瞬态平面热源法开展了氚增殖剂 Li_4SiO_4 球床等效热导率、热扩散系数和等效体积比热的研究。此后,华中科技大学开展了基于稳态法的氚增殖剂球床有效热导率的实验研究。中国科学技术大学通过瞬态平面热源法和热探针法开展了氚增殖剂球床等效热导率的实验研究。西安交通大学还开展了球床内气体压降和流阻特性的实验研究。中国科学院等离子体物理研究所通过热线法开展了氚增殖剂球床等效热导率的实验研究。此外,核工业西南物理研究院还开展了针对 HCCB TBM 的球床堆积性能和 TBM 装填工艺的实验和模拟研究,自主研发球床高温热力耦合试验装置和多物理场耦合球床综合性能测试平台,正在开展氚增殖剂球床的热机械性能、热物理性能和提氚气体流阻特性的实验研究。总体来说,国内针对聚变堆产氚包层球床开展的实验研究仍然不足,继续开展大量的实验研究,为固态产氚包层的设计分析提供技术支持。

7.4 中子倍增材料

聚变堆要实现燃料氚的自给自足,必须要实现氚增殖率 TBR>1。由于在一次 D - T 反应中,每烧掉一个氚原子仅生成 1 个聚变中子。这个中子并非全部在产氚包层内部与氚增殖剂发生产氚反应。聚变反应产生的中子中有 $10\% \sim 15\%$ 的概率消耗在与产氚包层结构材料发生的俘获吸收上,另有 $10\% \sim 20\%$ 的概率逃逸出产氚包层之外。这样,用来进行产氚反应的聚变中子的概率只有 $65\% \sim 70\%$。要实现 TBR>1,就必须进行中子倍增。

7.4.1 中子倍增反应及材料概述

中子倍增反应的原理是快中子在中子倍增材料上发生级联的中子倍增反应。比如 D - T 聚变反应产生的中子轰击中子倍增材料的原子核,有一定的概率发生($n, 2n'$)反应。如果中子倍增剂材料的这种中子倍增反应的反应阈能比较低,则倍增反应产生的次级中子 n' 能够再次与中子倍增材料发生中子倍增反应,出现级联式的中子倍增效果。而总的中子增殖因子取决于($n, 2n'$)反应截面。例如,^{9}Be 在理想配置下总中子倍增因子能够达到 2.5。

根据固态产氚包层对中子倍增功能的需求,要求中子倍增材料具有以下特点:① 在中子学方面,具有足够大的($n, 2n'$)反应截面,足够低的中子倍增反应阈能,对中子(特别是热中子)的俘获截面要小,具有足够的中子倍增因子。② 在热力学稳定性方面,要求中子倍增剂具有较高的熔点和高的热导率,在冷却剂的温度窗口没有体积膨胀的相转变,以保持产氚包层的整体一致性。③ 在物理、化学性能方面,要求中子倍增材料抗辐照损伤,与结构材料、氚增殖材料、冷却剂和氚吹扫气体具有良好的兼容性,以确保产氚包层具有足够长的使用寿命。其中中子学特性的要求无疑是第一位的,满足聚变反应堆产氚包层设计需要的中子倍增因子是中子倍增剂选择的前提。

在聚变堆产氚包层中,为了实现聚变堆燃料氚的自持,需要确保氚增殖比 TBR>1。由于产生的聚变中子不可避免地会产生部分损失,只有 $65\% \sim 70\%$ 概率的中子可以用来产氚,因此在聚变堆产氚包层中经常添加中子倍增剂来实现中子倍增的功能。在大多数能够发生($n, 2n'$)反应的非裂变核中,不是中子倍增反应截面不够大就是中子俘获吸收截面太高。能选择作为中子倍增剂的核素就只有铅、锆和铍。

铅对聚变中子(14 MeV)的($n, 2n'$)反应截面最大为 2.15 b,而且有较低的中子俘获吸收(热中子俘获吸收截面仅有 0.171 b),这是铅的最大优势。但是铅的($n, 2n'$)反应的阈能较高,达到 7 MeV,聚变中子发生的一级($n, 2n'$)反应产生的中子不能再次进行中子倍增反应,即铅作为中子倍增剂时没有级联效应。

锆的中子倍增行为与铅较为类似,其对于 14 MeV 的聚变中子发生 $(n,2n')$ 反应的截面比铅小 1/2。但锆与铅相比具有更大的中子俘获吸收截面,无法提供聚变堆产氚包层需要的中子倍增因子。

铍的中子倍增反应 $(n,2n')$ 的反应截面与铅相比要小 1/4,但是铍的 $(n,2n')$ 反应阈能只有 1.85 MeV,比铅的 7 MeV 要低得多。聚变中子发生的一级中子倍增反应产生的次级中子和再次级中子都能够发生中子倍增反应,能够发生级数大于 1 的级联反应。此外,在聚变堆产氚包层中那些与氚增殖剂、结构材料等发生非弹性散射而慢化的快中子,只要能量大于 1.85 MeV,都可以发生 $(n,2n')$ 的中子倍增反应。因此,铍的总中子倍增因子可超过 2。

因此,可以作为中子倍增材料的只有铅和铍。两者都能够满足产氚包层对中子倍增性能的最低要求。不过在大多数的固态产氚包层设计中都选择铍或铍合金(铍占主要成分)材料作为中子倍增剂。主要是因为铅的熔点较低(325℃),不适合固态产氚包层的工作环境。在固态产氚包层中通常使用氦气或水作为冷却剂,若使用轻水作为冷却剂,在正常工况下出入口温度为 280℃/325℃。若使用氦气作为冷却剂,正常工况下出入口温度为 250℃/500℃。在这样的温度区间,要保持铅的单一相态(液态或固态)是十分困难的,而铅的相变过程(由固相到液相)伴随相当大的体积改变,会对结构材料产生不可承受的形变应力,这是固态产氚包层通常选择铍作为中子倍增剂的根本原因。

7.4.2　中子倍增材料研发现状

在聚变堆液态产氚包层的设计中,液态氚增殖剂锂铅中的铅也有中子倍增的功能,可以认为液态锂铅既是氚增殖剂又是中子倍增剂,液态锂铅的研究现状前面已经阐述,这里不再赘述。此外,由于聚变堆固态产氚包层的设计中主要选择铍或铍合金材料为中子倍增剂,如中国氦冷固态陶瓷氚增殖剂实验包层模块(CN HCCB TBM)选用铍作为中子倍增剂。中国聚变工程试验堆的两种候选产氚包层,即氦冷固态产氚包层(HCCB)和水冷固态产氚包层(WCCB),分别选用铍和铍钛合金作为中子倍增剂。因此,目前国内外对于中子倍增剂材料的研究主要集中在铍和铍合金材料及铍小球的制备。

铍小球的制备目前主要有三种工艺方法:镁还原法(MRM)、熔融气体雾化法(GAM)和等离子体旋转电极法(REP)。

镁还原法(MRM)是在金属铍的生产工艺过程中直接实现铍的球形化,主要工艺流程如下:首先,将绿柱石(一种铍铝硅酸盐)采用硫酸法或者氟化法得到氢氧化铍;其次,将氢氧化铍通过氟氢化铵转化为氟铍化铵,进一步分解得到氟化铍;最后,用镁作为还原剂将氟化铍采用镁热还原法得到金属铍和氟化镁,再经过分离得到金属铍球。通过 MRM 工艺得到的金属铍球直径较大,且直径分布较宽,杂质含量高,球形度较差。

熔融气体雾化法(GAM)是早期的铍小球制备方法,主要由美国 Brush Wellman 工艺开发。GAM 工艺的主要原理就是将金属铍在真空容器中熔融,然后将熔融态的液态金属铍通过小孔引流至喷嘴处利用气流喷出,喷出的铍液滴在惰性气氛中迅速冷却成球形颗粒,而后坠落在容器底部被收集。采用 GAM 工艺制备的铍小球在球形度、直径分散性方面较差,铍小球为近球形,畸形颗粒比重较大,球直径分布范围较宽,不易控制。

等离子体旋转电极法(REP)是根据离心雾化的原理,利用钨电极和铍电极在近距离产生的等离子体放电而产生的高温,将铍电极表面融化;再利用铍电极的高速旋转产生的离心力,将表面融化的铍以液滴的形式甩出,然后铍液滴在惰性气体保护的容器中迅速固化成球,坠落在底部加以收集。REP 工艺的主要优势是可以通过控制铍电极的旋转速度进行球径的控制。球径和转速存在函数对应关系,通常转速越高球径越小。据公开资料显示 REP 工艺制备的铍小球可以达到 0.2～2.5 mm 的单一粒径小球。该工艺具有设备紧凑、工艺控制参数简单、颗粒直径分布范围窄、球形度高、颗粒表面光滑、生产效率高等优点。因此,通常采用 REP 制备聚变堆固态产氚包层用中子倍增剂铍小球。日本早在 20 世纪 90 年代就首先采用 REP 法工艺制备出可以用于聚变堆产氚包层的中子倍增剂铍小球。核工业西南物理研究院联合宝鸡市海宝特种金属材料有限责任公司于 2010 年采用 REP 工艺也成功制备出中子倍增剂铍小球,成为继日本之后第二个掌握 REP 工艺制备中子倍增剂铍小球的国家[33]。之后经过多级技术改进和设备优化,目前铍小球的制备规模可以达到 10 kg 每批次,成球率达到 60% 以上,粒径在 0.2～1.5 mm 范围内可控。如图 7-10 和图 7-11 所示为核工业西南物理研究院研制铍小球所用 REP 设备及制备的铍小球产品。

在现有的氦冷固态产氚包层概念设计中选用铍小球作为中子倍增剂,然而铍在中子辐照下会产生辐照肿胀和脆化。此外,高温下铍会与水蒸气发生反应生成氢气,这会影响聚变堆的安全性,尤其是在水冷产氚包层中会产生极

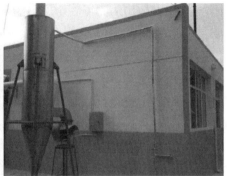

图 7 - 10　REP 设备及铍专用车间

图 7 - 11　采用 REP 设备制备的铍小球

大的安全风险。因此,近年来铍合金材料作为中子倍增剂铍的一种替代产品受到越来越多的关注。日本先后采用电弧融化技术和等离子体烧结技术成功制备了 $Be_{12}Ti$ 合金材料和电极棒材,并采用 REP 方法成功制备了 $Be_{12}Ti$ 小球。此外,日本还探索研发了 $Be_{12}V$、$Be_{12}Zr$ 等铍合金材料作为候选的中子倍增剂材料。北京科技大学采用热等静压的方式进行了实验室小批量 $Be_{12}Ti$ 的制备。宝鸡市海宝特种金属材料有限责任公司等也进行了铍钛合金制备工艺的探索。但到目前为止,国内外都还未实现铍钛合金的工业规模化生产。

在中子倍增剂球床性能研究方面,德国 KIT 通过实验开展了大量的铍球床堆积性能、高温等效热导率、高温热机械性能等的研究。日本 JAEA 等也通过实验开展了铍球床及铍钛合金球床的堆积性能和等效热导率的实验研究。此外,核工业西南物理研究院和北京科技大学通过加速器初步开展了氦离子辐照对铍材表面形貌和微观结构的初步研究。国外已经开展了铍小球的堆内中子辐照性能及释氚性能的研究,累计的辐照损伤剂量已经达到 21～37 dpa,对应产生 3 632～5 925 ppm 的氦和 367～644 ppm 的氚[34],国内目前尚未开展中子倍增剂铍小球的中子辐照实验。此外,日本 JAEA 和德国 KIT 等已经开展了中子倍增剂铍、铍合金与结构材料 SS316LN、F82H、Eurofer 等的兼容性实验,结果显示与纯铍相比铍合金与结构材料具有更好的兼容性[35]。由于铍具有毒性且高温下会有微量蒸发,而国内目前没有具备完全防护的实验室,因此,尚未开展系统的中子倍增剂球床性能、中子倍增剂与结构材料、氚增殖剂的兼容性等的实验研究,所以在中子倍增剂相关性能的实验研究方面尚需加强。

7.5　结构材料

结构材料是工程上主要用于受力的材料,用于构筑系统的基本框架和结构部件。但通常谈及聚变堆专属的结构材料,往往是指包层结构材料,其面临着 14 MeV 的高通量中子辐照,是目前所有结构材料服役工况上绝无仅有的。辐照不仅使结构材料本身产生大量空洞、位错等缺陷,同时嬗变产生的氢、氦等元素还会导致材料产生氢/氦泡、氢/氦脆等现象,使材料的力学性能显著下降,使用寿命缩短。强辐照也伴随带来高温,高温与应力使材料的结构稳定性变差,影响聚变堆的安全性,不利于聚变堆长期有效地运行。同时,包层结构材料还不可避免地要与冷却剂以及氚增殖剂直接或间接地接触,作为冷却剂的水、不纯氦气以及液态氚增殖剂等都可能会对结构材料造成腐蚀。因此,为了保证聚变堆安全稳定地运行,结构材料需要满足以下基本要求:① 活化性低,需要对材料的杂质含量进行严格的控制;② 抗辐照损伤,即在 14 MeV 的高能中子辐照下也能保持较好的结构稳定性;③ 力学性能稳定,主要是具有优异的高温强度、良好的韧性、抗高温蠕变;④ 较好的抗腐蚀性,能与氚增殖剂、中子倍增剂、冷却剂等材料相容[36]。

目前没有任何一种工业上成熟的材料可完全满足以上要求,因此世界各国都投入了大量的人力物力来研发新的聚变堆结构材料。欧盟计划在 21 世纪 30 年代之前开发并生产出能够耐 20 dpa 辐照剂量的结构钢,主要研究方向为 9Cr 低活化铁素体马氏体(reduced activation ferritic/martensitic steels,RAFM)钢;在 21 世纪 30 年代期间,继续将结构材料的抗辐照极限提高到 50 dpa;从 21 世纪 40 年代开始研发辐照性能更好的材料;同时也对氧化物弥散强化(oxides dispersion strengthening,ODS)钢的大批量生产工艺进行重点研究,并获得百千克级的轧板,以及开发出非机械合金化工艺制备 ODS 钢的方法[37]。

中国学术界也于近期建议了聚变堆材料发展的路线图,如图 7-12 所示[38]。根据该路线图,到 21 世纪 30 年代中国应具备建造工程试验堆的能力,在这之前,结构材料需要达到抗 20 dpa 中子辐照的能力。从目前国内外研究现状来看,研究应用已相对成熟的低活化铁素体马氏体钢(RAFM)是较合适的选择。到 21 世纪 30 年代,中国将针对潜在的工程试验堆,对结构材料要求也从抵抗 20 dpa 中子辐照提高到约 50 dpa。在这个阶段,RAFM 钢的性能已

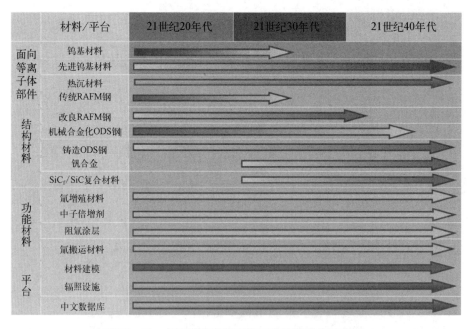

图 7-12　中国磁约束聚变堆材料发展路线图草案

不能满足需求,抗辐照性能更为优越的 ODS 钢成了新的选择。到 21 世纪 40 年代后,中国聚变堆将进入示范堆以及商用堆的时代,对结构材料的抗辐照性能、力学性能等的要求也更高。ODS 钢除了一些杂质控制的问题之外,难以大规模制备也使得它无法在此期间获得大量应用。因此,从长远来看,聚变堆要想实现商业应用还需要研发其他先进的结构材料作为备选。

7.5.1　研究现状

现有的几种候选结构材料首先基于各自的成熟度,将成为近期、中期和远期的发展重点。依据目前广泛推荐的聚变堆材料发展路线图,以下将对 RAFM 钢、改良 RAFM 钢、ODS 钢(含机械合金化和非机械合金化类型)、钒合金、碳化硅复合材料 6 种结构材料进行介绍,并对未来潜在的聚变堆结构材料进行展望。

7.5.1.1　RAFM 钢

目前核工业应用的锆合金的高温力学性能、奥氏体不锈钢和铁素体钢的抗辐照性能无法满足先进核反应堆的苛刻服役条件,而以低活化铁素体马氏体(RAFM)钢为代表的结构材料已发展多年。从材料的成熟度考虑,RAFM 钢仍然是目前核聚变用结构材料的首选。但由于受辐照诱导的硬化、脆化和热蠕变强度影响,RAFM 钢工作温度区间严重受限,高温蠕变、抗辐照能力也无法满足未来聚变堆的要求,因此在此基础上通过成分和工艺的调整开发了改良 RAFM 钢,其性能在一定程度上得到了改善[39]。

1) 传统 RAFM 钢

早在 19 世纪 80 年代,随着聚变堆设计需求的升级,美国、日本、欧盟等国家和组织均开始将 RAFM 钢的研究开发提上日程。理论上讲,由于体心立方结构的材料具有小的位错而起到钉扎作用,并且具有较高的自扩散系数,因此具有 BCC 结构的铁素体钢具有比奥氏体钢更强的抗氦肿胀性能。同时去除钢中的镍以避免中子辐照下嬗变产生氦,从而进一步降低材料中氦浓度,位错也能进一步抑制氦泡的长大。除了去除原料中镍元素,还考虑嬗变元素携带长期的诱导放射性,国际上对已有的耐热钢 HT-9(12Cr-1Mo-0.3V)以及改进型 9Cr-1Mo 钢进行了优化,还通过将活化性较高的钼、铌等元素用活化性较低的钨、钒、钛、钽等元素进行替换,以此降低结构材料总体的诱导放射性,使其更能满足环境友好的需求。与现有较成熟的奥氏体不锈钢(如 316L 等)相比,RAFM 钢的抗辐照肿胀、辐照低活性都更适应聚变堆环境。除此之外,RAFM 钢的综合性能也达到了比较优异的程度,其热导率约为 35.3 W/(m·K),热膨胀系数为 10.5×10^{-6}/K,弹性模量为 200 GPa,断裂韧度为 500 kJ/m。而体心立方结构的材料有一个特点,就是在低温下会急剧脆化,相对应的温度称为韧脆转变温度(ductile-brittle transition temperature, DBTT)。

迄今为止,世界各国研发的品质优良的 RAFM 钢包括日本的 F82H、JLF-1,欧盟的 Eurofer 97 以及美国的 9Cr2WVTa 等。中国在近 10 多年间也开发了诸如 CLF-1、CLAM、SCRAM、SIMP 等系列低活化铁素体钢,达到了国际先进水平,具体成分以及相应的韧脆转变温度(DBTT)如表 7-11 所示。

表 7-11 几种典型 RAFM 钢的成分含量以及未辐照时的韧脆转变温度(DBTT)

RAFM 钢名称		F82H	JLF-1	Eupo-fer 97	9Cr2 WVTa	CLF-1	SCRAM	SIMP
成分及含量/%	Fe	Bal.	Bal.	Bal.	Bal.	Bal.	Bal.	Bal.
	Cr	7.46	9.00	8.82	8.90	8.5	9.24	10.5
	C	0.09	0.09	0.10	0.11	0.1	0.088	0.20
	Mn	0.21	0.49	0.37	0.44	0.5	0.49	—
	P	—	0.003	0.005			0.005 9	
	S	—	0.000 5	0.003			0.001	
	B			0.001				
	N	0.006	0.015 0	0.021	0.021	0.025	0.007 7	—
	W	1.96	1.98	1.1	2.01	1.5	2.29	1.5
	Ta	0.023	0.083	0.068	0.06	0.1	—	—
	Si	0.10	—	0.005	0.21	—	0.25	1.2
	Ti	—	—	0.006	—		0.005	0.15
	V	0.15	0.20	0.19	0.23	0.25	0.25	0.2
	Ni	—	—	0.021	0.01	—	—	—

（续表）

RAFM 钢名称		F82H	JLF‑1	Eupo- fer 97	9Cr2 WVTa	CLF‑1	SCRAM	SIMP
成分及含量/%	Co	—	—	0.005	—	—	—	—
	Cu	—	—	0.003 8	—	—	—	—
	Nb	0.000 1	—	0.001	0.01	—	—	—
	O	—	0.001 9	0.002 6	—	—	0.004 7	—
	Mo	0.003	—	0.001 2	0.01	—	—	—
	Al	—	—	0.008	—	—	—	—
	Sn	—	—	0.005	—	—	—	—
	As	—	—	0.005	—	—	—	—
DBTT/℃		—60	0	—86	—90	—88	—60	—55

　　F82H 钢只含 8% 的铬,其热物理性能接近常规 9Cr 钢,蠕变性能与改进型 9Cr‑1Mo 钢相似,甚至辐照后的机械性能还略胜一筹。在高温下 F82H 钢与水的相容性略优于 HT9 钢。在 90℃和 250℃,辐照到 3 dpa 时,其断裂韧性测量值仍能与 HT9 钢以及奥氏体钢接近。F82H 钢通过降低铌的含量来保证其低活化的特性,辐照后的 DBTT 值也相对较小。由于晶粒尺寸较小,JLF‑1 钢具有良好的韧性,其拉伸性能以及蠕变性能与 F82H 钢类似,并且拥有比 F82H 更优秀的抗辐照性能,在辐照至 60 dpa 时仍具有良好的机械性能和微观结构稳定性。Eurofer 97 钢具有与 F82H 类似的硬化、回火、相变等特性,其抗拉强度以及延伸率在 280℃以及 600℃时的时效作用不明显,且与液态 Pb‑17Li 的相容性较好,在 450～500℃时腐蚀率仅为 40 μm/a。相较于 F82H 钢,Eurofer 97 钢具有更稳定的抗辐照脆化性能:其 DBTT 在 300℃辐照至 0.35 dpa 时的增加量约为 20℃;60℃辐照至 2.7 dpa,DBTT 增加量约为 70℃,依然处于工程可接受的程度。9Cr2WVTa 钢拥有着良好的强度、韧性以及抗辐照脆性的特性,其在 365℃下辐照至 28 dpa 时,DBTT 仅增加了 32℃。

　　从 2003 年起,为了氦冷固态氚增殖概念试验包层(HCCB TBM)的设计以及为后续的包层制作提供参考数据,国内单位研发中国自主知识产权的RAFM 钢,将其命名为 China low - activation ferretic steel(第一型简称为CLF-1)。CLF-1 钢的实验室制小钢锭的 DBTT 为−85℃,与 JLF-1 钢以及 9Cr2WVTa 钢的 DBTT 接近;工业生产的吨级 CLF-1 大钢锭的 DBTT为−60℃,与 F82H 钢的 DBTT 相当;Eurofer 97 钢在 550℃时的抗拉强度为350 MPa,而 CLF-1 在 600℃的抗拉强度为 340 MPa,达到了国际先进水平。同时,CLF-1 钢的加工工艺也属于 RAFM 钢的批量生产中的先进水平。与小锭型采用的单一真空感应熔炼不同,百千克级 CLF-1 钢的熔炼采用真空感应熔炼与二次重熔相结合的工艺,以避免小锭熔炼所出现的致密性差、合金成分分布不均等问题。二次重熔的工艺也在经历了大量比较分析后,选择电渣重熔工艺,可以使 CLF-1 钢具有更为优异的高温拉伸性能。在这样的加工工艺下,核工业西南物理研究院已成功制备了 5 吨级 CLF-1 钢锭,其致密性较好,金相组织与化学成分都比较均匀,并且可以通过锻造和热轧等获得板材以及其他形状的材料[40]。与日本同时拥有 F82H 和 JLF 两种钢相似的是,中国除了 CLF-1 之外也有另外一种广泛研究的钢,即中国低活性马氏体钢(China low-activation martensitic steel, CLAM),性能与制备规模也达到了较好的水平。

超洁净低活化马氏体钢(SCRAM)是华中科技大学在热力学计算的基础上,通过添加钛来替代钽,并且加入微量的氮,得到的 Cr - W - V - Ti - N 体系RAFM 钢,目的是获得比 TaC 以及 VC 更稳定的 TiC、TiN 及 VN 等 MX 相,从而得到更高的辐照稳定性。与 CLF-1 相似的是,SCRAM 钢采用的也是真空感应熔炼与二次重熔相结合的制备工艺,只是二次重熔工艺采用的是保护气氛电渣重熔的新型工艺。SCRAM 钢除了稳定的析出相,同时也具有稳定的 DBTT 以及良好的抗辐照性能[41]。

SIMP 钢是中国科学院金属研究所联合近代物理所开发的,旨在为未来重大核电装置设计的一种新型结构材料。在传统耐热钢的基础上,SIMP 钢增加了铬和硅的含量,来提高其对液态金属的抗腐蚀能力以及抗氧化能力[42]。通过提高碳含量来减少高温 δ 铁素体的形成,以获得全马氏体结构,从而提升高温性能,同时将钢中易于辐照活化的镍、磷、铜、钴、铝等元素的含量尽可能降低,以此获得更为优异的抗辐照性能,最终获得抗腐蚀、高温性能良好、抗辐照性能优异的 SIMP 钢。与传统的低活化钢(如 T91)相比,SIMP 钢除了拥有良好的力学性能、耐高温性能、耐腐蚀、抗辐照,同时还拥有更低的热膨胀系数、更高的热导率以及优良的高温蠕变性能等。

受到辐照硬化以及辐照脆化的影响,RAFM 钢的理论工作温度需要高于 325℃。另外,因热蠕变强度的限制,RAFM 钢的上限工作温度需要限制在 550℃以下。在工作温度达到 550℃以上后,传统 RAFM 钢的长时热时效问题、蠕变变形、疲劳损伤以及蠕变疲劳导致的循环软化等问题接踵而至。传统 RAFM 钢在裂变中子的辐照下,超过 1～10 dpa 就会出现低温辐照脆化,25～ 50 dpa 导致的辐照肿胀就将超出安全范围,因而在聚变堆内 14 MeV 中子带来的辐照问题将难以想象。除了以上问题之外,要制作全尺寸的包层模块,不可避免地要面临 RAFM 钢的焊接问题,而事实上焊后热处理也存在难度,中子辐照可能会导致焊接区域的力学性能急剧下降。

当然,考虑到批量生产的可能性,RAFM 钢仍然是 ITER 包层结构材料的首要候选材料。目前,国内外针对包层模块的批量生产做了多种尝试。虽然 RAFM 钢母材的生产已经能够实现工业化,但异形件的加工、RAFM 钢工件与工件之间的焊接、RAFM 钢与钨的连接仍没有完全解决,RAFM 钢对焊接工艺要求严苛,退火、回火温度以及时间的变化都会导致焊缝性质与强度发生较大变化,这也会给未来可能的现场维修带来巨大困难。这也是为什么 3D 打印聚变堆部件会成为一种需求的原因。另一点需要注意的是,根据中国国家标准中给出的放射性废物清洁解控概念:放射性废物的放射性水平等于或低于审管部门规定的以活度浓度和或总活度表示的值时,该放射性废物可以不再受审管部门的审管。哪怕是现在能够满足 ITER 标准的 RAFM 钢,在经历 5 年 200 MW 聚变功率下(负荷因子为 0.5)辐照后,其中的杂质都会导致其在停堆时以及停堆 100 年后的清洁解控指数远大于 1。这说明目前 RAFM 钢的杂质含量是不能清洁解控的。因此在未来工程试验堆以及 DEMO 包层的结构材料研究与生产中,RAFM 钢的杂质控制将会是一个重要的问题,需要同时对原材料以及生产过程中的杂质进行更严格的控制。

2) 改良 RAFM 钢

所谓改良 RAFM 钢,指的是 RAFM 优化品种,最初从美国橡树岭国家实验室开始,其基于热力学模拟计算研究进行研发,并被命名为可浇铸纳米结构合金(castable nanostructured alloys, CNAs)。与传统的 RAFM 钢相比,CNAs 钢在屈服强度、高温蠕变性能以及抗辐照性能上都表现得更为优秀。这主要是由于在 CNAs 钢中增加了氮含量,降低了碳含量,并按需调整了钒、钽的添加量,同时在 600～700℃下对其进行热轧来达到热机械处理的目的,包括多阶段奥氏体化以及回火,来促进 MX 和 M_2X 相的析出(M 代表 V 或 Ta,X 代表 N 或 C),从而减少 $M_{23}C_6$ 这类易长大相的形成。MX 相的析出有助于 CNAs 钢获得更高的辐照稳定性,同时还能提高其力学性能。考虑到复杂几何形状或较厚截面情况下的 MX 相析出与增强,CNAs 钢可采用计算热力学研究在不需要变形的情况下也可促进高密度纳米级 TaC、TaN 和 VN 沉淀物的形成。

如图 7 - 13 所示,CNAS 钢的屈服强度比传统的 9Cr - 1Mo 钢或 RAFM 钢高 20%～35%,而伸长率仅稍有降低。如图 7 - 14 所示,CNAs 钢的 DBTT 与商业级 91 型铁素体/马氏体钢(G91)相当;而与传统的 G91 钢相比,Eurofer 97 钢的 DBTT 更低。研究发现,在高达 50 dpa 的离子辐照下,CNAs 钢仍具有良好的析出物稳定性,这也意味着这些纳米级析出物为 CNAs 钢提供了更好的抗辐照性。目前针对 CNAs 钢的中子辐照数据的机械性能和析出物稳定性的研究尚有待进一步开展。

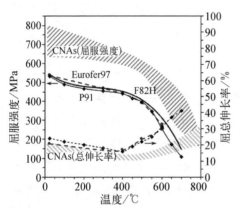

图 7 - 13　CNAs 钢、传统 9Cr - 1Mo 钢和 RAFM(F82H, Eurofer97)钢的屈服强度和总伸长率随温度变化的比较

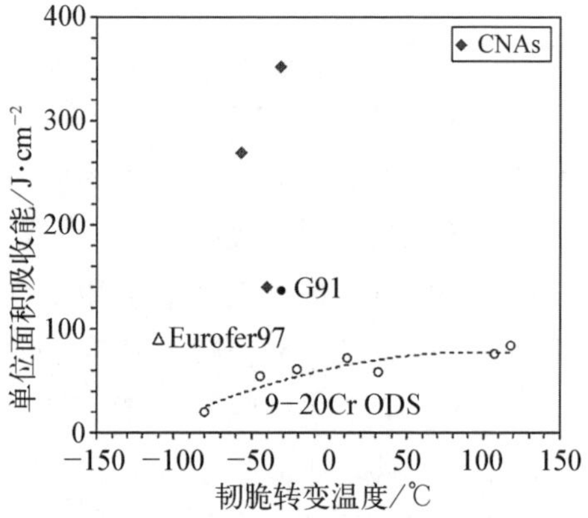

图 7 - 14　CNAs 钢与 G91 钢、Eurofer97 钢(RAFM 钢)和 9 - 20Cr 钢(ODS 钢)在夏式 V 形缺口的冲击行为的比较[36]

对少量未经辐照的 CNAs 钢样品研究发现,与目前的传统 RAFM 钢相比,CNAS 钢的机械性能(例如屈服强度、DBTT、热蠕变性等)得到了显著改善。但是,要使这种新型的先进 RAFM 钢成为下一代聚变能源系统应用的可行候选者,还需要解决许多技术问题。目前存在的问题如下:① 缺乏针对新种 CNAs 钢的工业规模制造技术,包括热机械处理方法、焊接方法及其对制件性能的影响等;② 不具有完整的 CNAs 钢的材料性能数据,尤其是对于长期

热时效和蠕变疲劳条件下的材料性能数据。从之前的传统 RAFM 钢的研发过程中，可以发现这些问题尽管会对工程设计产生重大影响，但也可能随着时间的推移而获得足够的资源而得到解决。其中，纳米级析出相在热时效和辐照条件下长期稳定性的研究是目前至关重要的任务，因为必须在早期阶段知道是否需要对合金成分或加工条件进行重大改动。

除此之外，这种新 RAFM 钢还缺少与潜在的氚增殖剂以及冷却剂（例如 Pb-Li）的高温相容性的数据，如果腐蚀严重，则可能导致无法利用 CNAs 钢的高温力学性能，同时还需要针对涂料/保护层进一步研发。最重要的是缺乏有关中子辐照（包括氘氚聚变中氦与氢的嬗变效应）对 CNAs 钢的微观结构以及力学性能影响的数据。目前仅有一些低剂量的中子辐照数据，要完成更高剂量的中子辐照研究，还需要多年的时间。根据橡树岭国家实验室 Steve Zinkle 的建议，这些中子辐照研究应探索三种温度范围：在 200～450℃ 低温区，重点研究辐照硬化和脆化；在 400～525℃ 温区，重点研究由于空隙肿胀和辐照蠕变导致的尺寸不稳定性，以及辐照导致的溶质偏析和沉淀，主要指析出相；在 525～600℃ 温区，重点研究晶界处的热蠕变、热时效、高温氦脆等。

欧盟也开展了改良 RAFM 钢的研究探索，与 CNAs 钢的开发手段相似，欧盟的新型 RAFM 钢也是采用成分微调以及热机械处理的方式进行改进。针对水冷包层和氦冷包层分别对新型 RAFM 钢的不同改进方向进行设计：针对水冷包层，新型 RAFM 钢的改进方向是提高其低温抗辐照性能；针对氦冷包层，新型 RAFM 钢的改进方向则是提高其高温力学性能。

未来对 CNAs 钢的研究主要包括① 小钢锭的设计和制造，用于指导 CNAs 钢成分和加工条件（热机械处理和焊接等）的规范化；② 性能测试（机械性能、物理性能、连接性能、长期热稳定性、化学相容性、辐照损伤等），并确定首选的 CNAs 钢；③ 工业生产以及工程认证测试。

7.5.1.2　ODS 钢

具有优异的高温力学性能、低的辐照肿胀率、良好的抗氧化性的纳米氧化物弥散强化钢（ODS 钢）被认为是未来聚变反应堆结构材料开发的重点之一，有望成为未来聚变反应堆结构材料的主要候选。因此，研究者就 ODS 钢的微观结构和制备方法等方面进行了大量的实验探索，但 ODS 钢的系统化测试研究以及在聚变堆上的批量生产和应用，还有很多问题需要解决。

1）纳米结构 ODS 钢

纳米结构 ODS 钢通常指的是采用大量纳米尺寸氧化物进行弥散强化的

钢。由于钢内部高度弥散的纳米析出相和相对细小的晶粒具有丰富的界面，可以大量吸收辐照缺陷，将辐照缺陷及嬗变氦俘获并稳定地储存在晶界、相界及氦泡中，从而具备优异的抗辐照性能，达到避免辐照脆化和氦肿胀，达到保护材料辐照稳定性的目的。同时，因纳米析出相对位错和晶界运动都有显著的钉扎作用，从而也能展示出良好的抗高温蠕变性能。研究发现，温度在850℃以下，时效对纳米结构 ODS 钢组织和性能的影响都很小，其长期工作温度可以达到 700℃以上；在 370～750℃辐照到 40 dpa 以及在 500～700℃辐照到 100 dpa 的情况下，纳米结构 ODS 钢的微观结构也只有很小的变化。这主要是因为纳米结构 ODS 钢的微观结构不同于传统 RAFM 钢，它具有高密度的富 Y-Ti-O 亚稳相。

最早的 ODS 钢是美国研发的 MA957，通过机械合金化以及热挤压的粉末冶金方法制备，该材料是由极高密度 Y-Ti-O 纳米颗粒弥散强化的高铬不锈钢。在发现 MA957 具有优异的拉伸强度、蠕变性能以及绝对优异的抗辐照性能后，1987 年日本继续了 ODS 钢的研究。金属粉与 Y_2O_3 在经过机械球磨、400℃除气以及 1 200℃热挤压后，获得了纳米 ODS 钢 9Cr - 0.13C - 0.2Ti - 2W - 0.35 Y_2O_3 棒材，用于快堆的燃料包壳。随后，国际上纷纷展开 ODS 钢及其抗辐照性能的研究：欧盟针对性地研究了 ODS 钢的热加工处理以及表征方法，随后重点研究了基于聚变堆用 Eurofer97 的 ODS 钢；美国的研究重点则是 ODS 铁素体钢的开发及其抗辐照性能[43]。

目前的 ODS 钢按成分可以分为两个主要品种：约 9%Cr 的马氏体钢以及 12%～16%Cr 的铁素体钢。虽然有研究表明铬含量较高（12%～17%）的铁素体钢拥有更高的工作温度（750～800℃），但它在辐照情况下会生成一些析出物。日本相关专家的研究表明，铬含量较低的马氏体 ODS 钢在通过适当的热加工处理以及再结晶后，可以具有更好的各向同性以及低温断裂韧性，但受限于马氏体钢基体本身的热稳定性，它的最高工作温度不应超过 650℃。ODS 钢与 RAFM 钢成分最大的区别在于，ODS 钢中通常会添加 0.2%～1.0% 的钛以及 0.2%～0.5% 的 Y_2O_3。适量的钛能促进亚稳纳米氧化物相析出，而高度弥散的亚稳富 Y-Ti-O 析出相能够阻碍位错的滑移和攀移，从而改善钢的高温性能。高度弥散的亚稳富 Y-Ti-O 析出相也使得 ODS 钢有着比传统 RAFM 钢更为优异的抗辐照性能，当然 ODS 钢基体中大量的晶界也能起到阻止缺陷扩散以及俘获氦原子的重要作用。研究发现在 460℃下针对 ODS 钢和普通 RAFM 钢均辐照到 18 dpa，ODS 钢的抗辐照肿胀性能明显优于普通

RAFM 钢,这得益于 ODS 钢中极高密度的亚稳富 Y‑Ti‑O 纳米颗粒以及极小的晶粒尺寸所带来的大量界面。

目前大多数情况下,ODS 钢是采用气雾化预合金粉末与 Y_2O_3 粉末,通过机械合金化使钇溶解在基体中,然后利用热等静压等手段对机械合金化粉末进行烧结,获得接近理论密度的钢锭,加热还会同时促进纳米氧化物颗粒的再形成。最后,对 ODS 钢进行低温或中温热机械处理以及再结晶处理,进一步调控其组织结构。这个制备过程耗费的时间长、制备成本高且杂质含量高,并且合金成分均匀性也难以控制,随之导致产品批次的不稳定性都严重限制了 ODS 钢的工业化发展。

要想实现纳米结构 ODS 钢在聚变堆上的应用,也还有很多重要问题需要解决:① 进一步提高高温性能,包括高温强度和蠕变性能,以提高 ODS 钢的工作温度,使其更能适应聚变堆的工作环境;② 优化制备工艺,提高产能效率,包括成分控制、加工工艺控制以及后处理方法的优化等;③ 建立 ODS 钢微观结构控制与宏观性能之间的关系,针对关键性能(蠕变、疲劳、腐蚀、抗辐照等)进行有关稳定性的研究。这些问题解决后,纳米结构 ODS 钢在聚变方向上的应用未来可期。

2) 非机械合金化 ODS 钢

正如前述提到的,要使 ODS 钢真正在未来聚变堆包层实现工程应用,就要优化制备工艺,提高产能效率,首先要优化的就是机械合金化的制备方法。机械合金化这种生产方法成本高,效率低,因此现在各国学者都在尝试以非机械合金化的生产方法来制备 ODS 钢。

2011 年,美国爱荷华州立大学将气雾化反应合成作为处理氧化物弥散形成前体的铁基粉末(Fe‑Cr‑Y‑Hf)的简化方法[44]。此过程中,在初次破碎以及熔融合金快速凝固的过程中充满反应性雾化气体($Ar‑O_2$),从而使粉末能够被超薄(小于 50 nm)的亚稳态富铬氧化物壳包裹,这层氧化物壳可以将氧气输送到固结的微结构中。随后不进行机械合金化球磨而直接进入高温烧结环节,高温烧结也促进了这种富铬氧化物壳与内部富含钇、铪的金属析出相之间进行氧交换反应,最终产生了高度稳定的纳米级混合氧化物弥散体(Y‑Hf‑O)。随后通过 X 射线衍射确认了弥散相的形成,并通过透射电镜以及原子探针发现这种 Y‑Hf‑O 弥散相的大小和分布很大程度上取决于最初快速凝固时的微观结构,说明了微结构控制与颗粒凝固速率之间的关系。此外,还通过初步的热机械处理来获得一种细微的位错亚结构,最终用于强化合金。

与美国不同,西班牙纳瓦拉大学选择了一种新的方法来生产非机械合金化的 ODS 钢,将其命名为 STARS[45]。这种方法采用的是将粉末表面进行气体雾化处理,然后进行反应合成。首先,将已经包含纳米粒子前驱体的成分为 Fe-14Cr-2W-0.3Ti-0.23Y 的粉末进行气雾化,再将氧、钇以及钛元素的含量按照需求进行调整,以便在加工过程中形成 Y-Ti-O 纳米颗粒。随后,将粉末在 900℃、1 220℃ 以及 1 300℃ 的温度下进行 HIP 处理,在 900℃ 以及 1 220℃ 的温度下处理过的试样还需要在 1 200℃ 至 1 320℃ 的温度范围内进行热处理。与传统的机械合金化 ODS 钢相比,采用这种方法制备的 ODS 钢在强度上会稍差一些,但是延展性更好且 DBTT 更低。

中国科学院金属研究所采用与之类似的工艺,也是通过气雾化法以及烧结制备具有过饱和钛和钇含量的还原活化钢粉末并烧结成块体材料。使用的基体材料为含有钛和钇的 9Cr 基 RAFM 钢,该 RAFM 钢的成分为 Fe-8.37Cr-1.44W-0.09Ta-0.19V-0.65Mn-0.3Y-0.3Ti-0.11C。在 4 MPa、1 600℃ 的氩气下,将钢锭气雾化成粉末,雾化粉末的成分为 Fe-8.31Cr-1.44W-0.08Ta-0.18V-0.64Mn-0.28Y-0.29Ti-0.11C-0.035O-0.012N,从中选择了大约 200 目(小于 74 mm)粒度的粉末包装在铁箔中并放入石英管,在较低氧分压下对装有密封粉的石英管进行常规 9Cr 钢的热处理(1 150℃,3 h)。实验结果表明热处理后的粉末颗粒表面以及内部都充满了偏析物,偏析物的氧化使得粉末的晶界中形成较大的钛氧化物分散体,粉末颗粒的表面也有钇氧化物的团簇以及厚的连续分布的钛氧化物层[46]。

北京科技大学则采用熔炼铸造工艺制备 ODS 钢[47]。在 ODS 钢原料熔融后,在锭模中预先置入稀土元素以及含氧载体氧化铁粉体,随着浇铸过程的进行,氧化体熔化进入钢液中,其中的氧元素与钢液中的稀土元素反应形成弥散分布的氧化物。据称该方法得到的稀土元素氧化物不是二元而是三元的($YTiO_3$),其颗粒粒径均在 5 nm 以下,大多为 1 nm 左右。这种稀土金属三元氧化物的高温稳定性好,对位错钉扎能力强,从而使得钢的高温强度和蠕变性能得到优化,也具有良好的抗辐照肿胀能力及辐照稳定性。当然,这项研究的可重复性依然有待验证,更系统的过程研究也有待进行。

综上所述,非机械合金化的 ODS 钢均采用的是内氧化法来实现氧化物弥散的,这种方法制备的 ODS 钢虽然避免了机械合金化带来的高成本与低效率,但在生产过程中的氧含量控制仍然是一个难点,并且从已有的研究结果来看,非机械合金化的 ODS 钢的各项性能会略低于机械合金化制备的 ODS 钢,因此,对于这种材料的性能以及工艺仍有很多值得研究和改进的地方。

7.5.1.3　钒合金

钒合金由于其低活化、抗中子辐照、优秀的高温力学性能、与液态锂相容性好以及没有铁磁性等优点,一直以来都是有吸引力的聚变堆结构材料候选对象。目前考虑在聚变包层中应用的钒合金主要为 V-Cr-Ti 系列钒合金,其中铬可以提高钒合金基体的高温强度以及抗腐蚀性,钛则可以通过吸收杂质来提高钒合金基体的韧性,提高其抗中子辐照肿胀性能,并且可以通过形成第二相来进一步强化钒合金基体。研究发现,在 V-Cr-Ti 中,当铬+钛含量大于 10% 时会导致钒合金变脆,而钛含量在 5% 以下时,辐照后的钒合金 DBTT 较低,因此在综合考虑之下,V-4Cr-4Ti 是目前最适宜的钒合金成分配比。

20 世纪 90 年代,美国通用原子公司就曾生产了一炉 1 200 kg 的 V-4Cr-4Ti 合金用于 DⅢ-D 托卡马克装置的偏滤器。2000 年,日本也生产了 30 kg 以及 166 kg 的 V-4Cr-4Ti 合金,包括 NIFS-HEAT-1、NIFS-HEAT-2 等。2004 年,俄罗斯在实验室制备出了十千克级的 V-4Cr-4Ti 合金 RF-VVC2,2009 年制备出了百千克级的 RF-VVC3。法国也制备出了 30 kg 的 CEA-J57。中国开展有关钒合金的研究相对较晚,2010 年以来,北京有色金属研究总院(现中国有研科技集团有限公司)与核工业西南物理研究院等单位合作,进行了多批次的钒合金制备开发,采用电子束熔炼法制备出了百千克级的 V-4Cr-4Ti 合金及成分接近的钒合金,具有与国际同类产品相当的力学性能。另外,核工业西南物理研究院还利用机械合金化的方法获得了弥散增强的 V-4Cr-4Ti-1.5Y-0.3Ti$_3$SiC$_2$ 合金[48]。

钒合金作为近 20 年才开始兴起的聚变堆候选材料,很多数据都不完善,尤其是热蠕变以及辐照性能的数据。热蠕变和氦脆会限制钒合金的最高工作温度,辐照嬗变产生的氦对其力学性能以及辐照稳定性都有明显的影响。研究发现,在 850 ℃ 时 V-4Cr-4Ti 合金的屈服强度仍然能达到近 200 MPa,满足一般聚变堆结构材料的蠕变强度标准。但在氦含量大于 25 ppm 的情况下,V-4Cr-4Ti 合金在 650 ℃ 以上的拉伸强度会显著降低,说明嬗变氦对于钒合金的断裂强度有着重要影响。而针对钒合金的辐照性能研究发现:① 在 400 ℃ 以下,辐照会导致 V-4Cr-4Ti 合金脆化,主要原因在于基体中的杂质生成了沉淀相;② 较高温度下会由于嬗变产生氦脆的现象;③ 中高温度下会产生辐照蠕变现象。

　　钒合金还有高的氢同位素滞留与渗透,在标准大气压下,每千克钒合金在室温可吸收超过 10 L 的氢同位素,即使在 700℃时也能到达每千克钒合金吸收约 0.5 L 氢同位素,这会导致只能依靠增殖生成的氚燃料被大量吸收,使得氚回收率降低。同时氚在钒合金中的大量滞留也会导致 V - 4Cr - 4Ti 合金脆化,如图 7 - 15 所示,在氢含量为 210 ppm 时,V - 4Cr - 4Ti 合金出现明显脆化的现象。还有研究发现在同样的氚注入条件下后,V - 5Cr - 5Ti 合金的氚滞留量是普通的 RAFM 钢的 3 000 倍,在经过低剂量的辐照后,滞留量还会有近百倍的增加。

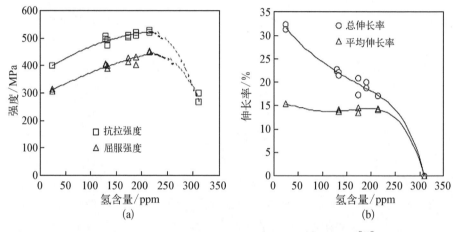

图 7 - 15　氢含量对 V - 4Cr - 4Ti 合金拉伸性能的影响[49]

(a) 强度;(b) 韧性

　　氚自持是聚变堆稳定运行的一个必要条件,因此如果要将钒合金作为结构材料,就需要解决氚滞留问题。目前针对这个问题提出的解决方案主要是在其表面镀上具有极好阻氚性能的阻氚涂层,并且该涂层还需要与氚增殖剂、冷却剂之间有着良好的相容性,这在一定程度上也制约了钒合金在聚变堆中的应用。

7.5.1.4　碳化硅(SiC)复合材料

　　SiC 纤维增强的 SiC 基陶瓷复合材料(SiC/SiC_f)在核反应堆中的应用研究已持续了数十年,其最初的目标应用是高温气冷反应堆。与铁素体/马氏体钢相比,SiC 纤维增强的 SiC 基陶瓷复合材料(SiC/SiC_f)具有更高的工作温度,其预期工作温度为 500~1 000℃[50]。纯 SiC 和 SiC/SiC_f 复合材料在此温度范围内均表现出良好的尺寸稳定性和高达 70 dpa 的抗辐照能力,并且在 1 100℃以下与 Pb - Li 有着良好的相容性。当高剂量的中子辐照时,在 300℃

的温度下辐照的 SiC/SiC$_f$ 复合材料样品的强度略有下降,但是在 500℃ 和 800℃ 下辐照几乎不影响基体的开裂强度(通过比例极限应力测量)。SiC 纤维的强度由于受到 70 dpa 的辐照而降低,这表明可能需要进一步改善 SiC 纤维,以实现非常高剂量辐照下的材料稳定性。辐照后的微观结构表征发现多数区域发生了显著变化,出现了非晶区以及少量的微裂纹。除了中等密度的小间隙位错环,化学气相渗透法制备的 SiC 基质在微观结构上没有明显的变化。最近大量的实验研究为 SiC 复合材料的数据库建设做出了重要贡献,并解决了关键的可行性问题。例如,最近对 8 种类型的 SiC/SiC$_f$ 试样进行的中子辐照研究表明,在 500℃ 的温度下辐照到 3 dpa 后,焊接处的扭转剪切强度没有明显降低。2014 年,日本学者利用电泳沉积技术制备了层状 SiC/SiC$_f$ 复合材料,并对材料的力学性能进行研究,发现 SiC 纤维交叉排列有助于提高其力学性能。

尽管 SiC/SiC$_f$ 复合材料在高剂量中子辐照之后表现出了令人满意的尺寸和机械稳定性,但在 SiC/SiC$_f$ 复合材料成为真正可工程应用的结构材料之前,仍需要解决许多重大的可行性问题,包括生产工艺、焊接方法、制造成本和结构设计标准等。

7.5.2　发展方向

总的来说,无论是 RAFM 钢、ODS 钢、钒合金还是碳化硅复合材料都存在一些局限,导致其无法完全满足未来示范堆或商用堆的要求,因此从长远来看,聚变堆要想实现真正的商业应用还需要拓展先进结构材料的开发范围。其中,高熵合金以及复合块状非晶材料由于其多方面的优秀性能而被认为是结构材料未来可能的发展新方向。

1)高熵合金

高熵合金是 2004 年中国台湾学者叶均蔚提出的概念,在这个概念中,高熵合金是近等摩尔原子比的多元素系统,尽管包含多个具有不同晶体结构的元素(如镍为 FCC 结构,钴为 HCP 结构),但它们仍可以单相结晶。相对于多相微观结构,具有 5 个或更多组元的合金对总自由能的构型熵贡献可能会使固溶体状态更加稳定。高熵合金多主元的特点导致其晶格畸变严重、高混合熵、高温相稳定。通过对合金的主元进行调控,可以延缓辐照缺陷的聚集演化,进而显著降低合金的辐照肿胀现象,获得力学性能好、抗腐蚀、抗氧化、高强度、耐高温的高熵合金。2014 年,*Science* 杂志报道了一种 5 元素高熵合金

CrMnFeCoNi,该材料具有单相面心立方固溶体结构,并且具有优异的损伤容限,其抗拉强度超过 1 GPa,断裂韧性值超过 200 MPa·m$^{1/2}$。此外,它的力学性能实际上在低温下还有所改善,可能是由于从室温下的滑移位错活动过渡到低温下发生的机械纳米孪晶变形,从而导致连续的稳定应变硬化。美国橡树岭国家实验室借助离子束对 FeNiMnCr 高熵合金进行了离子辐照,发现其具有远超奥氏体不锈钢的抗辐照性能[51]。同时还有研究发现,化学复杂程度较高的高熵合金具有较弱的辐照缺陷演化现象,增加晶界、位错以及纳米析出相等措施也能进一步提高高熵合金的抗辐照性能。

但高熵合金的研究历史尚短,就目前的研究进展来说,高熵合金仍处于初期研究阶段,还有很多问题需要解决:① 现有的所谓高熵合金大多是含有活化元素的 FCC 合金,拓宽高熵合金的研发范围迫在眉睫;② 高熵合金抗辐照的机理尚不明晰;③ 高熵合金的中子辐照数据匮乏,不利于对机理的研究。因此要研发出能在聚变堆上得到工程应用的高熵合金结构材料仍然任重道远。

2)复合块状非晶合金材料

块状非晶合金材料自 20 世纪 80 年代至今已有 40 多年的研究历程,由于其原子排列长程无序、短程有序的特点,导致其物理、化学性能与晶体合金存在较大差异,拥有如高强度、高弹性、良好的耐蚀性和优良的磁学性能等优异性能。其非晶结构是液相结构冻结的结果,与液相结构非常相近,因此非晶合金不存在 DBTT,其动态断裂韧性随载荷速率增加而提高。非晶合金长程无序、短程有序的原子排列与玻璃类似,因此非晶合金也存在超塑性区间,可通过加热软化,易于加工塑形。同时非晶合金无序的原子排列也使得其抗辐照性能以及耐腐蚀性能优于普通的晶态合金。然而,非晶材料也存在一些问题限制了其作为结构材料的应用,包括室温脆性、应变软化以及高的生产成本等。针对前两个问题,借鉴晶体合金中引入第二相进行补强的理念,国内一些学者提出了非晶复合材料的设想,包括内生相非晶复合材料以及外加相非晶复合材料。前者是指在原位通过一定手段生成第二相进行补强,后者则是利用液相渗透或是粉末冶金的方式来实现第二相的引入。另外,相变诱导塑性的概念也被引入非晶合金材料,用来控制奥氏体相的析出行为,获得了具有良好拉伸性能的大尺寸、转变诱发的、可塑性增强的块状金属玻璃基复合材料。其基本思路为通过在基体材料中添加适当的金属玻璃形成元素,使其显示出较强的过冷稳定性,并且在相对较高的温度下也不会结晶;在冷却过程中,通过微合金化形成具有高熔点的线性化合物(即成核剂),这些金属间颗粒均匀地沉淀在基体中;随着冷却的进行,稳定的金属间化合物充当可增强相的优先成核位点,从而导致结晶相的大量成核;进一步冷却后,可转变的奥氏体相稍微生长,剩余的熔体则凝固成玻璃状基质。通过原位形成的强成核剂诱导的异质成核,奥氏体相的特性得到了很好的控制。依据该思路,可设计开发适合聚变结构材料使用的非晶复合材料,但仍需要注意的是在以往的研究中尚未考虑高活化元素含量的控制以及非晶复合材料与氢同位素的相容性等问题,这将直接影响聚变堆的安全性和经济性。

7.6　防氚涂层

为了减小聚变堆燃料氚的损失,防止增殖的氚渗透进入结构材料或进入环境中,通常需要在结构材料表面制备一层防氚渗透涂层。以下介绍氢同位素的渗透特性、典型防氚涂层及其全球研发现状。

7.6.1　氢同位素的渗透特性

氘、氚作为聚变反应堆的核燃料,对于一座 1 GWe 电功率的氘氚聚变堆,满功率运行年消耗氚量约 150 kg,因此实现氚生产/增殖和氘、氚核燃料循环技术,对于聚变能的开发和应用具有重要意义。然而,作为氢的一种放射性同位素,氚的电子组态虽与氕、氘相同,但其质量比氕、氘要大得多,又有许多特殊的物理、化学性质,这些性质使得在大规模生产和氚处理时会带来新的材料和技术问题。

(1) 由于氢同位素分子有最大的相对质量差,氚则具有极强的同位素效应,在用氚取代氕或者氘时会引起光谱频率的改变(H_2 振动基频率为 1.319 5 Hz,D_2 振动基频率为 9.332 0 Hz,T_2 振动基频率为 7.624 3 Hz),也会导致分子结构特性以及分子动力学特性在化学上的二次变化,许多物理量如碰撞频率、扩散系数、黏度等也会有明显差异。

(2) 氚具有 β 放射性,β 射线照射后氢同位素分子电离、激发,加速氢同位素分子参加化学反应,形成分子、电子和离子,影响氢同位素的电磁性质、化学反应动力学性质、固体中缺陷和氦杂质效应等。

(3) 发射 β 射线后衰变形成的 ^{3}He 也会对氚行为、材料性能产生影响,一方面向材料掺入 ^{3}He,与基体内的空位结合,通过自捕陷机制聚集于晶界及位错等缺陷处,形成区域性 ^{3}He 浓度梯度,产生局部应力而体胀;另一方面氚发射的 β 射线与基体物质的束缚态电子产生非弹性碰撞,将能量传递给基体原子或者分子,进一步引起激发、电离,甚至产生分子离解或键的断裂。

(4)氚几乎在所有的材料中都有一定的溶解度和渗透能力。氚原子或分子可以以填隙方式固溶在材料中,定位于基体原子或分子的点阵间,导致包容材料中含有较高氚盘存量和氚废物污染水平,材料中氚较高时甚至可能向环境中释放氚气,还会因为化学反应和辐照分解加快材料退化速度,同时结构材料又直接暴露于高温高压的氚及氢同位素中,造成氚或氢同位素渗透。

对于氘氚聚变反应堆来讲,其长期稳定运转的前提条件是燃料氚能由聚变堆自足式生产,由此,在氚工程技术和聚变堆结构材料使用过程中,氚渗透问题显得尤为重要。尤其是在聚变反应堆核燃料循环系统及氚增殖包套系统设计中必须考虑氚对第一壁材料、氚系统结构材料以及其他材料的渗透,因为氚渗透可导致氚在涉氚构件中的滞留、氢脆、辐照损伤和氚对环境的释放。因此,从氚自持的角度出发,考虑到经济、安全、环保等综合因素,必须降低聚变反应堆核燃料循环系统及氚增殖包套系统中涉氚部件及结构材料氚渗透率。

7.6.2 典型防氚涂层介绍

聚变堆用阻氚涂层涂覆在产氚包层模块结构材料的表面,面临严苛的工作服役环境,要求在高温、高热负荷以及辐照等作用下仍然具有优异的结构稳定性和高的氚阻挡渗透性能。因此,国际上诸多研究机构,如美国西北太平洋国家实验室、德国 Max - Planck 等离子体物理研究所、瑞士 Paul Scherrer 研究所、日本国立聚变科学研究所等,在该领域开展了大量工作。在中国国内,核工业西南物理研究院、中国科学院等离子体物理研究所、中国原子能科学研究院、中国工程物理研究院、华中科技大学、四川大学等高校和科研机构也在ITER 计划国内配套专项、国家自然科学基金等课题支持下开展了大量工作。研究者与工程技术人员在近几十年来针对不同的涂层材料体系、涂层技术工艺开展了丰富的研究工作,通过一系列指标评定(如氚阻挡系数、耐磨损性、化学稳定性、与基体的结合性、涂层表面裂纹和孔洞状态等),经过研究遴选后的阻氚涂层大致包括四种:氧化物涂层(如 Cr_2O_3、Al_2O_3、Y_2O_3、Er_2O_3 等)、硅化物涂层(如 SiC 等)、钛化物涂层(如 TiC 和 TiN 等)以及铝化物涂层(如 AlN 等),下面对以上四类阻氚涂层做简要介绍。

1）氧化物涂层

通过基体氧化或者涂层氧化可制得氧化物阻氚涂层，也是最早研究的阻氚涂层。经过近 30 年的筛选、评价，目前氧化物 TPB 已成为发展主流，阻氚机制主要为氧离子对氚及其同位素的捕获，常见的有氧化铝、氧化铬、氧化铒、氧化硅、氧化钇和氧化钛等。氧化铬由于具有能在低温和极度贫氧环境中制备的特点[52]，成为较为常见的氧化物阻氚涂层，早在 1985 年，日本原子能研究所（JAERI）就对此做了大量研究工作，技术相对成熟，随后还将 $CrPO_4$ 用于密实化过程填充孔洞，提高涂层致密性和抗热震性能，阻氚因子降低了 4 个数量级；氧化铝阻氚涂层因具有非常低的氚固溶性，具有高的渗透降低因子（PRF）、优异的力学性能，耐腐蚀、抗辐照性能好、良好的 Pb - Li 相容性备受关注，被认为是目前最有潜力的阻氚涂层，同时实验数据显示晶态氧化铝阻氚涂层阻氚因子可高非晶态涂层 3 个数量级，具有更优异的阻氢性能。相比之下，氧化铬、氧化铝、氧化铒、氧化钇、氧化钛等涂层在阻氢性能上则没有明显优势，如表 7 - 12 所示，但由于其在还原气氛中具有良好的热稳定性和机械稳定性，也受到研究者的关注。随着研究的不断深入和扩展，Al_2O_3/Er_2O_3、Al_2O_3/Cr_2O_3、Al_2O_3/SiO_2 等复合阻氚涂层也相继被开发和应用，阻氢性能及综合性能有很大提高。

表 7 - 12 常用氧化物阻氚涂层阻氚性能

涂 层 材 料	基 体 材 料	阻 氚 因 子
Al_2O_3	316L，RAFM	100～10 000
Cr_2O_3，$Cr_2O_3 - TiO_2 - CrPO_4$	316L，RAFM	100～3 000
SiO_2，TiO_2	316L，RAFM	10～100
Er_2O_3，Y_2O_3	RAFM	10～600

2）铝化物涂层

金属铝阻氢性能优越，基体铝化处理后可使涂层与基体形成铝基金属间化合物，降低基材氢渗透率，同时表面氧化还会促使氧化铝的形成，也进一步对基体实施保护，大多数相关研究在基体铝化处理后会施加退火工艺进而制得氧化铝，PRF 值可达到 10～10 000，远远高于纯铝涂层。铝化涂层制备方法主要集中在热浸镀（hot dip process，HI），也有化学气相沉积、溅射法、包埋法

(pack aluminizing，PA)、热等静压法(hot isostatic pressing，HIP)等。然而不同的制备工艺会导致铝化涂层成分、厚度、缺陷密度有较大差异，进而导致涂层阻氢性能不同，如铝化涂层中铁铝形成的 $FeAl$、$FeAl_2$、Fe_2Al_5、Fe_2Al_3、$FeAl_3$、Fe_3Al 和 Fe_4Al_{13} 等中间相，镍、铬、铝的复合相都使铝化涂层表现出不同的阻氢性能。但是值得注意的是，铝的加入会促使一些奥氏体钢出现双相结构，降低阻氢性能。

3）钛化物涂层

TiN 具有优异的物理、化学和机械性能，如良好的热稳定性、不易发生化学反应、高硬度、低电阻率、耐腐蚀和耐辐照等，被应用于硬质涂层、微电子装置、防护涂层、事故容错防护涂层等领域，同时也具有良好的阻氚性能。同样，碳化钛也表现出类似性质，良好的阻氢渗透性能、高硬度、高熔点和高化学稳定性，被认为是非铝基阻氚涂层中效果最佳的一类，也有研究通过制备 TiN/TiC 复合涂层，如在 TiC 和结构材料之间加入过渡层 TiN，来调和涂层与基体间热障系数差异。然而，钛基材料固有的易氧化、抗高温氧化性能差的性质使得钛基阻氚涂层在高温下极易失效，未能在工况条件下发挥阻氚特性。

4）硅化物涂层

硅可与碳、氮形成共价化合物，如 SiC 和 Si_3N_4 等，硅化物陶瓷涂层通常具备高硬度、耐腐蚀、耐高温、抗氧化等特性，阻氢性能也十分优异，同时熔点高、蒸气压低，是比较理想的阻氚候选材料。但是，硅化物涂层也存在很多不足，如沉积速率低、涂层增厚时膜基结合性变差、制备工艺苛刻、温度一般高于1 300℃，严重影响基体材料的结构性能；此外，制备方法还局限在物理溅射和化学气相沉积法，对于复杂管道和腔型未能展现优势，距离实现工程化应用还有一段时间。

5）阻氚涂层制备技术

随着现代科技进步，涂层技术也快速发展，在涂层材料的设计、制备方法、表征手段等方面取得显著成就，相关保护机制与应用也得到广泛研究和推广。阻氚涂层作为涂层的一种，制备方法和手段可以沿用或参照现有技术，通过不断改进来满足工况条件需要。然而，大多数的阻氚涂层研究还停留在实验室摸索和工艺优化阶段，距离大规模应用还有一定距离，尤其是针对复杂管道、型腔内壁涂层的制备，仍需不断突破和创新，改进常规制备手段，甚至尝试新方法。目前，制备氧化铝阻氚涂层方法主要有热浸镀、等离子体喷涂、物理气相沉积、化学气相沉积、包埋法、电化学沉积（electrochemical deposition，

ED)、溶胶凝胶法(sol-gel)。通过以上不同方法制得的阻氚涂层 PRF 值有差异,低的仅为 10,高的可达 10 000[53],一方面是由于不同制备技术自身特征导致制备出涂层质量有差异,另一方面氧化铝有多种晶型,包括 γ - Al_2O_3、δ - Al_2O_3、η - Al_2O_3、θ - Al_2O_3、κ - Al_2O_3、χ - Al_2O_3 等亚稳相和 α - Al_2O_3 高温稳定相,不同的晶型表现出不同的阻氢性能,其中 α - Al_2O_3 更具优势,不仅拥有更高的氚阻挡因子,还具有熔点高(2 053℃)、化学稳定性极强、硬度大、耐磨性好、机械轻度高、电绝缘性好、耐腐蚀性能优异等综合性能,因此 α - Al_2O_3 阻氚涂层的制备成为研究焦点,但也面临制备温度高的难题。模拟工况条件测试下通常 PRF 仅能达到 1 000,也还远远不能满足 TBM 对阻氚涂层阻氚性能的要求。除此之外,尽管如物理气相沉积等物理方法制得的 Al_2O_3 阻氚涂层有较好的阻氢性能,但是难以应用于复杂型腔/管道内表面。基于此,Al_2O_3 阻氚涂层制备技术还需要进一步深入研究,以满足未来聚变堆包层系统对阻氚涂层工程应用的要求。针对 Al_2O_3 阻氚涂层的制备方法详述如下。

(1)物理气相沉积:物理气相沉积是指在真空条件下,利用溅射或蒸发等物理方法将金属原子从靶材电离,通过等离子体等过程后将溅射原子沉积到基材表面形成涂层的物理沉积方法,具有适用范围广、厚度可控、沉积温度低等优势。主要有真空蒸镀、溅射镀膜、离子镀以及分子外延等方法,一般来讲,物理气相沉积方法制备的 Al_2O_3 阻氚涂层较为均匀、致密,涂层质量高。利用磁控溅射在 MANET 基材上制得 1.5 μm 的 Al_2O_3 涂层,在 300～500℃下的阻氢速率比未涂覆涂层基体降低了 4 个数量级。郝嘉琨利用磁控溅射在 316L 基材表面制备的铝基阻氚涂层具有较好的耐辐照、抗氧化、抗热冲击、低氚渗透率等特征。北京科技大学曹江利课题组也开展了氧化铝复合阻氚涂层的研究工作,利用磁控溅射制备了 Al_2O_3 - Er_2O_3 复合涂层,厚度为 1.2 μm,在 250℃、450℃、600℃下的阻氚因子分别为 1 380、210、160,表现出较好的阻氢性能。对于 α - Al_2O_3 阻氚涂层的低温制备,南京航空航天大学充分利用中国自主开发的双辉离子渗金属技术优势,在 600℃下成功制备了 α - Al_2O_3,并对其结构、成分进行分析,所得涂层硬度可达 31 GPa,可耐 47 N 划痕测试,对涂层进行阻氚测试后发现,600℃下氚渗透率比基底降低了 3 个数量级。物理气相沉积技术对于制备阻氚涂层展现出优势,阻氢性能、耐辐照性能、力学性能突出,然而由于存在一些技术弊端,如涂层易脱落、与基材附着力较差、难以应用于复杂内管表面等,限制了物理气相沉积在后期氧化铝阻氚工程应用阶段的应用及推广。但是在前期氧化铝阻氚涂层制备及机理研究,特别是 α -

Al_2O_3 的低温制备工艺探索方面具有重要意义,为其他方法提供思路和技术储备。

(2) 化学气相沉积:化学气相沉积是指气态化合物携带所需原子在衬底上经过分解而沉积在基材表面形成涂层的过程,被广泛应用于金属腐蚀与防护领域。化学气相沉积成膜原理一般包括三个步骤:表面吸附;配合基(如 H、CH_3 等)热解或还原丢失;原子沉积,已沉积的原子或分子可催化分解或还原过程,促进所需原子团簇的生长。该方法因具有设备成本低、涂层质量高、组分连续可调、可镀异性件等优势,也被美国选为 DCLL 阻氚涂层的制备技术。用化学气相沉积法制得的 α-Al_2O_3 涂层已较早实现商业应用,但是由于化学气相沉积工艺需要超过 $1\,000\,℃$ 的基体温度,极易导致基体组织结构发生变化,引起工件性能、形状的改变,影响工件正常使用。同时在降温过程中由于基体与涂层存在热膨胀系数差异,导致涂层附着力差,甚至开裂,使涂层失效。对化学气相沉积法制备的氧化铝阻氚涂层进行渗氢测试,测得涂层渗氢活化能为 $48\,kJ/mol$,与未涂覆涂层的 Eurofer 基体十分接近,产生了明显的空位及裂纹,需进一步优化制备工艺、改善阻氢性能。正是由于上述传统化学气相沉积制备技术存在的弊端,使得多种技术相融合的新型化学气相沉积技术应用于氧化铝阻氚涂层的制备,如金属有机物化学气相沉积法(MOCVD)和流化床化学气相沉积法(CVD-FBR)。Natali 等[54]分别用乙酰丙酮、异丙基二甲基铝作为前驱体制得了氧化铝阻氚涂层,特别地,Di He 等[55]利用 MOCVD 在 316L 基体上制备了 Al_2O_3/Cr_2O_3 复合涂层,温度在 $823\sim973\,K$ 下阻氚因子(PRF)可达 $230\sim544$,阻氢性能相对于单层 Cr_2O_3(PRF 为 $24\sim117$)和 Al_2O_3(PRF 为 $95\sim247$)有较大提高。CVD-FBR 技术则具有传质速率快、传热速率均匀、工艺可控性强、环境友好、可实现低温制备等特征,虽已开展了关于氧化铝涂层制备的研究,但是相关阻氢数据还未见报道。总体而言,化学气相沉积技术在阻氚涂层的制备研究方面展现出良好的潜力。

(3) 热浸铝:利用热浸铝法制备铝基阻氚涂层最早是由德国卡尔斯鲁厄理工学院开发的。热浸铝是将钢铁工件浸入熔融铝液中并保温一段时间,经铝液浸润、基体铁溶解及铁铝互扩散、反应等一系列物理化学过程,使铝覆盖并渗入钢铁表面,通过扩散处理工艺形成铁铝金属间化合物达到表面防护和表面强化的工艺技术,渗铝层主要为 $FeAl_3$、Fe_2Al_5。主要的工艺步骤如下:钢件除油、除锈,表面助镀,热浸铝,扩散渗铝。与其他制备工艺相比,热浸渗铝法可在几十秒到几分钟内形成 $20\sim50\,\mu m$ 的合金层,有工程化应用的巨大潜力。然而在热浸渗铝时,铝液与基材相互吸附,铝液对基体的漫流、浸润、铁的溶解等复杂的物理化学过程,加上 Kirkendal 效应,铁和铝原子扩散速率不同,导致涂层中容易形成空洞甚至空洞带。研究者尝试利用热等静压和添加稀土元素的方法改善涂层质量,提高涂层稳定性、致密性和均匀性等问题。

(4)包埋渗铝:固态粉末包埋渗铝发展较早,是目前较为广泛的渗铝方法,是将供铝剂、填充剂、催渗剂等混合均匀制成渗铝剂,然后将基材和渗铝剂装入渗箱中密封,在 900~1 050℃加热保温一段时间后,使铝原子向基材扩散,形成铁铝金属间化合物渗层。包埋渗铝具有成本低、厚度可控性好、工艺简单、材料要求较低、能处理复杂形状工件、无气孔等优势。法国原子能委员会(CEA)较早展开了包埋法制备阻氚涂层的相关工作。存在的问题主要为制备过程中使用的氯化物作为活化剂,容易加剧核能部件的局部腐蚀,同时制备过程劳动量大,粉尘污染环境,对人体有害的渗铝剂用量较多,危害人体健康。

(5)电化学沉积:电化学沉积是利用电解作用使金属或者其他材料表面附着一层金属膜的表面处理方法。该技术较为成熟,设备操作简单,通常可在常温下进行,可避免因工作温度高影响基材组织性能,可获得纯度高、孔隙率低、均匀的涂层,在制备阻氚涂层方面展现一定的优势。然而铝是一种非常活泼的金属,标准电极电位(-1.66 V)比氢的电位低,因此只能在非水溶液体系中沉积,有三大体系:有机溶剂体系、无机熔盐体系和室温离子液体体系。目前德国卡尔斯鲁厄研究中心和中国工程物理研究院使用离子液体镀铝+氧化的方式制备氧化铝阻氚涂层,选用的电解液为咪唑类体系的 EMIC - $AlCl_3$,电化学沉积后经低温热处理、选择氧化,制备了由 $FeAl/Fe_3Al$ 扩散层及 γ - Al_2O_3 外层组成的涂层,具有较好的阻氢性能。

(6)金属有机物分解法:溶胶凝胶是一种可以制备零维到三维材料的湿化学制备反应方法,它是以液体化学试剂或溶胶为原料,在液相下均匀混合并反应,生成稳定溶胶体系,经放置、凝胶、烧结转变成所需材料。具有工艺简单、设备低廉、体系化学均匀性好、产品纯度高、反应易控制、可实现低温制备、复杂几何构型适应性、材料/结构改性的广调性等优点,目前已经应用于制备 SiO_2 玻璃纤维、陶瓷纤维、薄膜/涂层、粉体材料、有机无机复合材料等。在氧化铝涂层的制备方面,Uekia 用溶胶凝胶法制得了与 304 不锈钢基材结合较好的氧化铝涂层,厚度在 $2~\mu m$ 左右,涂层致密均匀,证实了利用该方法制备氧化铝涂层的可行性。

7.6.3　全球研发现状

目前,阻氚涂层作为研究时间最长、阻氚性能优异及综合性能突出的氧化铝涂层,成为阻氚涂层研究的重心,也是目前应用最为普遍的氧化物涂层,同时随着 ITER 项目的不断推进,各参与国把氧化铝涂层作为优选阻氚材料,如表 7‑13 所示,也建立了氢渗透相关测试平台。

表 7‑13　目前 ITER 参与国国家及组织包层主流阻氚涂层

国家及组织/包层类型		结构材料	冷却剂	增殖剂	阻氚涂层	制备工艺
固态包层	欧盟/HCPB	Eurofer97	He	Li_4SiO_4	$FeAl/Al_2O_3$	电镀＋原位氧化
	日本/WCCB	F82H	H_2O	Li_2TiO_3	$Cr_2O_3/SiO_2/CrPO_4$	化学密实法
	中国/HCCB	CLF‑1	He	Li_4SiO_4	$FeAl/Al_2O_3$	电镀/包埋/原位氧化
液态包层	日本/FFHR	钒合金	Li/FLiBe	Li/FLiBe	Er_2O_3/Al_2O_3	溶胶凝胶
	欧盟/HCLL	Eurofer97	He	LiPb	$Fe-Al/Al_2O_3$	电镀＋原位氧化
	美国/DCLL	ORNL‑9Cr2WVTa	LiPb/He	LiPb	$FeAl/Al_2O_3$	化学气相沉积＋原位氧化
	中国/DFLL	CLAM	LiPb/He	LiPb	$FeAl/Al_2O_3$	包埋＋原位氧化
混合包层	印度/LLCB	IN‑RAFMS	LiPb/He	LiPb/Li_2TiO_3	$FeAl/Al_2O_3$	包埋/电镀＋原位氧化

然而,除聚变堆氚增殖包层结构材料需考虑防氚渗透设计外,面向等离子体第一壁材料等涉氚、氚区域也需考量燃料氘/氚渗透影响,研究者正在关注钨、石墨、铍等防氚层的相关研究,高温、中子及快离子辐照等因素对其防氚渗透层性能也需要考量。根据聚变堆涉及燃料氚渗透的不同部位,所用不同材

料涉及的防渗透涂层设计也将不同,不同体系或者新型阻氚涂层的阻氚渗透性能也获得积累,如表7-14所示,面对未来聚变堆设计变化及新材料发展,不同结构材料上不同体系阻氚涂层阻氢渗透数据仍需扩充,等离子体驱动渗透、辐照-氢渗透协同测试等先进研究平台也相继搭建,阻氚涂层阻氢渗透行为得到更为深入的研究[56]。此外,除阻氢渗透性能外,阻氚涂层在近工况服役环境下的服役行为也开始受到关注,阻氚涂层的抗辐照、耐热冲击等性能评价工作也相继开展;核工业西南物理研究院还开展了 Al_2O_3 阻氚涂层与锂陶瓷氚增殖剂的腐蚀相容性研究[57],涂层虽然结构完整性良好,但物相全部转变为 $LiAlO_2$,氧化铝阻氚涂层工况下的服役行为还需继续考证,也迫切需要开展新型阻氚涂层体系及服役行为的研究。

表 7-14 近期关注的阻氢涂层

涂层类型	阻氢(氚)因子(PRF)	d_s/mm	d_f/μm	$P_s/\times 10^{-11}$ mol H_2/(s·m·Pa$^{0.5}$)	$P_f/\times 10^{-18}$ mol H_2/(s·m·Pa$^{0.5}$)
Al_2O_3	1 000	0.5	1	1.30	25.9
Cr_2O_3	1 000	1.6	10	0.017	0.72
Cr_2O_3/Al_2O_3	3 500	0.5	1	1.30	7.41
Er_2O_3	1 000	0.5	1	1.30	25.9
SiO_2	1	0.15	0.2	0.13	1 711
BN	100	0.1	1.5	0.13	1 711
TiN	1 000	0.1	1.7	0.13	21.8
TiAlN	20 000	0.5	5	1.3	6.5
SiN	2 000	0.5	0.5	1.30	6.5
WN	38	0.5	2.3	1.30	1 570
CrWN	100	0.5	4.4	1.30	1 140
CrN	117	0.5	2.6	1.30	1 140
Cr_2N	236	0.5	2.2	1.30	241

（续表）

涂层类型	阻氢（氘）因子(PRF)	d_s/mm	d_f/μm	$P_s/\times$ 10^{-11} mol H_2/ $(s \cdot m \cdot Pa^{0.5})$	$P_f/\times$ 10^{-18} mol H_2/ $(s \cdot m \cdot Pa^{0.5})$
AlCrN	350	0.5	4.5	1.30	333
ZrN	4 600	0.5	1.4	1.30	7.9
TiC	10	0.1	1	0.27	2 750
TiN+TiC	100	0.5	1+0.25	1.30	324

参考文献

[1] 闻海虎. 新型高温超导材料研究进展[J]. 材料研究学报,2015,29(4)：241-254.

[2] 王呈涛,徐庆金. 粒子对撞机上的超导磁体技术[J]. 科学 24 小时,2020,10：14-17.

[3] 马宗青,李新华,温馨,等. 一种锡掺杂提高低温烧结铌三铝临界电流密度的方法与流程：中国,CN201910024926.7[P]. 2019-05-03.

[4] 左珺凉. 第二代高温超导带材超导接头前处理技术研究[D]. 上海：上海交通大学,2018.

[5] Mazul I, Alekseev A, Belyakov V, et al. Russian development of enhanced heat flux technologies for ITER first wall[J]. Fusion Engineering and Design, 2012, 87(5-6)：437-442.

[6] Federici G, Wuerz H, Janeschitz G, et al. Erosion of plasma-facing components in ITER[J]. Fusion Engineering and Design, 2002, 61-62：81-94.

[7] Stork D, Agostini P, Boutard J L, et al. Developing structural, high-heat flux and plasma facing materials for a near-term DEMO fusion power plant：the EU assessment[J]. Journal of Nuclear Materials, 2014, 455(1-3)：277-291.

[8] Linke J, Akiba M, Bolt H, et al. Performance of beryllium, carbon, and tungsten under intense thermal fluxes[J]. Journal of Nuclear Materials, 1997, 241-243：1210-1216.

[9] Watana S, Nogam S, Reiser J, et al. Tensile and impact properties of tungsten-rhenium alloy for plasma-facing components in fusion reactor [J]. Fusion Engineering and Design, 2019, 148：111323.

[10] 刘莎莎,练友运,封范,等. 微量 Hf 掺杂对放电等离子体烧结钨耐热冲击性能[J]. 材料热处理学报,2019,40(11)：96-101.

[11] El-Atwani O, Li N, Li M, et al. Outstanding radiation resistance of tungsten-based high-entropy alloys[J]. Science Advances, 2019, 5(3)：eaav2002.

[12] Kurishita H, Matsuso S, Arakawa H, et al. Development of nanostructured W and Mo materials[J]. Advanced Materials Research, 2009, 59：18-30.

[13]　张涛,吴学邦,谢卓明,等. 核聚变第一壁用 W - ZrC 材料研究进展与展望[J]. 中国材料进展,2018,37(5)：321 - 330.

[14]　Reiser J, Rieth M, Dafferner B, et al. Tungsten foil laminate for structural divertor applications - basics and outlook[J]. Journal of Nuclear Materials, 2012, 423(1 - 3)：1 - 8.

[15]　Chen Z, Lian Y Y, Liu X, et al. Recent research and development of thick CVD tungsten coatings for fusion application[J]. Tungsten, 2020, 2(1)：83 - 93.

[16]　蒋国强,罗德礼,陆光达,等. 氘和氚的工程技术[M].北京：国防工业出版社,2007.

[17]　Feng K M, Pan C H, Zhang G S, et al. Progress on solid breeder TBM at SWIP [J]. Fusion Engineering and Design, 2010, 85(10 - 12)：2132 - 2140.

[18]　Pedersen C J. Cyclic polyethers and their complexes with metal salts[J]. Journal of the American Chemical Society, 1967, 89(26)：7017 - 7036.

[19]　傅立安,方胜强,姚钟麒,等. 多醚液-液萃取体系中各种因素对锂的热力学同位素效应的影响[J]. 核化学与放射化学,1992,11(3)：142 - 148.

[20]　方胜强,傅立安,高志昌. 对甲苯氧基联苯桥联双苯并- 15 -冠- 5 分离锂同位素的能力[J]. 核化学与放射化学,1992,14(2)：111 - 113.

[21]　Black J R, Umeda R, Dunn B, et al. Electrochemical isotope effect and lithium isotope separation[J]. Journal of the American Chemical Society, 2009, 131(29)：9904 - 9905.

[22]　Alpy N, Terlain A. Hydrogen etraction from Pb $-^{17}$Li：results with a 800 mm high packed column[J]. Fusion Engineering and Design, 2000,75(49 - 50)：775 - 780.

[23]　王红艳,唐婵,毕小龙. 液态金属内部氚气泡的输运和流动的数值模拟[C]//第十四届全国核物理大会暨第十届会员代表大会论文集,合肥,2010：88 - 90.

[24]　Song Y. Huang Q. Tritium analysis of fusion-based hydrogen production reactor FDS - III[C]//The 9th International Symposium on Fusion Nuclear Technology, Dalian, China, 2009：47 - 49.

[25]　谢波,吴宜灿,陈晓军等. 锂铅合金释氚实验研究[J].原子核物理评论,2011,28(3)：371 - 376.

[26]　Hartmann J. Hg-dynamics I. Theory of the laminar flow of an electrically conductive liquid in a homogeneous magnetic field[J]. Det Kgl Danske Videnskabernes Selskkab Math-fys Medd, 1937, 15(6)：1 - 28.

[27]　Hartmann J, Lazarus F. Hg-dynamics II. Experimental investigations on the flow of mercury in a homogeneous magnetic field[J]. Det Kgl Danske Videnskabernes Selskkab Math-fys Medd, 1937, 15(7)：1 - 45.

[28]　钱家溥,谌继明,姜卫红,等. 液态金属实验回路(LEML)的总体设计和运行[J]. 核科学与工程,1998,18(2)：132 - 138.

[29]　Pannhorst W, Geiler V, Rake G, et al. Production process of lithium orthosilicate Pebbles[C]//The 20th Symposium on Fusion Technology, Marseille, France,1998.

[30]　Feng Y J, Feng K M, Cao Q X, et al. Fabrication and characterization of Li$_4$SiO$_4$ pebbles by melt spraying method[J]. Fusion Engineering and Design, 2012, 87(5 -

6)：753 - 756.

[31] Liu Y, Chen Z, Li J, et al. 3D printing of ceramic cellular structures for potential nuclear fusion application[J]. Additive Manufacturing, 2020, 35: 101348.

[32] Van der Laan J G, Reimann J, Fedorov A V. Chapter 6. 05 - Ceramic Breeder Materials, Comprehensive Nuclear Materials (Second Edition)[M]. New York: Elsevier, 2016: 114 - 175.

[33] 冯勇进,冯开明,张建利. 中子倍增材料铍小球的 REP 制备工艺研究[C]//中国核科学技术进展报告(第二卷)——中国核学会论文集第 7 册(核聚变与等离子体物理分卷),贵阳,2011,2: 82 - 87.

[34] Chakina V, Rolli R, Klimenkov M, et al. Tritium release and retention in beryllium pebbles irradiated up to 640 appm tritium and 6000 appm helium[J]. Journal of Nuclear Materials, 2020, 542: 152521.

[35] Kim J, Nakamichi M. Compatibility of advanced tritium breeders and neutron multipliers[J]. Fusion Engineering and Design, 2020, 156: 111581.

[36] Zinkle S J, Boutard J L, Hoelzer D T, et al. Development of next generation tempered and ODS reduced activation ferritic/martensitic steels for fusion energy applications[J]. Nuclear Fusion, 2017, 57(9): 092005.

[37] Ukai S, Ohtsuka S, Kaito T, et al. Chapter 10 - Oxide dispersion-strengthened/ferrite-martensite steels as core materials for Generation IV nuclear reactors, Structural Materials for Generation IV Nuclear Reactors[M]. New York: Elsevier, 2017: 357 - 414.

[38] 王宇钢. 中国磁约束聚变堆材料发展路线图[R]. 北京：北京大学,2017.

[39] Hashimoto N, Kasada R, Raj B, et al. Chapter 3. 05 - Radiation Effects in Ferritic Steels and Advanced Ferritic-Martensitic Steels. Comprehensive Nuclear Materials (Second Edition)[M]. New York: Elsevier, 2020: 226 - 254.

[40] Feng K M, Pan C H, Zhang G S, et al. Progress on solid breeder TBM at SWIP[J]. Fusion Engineering and Design, 2010, 85(10 - 12): 2132 - 2140.

[41] Luo F, Guo L, Jin S, et al. Microstructural evolution of reduced-activation martensitic steel under single and sequential ion irradiations[J]. Nuclear Instruments and Methods in Physics Research B, 2013, 307: 531 - 535.

[42] Li B, Liao Q, Zhang H, et al. The effects of stress on corrosion behavior of SIMP martensitic steel in static liquid lead-bismuth eutectic[J]. Corrosion Science, 2021, 187: 109477.

[43] Lindau R, Moeslang A, Rieth M, et al. Present development status of EUROFER and ODS-EUROFER for application in blanket concepts[J]. Fusion Engineering and Design, 2005, 75 - 79: 989 - 996.

[44] Rieken J R, Anderson I E, Kramer M J, et al. Reactive gas atomization processing for Fe-based ODS alloys[J]. Journal of Nuclear Materials, 2012, 428(1 - 3): 65 - 75.

[45] Gil E, Ordás N, García-Rosales C, et al. ODS ferritic steels produced by an

alternative route （STARS）： microstructural characterisation after atomisation， HIPping and heat treatments[J]. Powder Metallurgy, 2016,59(5)： 359 – 369.

[46] Wang W, Wu E, Liu S, et al. Segregation and precipitation formation for in situ oxidised 9Cr steel powder[J]. Materials Science and Technology, 2017, 33(1)： 104 – 113.

[47] Xia Y Q. Vacuum casted F/M Steels containing a dense uniform dispersion of oxides nanoclusters with high strength and irradiation resistances stability[C]//The 18th International Conference on Fusion Reactor Materials （ICFRM – 18）, Aomori, Japan, 2017.

[48] Zheng P F, Chen J M, Nagasaka T, et al. Effects of dispersion particle agents on the hardening of V – 4Cr – 4Ti alloys[J]. Journal of Nuclear Materials, 2014, 455 (1 – 3)： 669 – 675.

[49] Chen J M, Qiu S Y, Muroga T, et al. The hydrogen induced ductility loss and strengthening of V-base alloys[J]. Journal of Nuclear Materials, 2004, 334(2 – 3)： 143 – 148.

[50] Yoshida K, Akimoto H, Yano T, et al. Mechanical properties of unidirectional and crossply SiC_f/SiC composites using SiC fibers with carbon interphase formed by electrophoretic deposition process[J]. Progress in Nuclear Energy, 2015, 82： 148 – 152.

[51] Kumar N, Li C, Leonard K J, et al. Microstructural stability and mechanical behavior of FeNiMnCr high entropy alloy under ion irradiation[J]. Acta Materialia, 2016, 113： 230 – 244.

[52] Li Q, Mo L B, Wang J, et al. Performances of Cr_2O_3： hydrogen isotopes permeation barriers[J]. International Journal of Hydrogen Energy, 2015, 40(19)： 6459 – 6464.

[53] Cheng W J, Wang C J. Microstructural evolution of intermetallic layer in hot-dipped aluminide mild steel with silicon addition[J]. Surface and Coatings Technology, 2011, 205(19)： 4726 – 4731.

[54] Natali M, Carta G, Rigato V, et al. Chemical, morphological and nano-mechanical characterizations of Al_2O_3 thin films deposited by metal organic chemical vapour deposition on AISI 304 stainless steel[J]. Electrochimica Acta, 2005, 50(23)： 4615 – 4620.

[55] He D, Li S, Liu X, et al. Preparation of Cr_2O_3 film by MOCVD as hydrogen permeation barrier[J]. Fusion Engineering and Design, 2014, 89(1)： 35 – 39.

[56] Vincenc N. Hydrogen permeation barriers： basic requirements, materials selection, deposition methods, and quality evaluation[J]. Nuclear Materials and Energy, 2019, 19： 451 – 457.

[57] Zhang W, Zhu C, Yang J, et al. Chemical compatibility between the α – Al_2O_3 tritium permeation barrier and Li_4SiO_4 tritium breeder[J]. Surface and Coatings Technology, 2021, 410： 126960.

第 8 章

堆安全与环境

与裂变反应堆相比,聚变反应堆的潜在安全风险要小得多[1]。第一,聚变反应不产生乏燃料,没有大量乏燃料需要储存、运输和处理的安全风险。第二,聚变反应堆没有潜在的大量放射性物质释放风险。第三,聚变反应堆停堆后的堆芯余热很小,绝大部分系统和设备不需要考虑余热导出问题。第四,聚变反应没有临界问题,不需要反应性控制,没有反应性事故的安全隐患。第五,聚变反应堆具有很好的被动安全性,停堆简单,余热小,且没有重返临界风险。

虽然聚变反应堆具有较高的固有安全性,但是聚变堆内同样有放射性物质和高能中子,而且聚变反应温度极高,真空室外的磁体需要在低温条件下实现超导运行,所以需要重视放射性包容、辐射屏蔽和热屏蔽的安全性。同时聚变反应在真空室中被等离子体约束,一旦等离子体破裂会产生很高的热负荷,对真空室内部件产生较大的热冲击。

本章将分别介绍核聚变安全的主要特点、堆核安全的核心体系、聚变反应堆的安全要求、源项与分布、安全专设系统、放射性废物和聚变反应堆的退役等内容。

8.1 核聚变安全的主要特点

世界核工业经过 60 余年的发展,已经形成了广泛的共识,那就是核安全是核工业的生命线。聚变堆作为具有固有安全特征的核设施,其设计与研发更需要对核安全进行充分论证,充分证明其作为未来能源选择的安全性与可行性。

相对于现在核电厂使用的裂变堆,聚变堆的潜在安全风险要小得多。

第一，聚变反应不产生乏燃料，没有大量乏燃料需要储存、运输和处理的安全风险。氘氚聚变反应的产物只有氦和一个中子，没有高放射性和长寿命的反应产物，对环境不构成大的威胁。聚变反应中用到的氚具有放射性，其半衰期只有12.6年，因此不会对环境造成长久污染。而且氘氚聚变堆称为"第一代"聚变堆，随着技术的进步，可以实现氘氘聚变反应的聚变堆，反应燃料里不会使用氚，也就没有相应的氚循环系统，氚只是聚变反应的中间产物，存量很低，且只存在于真空室内，对环境的污染会大大降低。如果最终能实现氘氦-3聚变反应，则不会产生中子，完全没有对环境的污染，可以说是终极的核能研究目标。

第二，聚变堆没有潜在的大量放射性物质释放风险。在整个运行周期内聚变堆堆芯中只存在少量的放射性物质。如前所述，聚变反应不产生放射性核素，发生聚变反应的真空室内只存在发生聚变反应所需的少量氚、一些吸附在真空室内构件上的氚和一些具有放射性的粉尘。由于氚是宝贵的聚变反应燃料，燃料循环系统会持续收集真空室中未参与反应的氚，同时偏滤器也会持续收集处理聚变反应产生的氦灰。所以聚变堆中含有放射性的物质不会大量积累，这大大降低了聚变堆在发生事故时对环境可能造成的危害。

第三，聚变堆停堆后的堆芯余热很小，绝大部分系统和设备不需要考虑余热导出问题。众所周知，停堆后裂变核电厂的堆芯燃料组件大概会产生7％满功率的余热，而且需要数周的冷却时间才能慢慢降低。在聚变堆中，聚变反应在真空室内进行，反应终止以后，聚变反应的燃料是没有余热的。聚变堆停堆后的余热主要来自被活化的托卡马克主机部件（主要是真空室内部件，如包层和偏滤器等）产生的衰变热，但是其功率只有满功率的1％左右，并且随着冷却时间快速衰减（10 s后功率降为满功率的0.5％）。所以整个聚变堆在停堆以后，只需要考虑包层和偏滤器的余热导出问题。由于停堆余热很低（以CFETR为例，停堆时包层的总余热为8 MW，偏滤器的总余热为2 MW），目前有些聚变堆的设计方案正在考虑通过增加材料可承受温度和内部构件间传热的方式将余热带走，彻底解决反应堆停堆余热的安全隐患。

第四，聚变反应没有临界问题，不需要反应性控制，没有反应性事故的安全隐患。我们知道，为了维持聚变反应需要极高的温度，同时还需要高密度和长约束时间，只有三者的乘积达到一定的值，聚变反应才能发生并维持，即劳森判据（Lawson Criterion）。要维持聚变反应是十分困难的，任何一个条件不满足就会立即停止核反应。因此，聚变反应堆的停堆极其简单，只要停止向真空室中提供氘氚燃料或向真空室中注入杂质气体,则聚变反应会立即停止,且不存在由于外部环境影响重新开始聚变反应的安全问题。

第五,聚变堆具有很好的被动安全性,停堆简单,余热小,没有重返临界风险。并且,聚变堆不存在临界问题,也不会发生反应性事故。要维持聚变反应的条件非常苛刻,那么在发生任何堆芯事故时,如氦气或水冷却管道破裂、等离子体靠近真空室壁面造成金属高温熔化或操作员误操作投入更多燃料等,就会立刻引起聚变反应停止,反应堆停堆。由于聚变堆停堆后的余热很小,所以很难因为冷却不足造成部件或放射性包容系统的破坏。

虽然聚变堆易于停堆,不会产生裂变产物和锕系元素,停堆余热也很低,但是聚变堆内同样有放射性物质和高能中子,而且聚变反应温度极高,同时真空室外的磁体需要在低温条件下实现超导运行,所以需要重视放射性包容、辐射屏蔽和热屏蔽的安全性。此外,聚变反应在真空室中被等离子体约束,一旦等离子体破裂会产生很高的热负荷,对真空室内部件产生较大的热冲击。

综上所述,聚变堆的主要安全特点体现在如下几个方面[2]:① 聚变堆不产生乏燃料,堆芯内放射性物质始终维持在少量水平,没有潜在的大量放射性物质释放风险。② 聚变堆的聚变反应发生在真空室中并被等离子体约束,一旦条件不满足立即停堆。③ 聚变堆不需要反应性控制。④ 聚变堆停堆后余热低(约为满功率的1%,10 s后降为满功率的0.5%),没有熔堆风险。主要余热分布在真空室内的包层和偏滤器上,停堆后需要关注这两种部件的余热导出问题。⑤ 聚变堆真空室内和部分系统中存在放射性物质,需要进行放射性包容。聚变堆内的放射性物质主要有氚、活化产物、活化粉尘和冷却系统中的活化腐蚀产物。⑥ 聚变堆从真空室内的等离子体到真空室外的超导磁体的过程中有从极高温向极低温过渡的问题,需要布置热屏蔽,一旦热屏蔽出现问题,会破坏聚变堆部件结构的完整性。⑦ 聚变堆现阶段还只能实现氘氚聚变反应,运行过程中需要使用氚作为燃料。由于氚容易泄漏,必须做好多重放射性包容控制。⑧ 聚变堆现阶段使用的氘氚反应会产生高能中子,造成材料的中子活化,需要做好停堆后聚变堆的辐射防护。⑨ 聚变堆停堆时会发生等离子体破裂,造成真空室内部件表面热负荷急剧上升,容易导致内部件局部过热,破坏结构完整性,需要做好部件的冷却设计。尤其需要预防水冷部件发生局部偏离膜态沸腾的风险并控制事故后果。⑩ 聚变堆要同时实现电功率输出和生产氚燃料实现氚自持的功能,造成聚变堆系统复杂,辅助系统众多,对设计可靠性和质量控制提出巨大挑战。

8.2 核聚变安全的核心体系

核安全法规(nuclear safety regulations)是一个国家政府和其主管核能安全的职能机构以确保核安全为目的所颁发的一系列法令、条例、规定导则或准则,核安全的基本目标是在核能研究、开发和利用中保证核安全,保护工作人员、社会公众和环境免受辐射危害。

目前,国内外的法律法规体系主要是针对裂变电站和裂变堆,对聚变堆的安全特点考虑不全。作为核设施,聚变工程实验堆以及后续的聚变商业示范堆或商业堆都需要首先满足核安全的监管要求,在设计中如不充分考虑核安全法规,将为后续的取证、建设等工作带来巨大的潜在风险。所以在进行聚变堆设计时,需要对国内外现行的聚变堆核安全体系与核安全管理有所了解,同时随着国内外聚变堆研究的深入,针对聚变堆的相关法律法规体系也会越来越健全。

8.2.1 ITER核安全法规体系

ITER核安全法规体系对于聚变堆核安全法规体系的建立具有重要的研究价值,通过对ITER采用的核安全法规开展调研分析,吸取其中适用于中国核安全法规的重要内容,能够为国内后续进行聚变堆安全设计提供建议和基础。

根据《ITER核监管框架》(*Nuclear Regulatory Framework for the INB ITER*),ITER采用的法规体系框架包括适用的欧盟指令(在法国核法规中作为法令实施)和法国法规。而法国法规包括法案(Acts)、法令(Decrees)、政府规定(Ministerial Orders)、决议(Circulars/Decisions)和导则(Guidelines),除导则为非强制执行外,其余的部分都是必须遵守的,与中国核安全法规体系类似,同为金字塔结构,如图8-1所示。

在公共健康、安全、许可证申请和环境保护等方面,ITER需要遵守建设厂址国家在相关领域的法律法规,包括公共和职业健康与安全、核安全、辐射防护、执照申请、核物质(nuclear substances)、环境保护和实物保护(防止恶意破坏)等方面。ITER组织作为核基础设施的核运营商,应遵守这些规定。

ITER所采用的核安全体系,包含了10个方面,分别为核基础设施、安全

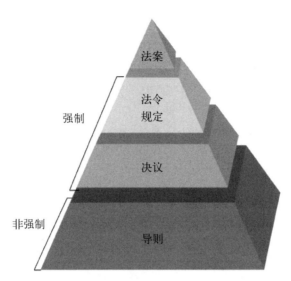

图 8-1　ITER 核安全法规体系[3]

相关框架、放射性、化学和电磁辐射防护、放射性废物、保护环境的设施分类（installations classes for the protection of the environment，ICPE）、运输、压力容器、事件与事故相关标准、环境保护。以下对各方面的关注点和关键文件进行说明。

1）核基础设施

核基础设施方面的规范分为两部分，第一部分是 ITER 相关法规和授权文件（共 4 份），包括授权 ITER 组织建造核基础设施的法令、适用于 ITER 组织的决议及其修订、ITER 装置的建造许可（见表 8-1）；第二部分是通用规定（共 9 份），包括核领域运输、材料、废物控制、安全框架等对于核基础设施通用的规定（见表 8-2）。

表 8-1　ITER 适用法规和授权文件

文　件　号	说　　明
Decree 9 November 2012	2012 年 11 月 9 日颁布的 2012-1248 法令授权 ITER 组织在 Saint-Paul-lez-Durance（Bouches-du-Rhône）建造 ITER 核基础设施
ASN Decision 2013-DC-0379 of 12 November 2013	出版适用于 ITER 组织的文件，用于已获批的核设施 INB No.174（即 ITER）的设计和建造

（续表）

文 件 号	说 明
ASN Decision 2014 - DRC - 028511 of 10 July 2014	批准托卡马克地基浇注混凝土
ASN decision 2015 - DC - 0529 of 22 October 2015	修订适用于 ITER 组织的文件,用于已获批的核设施 INB No. 174（即 ITER）的设计和建造

表 8-2 核基础设施通用规定

文 件 号	说 明
Act no. 2006 - 686 of 13 June 2006 （*Codified in the environmental code*）	核领域的运输与安全
Decree no. 2007 - 830 of 11 May 2007	INB 术语
Decree no. 2007 - 1557 of 2 November 2007（procedural decrees）	关于获批核设施和核安全规范中的放射性物质运输
Order 7 February 2012 *	确定核基础设施有关的通用技术规则
ASN Decision No. 2013 - DC - 0360 of 16 July 2013	核基础设施的废物控制,健康和环境影响控制
ASN Decision No. 2014 - DC - 0417 of 28 January 2014	INB 火灾相关风险管理的可用规范
ASN decision 2014 - DC - 0420 of 13 February 2014	INB 关于材料改性的内容
Council Directive 2009/71/Euratom of 25 June 2009	建立核设施核安全问题的共同体框架
Ordonnance 2016 - 128 of 10 February 2016	涵盖核领域的各种条款

2) 安全相关框架

ITER 安全相关框架内容指的是针对外部灾害的相关规定（共 11 份）,涵盖了大飞机撞击、抗震、气象、火灾、洪水、其他外部灾害等方面的具体法规（见表 8-3）。

表 8 - 3　ITER 安全相关框架

文　件　号	说　明
fundamental safety rule RFS I. 1. a	与大飞机撞击相关的风险
fundamental safety rule RFS I. 1. b	工作环境和通信路径相关的风险
fundamental safety rule RFS II. 2	INB 中除核反应堆外的通风系统的设计和运行
fundamental safety rule RFS 2001 - 01	INB 地震风险评估相关
nuclear safety authority guide ASN/2/01 (formerly RFS V. 2. g)	如何衡量地震风险
SIN rule A - 4212/83	气象监测系统相关
fundamental safety rule RFS I. 3. c	厂址地震地质研究；土地特征地带行为研究
fundamental safety rule RFS I. 3. b	地震监测相关
nuclear safety authority guide ASN/7/01	火灾相关
ASN guide ♯13	基本核设施防外部洪水相关
Safety general presentation of Cadarache site (PGSE - V2)- December 2007	ITER 厂址的外部灾害参数文件

3）放射性、化学和电磁辐射防护

放射性、化学和电磁防护方面的法规（共 26 份）包括公众和工作人员电离辐射、职业病、化学危险以及电磁辐射在剂量、接触限值、防护等具体内容（见表 8 - 4）。

表 8 - 4　放射性、化学和电磁防护相关法规

文　件　号	说　明
1990 Recommendations from the International Commission on Radiological Protection - ICRP publication 60	60 届放射性防护国际委员会建议（1990）

（续表）

文　件　号	说　明
2007 Recommendations from the International Commission on Radiological Protection – ICRP Publication 103	103 届放射性防护国际委员会建议（2007）
Circular of 14th May 1985	关于预防职业癌症的通知（1985.6.6 官方出版），1986.5.14 7 号通函补充
EU directive 90/641/Euratom of 4 December 1990	在控制区工作时，应考虑对暴露在电离辐射中的工作人员进行电离辐射风险防护
European directive 96/29/Euratom of 13 May 1996	关于对公众和工作人员进行电离辐射防护的基本标准
Council recommendation of 12 July 1999/519 EC	公众接触电磁场的限值（0～300 GHz）
Decree no. 2001 – 97 of 1 February 2001 （'CMR' decree）	关于预防特定致癌物危害的规定
Decree no. 2002 – 460 of 4 April 2002	关于公众对电离辐射风险的通用防护
Decree No. 2002 – 775 of 3 May 2002	用于电信网络或无线电安装设备所产生的电磁场对公众的限值
Decree no. 2003 – 295 of 31 March 2003	关于紧急放射性事件干预或长期接触电离辐射的情况；对公共卫生法规进行了修改（转换 Directive 96/29）
Decree no. 2003 – 296 of 31 March 2003	关于工作人员的电离辐射防护（转换 Directives 96/29 和 90/641）
Order of 1 September 2003	关于公众接收电离辐射剂量的计算
Order of 13 October 2003	关于紧急放射性事件的干预水平
Order of 30 June 2004 （modified by the Order of 9 February 2006）	职业接触限值（确定了职业接触限值的清单）
Decree No. 2006 – 133 of 9 February 2006	对劳动法规 article R. 231 – 58 进行了（其中，修改了工作场所空气中特定化学成分的职业接触限值）
Order of 26 October 2005	根据劳动法规 article R.231 – 84 和公共健康法规 article R.1333 – 44 确定了放射性防护的控制方式

（续表）

文　件　号	说　　明
Order of 15 May 2006	关于分区、监控和控制区域的确定,特别是监管区域和禁区（电离辐射）,以及相关的卫生、安全和维护规则
Decree no. 2007 - 1570 of 5 November 2007	修订公众安全准则
Decree no. 2007 - 1582 of 7 November 2007	修订公众安全准则
Directive 2008/46/CE of the European parliament and of the Council of 23 April 2008	物理因素引起的工作人员风险的最低健康和安全要求（电磁场）
Decision no. 2015 - DC - 0521 of 30 November 2015	放射性核素的监控和记录方式,包括放射源形式的放射性核素和包含它们的产物或设备
Public health Code，article R. 1333 - 75 and subseq	公众安全规范
Public health Code，article R. 1333 - 1 and subseq	公众安全规范
Labour code art. R. 4451 - 1 and subseq	工作人员规范
French Labour Code Art. L 4121 - 1 to 5	业主责任
Art. 4412 - 59 and following	关于致癌的、诱导突变的或对生育有害物质的处置,如铍

4）放射性废物

放射性废物部分的法规（共 10 份）涵盖了废物规格、处理、管理以及废物分区等方面的内容（见表 8 - 5）。

表 8 - 5　放射性废物相关法规

文　件　号	说　　明
Article 37 of the Euratom Treaty of 25 March 1957	成员国应向委员会提供放射性处置方案的基本数据,用以确认其实施是否会导致其他成员国水体、土壤和空气的污染

（续表）

文　件　号	说　　明
Commission Recommendation 99/829/Euratom of 6 December 1999	关于 Euratom Treaty article 37 的应用
Law 2000 - 174 of 2 March 2000	批准授权关于乏燃料和放射性废物安全管理的共同协议
note SD3 - D - 01（rev. 1）of 4 September 2001：	关于核废物研究准备的导则
note SD3 - D - 02（rev. 1）of 4 September 2001：	关于核设施生产的年度放射性废物规格的指南
Commission Recommendation no. 2004/2/Euratom of 18 December 2003	关于核动力厂、再处理厂排放至环境的放射性废气、废液的标准化信息
Note SD3 - D - 07 Revision 0 of 6 September 2005	关于更改基本核设施的废物分区的程序
Law 2006 - 739 of 28 June 2006 Codified in the environmental code	关于放射性物质和废物的持续性管理
Decree No. 2013 - 1304 of 27 December 2013	行使法国环境法规 article L. 542 - 1 - 2，确定国家放射性物质和废物管理计划的要求
Decision No. 2015 - DC - 0508 of 21st April 2015	关于废物管理、核设施产生废物的平衡表的研究

5）ICPE

ICPE（共 4 份）为用于环境保护分类设施的相关要求（见表 8 - 6）。

表 8 - 6　ICPE 相关要求

文　件　号	说　　明
Decree No. 77 - 1133 of 19 July 1976	应用 law no. 76 - 663 于环境保护设施分类（该条例已编纂为环境法规）
Decree No. 2006 - 1454 of 24 November 2006	修改分类设施命名（放射性的分类设施）以适用于 ITER

（续表）

文　件　号	说　明
Order dated 26 April 2011	根据环境法规（article R. 512‐8 of the environmental code)实施最优的可用技术
Order of 2 May 2013	对 Order dated 29 June 2004 的运行评估进行了修改，并应用于环境法规（article R. 512‐45 of the environmental code)

6）运输

运输方面的规定（共 4 份）主要包括核材料等危险物品在运输方面的保护、控制、安装等内容（见表 8‐7）。

表 8‐7　运输相关规定

文　件　号	说　明
Order of 26 March 1982	关于运输过程中核材料的保护和控制
European Agreement concerning the International carriage of dangerous goods by road，ADR 2009，version applicable as of 1 January 2009	欧盟协议，关于危险品国际道路运输
Order of 29 May 2009	关于危险品道路运输
Decree No. 2009‐1120 of 17 September 2009	关于核材料的运输保护，安装和运输

7）压力容器

压力容器方面的规定（共 10 份），包括压力容器相关法律法规以及分级、运行、生产等方面的规定与要求（见表 8‐8）。

表 8‐8　压力容器相关规定

文　件　号	说　明
Council directive 87/404/EEC of 25 June 1987	旨在协调成员国的简易承压容器的法律
European Directive 97/23/EC of 29 May 1997	旨在协调更新成员国的压力容器法规

（续表）

文 件 号	说 明
Order dated of 21 December 1999	关于压力容器的分级和符合性评估
Order dated of 15 March 2000	关于压力容器的运行
Circular BSEI No. 06‒080 of 6 March 2006	关于 Order dated 15 March 2000 的应用
Order of 12 December 2005	关于核压力容器
COUNCIL DIRECTIVE 2014/87/EURATOM of 8 July 2014 ＊	修改 Directive 2009/71/Euratom，确定核安全和核设施的共同框架
Decree No. 2015‒799 of 1 July 2015 ＊＊	关于设备生产
Order of 30 December 2015 ＊＊＊	关于核级压力容器
Decree No. 2016‒1925 of 28 December 2016	关于即将投入使用的压力容器

8）事件与事故

事件与事故方面的内容（共 20 份）包括核安全相关的事故通知、干预计划、人员防护、防爆、防雷、防火等相关法规，从不同层次确保装置的安全运行及事故后的防护（见表 8‒9）。

表 8‒9 事件与事故相关法规

文 件 号	说 明
Vienna Convention of 26 September 1986	核事故或放射性事故应急
Vienna Convention of 26 September 1986	关于核事故的早期通知
Decree no. 88‒1056 of 14 November 1988	用电设施工作人员防护
Circular of 30 December 1991	关于分级设施的运行计划和紧急计划的关联性
Vienna Convention of 20 September 1994	关于核安全

(续表)

文 件 号	说 明
Order of 30 November 2001	针对特定干预计划的 INB 周围紧急警报装置的设置
Order of 10 October 2000	界定了电气设施检查的周期、目的和范围，工作人员的防护以及检查报告的内容
Decree no. 2002 - 1553 of 24 December 2002	关于工作场所适用的防爆措施
Order 26 February 2003	关于安全设施
Decree no. 2003 - 110 of 11th February 2003	修改、补充职业病导则作为社会保障法第四册的附录
Law no. 2004 - 811 of 13 August 2004	关于现代化的民事安全
Decree no. 2005 - 1269 of 12 October 2005	民事安保现代化
Decree no. 2005 - 1157 of 13 September 2005	关于民事安保现代化应用
Decree no. 2005 - 1158 of 13 September 2005	关于特定装置和结构的具体干预计划
Decree no. 2007 - 1572 of 6 November 2007	关于核活动相关事件和事故的技术调查
INRS toxicological data sheet no. 92 ("Beryllium and mineral compounds")	铍和化合物毒理数据表
NFC 17 - 100	结构防雷保护
NFC 17 - 102	结构和开放区域的防雷保护
NFS 62 - 200	防火相关
Order dated 27 November 2013	关于在机构内执行核活动的承包商和暂时与这些活动相关的雇佣机构

9) 相关标准

ITER 相关标准部分(共 40 份)对 ITER 涉及的相关重要标准进行了汇总,涵盖专业面较广,涉及建筑结构、建筑电气、防雷、防火测试、载荷、许可周期等方面(见表 8 - 10)。

表 8 – 10 ITER 相关标准

文 件 号	说 明
ITER Structural Design Code for Buildings，Part 1：Design Criteria	建筑物结构设计规范
RCC – MR 2007	核设施机械部件设计建造准则
IEC 60364 Standard	建筑电气装置
IEC 60754 series of standards IEC 61034 IEC 60332	电缆材料燃烧过程中产生的气体试验，在给定条件下电缆燃烧烟气密度测量，在火灾条件下测试电缆和光纤电缆
ISO 17873 – Nuclear Facilities	除核反应堆外其他通风系统设计和运行的标准
ISO 17873：2004	除核反应堆外其他通风系统设计和运行的标准
IEC standard 62305	雷电防护
IEC standard 60754	电缆材料燃烧过程中产生的气体试验
Eurocode EN 60332/NFC 32 – 070	在火灾下测试电缆和光纤电缆
Eurocode EN 1998 – 1 Eurocode 8	Part 1：地震安全规定和建筑程序结构抗震计算的一般规定
Eurocode EN 1998 – 2 Eurocode 8	Part 2：桥架
Eurocode EN 1337 – 1	Part 1：结构支持系统的一般规定
Eurocode EN 1337 – 3	Part 3：弹性体轴承垫
Eurocode EN 15129	抗震设备
Eurocode EN 1991 – 1.3	雪荷载
Eurocode EN 1991 – 1.4	风作用
AFPS 90，Recommendations section	Chapter 22：抗震轴承垫
IEC 61226	NPP -安全重要仪控设备-仪控设备的安全分级

(续表)

文 件 号	说 明
IEC 61508	电气、电子、程序相关的功能安全
IEC 62138, NPP - I&C, Important for Safety	计算机软件执行 B 类、C 类功能
IEC 61513，NPP - I&C	系统一般要求
CEA High Commissioner's note no. 44, dated 20th September 1981, amended 29th March 1982	处理铍和铍化合物的安全规则
CEA High Commissioner's note no. 86	处理铍和铍化合物的安全规则的注意事项
Guide de l'ASN n°23	确定和修改基本核设施的废物分区计划
Guide de l'ASN n°21	关于处理和保护重要部分（EIP）的要求
Guide de l'ASN n°17	关于放射性物质运输事件或事故管理计划的内容
Guide de l'ASN n°15	关于控制核设施附近活动
ASN Draft guide n°14	BNI 接受的全清理方法
ASN guide n°13	关于主要核设施抵御外部洪水
ASN Guide n°12	用于主要核设施和放射性材料运输的重要事件的声明和编码属于的标准,包括安全、放射性防护和环境
Guide n°9	确定 INB 的许可周期
ASN Guide n°8	核压力容器的符合性评估
ASN Guide 7 - 01	Order of 31 December 1999 的实施,题目: 火灾措施
Guide de l'ASN n°6	关于法国核设施的最终关闭、拆除和退役
ASN Guide 5 - 01	关于核压力设备接受检测
Guide de l'ASN n°3	建议起草关于核设施的年度公共信息报告

（续表）

文　件　号	说　　明
ASN Guide 2‐01	考虑核设施土建工程设计的地震风险
ASN Note SD3	更改核废物分区的程序
Document SD3‐D‐02 issue 1 dated 4/9/2001	核设施废物分析指南
The Council Directive 85/337/EEC of 27 June 1985	公共和私人环境项目用于 ITER 的效果评估

10）环境保护

环境保护方面（共 4 份）的具体内容包括公众获取环境信息、环境评估等方面的规定（见表 8‐11）。

表 8‐11　环境保护相关规定

文　件　号	说　　明
The Council Directive 85/337/EEC of 27 June 1985	公共和私人环境项目用于 ITER 的效果评估
Directive 2003/4/EC of the European Parliament of 28 January 2003	关于公众获取环境信息
Decree no. 2008‐251 of 12 March 2008	INB 当地信息委员会
Order dated 26th June 2013	确认关于基础核设施的通用技术规则

8.2.2　中国核安全法规体系

目前中国的核安全法规体系主要针对裂变电站和裂变堆。

截至 2019 年 8 月，中国核安全法规体系包括 2 部核法律、7 部行政法规、29 部部门规章以及 89 部导则，形成了以 2 部法律为顶层的金字塔结构，如图 8‐2 所示。

根据核与辐射安全监督管理工作的适用范围，中国核安全法规体系纵向上形成了国家法律、国务院行政法规、部门规章、指导性文件、参考性文件 5 个

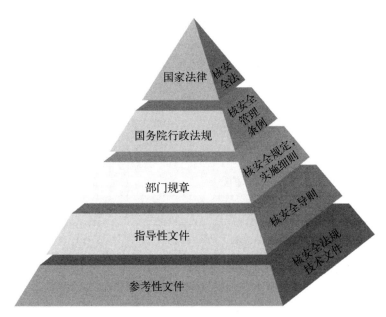

图 8‑2　中国核安全法规层次

不同层次。中国核安全法规体系横向上由如下 10 个不同领域组成。

HAF 0,通用系列;

HAF 1,核动力厂系列;

HAF 2,研究堆系列;

HAF 3,核燃料循环设施系列;

HAF 4,放射性废物管理系列;

HAF 5,核材料管制系列;

HAF 6,民用核承压设备监督管理系列;

HAF 7,放射性物质运输管理系列;

HAF 8,放射性同位素与射线装置安全和防护管理系列;

HAF 9,电磁辐射环境保护管理系列。

针对国家法律、国务院行政法规、部门规章、指导性文件 4 个方面内容介绍如下。

1) 国家法律

目前,中国核电厂遵循的核安全法律主要有 2 部(原子能法正在制定中),分别为《中华人民共和国核安全法》《中华人民共和国放射性污染防治法》。同时,裂变核电厂也应遵循安全方面的其他相关法律,详见表 8‑12。

表 8 - 12　裂变核电厂安全相关法律

裂变核电厂安全相关法律	施 行 日 期
中华人民共和国核安全法	2018 年 1 月 1 日
中华人民共和国环境影响评价法	2018 年 12 月 29 日
中华人民共和国环境保护法	2015 年 1 月 1 日
中华人民共和国海洋环境保护法	2024 年 1 月 1 日
中华人民共和国大气污染防治法	2018 年 10 月 26 日
中华人民共和国水污染防治法	2018 年 1 月 1 日
中华人民共和国放射性污染防治法	2003 年 10 月 1 日
中华人民共和国固体废物污染环境防治法	2020 年 9 月 1 日
中华人民共和国消防法	2021 年 4 月 29 日
中华人民共和国安全生产法	2021 年 9 月 1 日
中华人民共和国职业病防治法	2018 年 12 月 29 日

2) 国务院行政法规

中国核安全国务院行政法规指国务院颁布的核安全管理条例,规定了核安全的管理范围、管理机构及其职权、监督管理原则以及程序等重大问题,是具有法律约束力的文件,是国家法律在某一方面的细化。

目前,裂变电厂遵循的核领域国务院条例主要有以下几种:

HAF 001《中华人民共和国民用核设施安全监督管理条例》;

HAF 002《中华人民共和国核电厂核事故应急管理条例》;

HAF 501《中华人民共和国核材料管制条例》;

国务院令第 449 号《放射性同位素与射线装置安全和防护条例》;

国务院令第 500 号《中华人民共和国民用核安全设备监督管理条例》;

国务院令第 562 号《放射性物品运输安全管理条例》;

国务院令第 612 号《放射性废物安全管理条例》。

同时,核设施还需遵循其他领域的国务院条例,如《特种设备安全监察条例》《建设项目环境保护管理条例》《防治海岸工程建设项目污染损害海洋环境管理条例》等。

3）部门规章

部门规章包括国务院行政法规的实施细则（及其附件）和核安全规定，是由国家核安全局颁布的具有法律约束力的文件。

条例实施细则是根据核安全管理条例规定具体实施办法的规章，比如HAF 001/01《核电厂安全许可证件的申请和颁发》、HAF 001/02《核设施的安全监督》、HAF 501/01《中华人民共和国核材料管制条例实施细则》等。

核安全规定建立了核安全目标和技术要求，比如HAF 101《核电厂厂址选择安全规定》、HAF 102《核动力厂设计安全规定》、HAF 103《核动力厂运行安全规定》等。

福岛核事故之后国家核安全局还发布了技术要求文件《福岛后核电厂通用技术要求》。

4）指导性文件

核安全导则是国家核安全局发布的指导性和推荐性文件，描述执行核安全技术要求行政管理规定采取的方法和程序。在执行中可采用该方法或程序，也可采用等效的替代方法和程序。现有的核安全导则共89部，很多基于或者等效于相应的国际原子能机构（International Atomic Energy Agency，IAEA）安全导则。

目前，随着国内CFETR研究工作的展开，国家核安全局与聚变堆相关研究机构正在开展对聚变堆适用的中国核安全法规体系结构的梳理，相信随着聚变堆工程化和商业化的不断推进，国内针对聚变堆的核安全法规体系结构也会逐渐成熟。

8.3　聚变反应堆的安全要求

聚变反应堆的安全要求是基于聚变堆固有安全特性、中国核安全相关法律法规与导则和聚变堆工程设计需求，提出的聚变堆安全要求建议，适用于聚变堆的选址、设计、建造、调试、运行和退役各阶段和安全要求的传递[4]。该部分内容正在与国家相关部门和机构商议中。

8.3.1　监督

聚变堆的选址、设计、建造、调试、运行和退役必须贯彻安全第一的方针；

必须有足够的措施保证质量，保证安全运行，预防核事故，限制可能产生的有害影响；必须保障工作人员、群众和环境不致遭到超过国家规定限值的辐射照射和污染，并将辐射照射和污染减至可以合理达到的尽量低的水平。

1）安全许可证的申请和颁发

针对聚变堆的选址、设计、建造、调试、运行和退役 6 个阶段，国家应颁发相应的安全许可证件，并规定相应的许可活动及其必须遵守的条件。

在国家有关部门批准聚变堆可行性报告之前，许可营运单位必须取得中国国家核安全局《聚变堆厂址选择审查意见书》后，才能进行厂址选择。在中国国家核安全局颁发聚变堆建造许可证后，许可营运单位才能开始托卡马克主机大厅建造（如反应堆厂房基础混凝土浇灌或主要设备安装）。在中国国家核安全局颁发《聚变堆首次装料批准书》后，许可营运单位才能首次向氚工厂填充氚燃料、继续进行调试和试运行。在中国国家核安全局颁发聚变堆运行许可证后，许可营运单位才能在遵守聚变堆运行许可证规定的条件下运行（包括进行批准的实验或应用活动）。国家核安全局颁发《聚变堆开始退役批准书》后，许可营运单位才能开始聚变堆的退役活动，颁发《聚变堆最终退役批准书》后，批准聚变堆最终退役。

营运单位要求进行的许可证条件以外的与核安全有关的变更（包括需要进行不同于运行许可证批准的实验或应用）或要求修改安全许可证条件时，必须报国家核安全局审批后方可实施。

2）营运单位报告制度

营运单位必须执行核设施营运单位报告制度。报告制度包括① 定期报告；② 重要活动通知；③ 建造阶段事件报告；④ 运行阶段事件报告；⑤ 核事故应急报告。

3）核安全设备的监督

聚变堆民用核安全设备是指在聚变堆中使用的执行核安全功能的设备，包括核安全机械设备和核安全电气设备。民用核安全设备目录由国务院核安全监管部门制定并发布。国务院核安全监管部门对民用核安全设备设计、制造、安装和无损检验活动实施监督管理。

民用核安全设备标准是从事民用核安全设备设计、制造、安装和无损检验活动的技术依据。民用核安全设备标准包括国家标准、行业标准和企业标准。尚未制定相应国家标准和行业标准的，民用核安全设备的设计、制造、安装和无损检验单位应当采用经国务院核安全监管部门认可的标准。

民用核安全设备设计、制造、安装和无损检验单位应当依照《民用核安全设备监督管理条例》规定申请领取许可证。申请领取民用核安全设备设计、制造、安装或者无损检验许可证的单位,应当向国务院核安全监管部门提出书面申请,并提交符合《民用核安全设备监督管理条例》第十三条规定条件的证明材料。禁止无许可证擅自从事或者不按照许可证规定的活动种类和范围从事民用核安全设备设计、制造、安装和无损检验活动。禁止委托未取得相应许可证的单位进行民用核安全设备设计、制造、安装和无损检验活动。禁止伪造、变造、转让许可证。

4) 核承压设备监督

聚变堆核承压设备的监督适用于聚变堆的核承压设备设计、制造、安装、试验、检验、在役检查、维修、退役、迁移及转让等活动实施安全监督管理。

核承压设备的设计、制造、安装单位必须取得中国国家核安全局颁发的资格许可证,并遵守资格许可证规定的活动范围和条件。资格许可证申请单位应按活动种类(设计、制造、安装)、设备类别和安全级别提出申请,取得某一类别和级别的资格许可证的单位可从事该级别和较低级别的核承压设备活动。应根据所执行的安全功能,对核承压设备进行核安全分级。核承压设备的设计技术规范及标准应与其核安全分级相适应。

8.3.2　应急管理

聚变堆营运单位对于可能或者已经引起放射性物质释放、造成重大辐射后果的情况应开展核事故应急管理工作。

针对聚变堆可能发生的核事故,营运单位的核事故应急机构、省级人民政府指定的部门和国务院指定的部门应当预先制订核事故应急计划。核事故应急计划包括场内核事故应急计划、场外核事故应急计划(待讨论)。各级核事故应急计划应当相互衔接、协调一致。必须在其场内和场外核事故应急计划(待讨论)审查批准后,方可装料。

8.3.3　厂址选择安全规定

聚变堆选址的主要目的是保护公众和环境免受放射性物质的事故释放所引起的辐射影响。正常的放射性释放也必须加以考虑。在评价聚变堆厂址的适宜性时,必须考虑下列因素: ① 在某特定厂址所在区域发生的外部事件的影响(这些事件可为自然事件或人为事件);② 可能影响所释放的放射性物质向人体迁移的厂址特征及其环境特征;③ 与实施应急措施的可能性和评价个人和群体风险有关的人口密度和分布以及其他外围地带的特征。

必须调查和评价可能影响聚变堆安全的厂址特征,特别是自然事件和外部人为事件。

必须调查运行状态和事故工况下可能受辐射后果影响的区域的环境特征。对所有这些特征,在聚变堆的整个寿期内必须予以观测和监控。

必须评价厂址所在区域内影响安全的自然因素和人为因素在设计寿期内可预见的演变。在聚变堆整个寿期内,也必须监控这些因素,特别是人口增长率和人口分布。如有必要,必须采取适当措施,以保证总的风险保持在可接受的低水平上。

必须以发生概率为不可忽视的外部事件的严重性来确定聚变堆的设计基准,以使总风险减少到可接受的水平。如果聚变堆及其所有安全设施均不能对付这些事件,而对公众的辐射照射会产生不可接受的风险,则必须认为此厂址是不适宜的。在分析所选厂址的适宜性时,必须考虑新燃料、乏燃料及放射性废物的储存和运输问题。

应对厂区进行开工前的必要的辐射监测,以确定辐射本底水平,用以评价将来聚变堆对厂区的影响。这对将来决定退役申请的可接受性是很重要的。针对每个推荐的厂址,必须对该区域的人口分布、饮食习惯、土地和水的利用情况以及该区域其他放射性释放物所产生的辐射影响等有关因素给予应用的考虑,以评价在运行状态和在事故工况(包括可能导致需采取应急措施的工况)下,对厂址所在区域的居民可能产生的辐射影响。对可能影响安全和确定厂址设计基准参数的一切活动,都必须执行质量保证大纲。

8.3.4 设计安全规定

聚变堆的安全总目标是建立并维持一套有效的防御措施,以保护工作人员、公众和环境免受过量的放射性危害。

根据总目标,其相应的具体辐射防护目标是确保聚变堆的运行和使用满足辐射防护的要求;确保在各种运行状态下,厂区工作人员及公众的辐射照射低于国家规定的限值,并保持在合理可行尽量低的水平;确保事故引起的辐射照射得到缓解。

与事故相关的技术安全目标是确保广泛地预防事故,确保设施设计中考虑到的所有事件序列(包括那些概率低的)的辐射后果小,通过采用预防及缓解措施,确保有严重后果的事故发生的可能性极小。为了实现这些目标,对最终确保聚变堆安全运行的各个方面均提出了安全要求及建议,包括设计中及运行中需采取的措施。对设计及运行均必须实施充分的安全监督管理。

1) 纵深防御

设计中必须贯彻纵深防御原则,从而提供多层次的防护,防止放射性物质释放。

(1) 采用保守的设计裕量,执行质量保证大纲。

(2) 设置多道实体屏障,防止放射性物质释放。

(3) 提供多种手段,确保下列基本安全功能:在所有状态或事故工况下,均能停堆,并使之保持在安全状态;足以排除停堆后(包括事故工况停堆后)堆芯余热;包容放射性物质,尽量较少向环境释放。

(4) 利用设备及管理性程序,以实现下列要求:防止偏离正常运行状态,防止可能导致事故工况的预计运行事件,控制及缓解事故工况及事故后果。

(5) 制订应急计划,一旦大量放射性物质释入环境,即可缓解对公众产生的影响。

为实现所有状态下的安全停堆、冷却和包容,可选用下列各项措施的适当组合来得到满足:设计中包括固有安全特性,提供适当的安全系统及专设安全设施,聚变堆整个寿期内均贯彻管理性程序。管理性程序可包括由安全分析报告确定的安全运行限值及条件。安全系统的设计必须保证高度可靠性,以及包括便于定期检查、试验和维修的各项措施。

2) 设计的安全分析

必须对聚变堆的安全进行分析和评价,以论证反应堆具有足够的安全性。安全分析的进展和聚变堆设计是相互关联的互补过程。安全分析报告必须包括聚变堆安全分析的结果。

聚变堆的安全评价必须包括分析聚变堆对一系列可能导致预计运行事件或事故工况的假设始发事件(例如设备的误动作或故障、运行人员误操作或外部事件)的响应,也应包括实验装置本身的安全及其对反应堆的影响。这些分析必须作为确定聚变堆运行限值及条件的基础。在制订运行程序、定期试验和检查大纲、记录保管程序、维修大纲、修改建议和应急计划时,若条件许可,也应利用这些分析。

假设始发事件必须包含影响反应堆安全的所有可信事故,特别是应确定设计基准事故。对超设计基准事故必须进行分析,以便制订应急计划及进行事故处理。

应拟定分析用的假设始发事件。必须以下列方式分析假设始发事件及其后果：事故按类型分组，以便只对每组中的极限事件进行定量分析；说明极限事件的进程及其可能的后果；论证与聚变堆运行有关的风险及安全裕量是可接受的。

3) 参数的设计限值

必须对聚变堆的每一种运行状态及事故工况规定有关参数的设计限值，这些限值必须能确保在运行状态及事故工况下，真空室不会发生明显的损坏，并且放射性物质的释放将在所规定的辐射防护要求的范围内。必须对事件序列进行比较，以确定各个系统及部件设计的最关键的参数，同时还必须包括对各项实验的考虑。所得限制参数值必须以合理的裕量用于各个系统和部件的设计。

4) 可靠性设计

为保证执行安全功能所需的可靠性，对某些安全系统或部件应确定其最大不可利用率限值，经国家核安全部门认可后，作为基准或用作验收准则。为达到和保持按系统和部件执行安全功能的重要性所要求的可靠性，应采取下列各项措施，必要时可组合使用：多重性和单一故障准则、多样性原则、独立性原则、故障安全设计、可试验性。

5) 运行状态的设计要求

聚变堆必须设计成能在所有运行状态下按所设定的参数范围安全运行，并且聚变堆及其相关系统对广泛的事件的响应必须能导致安全运行或在必要时使功率降低，而无须借助安全系统。

在设计初期和整个设计过程中，必须系统地考虑人为因素和人机接口问题。控制室的设计应贯彻人机工效学原则。必须为运行人员提供安全重要参数的清楚显示及声响信号。设计中应考虑尽可能减少对运行人员的要求，以提高其操作的正确性，同时也应在设计中采取适当的自动化操作，以进一步减轻对运行人员的要求。由于这些人为因素，设计人员必须考虑可能需要实施联锁、信号旁路、键控和指令等措施。

聚变堆的设计必须能对所有安全重要物项进行必要的功能试验和检查，以确保这些系统在需要时执行其安全功能。必须考虑的重要因素为实施试验和检查的可实施性，以及试验和检查能代表真实情况的程度。如有可能和需要时，在电器和电子系统中应设置自检电路。

设计必须采取措施，以提供适当的可达性、足够的屏蔽、远距离操作和去污，以便于维护和修理。

在设计阶段，为适应材料在其使用寿期内的预计特性，应留有适当的安全裕度。当无材料数据可取时，必须执行合适的材料监督计划，并用所得结果对设计的适宜性做定期评价。这可能要求采取设计措施，以监测那些在服役中会由于应力腐蚀或辐射等引起机械性能改变的材料。选取高强度或高熔点材料可提高其安全系数。

6）事故工况的设计要求

当需要以迅速而可靠的动作来响应假设始发事件时，聚变堆设计必须设置自动触发装置，以使必要的安全系统动作。事故发生后，在某些情况下可能需要运行人员采取进一步的行动以使聚变堆处于长期稳定状态。设计应尽可能减少对运行人员的要求，特别是在事故工况期间和事故后。对所有假设始发事件，聚变堆保护系统必须能自动触发所需的保护动作以安全地终止事件。这种能力应考虑到系统部件的可能失效（单一故障准则）。在某些情况下，运行人员的手动可认为是充分可靠的。安全重要物项的设计应能够经受事故工况所产生的极端载荷和环境条件的影响。事故后长期稳定停堆状态可能不同于起始停堆状态，所以设计中必须采取措施，使反应堆达到长期稳定停堆状态。必须提供监测手段，以便在事故期间和事故以后对所有重要的过程和设备进行监测。必要时，必须设置远距离监测及停堆手段。保护系统必须独立于控制系统。

7）辐射防护

聚变堆设计必须在所有运行状态和事故工况下，为屏蔽、通风、过滤和衰变系统以及辐射和气载放射性物质监测仪表制订足够的措施。最大设计剂量水平的确定必须留有足够裕量。在所有运行状态和事故工况下，聚变堆及其相关设施的屏蔽、通风、过滤和衰变系统必须考虑到运行中的不确定性。

必须仔细选用结构材料，特别是真空室附件的材料，以使工作人员在完成运行、检查、维修以及其他职能期间所受的剂量最小。在制订厂区人员和公众的辐射防护措施时，必须考虑到聚变堆工艺系统中由中子活化所产生的放射性核素的影响。

8.3.5 运行安全规定

聚变堆营运单位必须对聚变堆的安全运行负全面责任，聚变堆的管理必须保证聚变堆安全运行,遵守法律法规要求。在建立聚变堆营运单位组织机构时,必须考虑如下的管理职能:决策职能、运行职能、支持职能和审查职能。必须建立并以文件确定组织机构,并保证履行实现聚变堆安全运行的如下职责:① 在营运单位内部划清职责并授予职权;② 确定并验证管理大纲的满意实施;③ 提供充分的人员培训;④ 建立与国家核安全监管部门、其他有关部门以及地方政府的联络渠道,以便处理好与安全有关的事宜;⑤ 建立与设计、建造、制造、运行和必要的其他组织机构的联络渠道,以保证传递信息、专门知识和经验以及响应安全问题的能力;⑥ 提供足够的资源、服务和设施;⑦ 提供适当的公共咨询和联络渠道。

营运单位必须系统地审查那些可能是安全重要的、在组织机构及管理安排上的变动,并必须提交给国家核安全监管部门审查。

必须明文规定直接从事运行人员和支持人员中的人员配备。必须明确规定各级职责权限以处理对聚变堆安全有影响的事项。可能影响安全的所有活动必须由合格而有经验的人员来完成。营运单位必须保证定期审查聚变堆的运行情况,及时更新文件并防止过分自信和自满的情绪。实际可行时,必须采用适宜的客观的业绩评价方法。

调试大纲必须满足营运单位的目标,包括安全目标,并获得国家核安全监管部门的认可。调试大纲的实施情况应分阶段进行审查。必须在国家核安全监管部门批准首次装料后,营运单位才可以首次向真空室装载氘气体,进行带氚的调试。为保证聚变堆运行符合设计要求,营运单位必须制订包含技术和管理两个方面的运行限值和条件。必须制订全面的管理程序,管理程序包括制订、完善、验证、验收、修改和注销运行指令及运行规程的规则。

8.3.6 质量保证安全规定

为了保证聚变堆的安全,必须制订和有效地实施聚变堆质量保证总大纲和每一种工作(例如厂址选择、设计、制造、建造、调试、运行和退役)的质量保证大纲。质量保证大纲应包括为使物项或服务达到相应的质量所必需的活动,验证所要求的质量已达到所必需的活动,以及为产生上述活动的客观证据所必需的活动。

对聚变堆有全面责任的营运单位必须负责制定和实施整个聚变堆的质量保证总大纲。聚变堆营运单位可以委托其他单位制订和实施大纲的全部或其中的一部分,但必须仍对总大纲的有效性负责,同时又不减轻承包者的义务或法律责任。大纲的制订必须考虑要进行的各种活动的技术方面。大纲必须包括有关规定,并保证认可的工程规范、标准、技术规格书和实践经验经过核实并得到遵守。除了管理性方面的控制之外,质量保证要求还应包括阐述需达到的技术目标的条款。必须确定质量保证大纲所适用的物项、服务和工艺。对这些物项、服务和工艺必须规定相应的控制和验证的方法或水平。根据已确定的物项对安全的重要性,所有大纲必须相应地制定出控制和验证影响该物项质量活动的规定。所有大纲必须为完成影响质量的活动规定合适的控制条件,这些规定要包括为达到要求的质量所需要的适当的环境条件、设备和技能等。所有大纲还必须规定对从事影响质量活动的人员的培训。整个聚变堆和某项工作领域的管理人员,必须按照工程进度有效执行质量保证大纲。

聚变堆营运单位必须制订和实施描述聚变堆设计的管理、执行和评价的总体安排的总质量保证大纲。该大纲包括保证每个构筑物、系统和部件以及总体设计的设计质量的措施,包括确定和纠正设计缺陷、检验设计的恰当性和控制设计变更的措施。设计变更、修改或安全改进,必须按照合适的工程规范和标准所确定的程序进行,并必须体现适用的要求和设计基准,必须确定和控制设计接口。设计(包括设计手段和设计输入与输出)的恰当与否,必须由原先从事此工作的人员以外的个人或单位进行验证和确认。在设计和建造过程中应尽早完成验证、确认和批准,最迟不晚于核聚变设施首次装料。必须使质量保证成为可能影响安全的所有活动的必不可少的部分。质量保证的原则和方法必须系统地用于管理过程、运行活动和评价。

8.3.7　核材料管制要求

为保证聚变堆核材料的安全与合法利用,依据《中华人民共和国核材料管理条例》进行核材料管制。核材料许可证持有单位必须向国家相关部门申请氚和浓缩锂的核材料许可证。核材料许可证持有单位必须建立专职机构或指定专人负责保管核材料,严格交接手续,建立账目与报告制度,保证账物相符。核材料许可证持有单位必须建立核材料衡算制度和分析测量系统,应用批准的分析测量方法和标准,达到规定的衡算误差要求,保持核材料的收支平衡。

核材料许可证持有单位应当在当地公安部门的指导下,对生产、使用、储存和处置核材料的场所建立严格的安全保卫制度,采取可靠的安全防范措施,严防盗窃、破坏、火灾等事故发生。运输核材料必须遵守国家的有关规定,核材料托运单位负责有关部门制订运输保卫方案,落实保卫措施。核材料许可证持有单位必须切实做好核材料及其有关文件、资料的安全保密工作。凡涉及国家秘密的文件、资料,要按照国家保密规定,准确划定密级,制订严格的保密制度,防止失密、泄密和窃密。对接触核材料及其秘密的人员,应当按照国家有关规定进行审查。发现核材料被盗、破坏、丢失、非法转让和非法使用事件,当事单位必须立即追查原因、追回核材料,并迅速报告其上级领导部门、中国核工业集团有限公司、国家国防科技工业局和国家核安全局。对核材料被盗、破坏、丢失等事件,必须迅速报告当地公安机关。

8.3.8 放射性和有害废物

聚变堆放射性废物是指含有放射性核素或者被放射性核素污染,其放射性核素浓度或者比活度大于国家确定的水平,预期不再使用的废弃物。

聚变堆放射性废物的安全管理应当坚持减量化、无害化和妥善处置、永久安全的原则。

放射性废物的处理、储存和处置活动应当遵守国家有关放射性污染防治标准和国务院环境保护主管部门的规定。

聚变堆营运单位应当对其产生的不能经净化排放的放射性废物和废气进行处理,使其转变为稳定的、标准化的废物后自行储存或交由取得相应许可证的放射性废物储存单位集中储存,并及时送交取得相应许可证的放射性废物处置单位处置。

在设计中,应最大限度地限制运行中产生的放射性及其他有害液体和气体排放物,并在运行过程中保持其影响合理可行尽量低。在整个装置周期内(从建造到退役和拆除)所产生的固体放射性和其他有害废物应通过设计和运行尽量减少其数量和放射性或毒性水平。

8.4 源项与分布

聚变反应堆的放射性源项主要包括氚和活化源项[5]。

氚是聚变堆中重要的放射性源项,其主要来源包括燃料系统和包层氚增殖反应。在聚变反应堆中,氚主要存在于以下系统和建筑内:① 托卡马克厂房,包括托卡马克主机、主冷却系统大厅、燃料系统和真空系统等;② 热室及放废厂房;③ 氚工厂。

聚变反应堆中产生的活化源项主要包括部件活化产物、活化粉尘、活化腐蚀产物、水活化产物和气体活化产物等。

聚变反应堆各结构部件和系统受到聚变中子辐照后,会产生大量的活化产物。其中,固态活化产物主要来自产氚包层、偏滤器、真空室、磁体等托卡马克主机部件的中子活化,并具有部件尺寸大而且不规则、氚含量高的特点。

在聚变反应堆运行期间,面向等离子体材料会被中子活化,活化后的材料受到侵蚀后会产生活化粉尘,同时活化粉尘会被氚污染。

聚变反应堆冷却系统中的金属材料,在与高温高压的冷却剂接触过程中,会被腐蚀生成金属氧化物,并通过沉积、溶解作用释放到冷却剂中,流经中子辐照区吸收中子而发生活化,生成活化腐蚀产物。同时,水的活化会产生一些关键的同位素,包括^{3}H、^{14}C、^{16}N 和^{17}N 等。

另外,托卡马克厂房的气体也会因为中子活化而产生一些活化产物,其中存在辐射危害的主要放射性同位素为^{41}Ar 和^{14}C。

8.4.1　放射性源项类型及分布

氚是聚变堆中重要的放射性源项[6]。氚的主要危害在于低能 β 照射(20 keV),其放射性比活度约为 3.7×10^{14} Bq/g。

在聚变堆中,氚以多种形式存在:① 气态元素氚(HT、DT 或 T$_2$);② 氧化形式的氚(HTO、DTO 或 T$_2$O);③ 附着在粉尘颗粒上的氚。氚的使用会造成气态氚或氧化形式的氚向环境中释放的风险。首先,氚通过泄漏(正常工况下从设备脱附或扩散,或事故工况下从损坏设备扩散)进入厂房,然后通过厂房泄漏和厂房排风系统等进入环境中。

在聚变堆中,气态氚主要存在于以下区域(见图 8-3):① 托卡马克厂房,包括托卡马克主机、主冷却系统大厅、燃料系统和真空系统等;② 热室及放废厂房;③ 氚工厂。液体中的氚主要存在于以下区域(见图 8-3):① 冷却系统;② 热室及放废厂房;③ 氚工厂。

聚变堆中氚的详细分布和循环请参考第 6 章"聚变反应堆燃料循环系统"。

聚变反应堆中产生的活化源项主要包括部件活化产物、活化粉尘、活化腐蚀产物、水活化产物和气体活化产物等。活化源项分析通常包括以下两个步骤(见图 8-4):① 中子输运计算,确定各结构部件的中子能谱;② 利用上一步得到的中子能谱进行放射性计算。聚变堆所有材料的活化特征包括放射性活度、衰变热、接触剂量、清洁指数和放射性核素成分等,与每种材料及其冷却时间有关[7]。

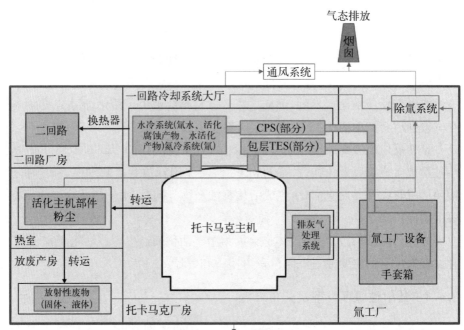

图 8-3　聚变反应堆主要放射性源项分布示例

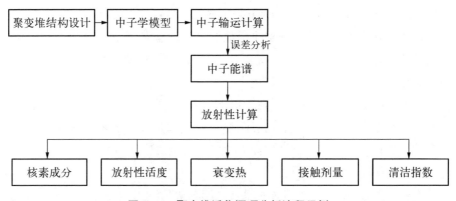

图 8-4　聚变堆活化源项分析流程示例

1) 部件活化产物

聚变产生的中子会使周围的材料活化。聚变堆运行时产生的活化源项主要来自产氚包层、偏滤器、真空室、磁体等托卡马克主机部件的中子活化,并具有部件尺寸大而且不规则、氚含量高的特点。通过分析聚变堆结构部件的辐照时间、停堆时间、中子能谱分布和材料成分等,可以确定不同结构部件的活化水平。聚变堆真空室内部件受到的中子辐照最强,其活化水平最高。真空室内部件的结构材料主要由钢、钨合金或铜合金等材料组成。运行结束时,主要放射性核素如下。

(1) 钨合金:^{181}W、^{185}W、^{185m}W、^{187}W、^{186}Re、^{188}Re 和^{188m}Re。

(2) 铜合金:^{60}Co、^{60m}Co、^{62}Co、^{65}Ni、^{62}Cu、^{64}Cu 和^{66}Cu。

(3) 钢:^{52}V、^{51}Cr、^{56}Mn、^{55}Fe、^{57}Co、^{58}Co、^{60}Co 和^{63}Ni。

下面以中国聚变工程试验堆(CFETR)为例,介绍聚变堆产氚包层的活化水平[8]。在计算 CFETR 氦冷产氚包层的活化源项时,假设聚变功率为 1 GW,运行因子为 0.5,包层辐照时间为 10 年。氦冷产氚包层是 CFETR 的首选包层概念之一。最新的氦冷包层设计方案采用氦气作为冷却剂、低活化铁素体钢 CLF‐1 作为结构材料、硅酸锂作为氚增殖剂、铍作为中子倍增剂。

图 8‐5 给出了 CFETR 氦冷包层的放射性活度随停堆时间的变化情况。停堆时,氦冷包层的总放射性活度为 5.55×10^{19} Bq、总衰变热为 7.98 MW。停堆时 CFETR 主机部件的衰变热不超过运行功率的 1‰,几天后下降到约 0.1‰。在氦冷包层各结构部件中,第一壁直接面对等离子体,受到最强的中子辐照,其放射性活度比后板高 2~3 个数量级。停堆后约 10 年内,第一壁和冷却板对包层放射性贡献较大,此后由于铍材料中长寿命放射性核素的影响,铍材料对包层放射性起主要贡献。包层第一壁钨铠甲、结构材料、铍材料和硅

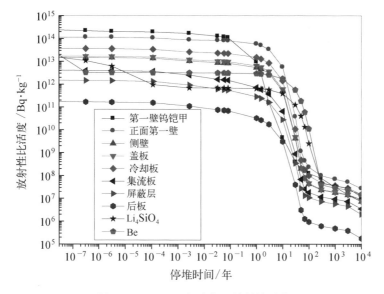

图 8‐5　CFETR 氦冷包层放射性活度

酸锂材料在分别冷却约 45 年、65 年、50 年和 15 年后,可以通过远程操作的方式进行回收(远程操作再循环和手工操作再循环剂量率水平标准分别为 10 mSv/h 和 10 μSv/h)。硅酸锂材料在冷却约 60 年后,可以进行手工操作。对于铍材料来说,由于杂质元素铀的影响,在整个 1 万年的冷却时间内,都不能进行手工操作。由于铍和铀是伴生矿,在铍材料加工过程中,可以通过改进加工和提纯工艺来降低杂质铀的含量。硅酸锂材料中氚对放射性的贡献最大,最大时几乎达到 100%。提取氚后,硅酸锂材料对氦冷包层的放射性贡献较小。

2) 活化腐蚀产物

聚变堆运行期间,冷却系统中的金属材料在与高温高压的冷却剂接触过程中,会被腐蚀生成金属氧化物,并通过沉积、溶解作用释放到冷却剂中,流经中子辐照区吸收中子而发生活化,生成活化腐蚀产物。

与冷却系统材料相关的活化腐蚀产物主要有以下形式: ① 冷却剂中的可溶离子和不溶性沉积物(碎屑);② 冷却系统内壁上松散的、非固定沉积物;③ 冷却系统管道和设备的腐蚀表面上的固定沉积物。

活化腐蚀产物随着冷却剂的流动被带到冷却回路的换热器、管道、阀门、泵等非辐照区设备内,并持续地发生衰变,导致非辐照区的二次辐射并带来严重的安全问题。因此,研究聚变堆中活化腐蚀产物的产生及输运过程、预测其产生的放射性及其分布是非常重要的。活化腐蚀产物也是运行维护人员放射性剂量(occupational radiation exposure, ORE)的重要来源。

考虑水流路径、流速、辐照时间、停堆时间、中子能谱分布、水化学条件和水杂质成分等,可以确定冷却剂和壁面的活化腐蚀产物。对活化腐蚀产物进行分析时,需要考虑材料的腐蚀、释放、溶解、侵蚀、沉积等行为,同时需要分析穿过结构材料渗透进冷却剂的氚含量,并且需要对冷却剂进行定期监测和采样分析。

下面以 CFETR 为例,介绍聚变堆冷却系统的活化腐蚀产物。在计算 CFETR 水冷系统的活化腐蚀产物时,假设运行因子为 0.5,辐照时间为 5 年。冷却剂的温度、压力等参数对材料的腐蚀及活化产物的溶解具有重要影响。CFETR 一回路水冷系统冷却剂入口温度为 285℃,出口温度为 325℃,总体平均温度为 303.1℃,冷却剂压力为 15 MPa。

CFETR 在不同功率下运行 5 年产生的腐蚀产物基本一致,辐照区产生的腐蚀产物为 25.1 kg,非辐照区腐蚀产物为 31.7 kg,冷却剂中腐蚀产物质量为

0.3 g(饱和状态)。

不同功率下活化腐蚀产物的含量与运行功率成正相关,CFETR 一回路水冷系统不同功率下辐照区沉积的活化腐蚀产物的活度浓度能够达到 $2\times10^{12}\sim2\times10^{13}$ Bq/m^2。非辐照区冷却剂内管壁沉积的活化腐蚀产物导致的放射性活度能够达到 $3\times10^7\sim3\times10^8$ Bq/m^2。溶解于冷却剂中的腐蚀产物总量很快就达到饱和水平,约为 0.3 g,但其活度水平则在运行过程中逐渐缓慢增加,不同功率下一回路水冷系统冷却剂中的活化腐蚀产物放射性活度浓度能够达到 $4\times10^7\sim3\times10^8$ Bq/m^2。

对于 CFETR 一回路氦冷系统来说,CFETR 氦冷系统采用核级纯的惰性气体氦作为一回路冷却剂,所以一回路系统金属表面的腐蚀及其活化在一回路系统放射性源项中所占比重很小。目前,国内外的氦气冷却反应堆并未将氦气回路的活化腐蚀产物作为主要辐射源项。

氦气回路内的活化源项还包括氦气自身成分的活化和氦中杂质元素的活化,主要的核反应包括 ^{3}He(n,p)^{3}H、^{14}N(n,p)^{14}C 和 ^{17}O(n,α)^{14}C 等。这部分源项所占比重同样很小。

氚和其他化学活性较强的放射性核素向氦气回路的渗透,将是 CFETR 氦冷系统的主要源项。

3) 活化粉尘

聚变堆运行期间,面向等离子体材料会被中子活化,活化后的材料受到侵蚀后会产生活化粉尘,同时活化粉尘会被氚污染。

面向等离子体材料的活化粉尘是主要的活化源项之一。在聚变堆的候选面向等离子体材料中,钨的放射性潜在危害最大。需要定期评估真空室内积累的粉尘量,并在其库存接近安全限值时将其除去。

控制聚变堆真空室内粉尘存量的策略主要是测量和清除。

(1) 测量真空室内部件的腐蚀量,保守考虑,假设所有被腐蚀的材料都转化为粉尘。测量时,可利用真空室内的观察系统测量整体的腐蚀量,测量可以在真空下定期进行,同时可进行更精确的局部腐蚀测量来完成交叉检查。

(2) 对粉尘进行定期监测和采样分析,同时建立粉尘产生率模型,以补充腐蚀测量结果。

(3) 根据以上信息,评估真空室内产生的粉尘及相关的分布图。根据粉尘的监测和采样分析结果以及更好的运行经验,不断改进模型,从而提高粉尘评估的准确性。

（4）在清除真空室内的粉尘时，针对特定的区域，采用不同的方法来完成，如吹气、激光技术和特定的低能氘等离子体等，以去除累积在特定区域的粉尘。

以国际热核聚变实验堆（ITER）为例，在 ITER 运行时，真空室内允许的最大活化粉尘存量为 1 000 kg。粗略估计表明，假设等离子体破裂频率为 10%，粉尘存量可以在几千个等离子体脉冲中达到该限制。因此，需要定期评估真空室内积聚的粉尘量，并考虑不确定性，在其库存接近安全限值（1 000 kg）时将其除去。除尘工作主要在真空室打开时进行，粉尘从真空室中清除后，在热室设施中进行回收和储存。基于现有的托卡马克粉尘分析，认为聚变堆中的粉尘尺寸预计为对数正态分布，计数中值直径（count median diameter，CMD）为 0.5×10^{-6} m。

目前，针对聚变堆内产生的活化粉尘仍缺乏相关的理论和实验数据，同时相关测量和分析方法也需要继续进行验证。

4）水活化产物

水活化产物是水冷却剂活化产生的主要放射性核素，水冷却剂在冷却系统运行流经包层等中子通量较高的区域时会被高能聚变中子辐照从而产生 ^3H、^{14}C、^{16}N 和 ^{17}N 等水活化产物。^{16}N 衰变导致的次生放射性是冷屏和更外部区域的主要放射性来源。

考虑水流路径、流速、辐照时间、停堆时间、中子能谱分布和水的杂质成分，可以确定水的活化产物，同时需要对冷却系统中的水进行定期监测和采样分析。

在给定聚变堆的总体运行方案后，水冷却剂的活化计算由于其在冷却系统中循环流动，在一个等离子脉冲过程中可能多次流经包层等受较强辐照的区域和外部管道等受辐照非常弱的区域，因此水的活化计算需要考虑冷却剂管道的布置、冷却剂流动方案等热工参数。

水活化产物的产生大致正比于水冷却剂受到的中子注量率。以中国聚变工程试验堆为例，冷却剂在辐照区的流动时间约为 2 s，在非辐照区的流动时间为 20～30 s。由于辐照区中子通量比非辐照区的大几个数量级，因此冷却剂在非辐照区产生的放射性核素相比于辐照区可以忽略不计。冷却剂主要活化产物 ^{16}N 和 ^{17}N 的衰变时间短，为 4～7 s，与冷却剂在包层内流动时间量级相当，小于冷却剂在非辐照区的流动时间。^{16}N 和 ^{17}N 的半衰期远远小于 CFETR 长脉冲运行周期的约 3 600 s，因此在两个脉冲周期之间，冷却剂的主要放射性

产物 ^{16}N 和 ^{17}N 将衰变到可以忽略不计。

不同功率下 CFETR 一回路水冷系统中 ^{16}N 在包层出口的活度浓度为 $1.5×10^{12}$~$9.2×10^{12}$ Bq/kg(水),在冷却剂系统中循环一周再次到达包层入口时 ^{16}N 活度下降接近 1 个数量级。由于水活化产物的产生量大致正比于水冷却剂受到的中子注量率,^{16}N 的产生量及其分布大致与聚变功率成正比。由于 ^{16}N 的衰变,其活度浓度随着冷却剂在冷却系统的流动距离而接近指数下降。

不同功率下 CFETR 一回路水冷系统中 ^{17}N 在包层出口的活度浓度为 $4×10^8$~$2×10^9$ Bq/kg,在冷却系统中循环一周后下降超过 1 个数量级。^{17}N 在 CFETR 一回路水冷系统中的分布及下降规律与 ^{16}N 相似,其活度浓度与功率基本成正比,沿冷却系统中流动距离接近指数下降。

5) 气体活化产物

托卡马克厂房的气体会因为中子活化而产生一些活化产物。对气体活化产物进行分析时,应考虑辐照时间、停堆时间、中子能谱分布和气体杂质成分。

活化的气体主要包括① 杜瓦与生物屏蔽之间的空气在聚变堆运行期间被中子活化,存在辐射危害的主要放射性同位素为 ^{14}C 和 ^{41}Ar;② 可能注入真空室内的杂质惰性气体,如氮气、氖气等。这些气体在聚变堆运行期间被中子活化;③ 某些材料在高温下挥发成气体,这些气体被中子活化形成气体活化产物。

8.4.2　放射性源项迁移和释放

聚变堆放射性源项的迁移和释放会给运行人员、公众和环境的辐射安全带来巨大的影响。以下分别对聚变堆中固态源项、液态源项、气态源项的迁移和释放进行介绍。

1) 固态源项

在维护和退役期间,活化的真空室内部件(如包层、偏滤器等)被转运到热室或者放废厂房,会造成固态放射性源项迁移。

需根据具体的维护策略、退役策略、转运方案等完成固态源项的放射性迁移分析。

正常运行和维护工况下,不会发生固态源项释放。

事故工况下,可能会发生固态源项释放,需根据具体的事故序列分析固态源项的释放量。

2）液态源项

氚、粉尘、活化腐蚀产物和水活化产物会在正常运行、维护和事故工况下发生液态放射性源项迁移和释放。

在正常运行和维护工况下,分析聚变堆中液态源项的迁移和释放,需要考虑以下途径:① 真空室内部件(如包层、偏滤器等)中的残留液态源项,在维护或退役期间,被转运到热室或者放废厂房;② 在主冷却系统运行期间,在取样、维护、泄漏、清洗等过程中,造成含有氚和活化腐蚀产物的高放射性废液释放;③ 托卡马克厂房、热室、氚工厂、放废厂房收集的高放射性废液;④ 对控制区及监督区进行地面清洗以及实验分析等过程中,造成可能含有活化腐蚀产物、粉尘和氚混合物的极低放射性废液排放;⑤ 二回路、通排风系统(冷凝水)、氚工厂会排放主要含氚的极低放射性废液。

聚变堆中具体的液态源项释放来源包括以下几个方面。

(1) 来自氚工厂的废液。在氚工厂中可能发现以下液态流出物:① 可能不符合燃料循环中重复使用规范的潜在液体泄漏;② 在维护操作中,当排水或转移液体时,可能会有泄漏;③ 氚实验室中产生的废液。所有这些废液都被收集在储存罐中。为了优化排放,这些废液一旦符合水除氚系统(WDS)的化学和放射性规范,就被送往燃料循环系统进行循环。预计只有少量的废液不符合 WDS 的要求,这部分废液将被送到放射性废物厂房进行处置。

(2) 水冷系统流出物。聚变堆产氚包层、偏滤器和真空室等部件的水冷系统会产生一定量的放射性液体流出物,主要有以下来源:① 采样;② 在维护活动期间排水;③ 离子交换树脂中含有的水;④ 设备泄漏和清洗;⑤ 地面排水沟和地面泄漏。所有这些废液都被收集在储存罐中。为了优化液体排放,对这些废水进行监测,并将其与冷却系统的化学和放射性规范进行比较,以便尽可能广泛地重复使用这些废水,避免将放射性废液直接送到放射性废物厂房进行处理。废水的再利用是放射性液体废水优化过程的一个关键因素。

(3) 来自热室的废液。热室通常不接收任何可能产生放射性废液的液体。然而,有些废液可能来自液体残留物或冷凝物。这些少量废液因为混合了其他污染物,通常很难再重复利用,因此将被收集并送到放射性废物厂房进行处置。

(4) 来自放射性废物厂房的废液。不符合冷却系统规范的放射性废液都需要送到放射性废物厂房中的废液处理系统进行处理,去除活化腐蚀产物,以便再次利用。放射性废物厂房中,可能由于排水、冲洗或轻微泄漏而产生一些废水,废液处理系统将收集和处理这些废水。净化后的废液将进入燃料循环系统进行循环。一部分净化后的废液中氚的浓度较低,可与高浓度氚化水进行混合,然后进入燃料循环系统进行循环。废水的回收和再利用是放射性液体流出物处理的一个关键因素。

(5) 通排风系统冷凝水。根据外部天气条件,通排风系统可能会在系统入口处凝结外部空气(主要发生在夏季)。考虑到烟囱中氚的释放,这将使氚和空气中的水分凝结。冷凝水中的氚浓度很低,但这些流出物不能被优化,因为其通过对外部空气湿度的冷凝而产生。

(6) 二回路水冷系统流出物。一回路冷却系统中的氚等放射性源项会通过热交换器的渗透或泄漏进行二回路水冷系统,造成二回路中的水含有少量的放射性物质。在二回路水冷系统运行过程中,由于泄漏会产生一定量的放射性液体流出物,这些流出物通常会直接排放到环境中。

(7) 实验室流出物。聚变堆控制区及监督区实验室在进行样本分析时可能会产生液体流出物。这些污水在排放前需要进行环境监测和泄漏监测,因此只有放射性非常低的流出物才会排入环境。

(8) 地面清洗流出物。尽可能使用湿擦拭物,避免地面清洗。然而,由于聚变堆控制区及监督区较大,可能会造成少量的液体流出物,这些流出物的放射性水平通常非常低。

(9) 雨水。通排风系统中释放的氚可能会被雨水冲洗掉,从而导致雨水变得氚化。

3) 气态源项

在正常运行、维护和事故工况下,氚、粉尘、活化腐蚀产物和活化气体会发生气态放射性源项迁移和释放。

在正常运行和维护工况下,分析气态源项的迁移和释放,需要考虑以下途径。

(1) 氚通过泄漏或渗透进入厂房,再通过厂房泄漏、通风系统或者除氚系统进入环境中。在分析时,需要考虑气态氚在空气中的氧化过程。

(2) 在真空室内部件维护、退役过程中,活化粉尘会释放到厂房内,再通过厂房泄漏、通风系统或者除氚系统进入环境中。

(3) 会有一定比例的水活化产物和活化腐蚀产物以水滴(雾)的形式悬浮

在空气中,通过厂房泄漏、通风系统或者除氚系统进入环境中。

(4) 水除氚系统排放的尾气中含有氚、活化腐蚀产物和水活化产物。

(5) 气体活化产物会通过厂房泄漏或通风系统进入环境中。

聚变堆核区域的每一个厂房几乎都对放射性气体排放有贡献。放射性气态流出物主要通过除氚系统排入环境中,有时也会从通风系统通过核厂房(如托卡马克装置、热室装置、废物厂房)的公共烟囱释放。聚变堆中的气态放射性排放取决于每个厂房中正在开展的活动、任意给定时刻氚从容器内组件的脱气率以及降低排放措施的有效性等。

聚变堆中可能会产生的气态流出物包括① 气态氚,通常考虑气态氚以HTO的形式排放;② 含氚粉尘,主要来自钨或铍元素;③ 活化腐蚀产物;④ 活化气体(^{16}N、^{41}Ar、^{14}C 等);⑤ 气溶胶(通过高效微粒过滤器可减少任何氚化的气溶胶颗粒释放)。

聚变堆中潜在的气态氚排放主要基于以下参数:① 氚总量(基于脉冲的数量、每个脉冲维持的氚的数量、氚回收方式、粉尘的清除效率等);② 不同厂房的材料氚脱气率随时间的变化;③ 维修期间与被拆除的面向等离子体的组件一同转移的氚的份额;④ 将被拆除的面向等离子体部件从真空室移到热室的时间;⑤ 氚回收效率;⑥ 氚系统漏率;⑦ 除氚系统效率;⑧ 正常工况下通过通风系统、除氚系统或渗透的排放;⑨ 某些厂房(如氚工厂)的维修工况。

8.4.3 环境影响评价

环境影响评价是核设施申请审批厂址、建造许可证和反应堆首次装料三个阶段均需要开展的一项重要工作,2018 年 1 月 1 日起执行的《中华人民共和国核安全法》第二十三条指出,核设施在建造前,核设施营运单位应当向国务院核安全监督管理部门提出建造申请,并提交包括环境影响评价文件、初步安全分析报告等材料。核设施在首次装投料前,核设施营运单位应当向国务院核安全监督管理部门提出运行申请,并提交包括最终安全分析报告和应急预案等材料。

《中华人民共和国放射性污染防治法》第二十条进一步规定了核设施营运单位应当在申请领取核设施建造、运行许可证和办理退役审批手续前编制环境影响报告书,报国务院环境保护行政主管部门审查批准,未经批准,有关部门不得颁发许可证和办理批准文件。核设施的环境影响评价还需要执行《中华人民共和国环境保护法》《中华人民共和国环境影响评价法》和《建设项目环境保护管理条例》等国家法律法规,当前中国核电厂等核设施评价中执行的部分重要的法规、标准、导则等文件列举如下。

(1)重要法规及国家标准。

《中华人民共和国环境保护法》(2015年1月1日);

《中华人民共和国环境影响评价法》(2018年12月29日);

《中华人民共和国核安全法》(2018年1月1日);

《中华人民共和国放射性污染防治法》(2003年10月1日);

《中华人民共和国海洋环境保护法》(2024年1月1日);

《中华人民共和国大气污染防治法》(2018年10月26日);

《中华人民共和国水污染防治法》(2018年1月1日);

《中华人民共和国固体废物污染环境防治法》(2020年9月1日);

《中华人民共和国水法》(2016年9月1日);

《中华人民共和国土地管理法》(2020年1月1日);

《中华人民共和国突发事件应对法》(2007年11月1日);

《核电厂核事故应急管理条例》(2011年1月8日);

《建设项目环境保护管理条例》(2017)中华人民共和国国务院令682号;

《中华人民共和国防治海岸工程建设项目污染损害与海洋环境管理条例》(2018年)中华人民共和国国务院令698号;

《放射性物品运输安全管理条例》(2010年1月1日)中华人民共和国国务院令562号;

《放射性废物安全管理条例》(2012年3月1日)中华人民共和国国务院令第612号;

《电离辐射防护与辐射源安全基本标准》(GB 18871—2002);

《核动力厂环境辐射防护规定》(GB 6249—2011);

《危险废物焚烧污染控制标准》(GB 18484—2020);

《环境空气质量标准》(GB 3095—2012);

《大气污染物综合排放标准》(GB 16297—1996);

《地表水环境质量标准》(GB 3838—2002);

《海水水质标准》(GB 3097—1997);

《污水综合排放标准》(GB 8978—1996);

《城市污水再生利用 城市杂用水水质》(GB/T 18920—2020);

《城镇污水处理厂污染物排放标准》(GB 18918—2002);

《一般工业固体废物贮存、处置场污染控制标准》(GB 18599—2001);

《危险废物贮存污染控制标准》(GB 18597—2023);

《工业企业厂界环境噪声排放标准》(GB 12348—2008);

《建筑施工场界环境噪声排放标准》(GB 12523—2011);

《声环境质量标准》(GB 3096—2008);

《电磁环境控制限值》(GB 8702—2014);

《环境核辐射监测规定》(GB 12379—1990);

《核设施流出物和环境放射性监测质量保证计划的一般要求》(GB 11216—1989);

《核设施流出物监测的一般规定》(GB 11217—1989);

《核电厂选址假想事故源项分析准则》(NB/T 20470—2017);

《放射性物质安全运输规程》(GB 11806—2019);

《放射性废物管理规定》(GB 14500—2002);

《低、中水平放射性废物固化体性能要求 水泥固化体》(GB 14569.1—2011)。

（2）主要核安全法规和导则。

《核电厂厂址选择安全规定》(HAF 101);

《核动力厂设计安全规定》(HAF 102);

《核电厂厂址选择中的地震问题》(HAD 101/01);

《核电厂厂址选择的大气弥散问题》(HAD 101/02);

《核电厂厂址选择及评价的人口分布问题》(HAD 101/03);

《核电厂厂址选择的外部人为事件》(HAD 101/04);

《核电厂厂址选择中的放射性物质水力弥散问题》(HAD 101/05);

《核电厂厂址选择与水文地质的关系》(HAD 101/06);

《核电厂厂址查勘》(HAD 101/07);

《滨海核电厂厂址设计基准洪水的确定》(HAD 101/09);

《核电厂厂址选择的极端气象事件》(HAD 101/10);

《核电厂设计基准热带气旋》(HAD 101/11);

《核电厂的地基安全问题》(HAD 101/12);

《核动力厂营运单位的应急准备和应急响应》(HAD 002/01);

《核电厂防火》(HAD 102/11);

《核动力厂燃料装卸和贮存系统设计》(HAD 102/15);

《核设施放射性废物最小化》(HAD 401/08—2016)。

（3）主要颁布规程、规定。

《建设项目环境影响评价分类管理名录》(2021年1月1日);

《环境影响评价技术导则 总纲》(HJ 2.1—2016);

《环境影响评价技术导则 大气环境》(HJ 2.2—2018);

《环境影响评价技术导则 地面水环境》(HJ 2.3—2018);

《环境影响评价技术导则 声环境》(HJ 2.4—2009);

《环境影响评价技术导则 生态影响》(HJ 19—2011);

《环境影响评价技术导则 地下水环境》(HJ 610—2016);

《核电厂工程水文技术规范》(GB/T 50663—2011);

《环境影响评价技术导则核电厂环境影响报告书的格式和内容》(HJ 808—2016);

《固体废物处理处置工程技术导则》(HJ 2035—2013)。

中国核设施的环境影响评价要求贯穿于选址前期至设计、运行和退役的全过程。如图 8-6 所示,给出了各个阶段所开展的环境影响相关的具体工作。

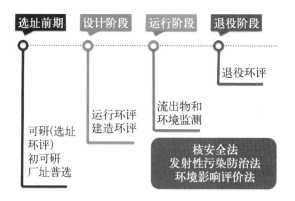

图 8-6 各阶段对应的环境影响相关工作

根据《核电厂初步可行性研究报告内容深度规定》(NB/T 20033—2010)和《核电厂可行性研究报告内容深度规定》(NB/T 20034—2010),厂址普选需初步确定厂址在环境方面的可行性;初步可行性研究阶段需从厂址环境相容性及核电厂环境影响等方面对各候选厂址进行比较分析,给出厂址优劣排序;可研阶段应说明选址阶段环境评价的主要结论、存在问题以及关于设计阶段环境影响评价的建议。

《环境影响评价技术导则　核电厂环境影响报告书的格式和内容》(HJ808—2016)规定了选址阶段、建造阶段和运行阶段核电厂环境影响评价的技术要求,并在其附录中详细给出了环境影响报告书编写的格式和内容,是编制和审查中国核设施环境影响报告书的重要参考。根据该导则,核电厂各阶段环境影响评价的重点如下(其他类型核设施参考)。

(1) 选址环评(申请厂址审批):主要根据资料调研、实地调查或实验的手段,获得核电厂厂址所在区域和可能受影响区域的环境特征资料,特别是关于厂址地理位置、周围区域人口分布、土地利用与资源概况、水体利用与资源概况、气象、水文,以及地形地貌等环境资料,并根据参考核电厂(或原型堆)的数据资料,评估核电厂的潜在环境影响;这个阶段评价的重点,是从保护环境的角度,通过分析与厂址所在区域的发展规划、环境保护规划、环境功能区划、生态功能区划、水功能区划和土地利用规划等的相容性,判定所选厂址的适宜性,并对核电厂的工程设计提出环境保护方面的要求。

(2) 建造环评(申请建造许可证):主要根据实地调查和实验的手段,获得核电厂厂址所在区域和可能受影响地区的环境特征资料,并根据核电厂的设计资料、气载和液态流出物的设计排放量、放射性固体废物的设计产生量,以及环境保护设施的设计资料,评估核电厂的潜在环境影响;这个阶段评价的重点,是论证核电厂的工程设计能否满足环境保护的要求,从设计上保证环境保护设施得到落实。

(3) 运行环评(申请反应堆首次装料):运行阶段环境影响报告书,主要根据实地调查和实验的手段,获得核电厂厂址所在区域和可能受影响地区的环境特征资料,并根据核电厂的最终设计,特别是关于环境保护设施(含应急设施)的性能,评估核电厂的潜在环境影响。阐述与环境保护有关的核电厂实际设计资料、环境保护设施的性能以及申请气、液态流出物排放量有关的内容;按照监测技术规范,制订完整详细的流出物监测和环境监测计划。提供核电厂运行前环境调查结果,重点是辐射环境本底(现状)的调查结果。这个阶段的评价重点,是实现气、液态流出物年排放量申请值的优化,检验核电厂建设和环境保护措施是否符合国家和地方的有关规定和要求。

聚变堆的环境影响评价难点如下：聚变堆目前仍然处在工程设计阶段，环境排放源项设计值还未确定，选址未定，设计总体目标包括稳态运行和连续发电等 ITER 不能实现的领域，其设计特征与 ITER 有较大差别，环境影响评价不能完全照搬 ITER。此外，最重要的是国内无聚变堆环境影响评价先例，其环境影响评价相关要求、剂量验收准则和应急要求都需要基于现有裂变堆和 ITER 的做法，结合聚变堆的参数和特点做适应性修正，并要取得国家核安全局的认可。对现有核设施环境影响评价法规标准的梳理和对 ITER 环境影响评价过程和结论的研究是开展聚变堆环境影响评价的重要基础和准备工作。

8.5　安全专设系统

目前世界上核聚变能源的利用仍处于研发设计阶段，各国的核聚变研究发展水平不同，大部分还处于装置研究和功能探索阶段，还没有真正涉及氘氚聚变。但随着核聚变研究的深入，最终要用氚作为燃料，成为涉核装置，因此必然要面对氘氚聚变带来的放射性问题。因此要对聚变领域中的核安全问题进行识别、充分认识和理解聚变堆的核安全问题。对已经建立的核安全标准体系，适用于聚变的部分要引用和遵照，不适用的地方要注意区别并提出与之对应的措施。

现有的核安全标准体系在提出和建立时以核裂变堆为研究对象，已经形成的核安全体系、导则等均是针对裂变设施的特征，包括了安全功能、安全设施、安全物项分级等内容。但是核聚变和核裂变的物理机理不同、装置结构不同、核反应产生的条件不同、固有安全性不同，因此这两种核设施的安全功能不同，实施这些安全功能的系统也不同。需要根据核聚变装置的具体情况进行安全功能和安全系统的设计。

然而在聚变和裂变的安全系统设计方面也存在着一定的共性。首先，裂变与聚变有着相同的安全目标，即无论何种情况都要保证环境和人员尽量低的辐射剂量。其次，针对裂变堆的设计规范对于聚变堆来说同样适用，例如安全完整性要求、单一故障准则、冗余性要求、策略和设计改进方案、供电要求、仪控要求、环境要求、地震与分级要求、周期性测试、隔离与防火要求、维护和测试要求、抗辐照策略等。

8.5.1 安全功能

安全功能被定义为防止或减轻辐射危害的一组具体行动,这些行动可以防止或减轻现场工作人员和公众的剂量吸收。聚变堆在反应性控制上具有固有安全特性,即等离子体一旦破裂,反应立即停止,不需要像裂变堆那样实施反应性控制;也不需要像裂变堆那样进行余热排除。因此,聚变堆安全的主要问题是放射性包容,聚变堆上大多数系统都需要提供包容与约束的功能。

聚变堆的基本安全功能如下。

(1) 放射性物质包容(radioactive material confinement):确保人员、公众和环境免受放射性物质释放,这一功能是通过包容边界和相关包容系统实现的。

(2) 限制电离辐射向内部和外部暴露,这是针对射线类的屏蔽。

(3) 对基本安全功能的保护功能。

(4) 对基本安全功能的支持功能。

对基本安全功能的保护是指为了保证安全功能处于正常状态、不遭受损害而采取的预防性措施。包容功能是基本安全功能,真空室及其延伸管道是包容边界的一部分,因此需要对该包容边界进行保护,对可能造成包容边界损坏的事件进行控制,比如高温、高压、瞬间磁能释放造成的电弧等。支持功能是指为了确保基本安全功能顺利实施所需的辅助和支持功能,例如水、电、气供应、网络传输、通信、接地保护、对废水废液的监控等。结合聚变设施的特点,对基本安全功能及其保护与支持功能可进一步细化为聚变堆安全功能二级条目,如表 8 - 13 所示[9]。

表 8 - 13　聚变堆安全功能二级条目

安 全 功 能	说　　明
放射性包容	过程包容
	建筑包容,包括维护系统负压和过滤有害污水
接触限制	对射线进行屏蔽、对射线暴露进行限制,ALARA 原理
	接触控制

（续表）

安 全 功 能	说　明
包容和接触限制的保护系统	压力管理
	化学能管理
	磁能管理
	散热和长期温度管理
	火灾探测/缓解
	机械冲击(地震、跌落荷载等)
	可移动放射性库存的管理
	管理活性和污染物质
	安全保护和缓解系统的控制
支持功能	为实施安全功能提供必要的辅助设备(电源、仪控、压缩空气等)
	监测设备状态:安全功能、辐射监测
	为安全重要系统提供保护(接地、照明等)
	提供放射性部件/材料的运输/吊装
	为操作员干预提供支持(照明、通信等)

8.5.2　安全保护系统

聚变堆安全功能需要结合聚变堆的部件设计相应的安全系统。

1) 包容

聚变装置产生的强磁场将聚变等离子体约束在真空室内,并在真空室内发生氘氚聚变反应,产生能量的同时还会产生中子以及各类射线。因此,包容对象为可移动的含放射性的物质,包括两类:① 主要放射性源项氚;② 在冷却剂中有少量的活化产物与活化腐蚀产物,以及真空室内的放射性粉尘、被氚污染的粉尘等。

一般来说,聚变堆的包容由两层构成。第一层直接对放射性物质进行包容,包括包容放射性物质的设备、管道、手套箱、运输放射性部件的输运车。第二层包容是容纳第一层包容的建筑,包括托卡马克建筑、氚工厂建筑和热室建筑,除了建筑本体,第二层包容还包括建筑内负压维持、防止放射性污水外泄的设施,如图8-7所示。

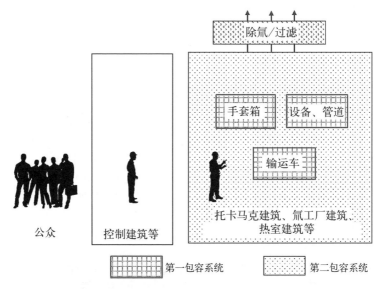

图8-7 聚变堆包容层次示意图

第一层包容系统设计要求为在正常运行及异常事件时,第一包容边界旁的工作人员吸入剂量尽量接近0,所有工作人员不需要穿戴个人防护设备。

在聚变堆中由设备和管道直接构成的第一层包容包括真空室、真空室窗口、真空室外延、穿过真空室的各类管道和以氚为处理对象的氚工厂设备、手套箱传输管道等。当发生泄漏事故需要关闭安全隔离阀时,安全隔离阀构成了第一层包容的一部分,例如当包容边界上的管道破裂时,该破裂管道的周围的隔离阀将迅速关闭,形成包容边界的一部分,从而保持包容边界的完整性。当输运小车运送放射性部件时,输运小车构成了第一层包容边界,如图8-8所示。

在执行维护操作时,根据需要可以设置维护时临时包容系统,保护维护工人的安全。当运行维护时需要对放射性物质进行拆卸,需要对污染源周围进行局部包容,或搭设较大的维护"帐篷"等,这些均属于第一层包容边界。此外,第一层包容边界扩展至输运小车的车厢,当输运小车独立运输核污染的器件时,小车的车厢构成了临时的第一层包容边界。帐篷和输运小车构成了临时第一层包容边界,如图8-9所示。

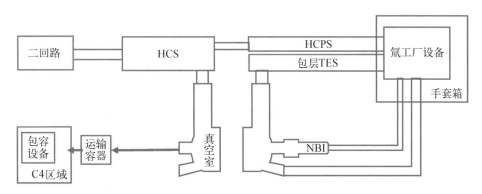

图 8-8　第一层包容的范围

图 8-9　手套箱(左)与临时包容(右)示意图

　　第二层包容设计的目标为保护其他房间的工人和所有公民的安全,在正常运行及事故情况下,对其他房间内的工作人员及外部的公众提供保护。

　　在制订第二层包容具体措施时,需要根据房间内的剂量率水平划分包容分区,制订不同的包容策略。以 ITER 为例,制订了包容分区的阈值水平,如表 8-14 所示。

表 8-14　包容分区的阈值

ISO 17873 标准		
正常时污染水平	事故状态下的污染水平	包 容 分 区
0 DAC	0	C1
≤1 DAC	≤80 DAC	C2

(续表)

ISO 17873 标准		
正常时污染水平	事故状态下的污染水平	包 容 分 区
≤1 DAC	≤4 000 DAC	C3
≤80 DAC	≤4 000 DAC	C4
<4 000 DAC	≥4 000 DAC	C4
>4 000 DAC	≥4 000 DAC	C4

依据包容分区,进行了如下包容设计:正常运行时 C2 分区房间不通过除氚系统,只通过通风系统维持负压;正常运行时 C3 分区中,考虑到管路正常运行的渗透或释放,为了维持房间到 1 DAC 以下,通过除氚系统持续除氚,如图8-10 所示。

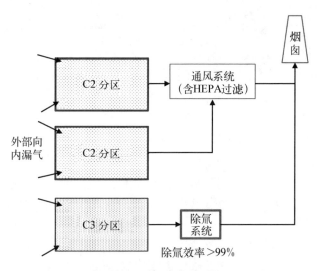

图 8-10 正常运行时建筑负压系统工作示意图

事故时如果 C2 分区被污染,当氚浓度高于 10^8 Bq/m³ 时,与通风系统隔离,切换到除氚系统;事故时如果部分房间污染较严重,切换到事故除氚系统,增加除氚系统抽气流量,如图 8-11 所示。

2) 限制直接照射

聚变堆的另一项基本安全功能是屏蔽射线污染,即限制直接照射。聚变

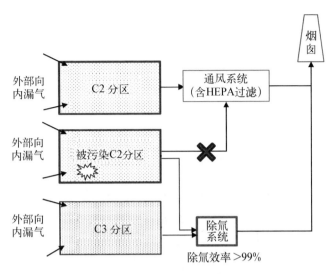

图 8‑11　事故时建筑负压系统工作示意图

设施放射性物质来源及分布有以下各项(见图 8‑12)：① 来自堆芯运行时的中子、γ 光子、X 射线等，以及主机部件中子活化产物(主要为固体形态不移动)、氚及放射性粉尘；② 来自冷却水流过堆芯产生的微量中子活化产物(^{16}N、^{17}N、^{14}C 等)、冷却水流过堆芯腐蚀堆内部件产生的活化腐蚀产物、微量氚；③ 来自氚系统的氚，有弱 β 辐射；④ 热室中存在来自主机部件的中子活化产物(主要为固体形态不移动)、氚、放射性粉尘。

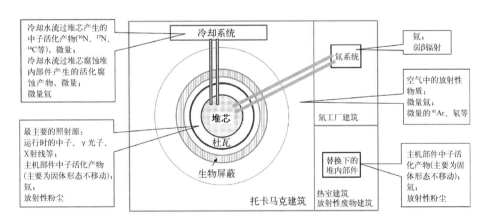

图 8‑12　聚变设施放射性物质来源及分布

针对以上放射性，限制直接照射的方法包括屏蔽设计以及限制人员靠近和接近辐射源。

　　屏蔽设计采用了多层屏蔽,包括以下层次,如图 8-13 所示。① 包层吸收大部分中子,用于产氚和核能利用;② 包层后屏蔽层采用铁-水混合,屏蔽中子及 γ 射线;③ 真空室及夹层可进一步屏蔽,降低对超导磁体的辐照;④ 生物屏蔽采取混凝土加屏蔽材料。通过多层屏蔽的作用,生物屏蔽外的中子通量可忽略。

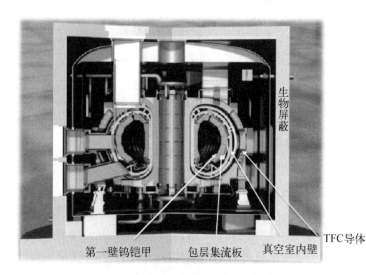

图 8-13　聚变堆多层屏蔽示意图

　　对工作人员辐射防护需进行接近控制,可采用以下措施:

　　(1) 辐射分区。在托卡马克建筑、热室建筑及放射性废物建筑中进行辐射分区。根据辐射分区,制订工作人员的进入时长、次数的限值。对于聚变堆,辐射强度会随着运行和停堆阶段的不同而变化,需要制订不同阶段的辐射分区。

　　(2) 在房间内设置辐射监测系统。

　　(3) 对个人剂量进行监测。

　　(4) 设置安全标志与警报。

　　3) 安全功能的保护

　　除了包容和限制辐照这两大基本安全功能,安全功能还包括对基本安全功能的保护,即在异常工况或者事故情况下通过各种措施确保基本安全功能,包括超压保护、磁能管理、化学能管理、散热与长期温度管理、防机械冲击系统、可移动放射性库存的管理、安全控制系统等。

（1）超压保护：聚变设施内由于存在超压而引发包容边界破损的风险，需要设置相应的压力管理系统以保证包容边界的完整性。高压介质根据包层的概念确定，可能为高温高压的氦气、高温高压的水、液态锂铅等。在进行超压保护时，介质由高压向低压区释放，一方面缓解了高压区域包容屏障被破坏的风险，另一方面原低压区域的压力不断增加，因此在压力泄放的同时，需要及时阻断高压区域的上游介质。

超压保护的设计原理为当爆破片或泄压阀承受的压力到达设定压力时，泄压阀开启或爆破片被动爆破，超出的压力将依据设计的路径被泄放，进而维持包容边界压力低于设计压力，同时需要对破口进行探测，关闭安全隔离阀，包容上游放射性物质，减少破口处释放量。该系统包括能动的探测器及执行机构。执行过程为爆破片或泄压阀开启、对破口探测及关闭安全隔离阀，包容上游放射性物质，减少破口处释放量，如图 8-14 所示。

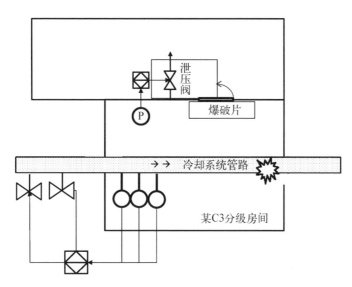

图 8-14　超压保护设计原理图

超压保护这一功能普遍存在于聚变堆第一层和第二层的包容边界中，例如对真空室、管道、房间均要考虑超压保护。

真空室是一个双层壳结构，真空室厚重的钢结构提供了一个可靠的第一道包容屏蔽。内壳起到了第一个约束壁垒的作用。尽管如此，在高温、强磁场、应力、材料疲劳等多重作用下，存在于真空室结构件中的高压介质仍然会对真空室结构及其焊缝对存在潜在的破坏风险，需要制订真空室内的压力限值,超过该限制,立即通过泄压阀或爆破片打通泄压路径,将高压气体引入压力缓冲区域,从而维持第二包容边界压力低于设计压力,真空室的压力缓冲装置又称为压力抑制系统。

管道在聚变堆中广泛应用,用于运送不同的介质。当连接运送不同压力介质管道的部件内部发生破损,两个管道联通时高压气体就会冲入相对低压的管道中,从而对低压管道造成压力冲击甚至发生破损。例如,聚变堆包层模块连接了高压氦冷管道(压力8 MPa)和提氚系统管道(压力0.3 MPa),若聚变堆包层模块内部管道破裂时,两个不同压力的管道将联通。为了防止更多高压介质进入低压系统,需要阻断高压介质的源头,关闭氦冷管道上的隔离阀。

(2)磁能管理:聚变堆中需对磁能进行管理,执行磁能管理功能的系统为TF线圈失超探测及释能系统。磁体处于第一层包容和第二层包容之间,TF线圈储存了巨大的能量,以CFETR为例,磁体储能约为140 GJ,磁能瞬间释放会造成对第一层包容边界真空室的破坏。

当异常运行时,将磁体的供电线路切换到释能电阻回路,将磁能迅速转移并被电阻回路消耗掉,如图8-15所示。该安全系统包括对磁能的检测信号、电路切换元件和释能电路。

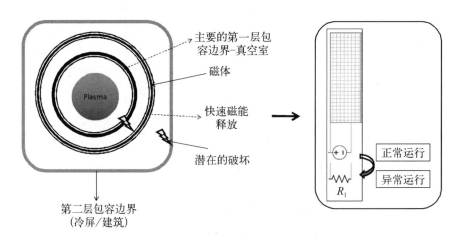

图8-15 磁能管理功能示意图

聚变堆中还需要对磁能进行管理的系统包括线圈电源和配线系统、极向场线圈供电电路、中心螺线管线圈供电电路。为防止可能破坏包容边界的电弧产生,需对电源和配线系统做电磁释能设计和防电弧设计,设置专用检测电路、防止短路和电弧,并将线圈从电源隔离。但由于它们的磁能对包容边界造成破坏的能力很小,属于安全功能中的最低级,非安全级。

（3）化学能管理：化学能管理指通过对化学能的减轻释放,从而减轻或避免对包容边界的破坏。聚变堆中需执行化学能管理的系统主要指聚变等离子体功率关闭系统。当真空室外的系统冷却发生故障时,如包层系统,若等离子体继续燃烧会造成这类系统的氚增殖反应继续,导致热量堆积,进而对包容边界造成破坏。此时,可以通过气体注入系统向真空室注入惰性气体,通常为氖气,以快速熄灭等离子体。

此外,聚变堆中还需要对化学能进行管理的系统包括包容毒物的各类手套箱,以及在托卡马克、热室、氚建筑中的火灾探测和灭火系统。不过它们的化学能对包容边界造成破坏的能力很小,因此被定义为非安全级别。

（4）散热与长期温度管理：散热和长期温度管理指对可能造成包容边界失效的高温元件进行散热管理,并控制容器组件的长期温度。散热和长期温度管理系统含有真空室内部件散热的冷却系统,可对含有大量氚的区域进行火灾探测,并配置了灭火系统及热室内的局部空气冷却系统。

（5）防机械冲击（包括地震、跌落荷载等）系统：为防止机械冲击造成对包容边界的破坏,需采取一定的预防与保护措施,例如在包容管道或者设备的四周设置笼状支撑架,以防止重物掉落造成对包容边界破坏、支撑真空室系统（第一隔离屏障）、真空室低温恒温器的支撑基座及真空室恒温器的支撑柱,在对这些机械结构进行设计时需要充分考虑它们的抗震要求。

（6）可移动放射性库存的管理：对可移动放射性库存的管理包括测量或清除容器内库存（尘埃和氚）,包括对包层可流动放射源、偏滤器可移动式放射性源、真空室清洁器可移动式放射源、热室可移动式放射源及放射性废物的处理与储存管理。

（7）安全控制系统：安全控制系统指执行核安全功能的测量、数据采集、通信与控制系统。安全控制系统的功能包括对安全参数进行监控、对执行机构的实际位置进行检查,并与所有运行状态下的预期位置进行比较,向执行机构发出控制信号,并将这些信息传输至中央安全控制系统。在异常工况下,当安全阈值被触发时,通过安全控制系统执行安全动作,提供对人员和环境的保护、降低辐照风险、减轻事故的危害。确保在所有的运行状态下,包括事故中和事故前后安全功能和要求都能得到满足和维护。

4）安全功能的辅助设备

为实施安全功能而提供的必要辅助设备包括在失去厂外电的情况下提供

备用电源,以确保柴油发电机能长时间运行;建筑物通风,防止柴油建筑物爆炸;托卡马克大楼地震监测;确保废水处理系统、同位素分离系统和真空室系统所在房间的循环通风及防止氢积聚;为执行安全功能的系统提供氮气、氖气、压缩空气及脱矿物质水等;确保安全设备的应急电源,确保仪控及电气系统接地;提供放射性部件的运输吊装;为操作员干预提供支持,如照明、通信等。

8.5.3 纵深防御与安全措施

在核电领域中,通常需要纵深防御以确保核实施的安全性[10]。在对聚变堆的核安全功能进行设计时,考虑用多重手段确保在正常运行、运行偏差、基准事故、扩展工况下人员和环境免受辐射。

1) 第一级别防御

采用保守的设计方法,实施质量保证,推广安全文化,防止非正常操作,包括尽量减少放射性和危险物质量,减少可能引发事故的能量;尽可能提供"故障安全"设计;包括使用被动安全功能;使用既定设计规范和标准,在没有此类规范和标准的情况下专门开发规范;确保安全设计的鲁棒性,确保在局部部件发生故障的情况下安全功能仍不失效。

2) 第二级别防御

对异常工况进行控制,检测可能导致包容边界损坏的事件,包括使用能够检测子系统异常的监测系统并维护正常的操作条件,避免对包容边界造成挑战;根据需要提供多样化的冗余系统,以达到所需的可靠性;提供访问控制和空气锁,以保护现场人员免受危险;为操作人员提供安全参数监测;为操作人员提供手动安全操作指引;对重要安全部件和系统进行定期检查、测试、在线监测或其他补充措施。

3) 第三级别防御

在设计基准内控制事故,一般投入重要安全组件和系统,包括启用多个包容系统,以包容主要的放射性物质,尽可能使用可靠的被动安全功能;提供压力抑制系统来保护真空室;提供过滤器或降解系统,以减少对环境的排放;提供等离子关闭系统,以限制真空室的升温,也进一步防止由铍-蒸汽反应生成氢气。

4) 第四级别防御

事故管理:采取措施以保持限制和行动的完整性。为减轻事故后果而采取的措施包括将放射性物质置于安全状态;指示可能发生在受控和监测排放点的释放;操作人员采取措施进一步减轻后果,监控工厂状况,确保系统正常运行。

5) 第五级别防御

尽管在之前的级别中采取了所有预防事故和减少影响的措施,但在设施事故的影响超过场地边界时,第五级别允许采取场外人口保护措施,例如施行特定的干预计划,允许相应的行政当局考虑实施人口保护措施。

8.6　放射性废物

根据《中华人民共和国放射性污染防治法》,放射性废物是指含有放射性核素或者被放射性核素污染,其浓度或者比活度大于国家确定的豁免清洁解控水平,预期不再使用的废弃物。放射性废物和其他别的有害物质不同,它的危害不能通过化学、物理或者生物的方法消除,而只能通过自身衰变或者核嬗变来降低其放射性水平,最终达到无害化[11]。放射性废物管理是指与放射性废物的预处理、处理、整备、运输、储存、处置或排放有关的包括退役活动的一切活动。

聚变堆放射性废物的管理是聚变堆安全的重要内容。聚变堆放射性废物来自氘氚等离子体运行、氚燃料循环、放射性废物管理产生的二次废物,以及聚变堆退役和使用放射性物质的其他活动,有可能给人类和环境带来危害,因此需要对聚变堆放射性废物以一种使人和环境长期保持安全的方式来管理。

8.6.1　聚变堆放射性废物特点

聚变堆放射性废物主要来源于材料的中子活化和氚污染。

中子活化是指核素经过中子俘获而变得具有放射性的过程。聚变堆中子活化产生的放射性废物有真空室、包层和偏滤器等堆内部件。聚变堆中子活化放射性废物的特点是部件尺寸大而且不规则,氚含量高。聚变堆芯输出一个单位(度、千瓦时等)电力所产生的活化产物质量要远远大于裂变堆芯活化产物的质量[12]。中国具有完全自主知识产权的三代核电“华龙一号”的压力容器外形尺寸是 $6.84\ \mathrm{m} \times 6.324\ \mathrm{m} \times 10.375\ \mathrm{m}$,质量约为 418 t[13],这相对于聚变堆主机装置是很小的。以 CFETR 真空室为例,真空室类似 D

形,形状不规则。CFETR 设计的 22.5° 单个扇段真空室(共 16 个扇段)的外形尺寸约是 9.14 m×3.22 m×15.01 m,质量约为 350 t[14],也就是说,CFETR 单个扇段真空室与"华龙一号"压力容器的体积和质量在同一个数量级上,而 CFETR 真空室就有 16 个扇段,外加上包层和偏滤器等中子活化产生的大部件放射性废物,可见聚变堆中子活化材料的放射性废物体积和质量远比裂变堆大。总的来说,聚变堆中子活化放射性废物的特点是体积大且不规则。

由于聚变堆废物不是由氘氚聚变反应直接产生的,而是由中子活化材料间接产生的,因此可以从源头上加以控制,减少废物源项,这有利于废物的最小化。通过谨慎地挑选材料和选择合适工艺,如选择低活化钢作为结构材料,可以避免产生高水平长寿命的放射性废物,降低聚变堆放射性废物的毒性和核素半衰期,经过衰变冷却后可将聚变堆放射性废物降级为低水平放射性废物或豁免解控水平(再循环/再利用),减少废物管理的难度。此外,一些 14.1 MeV 高能中子特有的反应道需要格外注意。如第一壁钨铠甲中阈值约为 8 MeV 的 $^{182}W(n,2n)^{181}W$ 核反应,产生的反应产物 ^{181}W 经过 β 衰变后变成 ^{181}Ta,又经 $^{181}Ta(n,\gamma)^{182}Ta$ 反应得到放射性核素 ^{182}Ta。^{182}Ta 的半衰期为 114.74 天,发生 β 衰变,在 CFETR 停堆后约 1 个月到 1.5 年之内,钨铠甲放射性废物中 ^{182}Ta 的剂量贡献率为 80%～86%,是影响钨铠甲放射性废物分类的主要核素之一。总的来说,聚变堆放射性废物的核素半衰期短,生物毒性低,一般不需要深地质处置。

氚污染废物主要来自氚工厂、氚加料系统等氚循环系统。氚作为聚变堆的重要燃料,其半衰期为 12.6 年。氚的主要危害在于低能 β 照射,没有任何 γ 射线伴随发射。因此,氚的外照射对人体的危害很小,但是吸入或者食入人体内部的氚会造成内照射,尤其是以有机氚或氚化水的形式进入体内,会产生严重的生物危害性。在 ICRP 的报告中,氚内照射的相对生物学效应(relative biological effectiveness, RBE)值为 1,等同于光子辐射。但是最近的研究表明,小于 100 mGy 的低剂量氚 RBE 值显著地大于 1[15]。

表 8 - 15 给出了不同类型反应堆的产氚率和氚盘存量[16]。裂变堆运行过程中产氚率和氚盘存量很小,即使是秦山三期重水堆主热传输系统和慢化剂的产氚率[17],相对于聚变堆数千克的产氚率也是很小的。聚变堆如此大的产氚率和氚盘存量会通过渗透等作用污染本不含氚的部件,造成氚污染放射性废物。

表 8 - 15　不同类型反应堆的产氚率和氚盘存量

堆型	压水堆	气冷堆	熔盐堆	重水堆	ITER	CFETR	DEMO
产氚率	0.075 g/a	2 g/a	90 g/a	100 g/a	4 kg/a	30～35 kg/a	110～170 kg/a
氚盘存量	几克	数十克	数百克	数百克	数千克	数千克	数千克

8.6.2　放射性废物分类

放射性废物分类的方法：首先从放射性废物里拣出豁免废物或解控废物（EW），然后可以按照废物的形态把放射性废物分成固体废物、液体废物和气体废物，再根据其活度浓度和半衰期将固体废物分为不同类别。2017 年，环境保护部、工业和信息化部、国家国防科技工业局联合发布了《放射性废物分类》（公告 2017 年第 65 号）[18]，于 2018 年 1 月 1 日起施行。《放射性废物分类》将放射性废物分为极短寿命放射性废物（VSLW）、极低水平放射性废物（VLLW）、低水平放射性废物（LLW）、中水平放射性废物（ILW）和高水平放射性废物（HLW）5 个类别，相应的处置方式分别为储存衰变后解控、填埋处置、近地表处置、中等深度处置和深地质处置，如图 8 - 16 所示。

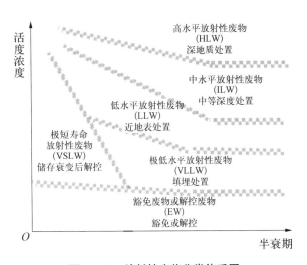

图 8 - 16　放射性废物分类体系图

根据中国的放射性废物分类方法，除去极低水平放射性废物和极短寿命放射性废物（半衰期小于 100 天）之外，认为总活度浓度大于 4×10^{11} Bq/kg 或

者释热率大于 $2 \mathrm{~kW/m^3}$ 的放射性废物,属于高水平放射性废物。根据国际原子能机构(IAEA)和中国放射性废物分类的定义,高放废物需要深地质处置。但是实际上刚停堆时的增殖包层结构材料等的活度浓度已超过 $4 \times 10^{11} \mathrm{~Bq/kg}$ 限值,由于其半衰期短,经过几年的冷却储存,它就是中低放射性废物了,不需要深地质处置,从这个角度上来说聚变堆没有高放废物产生。对于总活度浓度小于 $4 \times 10^{11} \mathrm{~Bq/kg}$ 且释热率小于 $2 \mathrm{~kW/m^3}$ 的放射性废物,如果其中任意一种放射性核素都小于表 8-16 所示的上限值,且每种核素的活度浓度与其对应的低水平活度浓度上限值的比值之和小于 1,则该放射性废物为低水平放射性废物,否则该放射性废物为中水平放射性废物。

表 8-16 低水平放射性废物活度浓度上限值

放射性核素	半衰期/年	活度浓度/$\mathrm{Bq \cdot kg^{-1}}$
$^{14}\mathrm{C}$	5.73×10^3	1×10^8
活化金属中的 $^{14}\mathrm{C}$	5.73×10^3	5×10^8
活化金属中的 $^{59}\mathrm{Ni}$	7.50×10^4	1×10^9
$^{63}\mathrm{Ni}$	96.00	1×10^{10}
活化金属中的 $^{63}\mathrm{Ni}$	96.00	5×10^{10}
$^{90}\mathrm{Sr}$	29.10	1×10^9
活化金属中的 $^{94}\mathrm{Nb}$	2.03×10^4	1×10^6
$^{99}\mathrm{Tc}$	2.13×10^5	1×10^7
$^{129}\mathrm{I}$	1.57×10^7	1×10^6
$^{137}\mathrm{Cs}$	30.00	1×10^9
半衰期大于 5 年发射 α 粒子的超铀核素	—	4×10^5(平均) 4×10^6(单个废物包)
其余放射性核素	—	4×10^{11}

下面以 ITER 和 CFETR 为例,分别介绍 ITER 和 CFETR 的放射性废物分类结果。

ITER 是世界上首个反应堆级别的聚变装置,遵循合理可行尽量低原则(ALARA 原则)和纵深防御的安全原则[19]。ITER 在研究和设计过程中全方面考虑了放射性废物的管理,其安全目标之一就是将放射性废物的危害和体积减小到合理可行尽量低的水平。根据法国放射性废物管理机构(ANDRA)的分类标准[20],ITER 运行时将会产生如下 4 类放射性废物。

(1) 极低水平放射性废物(TFA),例如中心螺线管线圈等。

(2) 低、中水平短寿命半衰期放射性废物(Type A/FMA - VC)。

(3) 中等水平长寿命放射性废物(Type B/MA - VL),主要来自 ITER 内部件的更换,例如包层和偏滤器。

(4) 纯氚污染废物,指不受中子辐照但受氚污染的放射性废物,主要是从氚工厂和燃料系统运行和维护中产生的,这是专门为 ITER 而设定的废物类别。

ITER 不产生高放射性废物(Type C/HA)。表 8 - 17 给出了 ITER 主要部件放射性废物的质量和分类[21],表 8 - 18 给出了 ITER 在运行和退役期间废物处理之前的废物库存。

表 8 - 17 ITER 停堆后主要部件放射性废物分类

主 要 部 件	衰变时间(假设为废物分类)	分 类	质量/t
包层模块	无	Type B	1 530
偏滤器模块	无	Type B	650
真空室	无	Type A	5 100
环向场线圈	50 年	TFA	6 010
极向场线圈	50 年	TFA	1 870
中心螺线管	无	TFA	950
杜瓦	50 年	TFA	3 500

表 8-18　ITER 运行和退役期间处理前废物库存

类　型	TFA	Type A	Type B	纯氚污染废物
运行期间				
处理	80 m³/年	200 m³/年	—	62 t
部件更换	<10 t	20~100 t	100 t	1 070 t
液态流出物	—	164 m³/年	—	—
退役期间				
部件	18 300 t	8 920 t	390 t	2 500 t
建筑	2 350 t	4 300 t	—	—

　　CFETR 是中国聚变发展路线中关键的一环,其目的是填补 ITER 到聚变示范堆之间的工程与技术差距,验证聚变堆的发展路线和关键的工程技术。在对 CFETR 进行放射性废物分类时,假设 CFETR 运行 15 年,运行因子为 0.5,选用氦冷固态包层设计方案。表 8-19 给出了不同停堆时间下的 CFETR 主机部件放射性废物分级结果,结果表明如下。

　　(1) 停堆时,氦冷包层后板、偏滤器支撑、真空室、冷屏和 TF 线圈为低放废物,其他包层和偏滤器部件为高放废物。

　　(2) 停堆 1 年后,包层屏蔽层降为低放废物。

　　(3) 停堆 10 年后,包层第一壁铠甲、Li_4SiO_4、偏滤器第一壁和盒子降为低放废物,包层集流板降为中放废物。

　　(4) 停堆 30 年后,只有铍球床是高放废物,包层第一壁、侧壁、盖板、冷却板和偏滤器连接件降为中放废物。

　　(5) 停堆 50 年后,堆内废物均属于低放或中放水平。

表 8-19　CFETR 主机部件放射性废物分级结果

停堆时间	停堆时	停堆 1 年	停堆 10 年	停堆 30 年	停堆 50 年	停堆 100 年
包层第一壁铠甲	HLW	HLW	LLW	LLW	LLW	LLW
包层第一壁	HLW	HLW	HLW	ILW	ILW	ILW

（续表）

停堆时间	停堆时	停堆 1 年	停堆 10 年	停堆 30 年	停堆 50 年	停堆 100 年
包层侧壁	HLW	HLW	HLW	ILW	ILW	ILW
包层盖板	HLW	HLW	HLW	ILW	ILW	ILW
包层冷却板	HLW	HLW	HLW	ILW	ILW	ILW
包层集流板	HLW	HLW	ILW	ILW	ILW	ILW
包层屏蔽层	HLW	LLW	LLW	LLW	LLW	LLW
包层后板	LLW	LLW	LLW	LLW	LLW	LLW
Li_4SiO_4	HLW	HLW	LLW	LLW	LLW	LLW
铍	HLW	HLW	HLW	HLW	LLW	LLW
偏滤器第一壁	HLW	HLW	LLW	LLW	LLW	LLW
偏滤器连接件	HLW	HLW	HLW	ILW	ILW	ILW
偏滤器盒子	HLW	HLW	LLW	LLW	LLW	LLW
偏滤器支撑	LLW	LLW	LLW	LLW	LLW	LLW
真空室	LLW	LLW	LLW	LLW	LLW	LLW
冷屏	LLW	LLW	LLW	LLW	LLW	LLW
TF 线圈	LLW	LLW	LLW	LLW	LLW	LLW

CFETR 包层结构材料中铌杂质含量对包层的放射性废物分类会产生长期影响,在铌杂质含量为 0.01% 时,停堆 1 万年后第一壁结构材料仍为中水平放射性废物。所以想要减小第一壁的废物等级,就要严格控制铌杂质含量。另外,^{14}C 来自结构材料中氮发生的 $^{14}N(n,p)^{14}C$ 反应,^{14}C 的半衰期是 5 700 年,需要格外的注意。

对于 CFETR 包层功能材料,氚增殖剂材料硅酸锂中的氚在运行过程中不断被提取,假设氚提取效率能达到 99.9%,那么按照剩余 0.1% 的氚来分析硅酸锂球床的放射性废物分类。需要注意的是,氦冷包层中铍的成分中含有

32 ppm 的杂质铀,对铍的放射性废物分类产生了较大的影响。

整体来看,由于包层结构材料中的 ^{94}Nb 超过低水平放射性活度限值,所以氦冷包层整体在较长的时间范围内属于中水平放射性废物。但包层结构材料放射性废物的 ^{94}Nb 超过低水平活度浓度限值并不多,所以只要设法降低结构材料中铌的含量,那么完全可以把氦冷包层放射性废物归类为低水平放射性废物。

结合 CFETR 主机部件活化源项分析和放射性废物分类结果,初步给出了如下降低真空室内部件放废水平的建议:① 降低铍材料中的铀杂质含量;② 降低结构材料中的铌杂质含量;③ 偏滤器结构材料使用低活化钢;④ 核素分离,如除氚、^{14}C 等;⑤ 通过拆解方法,将各结构材料分别处置,尽可能降低高放废物;⑥ 尽可能清洁解控与再循环利用,避免进行废物处置。

在聚变堆中,影响结构材料放射性废物分类的主要核素有 ^{3}H、^{14}C、^{63}Ni、^{94}Nb、^{99}Tc 等。表 8-20 列出了各国低水平放射性废物部分核素比活度的限值[22]。可以看出,对于低水平放射性废物 ^{94}Nb 的比活度上限值,法国和西班牙的分类标准比中国标准苛刻许多,俄罗斯和美国比中国略低(假设结构材料密度为 7.8 g/cm^3)。聚变堆结构材料中铌同位素 ^{93m}Nb 和 ^{94}Nb 分别来自 ^{93}Nb$(n,n')^{93m}$Nb 和 ^{93}Nb$(n,\gamma)^{94}$Nb 反应,碳同位素 ^{14}C 来自 ^{14}N$(n,p)^{14}$C 反应,镍同位素 ^{63}Ni 来自 ^{62}Ni$(n,\gamma)^{63}$Ni 和 ^{64}Ni$(n,2n)^{63}$Ni 反应,锝同位素 ^{99}Tc 来自 ^{98}Mo$(n,\gamma)^{99}$Mo 反应后的 β 衰变。

表 8-20　各国低水平放射性废物部分核素比活度限值

国　家	比活度限值/Bq·kg^{-1}(* 表示单位是 Bq·m^{-3})				
	氚	^{14}C	^{63}Ni	^{94}Nb	^{99}Tc
中国	—	5×10^8	5×10^{10}	1×10^6	1×10^7
日本	—	1×10^{13}	1×10^{10}	—	1×10^{11}
法国	2×10^8	9.2×10^7	3.2×10^9	1.2×10^5	4.4×10^7
西班牙	1×10^9	2×10^8	1.2×10^{10}	1.2×10^5	1×10^6
俄罗斯*	1×10^{11}	3×10^{12}	2.59×10^{14}	7.4×10^9	1.1×10^{11}
美国*	1.48×10^{10}	1.48×10^{12}	2.59×10^{14}	7.4×10^9	1.11×10^{11}

8.6.3　放射性废物管理

Rosanvallon[23]全面阐述了 ITER 放射性废物的管理,具体描述了 ITER 放射性废物的来源、废物分类、估算废物总量、废物最小化等废物管理的关键步骤。如果不算建筑拆除,ITER 退役阶段产生的放射性废物约占全部放射性废物的89%,运行期间产生的放射性废物约占 11%。如果水冷系统和极向场线圈按照停堆后 50 年计算,其余废物都按照停堆时刻计算放射性废物分类,那么不需要深地质处置的 TFA 和 Type A 放射性废物占 89%,纯氚污染废物约占 1%,Type B 放射性废物占 10%。Rosanvallon 等在废物最小化方面提出建议:第一,从源头上减少废物的产生,结构材料必须经过精挑细选;第二,增加真空室的中子屏蔽,热室设备增加不锈钢衬垫(减少氚污染);第三,尽量地实现再循环和再利用,再循环或再利用的放射性物质不再当作放射性废物管理。ITER 的 TFA、Type A 和 Type B 放射性废物的处理和处置过程如图 8-17 所示[20]。

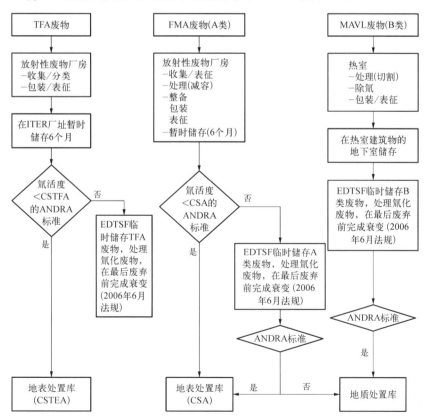

图 8-17　ITER 放射性废物的处理和处置过程

在 CFETR 停堆时,虽然按照放射性水平把包层和偏滤器归类于高放废物,但是由于其主要放射性来源于结构材料中的 ^{55}Fe 衰变,经过十几年的衰变储存后,包层和偏滤器的放射性水平均低于高放废物限值。

总体来说,初步考虑聚变堆不涉及高放废物的处置,具体的聚变堆废物管理流程如图 8-18 所示。

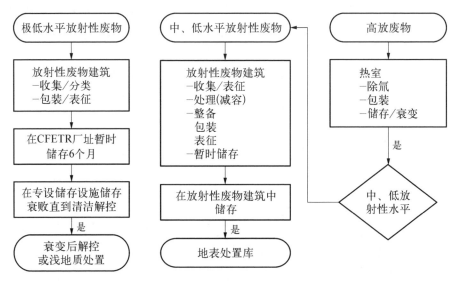

图 8-18 聚变堆放射性废物管理流程

纯氚污染废物同其他放射性废物一样,采用一般的物理、化学方法不能将废物中的氚消灭或破坏,只有通过氚自身的衰变才能使其放射性下降到一定水平。氚可以以气态和液态氚化水的形态存在。虽然氚(包括氚水、有机结合氚和甲烷氚)是低毒性核素,但是氚比其他放射性核素更容易泄漏和被摄入,氚化水易于被人的皮肤和肺吸收,氚衰变发出的 β 射线会对人体造成一定的危害。更重要的是,氚是核武器相关材料,为了辐射防护和核不扩散等原因,纯氚污染废物需要严格管控。

对于聚变堆纯氚污染废物,拟使用高密度聚乙烯(HDPE)作为包装容器(储存、运输和处置)的材料。聚乙烯材料密度很低且具有优良的耐腐蚀性能,常作为包装低水平短寿命放射性废物容器的备选材料,同时聚乙烯价格相对廉价。聚变堆纯氚污染废物放射性水平不高,且氚是短寿命核素,根据ALARA 原则,聚乙烯材料满足其作为包装容器材料的要求。加拿大达林顿除氚工厂采用厚度为 1 cm 的高密度聚乙烯容器对氚污染严重的金属进行包容[24]，这个包装容器内氚的日释放率为 3×10^{-5} Bq，在包装容器内空隙处加入湿沙后，氚的日释放率降为 1×10^{-6} Bq。包装容器中湿沙填充物的作用是增加氢交换位点和表面积，稀释空体积内氚的比活度，增加废物包的结构强度。

包层、偏滤器和真空室作为聚变堆中产生的主要放射性废物，其管理流程如下：储存→切割→填充篮筐→氚测量取样→除氚→氚测量取样→表征→预包装（覆盖）→临时储存→外部储存。其中，放射性废物储存是废物管理过程中的重要步骤。首先，把包层放射性废物放入包装容器内；然后，在热室内进行"集装箱"式的储存，使得其放射性水平衰变至高放废物放射性水平限值以下。

放射性废物管理过程的主要目标之一是减少废物的放射性毒性和数量。第一种方法是从源头上限制废物的产生。在设计上采取的措施包括减少材料中的杂质（如铌）、提高屏蔽性能、促进净化装置设计的可行性和有效性、分离部件不同部分的可能性等。第二种方法是根据废物特性和放射性毒性制订废物管理路线。废物管理路线是根据现有库存量制订的。在对放射性废物进行分拣和分类后，根据其特性，将废弃零件转移到专用设施，初步的考虑包括固体高放废物在热室内管理；固体纯氚污染废物在热室内管理并储存在热室内；固体中、低水平放射性废物在放射性废物建筑内管理；固体极低水平放射性废物（如工作用手套衣服等）在聚变堆工作区就近管理；放射性液体流出物在放射性废物建筑内管理。

在聚变堆放射性废物管理的过程中会遇到一些挑战：① 切割。切割偏滤器和真空室等大型部件和混合材料（铍、钨、铜合金和不锈钢）制成的部件是放射性废物管理过程的关键点。切割过程中产生的粉尘、碎屑、气体需要尽可能地收集，以避免污染环境。聚变堆大型部件切割技术的研发需要关注。② 表征。衰变时释放 β 射线和低能 γ 射线的放射性核素，需要对它们进行特征分析。可以通过伽马能谱仪测量反推出一些放射性核素浓度，对于目前该技术无法检测的特定核素，需要研发相应的技术。例如，对于偏滤器包括 ^{49}V、^{55}Fe、^{59}Ni、^{63}Ni、^{179}Ta、^{181}W 和 ^{184m}Re 等。氚既来自活化又来自渗透，与其他活化核素的相关性较差。目前有三种氚检测[25]的方法，分别为 ^{3}He 测量、量热法、取样后放射性分析。^{3}He 测量仅适用于乙烯基、棉花等放射性废物，需要较长的等待时间来稳定放气并能够进行测量。量热法适用于纯氚化废物。取样后进行放射性分析（破坏性方法）存在与取样相关代表性、二次废物等缺点。③ 取样。聚变堆放射性废物的几何形状较大，取样要具有代表性，同时也具有挑战性，主要涉及包层、偏滤器和真空室。确保样品代表性要基于以下原则：估算不同废弃部件的理论预期放射活度，同时考虑先前已表征部件的经验反馈，以确定可能最大的放射性活度和衰变热的区域。在剂量率最高的区域通过钻孔或取芯取样。还考虑到取样产生的二次废物应尽可能少。取样将不断面对实际的检测，目的是增加对废物的认识，并确保对废物的安全管理。
④ 除氚。在聚变研究中，金属是重要的结构材料，氚与结构材料长期作用不可避免会对材料表面甚至内部造成污染。而氚的氢同位素性质会导致吸附氚不断释放到相关操作系统和工作环境中，一方面会对结构材料造成性能损伤，影响其结构性能，另一方面还会造成其他部件的交叉污染，因此除氚是聚变能源研究发展中不可避免的严峻问题。为了满足核安全，实现高的效费比，氚污染部件再利用或做废物处理都需要进行除氚处理以降低工作人员接触辐照和处理处置费用。尤其对再利用部件除氚要求高，除氚不对部件造成影响复用损伤，多种除氚方法中，干法去污（如气流吹扫）、干冰喷射去污、等离子体清洗去污具有优越的环境特性和去污能力[26]。

欧盟委员会早在 1986 年就开始对聚变能放射性废物管理开展了初步的评估，专门成立了聚变项目评估委员会。聚变项目评估委员会制定"减少放射性废物产量"和"最大限度地避免长期地质处置"等准则来主导欧盟聚变研发项目的发展，并指出聚变堆运行产生的放射性废物不是必须做隔离性地质处置。欧盟在 1992 年启动聚变能安全与环境评估（SEAFP）第一期项目[27-28]，该项目分析专题中包含剂量和放射性废物评估。SEAFP-2 是 SEAFP 的第二期项目[29]，研究基于低活化铁素体马氏体钢能否实现环境释放最小化和废物处置库最小化。SRAFP-2 分析表明聚变堆电站运行和退役产生的大多数甚至所有的活化材料可以被回收利用或者清洁解控，不需要或者需要很少的地质处置。欧盟在 1995 年发起长期聚变能安全与环境评估项目[30-32]（SEAL），作为 SEAFP 研究工作的后续，改进了可能被解控或者再循环利用的中子活化的放射性废物的定量评估。欧盟还在 1999 年启动 SEAFP-99 项目，进一步研究放射性废物循环与解控的综合方法，分析聚变废物处置库的主要特点和核素等。

意大利学者[33]在欧盟聚变能废物管理相关研究项目支持下，通过研究美国、法国和意大利等国家以及 ITER 组织对放射性废物的分类方法对聚变堆的适用性，提出专门适用于聚变堆的放射性材料管理策略。放射性废物部件从聚变堆的堆芯提取后被带到热室，经过拆解、去污、分拣、固化等步骤，然后将放射性废物运至储存设施中储存数年。如果解控指标在 100 年内没有下降到 1 以内,那么把材料输运到再循环装置,通过遥操把放射性废物重新加工成有用的形式。如果解控指标在 100 年内可以下降到 1 以内,则储存了 1～100 年内的放射性废物可以不受任何限制地向公众开放,可以再循环/再利用该放射性废物。

国际能源署聚变能协调委员会开设了 8 个技术合作计划,其中之一是聚变能环境、安全和经济技术(ESEFP)合作计划。放射性废物管理研究是 ESEFP 合作开展的关键性专题之一。ESEFP 在 2016 年和 2018 年连续组织了两届国际聚变能环境、安全与经济研讨会,明确了放射性废物管理是未来聚变安全领域研究的重点内容之一。在 ESEFP 合作计划中,意大利都灵理工大学的马西莫教授对放射性废物管理策略提出建议:尽量通过储存的方式使得放射性活度下降,尽可能避免地下处置废物;在核工业行业内最大限度地再利用活化材料;如果材料放射性达到清洁解控的水平则可以释放到市场中去。日本量子科学技术研究开发机构的坂本吉子教授通过真空室内部件衰变热和剂量率的评估,表明了所有的放射性废物都可以归类为低放废物,还表明了所有的放射性废物可以在 10 年以内的储存期后都能用近地表处置的方式处置。

8.7　聚变反应堆的退役

核设施多种多样,设施大小、污染特征有很大差别。IAEA 定义核设施是规模生产、加工、使用、储存或处理处置放射性物质,需要做安全考虑的设施包括设备、建筑物和附属场地。

《中华人民共和国放射性污染防治法》规定:核设施是指核动力厂(核电厂、核热电厂、核供汽供热厂等),核燃料生产、加工、储存和后处理设施,放射性废物的处理和处置设施等。

任何生产活动都有生命周期,从选址、设计、建造、试运行、运行到关闭退役。核设施退役是核设施生命周期的终端,是核设施全寿期管理的重要环节,是环境保护的一项重要活动[34]。

核设施退役是 20 世纪 60 年代提出的问题。20 世纪 80 年代后,世界上一批早期建设的军工核设施、研究堆和核电试验堆、示范堆早已达到设计寿期,正在进行着退役或者已经完成退役。

IAEA 定义核设施退役是为解除一座核设施的部分或全部监管控制所采取的行政和技术活动。

美国核管会 NRC 发布的 10 CFR 20.1003——核设施退役就是核设施或场地退出服务,并且残留放射性降低到允许水平。包括终止原许可申请,无限制开放使用;终止原许可申请,有限制开放使用。

核设施退役的核心是放射性物项获得安全的处理和处置,还一片净土于自然和社会,厂址成为绿地开放或转为新用途。退役工程必须保护工作人员,保护公众和环境,减少残留放射性物质和其他有害废物,使物料和建筑物能安全释放和再利用。缩短退役所需的时间,减少退役费用也是退役应考虑的问题[35]。

核设施退役原因很多,包括① 完成了设施的任务目标或任务目标有了改变;② 社会或政治原因,设施必须停止生产运行,不能再保留;③ 因为安全原因、存在着重大安全隐患或发生了事故,难以补救或不值得补救;④ 因为经济效益不好,不值得维持,或没有资金维持运行;⑤ 场地要为其他项目所有,必须关闭拆除设施;⑥ 工艺技术落后而被淘汰;⑦ 现有生产设施不能满足要求,需要拆除改建等。

核设施退役是核科技工程界当前研发的重点之一。正确认识核设施退役,熟悉、掌握或了解设施退役的目标、管理、技术和安全问题,对于安全、经济地进行核设施退役具有非常重要的意义。

8.7.1　核设施退役要求

核设施退役项目是多种技术集成的系统工程,具有艰巨性和复杂性,涉及技术、经济、环境、社会、公众等诸多因素,尤其是大型核设施的退役,延续时间可能要几十年到上百年的时间,退役过程中出现的不可预见性问题很多,需要有计划多变性和概算不确定等准备。对于这样一个技术密集型的系统工程,其设计和实施过程,对于技术标准的需求将是全面的、系统的。

中国核设施退役工作已经开展 30 余年,该期间核设施退役工程和科研均取得了显著进展。目前世界各国均有相对较完善的裂变核设施退役技术标准体系,但对于聚变核设施的退役,其相关标准体系尚未进行建立和完善,需要针对中国当前核电和核化工领域的发展状况和趋势,通过对国内外核设施退役的标准体系进行调研,梳理适用于聚变核设施退役领域的技术标准并进行分析,逐步建立全面的聚变核设施退役技术标准体系。

当前,中国在积极参与 ITER 计划国际合作以及开展 HL-3、EAST 装置实验的同时,正在规划建设中国聚变工程试验堆(CFETR),这将是一个核聚变电站的整体实验装置。此刻开展聚变核设施退役技术标准体系的梳理,有助于大型核设施在设计阶段提前考虑退役需求,在设计阶段提前考虑便于退役的设计。

1) 国外核设施退役技术标准体系现状

对于核设施退役的技术标准,国外的主要制定机构或国家包括国际原子能机构(IAEA)、国际放射防护委员会(ICRP)、欧盟和经合组织核能署(OECD/NEA)、美国、法国等。其中 IAEA 目前梳理出退役相关法规标准 60多条,包括一般安全要求(GSR)、具体安全要求(SSR)、核安全要求(NS-R)、一般安全导则(GS-G)、废物安全导则(WS-G)、具体安全导则(SSG)、安全报告系列丛书(SRS)、技术报告系列丛书(TRS)、技术文件(TECDOC)、核能系列废物导则(NW-G)、核能系列废物技术报告(NW-T);美国目前梳理出发布的退役相关法规标准有 60 多条,包含参众院、美国联邦法规(CFR)、能源部(DOE)、核管理委员会(NRC)、美国材料试验协会(ASTM)等制定的标准;英国目前梳理出发布的退役相关法规标准 30 多条,包含核监管办公室(ONR)、卫生安全委员会(HSC)、卫生安全执行委员会(HSE)、HSE 下属核安全局(HSE-NSD)、核退役管理局(NDA)、环保局(EA)等发布机构制定的标准;欧盟和经合组织核能署(OECD/NEA)目前梳理出 20 多条退役相关法规标准。这些标准主要涉及核设施退役资料保存、核设施退役经费、各种核设施退役经验、核设施退役废物管理、核设施退役厂址清污、核设施退役豁免和清洁解控等方面的要求。而对于聚变核设施退役的技术标准体系的研究相比国内更早,也更加深入,但仍然存在很大缺项需要完善。

2) 国内核设施退役技术标准体系现状

中国现有的核设施退役治理标准体系是 2000 年由原国防科工委组织编制的,在该体系中将核设施退役与放射性废物治理分为两个子体系。当时主要是参考国际原子能机构(IAEA)的技术导则、国际放射防护委员会(ICRP)的技术文件,以及美国、法国等国家的技术标准,制定了一批适用于核设施退役相关的技术标准。这些标准主要涉及电离辐射防护与辐射源安全基本标准、放射性废物分类、放射性物质安全运输规程、放射性废物管理规定、核设施退役安全、核设施退役实施中辐射防护大纲要求、反应堆退役环境管理技术规定、反应堆退役辐射防护规定、生产堆退役设计安全准则等方面的要求。但这类标准目前还有较多缺项,适用性和可操作性不强,且部分标准过于陈旧。近10 年来,根据核设施退役工程的实际需要,对部分技术标准进行了升版,并新增了部分技术标准,但仍未形成一套完整的技术标准体系。部分新发布或新修订的法律法规,其配套的导则和技术标准没有及时跟进。

随着中国加入 ITER 计划,为了保证高质量地完成 ITER 采购包制造任务,中国于 2008 年正式启动了核聚变领域的标准化工作。

截至 2023 年,中国核聚变领域的国家标准仅有 1 项,即 GB/T 4960.9—2013《核科学技术术语第 9 部分:磁约束核聚变》。另外,核聚变领域还有多项标准正在通过全国核能标准化技术委员会申报编制国家标准。

2016 年,中国国际核聚变能源计划执行中心正式启动 HJB 标准的编制工作,由核工业标准化研究所提供标准化技术支撑,在经过计划下达、标准编写、征求意见、送审、报批和发布流程后,中国国际核聚变能源计划执行中心于 2017 年 1 月批准发布了首批 11 项 HJB 标准,具体清单如下。

(1) HJB 1001—2017《热核聚变堆项目质量管理体系要求》。

(2) HJB 1002—2017《ITER 用 Nb_3Sn 超导线直流临界电流测试方法》。

(3) HJB 1003—2017《铌三锡复合超导体的剩余电阻比的测定》。

(4) HJB 1004—2017《铌三锡复合超导线扭距及扭转方向测试方法》。

(5) HJB 1005—2017《铌三锡复合超导线临界电流测试样品制备方法》。

(6) HJB 1006—2017《ITER 用超导股线及铜线连续电镀铬工艺》。

(7) HJB 1007—2017《ITER 用超导股线及铜线连续电镀镍工艺》。

(8) HJB 1008—2017《磁约束聚变堆用弱磁材料磁导率检验方法》。

(9) HJB 1009—2017《磁约束聚变堆支撑系统用 022Cr17Ni12Mo2N 不锈钢材料质量控制要求》。

(10) HJB 10010—2017《磁约束聚变堆支撑系统用 022Cr17Ni12Mo2N 不锈钢热轧钢板》。

(11) HJB 10011—2017《聚变反应堆中超导磁体辅助冷却管路钎焊规范》。

之后,中国国际核聚变能源计划执行中心持续推进 HJB 标准的编制工作,下达了多项 HJB 标准的编制计划。

同时,以 ITER 作为标准化研究对象,参照中国压水堆核电厂标准体系框架,研究设计了包括通用和基础、前期工作、工程设计、设备、建造、调试、运行、维护和升级、退役 9 项内容的核聚变标准体系框架。

综上所述,中国核聚变标准化以中方 ITER 采购包对标准的需求为牵引,开展了相关的标准化研究和技术支撑,取得了一系列的标准化成果。同时,国内核聚变产业链逐步培育形成,相关单位研发了大量新技术,进而涌现出大量的标准化需求。但是,目前来看,中国对于聚变核设施退役的技术标准体系研究尚未有很大进展。

8.7.2 聚变反应堆退役策略

核设施退役是指在核设施运行寿期结束后,根据核设施所在厂址后续的使用用途所确定的退役目标,经过去污、拆除、厂房建(构)筑物拆毁、厂址清理等一系列工作,达到厂址的退役目标,即作为核设施厂址继续利用或达到无限制开放水平。

1) 退役目标

退役最终目标的实现取决于缜密的和有组织的计划,考虑到聚变堆尚处于设计研究过程中,聚变堆退役方案的内容、范围应根据总体方案的研究进展而进行相应调整。

考虑若明确了本厂址在退役后的用途,那么聚变堆的退役目标、退役范围等也应根据厂址利用计划有针对性地进行调整,可继续利用的基础设施适当考虑其状况进行保留或拆除。

由于聚变堆选址需考虑多项因素,为了尽可能利用适宜的厂址,聚变堆的退役目标有以下几方面考虑: ① 在本厂址退役后尽可能仍作为核设施基地继续使用;② 将聚变堆所在厂址建(构)筑物全部拆除,厂址清理至无限制开放水平。

基于目前的研究进展,CFETR 的退役目标暂定为将聚变堆所在厂址建(构)筑物全部拆除,厂址清理至无限制开放水平。

2) 退役方案的选择

如果将聚变堆的退役目标确定为将聚变堆所在厂址建(构)筑物全部拆除,厂址清理至无限制开放水平。根据该目标,可以选择如下的退役方案。

首先,在安全关闭阶段进行必要的系统倒空、系统除氚等工作,有效降低待拆除物项的放射性水平,并在退役工作开始前新建废物处理设施,确保废物出路畅通。

其次,对存在放射性的厂房内物项进行拆除。拆除时对于堆内活化部件(如包层、偏滤器)利用远程维护系统(remote handling, RH),按照运行时的操作方法和步骤远距离遥控拆除送入热室,在热室内完成这些堆内部件的处理整备。对于较大型的真空室、内冷屏设备,考虑从外部杜瓦向内部冷屏、真空室逐层拆除。拆除内冷屏外部设备时,可考虑热切割方式,拆除后经检测达到解控标准后暂存,经审管部门认可后解控。内冷屏及真空室的拆除考虑采用远距离遥控冷切割方式。对于氚污染较重设备,如氚工厂、热室等设施内设备,选择冷切割工具,为了减少人员直接接触含氚废物或降低工作人员劳动强度,可选择使用机器人或自动切割设备进行切割、拆除等操作。对于氚污染较轻设备,经过必要的表面去污后,达到解控标准的可解控。

再次,当厂房内物项全部拆除完毕后,对建(构)筑物墙、地面的放射性水平进行源项调查,根据调查结果制定相应的去污方案;对厂房构筑物进行表面剥离去污,直至清理至可解控水平。

最后,当厂房全部去污完毕后,进行厂址清理工作,对厂址内污染地面的土壤进行分类收集。最终应保证厂址范围内构筑物全部拆除,污染土壤全部清理完毕,厂址清理至无限制开放水平。

3)最佳退役策略的选择和正当性分析

目前国际原子能机构推荐的退役策略分为两种,分别为立即拆除和延迟拆除。

(1)立即拆除是将被放射性污染的设备、结构和设施的污染部分移除或者去污至允许设施开放用于无限制使用或者由监管机构进行有限制使用水平的策略。在这种情况下,退役执行活动在运行停止后的短时间内就开始进行。这个策略隐含指出退役项目应该立即完成,包括将设施中的所有放射性材料移除至另一个新的或者已经存在的有资质的设施中进行长期储存或者处置。

(2)延迟拆除是将设施被放射性污染的部分处理或者放置在一定条件下一段足够的时间,直到可以进行后续的去污和/或拆除等操作,从而最终达到允许设施开放用于无限制使用或者由监管机构进行有限制使用的策略。

立即拆除策略要求在核设施停止运行后的短时间内就开始进行退役,在这种情况下,核设施内部分区域的放射性水平较高,要求采用更为先进的技术并对工作人员提供更为严格的保护以降低工作人员将受到的辐射照射;延迟拆除也许会减少退役所产生的放射性废物的量,并减少对现场人员的辐射照射,但有可能因延迟拆除导致出现系统包容性恶化、档案资料散失、人员流失及长期监督维护需要高额费用支撑等缺陷。

上述两种策略各有利弊,具体选择何种策略需要充分考虑所在国家有关退役的法规政策、放射性废物管理能力、从事退役的工作人员、退役费用估算和筹资方式、退役技术发展及其对安全及环境的影响等方面的因素,满足所在国家的放射性废物管理和核能发展战略要求。

　　根据目前的研究结果,CFETR 工程退役暂定选择立即拆除的退役策略。下面将对立即拆除策略的正当性进行分析。

　　(1) CFETR 工程的热室及部分废物处理系统经过必要的整治可在退役中继续使用。若经论证,运行期间的放射性废物处理整备手段和能力不能满足退役期间的需求,则在此基础上,考虑在退役期间放射性废物处理整备配套建设的新增或改扩建。

　　(2) 实现人员平稳过渡。核设施从运行到退役,分两个阶段,第一个阶段为安全过渡期,第二个阶段为退役期。安全过渡期是从设施运行到退役主要拆除活动实施之间的一个重要阶段。在这一阶段要进行一系列的计划和调整使设施从管理构架和硬件状态等方面都适应退役的目标和要求。安全关闭阶段的初期与运行末期紧密相连,这个阶段是经历人员编制从适于运行到适于退役调减的主要过程,人员编制首先满足安全关闭工作的需要,此阶段主要是根据需求的人员,编制并实施这个阶段的裁员和再就业培训,对于被裁减的人员要确定其出路,保证退役工程进展到后期重新聘用的需求,这种情况要在人员计划中有所预测,并且在安全关闭活动结束时人员编制应调整到适于退役拆除活动的技术、实施和管理需求。立即退役策略最能有效满足上述要求。

　　(3) 采用立即拆除策略可避免较长延迟期造成的工作人员及资料流失等问题的产生。

　　(4) 自从 20 世纪 90 年代以来,中国陆续开展了一系列核设施退役工作。在这些设施退役工作开展期间,通过国外学习引进、自主研发等途径,中国退役技术得到了长足的发展,并且在人员培训和实际操作等方面积累了大量的经验。退役工作的开展应确保在可能的前提下,使用现存的最好的技术,而随着全球退役事业的发展,退役技术随之也将得到长足的发展,待 CFETR 退役时,届时的技术必将满足退役的要求,而 CFETR 退役方案也会随之进行调整,确保满足 CFETR 顺利、安全退役的要求。

　　(5) CFETR 在设计阶段应考虑便于退役的设计,采用各种辐射源项控制技术,寿期之后会有更多先进的技术手段(如远程控制和机器人操作等)投入退役工作当中,这些都能降低工作人员的职业受照剂量。在退役实施过程中要根据现场辐射源项的特征和辐射监测的结果,结合各种辐射防护控制方法,例如通过合理的人员调配和分工,并对退役过程中的流出物实施控制排放等,尽可能降低工作人员的职业受照剂量,使得在考虑了经济和社会因素之后,保证工作人员、公众的受照人数、受照量大小、受照可能性保持在可合理达到的尽量低水平,实现辐射防护最优化的目标。

综上所述,中国选择立即拆除作为 CFETR 工程的退役策略是合理且正当的。

8.7.3 聚变反应堆退役活动

根据国外过去数十年核设施成功退役案例的经验教训,为了使核设施退役活动能够安全有效地进行,在核设施退役活动中一般应遵循的基本原则有安全原则、辐射防护最优化原则及废物最小化原则等。

1) 退役原则

针对中国核设施的具体情况,为使退役工程更安全、经济、合理地开展,更符合中国的国情,中国核设施退役活动中应遵循以下具体退役原则。

事先安排:事先安排是指新建的核设施尤其是大型核设施和高功率研究堆等在设计、建造和运行阶段如何为方便今后的退役提前做出安排。事先安排包括两方面内容,一是建造、调试阶段制订出初步退役计划,二是设计、建造和运行阶段要为以后的退役活动创造条件和提供方便。从大量的经验教训中人们认识到对设施退役考虑得越晚,退役可能变得越难和越费钱,这是因为疏于记录和资料的收集和需要改造或安装设备增加了退役活动的复杂性以及由于设计不周妨碍退役活动而招致不必要的剂量负担。

安全关闭:核设施由于从事的是放射性物料的操作,因而它的关闭有着与一般非核设施不同的特点。在这里特别要强调的是关闭时的安全问题,也就是为何将关闭称为安全关闭的原因所在。安全关闭时核设施应处于的状态为所有的核燃料已被移走;工艺物料除某些浆液或残渣外均被清除;工艺系统经排空后进行了初步去污;其他含有放射性或危险的物质包括某些废物也被除去。

总体规划:大型核设施如生产堆和乏燃料元件后处理厂是由数十个子项和上百个工艺系统组成的,其规模大小和放射性污染程度不等,彼此相互联系形成整体,有的退役和生产子项还并存于同一厂址内,给退役工作增加了复杂性。这类核设施的退役技术复杂,持续时间长,是一个大的系统工程,因而有必要通过总体规划来使退役工作科学有序地进行。

分步实施:分步实施包含着两个内容,一是如何按照总体规划的安排,实行各子项(各系统、各区域)有序地退役;二是特定子项(系统、区域)又如何分为若干阶段来完成预定的退役目标。后者对大型核设施退役中持续时间长的子项而言是必要的。

合理去污：这里所指的去污是一个广泛的概念，其中包括对系统、设备、材料的去污和对建筑物、土壤中放射性物质的清除。退役去污的主要目的为降低工作人员和公众的受照剂量，方便废物管理，利于材料的再循环、再利用。主要特点为可以允许影响基体材料的完整性，应尽量减少二次废物的产生。

有序拆除：拆除是核设施退役中的一项重要活动，其中包括对系统、设备的拆卸、解体及对建筑物和解体后部件的清除。有序拆除指的是在保证安全的前提下，按照预定的目标，有计划、有步骤地进行拆除工作，最终实现有限制或无限制开放。

控制废物：核设施退役中由于去污、清除和拆除活动会产生大量的废物，能否妥善地管理好这些废物，成为制约退役进行的重要因素，这也就是为何将退役活动纳入放射性废物管理技术范畴的主要原因。对退役废物进行控制主要有以下方面：去污、清除、拆除作业中实现二次废物最小化；对废物进行分类和特性鉴定，减少处理量、处置量；具备完善的废物整备、储存等废物管理需要的设施。

有效利用：有效利用指的是对设备、材料、建筑物和厂址尽可能再利用。通常有效利用有两种状况，即有条件利用和无条件利用，有时候针对厂址还有局部利用的情况。有条件利用指核设施内部的利用，无条件利用是面向社会的利用，因而存在着一定的风险，两者利用前的去污要求和标准是不同的。

2）退役范围

按照废物最小化、辐射防护最优化等总的原则，根据设计辐射分区情况，将存在放射性污染的厂房及设施纳入本次退役计划考虑范围，目前包括托卡马克厂房、氚工厂、热室、放射性废物处理相关设施、新建废物处理设施等厂房中的放射性房间、管沟以及室外可能受到放射性污染的区域。

3）设施退役顺序

本节介绍的聚变堆设施退役顺序仅包括托卡马克厂房、氚工厂、热室等厂房中的放射性房间、管沟以及室外可能受到放射性污染的区域。

对于非放射性厂房或厂房的非放射性房间，可按照一般工业厂房拆除方法进行拆除，拆除产生的废物若有必要进行循环利用或按照一般工业垃圾进行处理。

退役顺序的确定需考虑厂房之间的逻辑关系。对于聚变堆来说，初步考虑的各设施退役顺序如下：① 对托卡马克厂房内包层、偏滤器以及各窗口辅助加热等系统部件进行拆除;② 对氚工厂内设备(除除氚系统相关设备外)进行拆除;③ 对托卡马克厂房内剩余设备进行拆除;④ 对氚工厂内剩余设备进行拆除;⑤ 对热室内设备进行拆除;⑥ 对三废处理厂房进行拆除;⑦ 对废液排放管沟进行拆除清理;⑧ 厂址清理,在厂址清理前应完成去污后厂房构筑物拆除工作;⑨ 对新建废物处理设施内设备进行拆除,构筑物去污、拆除及周围厂址清理(待论证)。

4) 安全关闭

中国现有核设施退役通常按照 IAEA2004 技术报告《核设施退役安全过渡期》的建议,需要做好设施停运转化到退役项目管理的安全平稳过渡,并单独划分出一个过渡期,其中涉及的工作一般包括卸料、倒空、去污、外围轻微污染物项拆除、放射性特性调查等。

核设施的安全关闭阶段又称退役"过渡期",开始于反应堆运行的最后阶段。过渡期的目的就是使设施处于明确的稳定状态,消除或减弱危害,并适当地转换从运行到退役组织机构的程序和财政职责。在运行能力丧失前,及时地利用资源完成过渡期的任务。过渡期活动实施的具体内容取决于设施的类型和监管部门的体制。

本节对聚变堆安全关闭阶段需要开展的工作提出了一般性的设想。初步设想聚变堆退役安全关闭期具体工作内容如下。

(1) 系统在线除氚:对真空室内包层、偏滤器等内部构件进行热除氚。

(2) 末端运行:包层、偏滤器拆除,并将其转移至热室中进行冷却、清洗、切割等处理和整备;暂存的已整备包装的包层、偏滤器等废物的外运;对真空室内灰尘(钨灰)进行清除;一回路倒空;运行废物处理、整备外运等。

(3) 废液通路建立:建立必要的连接手段或转运通路,为系统倒空工作提供必要的条件,确保上述过程中产生的放射性废液可顺利进入废液处理等系统进行处理。

(4) 系统倒空:将系统中残留的废树脂、废过滤器芯、放射性废液等进行收集,利用原相应处理线进行处理;放射性废液处理产生的浓缩液利用原浓缩液处理线处理;系统中残留的有机相及有害化学品倒出并统一收集,送入新建废物处理设施进行处理。

(5) 建立新的废物处理设施:建立具有足够处理能力及所需功能的废物处理设施,使其可以完成对退役过程中产生的固体废物进行必要的解控检测、处理整备(如超压、水泥固定、熔炼等)、包装、检测及贴标签等工作;并配套建设固体废物暂存设施,其容量应满足固体废物解控前暂存、包装后送处置场之前的暂存需求;废物处理设施中还可考虑增加废油和废有机溶剂焚烧手段,对运行或退役工程中可能产生的废油和废有机溶剂进行处理。废物处理设施应配备卫生出入口,以便工作人员进行服装更换、洗澡等活动。

(6)初始源项调查:系统除氚、内部构件拆除、系统倒空工作完成后,开展初始源项调查工作,具体包括对退役范围内各房间中设备进行源项调查、对厂房建(构)筑物墙地面划分网格进行普查。

(7)进行必要的整改工作:包括对辅助系统进行整治,使其可以满足退役期间的使用要求;对控制间进行改造,使其具备遥控操作拆除设备的条件,满足远距离控制的要求;综合考虑各待退役厂房位置及合理的废物运输路径,设置必要的废物出口,废物出口需具备废物中转场地、废物桶表面污染检测及擦拭装置等,满足废物桶厂内运输的要求。

(8)组织机构过渡调整、特殊资质人员准备及资料收集。

5)退役终态描述

总的来说,核设施退役后原厂址应力争恢复至适合重新作为核用途备选厂址的条件,不建议作为农用耕地或大型公众场所。

参考文献

[1] Holdren J P. Safety and environmental aspects of fusion energy[J]. Annual Review of Energy and the Environment, 1991, 16(1): 235-258.

[2] 钱天林. CFETR 核安全体系研究[R]. 廊坊:中国核工业集团有限公司,2020.

[3] Sobrier T. Nuclear regulatory framework for INB ITER[R]. Cadarache: ITER, 2017.

[4] Taylor N. Preliminary safety report (RPrS)[R]. Cadarache: ITER, 2011.

[5] 曹启祥. CFETR 源项和风险评估[R]. 廊坊:中核集团核工业西南物理研究院,2020.

[6] Mazzini G, Kaliatka T, Porfiri M T. Tritium and dust source term inventory evaluation issues in the European DEMO reactor concepts[J]. Fusion Engineering and Design, 2019, 146: 510-513.

[7] Mazzini G, Kaliatka T, Porfiri M T, et al. Methodology of the source term estimation for DEMO reactor[J]. Fusion Engineering and Design, 2017, 124: 1199-1202.

[8] Cao Q X, Wang X Y, Yin M, et al. Preliminary activation analysis and radioactive waste classification for CFETR[J]. Fusion Engineering and Design, 2021, 172: 112789.

［9］ Ciattaglia S. Safety important functions and components classification criteria and methodology［R］. Cadarache：ITER，2012.

［10］ Baker D. General safety principles［R］. Cadarache：ITER，2010.

［11］ 罗上庚. 放射性废物处理与处置［M］. 北京：中国环境科学出版社，2007.

［12］ El-Guebaly L，Massaut V，Tobita K，et al. Goals，challenges and successes of managing fusion activated materials［J］. Fusion Engineering and Design，2008，83（7－9）：928－935.

［13］ 许利民. "华龙一号"压力容器的设计改进与优化［J］. 核安全，2019，8(1)：58－65.

［14］ 倪小军. 主机真空室设计［R］. 廊坊：中国科学院等离子体物理研究所，2020.

［15］ 彭述明，周晓松，陈志林. 氚化学与氚分析进展与展望［J］. 核化学与放射化学，2020，42(6)：498－512.

［16］ 聂保杰. 聚变堆放射性核素的环境迁移与公众后果研究［D］. 合肥：中国科学技术大学，2018.

［17］ 田正坤，王孔钊，徐侃. 秦山第三核电厂氚内照射辐射防护［J］. 辐射防护通信，2007，160(27)：34－38.

［18］ IAEA. Classification of radioactive waste：general safety guide No. GSG 1［R］. Vienna：IAEA，2009.

［19］ ITER Organization. ITER policy on safety，security and environment protection management［R］. Cadarache：ITER，2015.

［20］ ITER Organization. Description of ITER radwaste treatment and storage system designs［R］. Cadarache：ITER，2009.

［21］ Rosanvallona S，Torcya D，Chona J K，et al. Waste management plans for ITER［R］. Cadarache：ITER，2015.

［22］ Bailey G W，Vilkhivskaya O V，Gilbert M R. Waste expectations of fusion steels under current waste repository criteria［J］. Nuclear Fusion，2021，61(3)：036010.

［23］ Rosanvallon S，Na B C，Benchikhoune M，et al. ITER waste management［J］. Fusion Engineering and Design，2010，85(10－12)：1788－1791.

［24］ 贾梅兰. 基于含氚废物管理对其容器的思考［R］. 西安：中国辐射防护研究院，2019.

［25］ ITER. Updated design descriptions：Type B and purely tritiated waste management systems［R］. Cadarache：ITER，2010.

［26］ 谢云，但贵萍. 氚污染金属部件去污初步对比研究［R］. 黄山：中国工程物理研究院，2019.

［27］ The Fusion Programme Evaluation Board. Report of the fusion programme evaluation board prepared for the commission of the european communities［R］. Brussels：The Fusion Programme Evaluation Board，1990.

［28］ Raeder J. Report on the european safety and environmental assessment of fusion power (SEAFP)［J］. Fusion Engineering and Design，1995，29：121－140.

［29］ Cook I，Marbach G，Di Pace L. Results，conclusions，and implications of the SEAFP-2 programme［J］. Fusion Engineering and Design，2000，51－52：409－417.

［30］ Cook I，Raeder J，Gulden W. Overview of the SEAFP and SEAL studies［J］. Journal of Fusion Energy，1997，16(3)：245 - 251.

［31］ Gulden W，Raeder J，Cook I. SEAFP and SEAL：safety and environmental aspects ［J］. Fusion Engineering and Design，2000，51 - 52：429 - 434.

［32］ Cook I，Marbach G，Di Pace L，et al. Safety and environmental impact of fusion ［R］. Barcelona：UKAEA，2001.

［33］ Rahman R A. Radioactive waste［M］. Croatia：Intechopen，2012.

［34］ 罗上庚. 核设施退役中几个值得重视的问题［J］. 辐射防护，2002，22(3)：129 - 134.

［35］ 刘立坡，李国青，靳立强，等. 我国核设施退役治理标准化现状及建议［J］. 辐射防护，2021，36(5)：326 - 334.

第 9 章

堆事故安全性

聚变反应堆事故是指聚变堆内的核燃料、放射性产物、废物或运入运出聚变堆的核材料所发生的放射性、毒害性、爆炸性或其他危害性事故，或一系列事故。事故安全性是保证聚变堆安全运行的重要基础。为了防止事故发生，从聚变堆设计开始即要遵守国家核安全局制定的安全规定，比如辐射防护设计、安全系统设计、纵深防御设计、设备可靠性验证、全寿期内的安全运行设计、放射性废物管理等。但是所有一切努力仍不可能绝对保证聚变堆不发生事故，即不能保证事故预防措施会完全成功。因此，在设计中还要考虑到特定范围内某些可能发生的核事故，以及发生事故后对聚变堆系统、运行人员和周围环境的影响，即事故分析。事故分析是聚变堆安全设计的重要组成部分，它研究聚变堆在故障工况下的行为，作为聚变堆设计和验证安全设施的依据，评价确保聚变堆在故障工况下的安全性。事故安全的基本目标是在聚变堆中建立并保持对放射性危害的有效防御，以保护人与环境免受放射性危害。为了实现基本安全目标，事故分析的内容应该包括① 对聚变堆系统设计进行全面安全评价，梳理可能造成事故发生的始发事件；② 根据事故发生的概率与放射性危害程度对事故进行分类，分析设计基准事故下的系统安全特性；③ 根据核安全法规与相关的监管要求，针对事故工况，为安全重要物项与系统规定一套相应的设计限值，并分析事故后果是否满足限值要求。通过事故分析，可以确定聚变堆设计是否有抵御假设始发事件与事故后果的能力，验证安全系统和安全相关物项或系统的有效性，以及制订事故应急响应的各项要求。

9.1 聚变反应堆工况分类

聚变反应堆工况分类是按照聚变堆运行状态和事故发生频率将聚变堆工

况分为有限的几类。聚变堆的基本安全目标是保持对放射性危害的包容,保护人与环境免受放射性危害,所以每一类的反应堆工况需要有对应的状态确定准则,使得发生频率高的运行状态必须没有或仅有微小的放射性危害,而可能导致严重放射性危害后果的事故在聚变堆中的发生概率必须很低。

9.1.1　工况分类方法

根据对核动力装置运行状态所做的分析,美国标准学会按照反应堆事件出现的预计概率和对公众与环境的潜在放射性危害,把核动力装置运行工况分为 4 类,国际上大多采用该分类原则,目前在建的国际热核聚变实验堆(ITER)和正在设计的中国聚变工程试验堆(CFETR)也均采用这个分类原则。通常情况下把聚变堆的运行状态分为 4 类典型工况(见表 9 - 1):① 正常工况(工况 I);② 一般事件工况(工况 II);③ 稀有事故工况(工况 III);④ 极限事故工况(工况 IV)。

表 9 - 1　事故工况分类

类　　别	工　　况
I	正常运行事件
II	事件
III	事故
IV	

(1) 工况 I:工况 I 是指核设施在运行、维修或者操作过程中经常或定期发生的事件。包括不同功率运行、允许的偏离正常条件的运行、运行瞬态变化(例如启动和正常停堆)等。考虑到这一类事故可能经常发生,为了满足此类工况下反应堆运行参数不超过已批准的运行限值,且不会引发更恶劣的事件或事故(即工况 II、工况 III、工况 IV),在分析中一般针对每一具体的事件选取最不利于事件后果的初始工况,使分析结果具有保守性。工况 I 定义的事件会导致反应堆运行中一些物理参数的变化,但是它们的变化值不会达到启动反应堆安全保护的整定值,不会导致反应堆停堆保护。

(2) 工况 II:工况 II 是指核设施在整个运行寿期中非计划但有可能会发

生一次或者多次的事件,它的发生概率大于 10^{-2} 次/(堆·年)。该工况的事件发生后,最恶劣的后果可导致反应堆紧急停堆,但是通过纠正措施或排除故障后,反应堆仍能恢复低功率或正常运行,且不会发展成更为严重的工况Ⅲ、工况Ⅳ类事故。工况Ⅱ定义的事件发生后,不会损坏放射性包容的任何一道屏障,即必须保证相关设备和元件的完整性不被损坏。

(3) 工况Ⅲ:工况Ⅲ是指核设施整个寿期内很少发生的事故,这类事故的发生概率很低,它的发生概率为 $10^{-2}\sim 10^{-4}$ 次/(堆·年)。这类事故发生后可导致少量元件发生损坏,为了防止或限制事故后放射性物质对环境的污染,需要运行专设安全设施进行干预,保证其放射性的最终释放量不会阻止或限制公众使用隔离区边界以外的区域,且不会发展为Ⅳ类工况事故或导致冷却系统或安全壳屏障功能丧失。

(4) 工况Ⅳ:工况Ⅳ是指核设施整个寿期内预期极不可能发生的事故,但因其后果包括潜在的大量放射性物质释放而假定的事故,因此也被称作假想事故,它的发生概率为 $10^{-4}\sim 10^{-6}$ 次/(堆·年)。它代表了在设计中必须考虑的最不利事故工况。Ⅳ类事故的放射性物质会释放到周围环境,但不应造成辐射剂量超过国家规定的辐射剂量限值。在工况Ⅳ类事故发生后,专设安全系统必须投入使用,保证及时将核设施控制在可控范围之内,限制事故后放射性物质的持续排放并最终达到终止放射性物质泄漏的目的。

9.1.2　各类工况验收准则

聚变堆各类工况的验收准则是聚变堆设计中根据具体聚变堆堆型和机型给出的一组定量数据和条件。事件或事故发生后,聚变堆的构筑物、系统与部件的实物状态、功能及分析结果必须满足原定设计要求的验收准则。

根据核安全导则(HAD 102),安全分析的目标是制定和确认安全重要物项的设计基准,并保证整个电厂设计能满足国家核安全部门对每一类电厂工况的放射性剂量和释放量规定的限值和参考水平。对于每一类工况,需要确定其发生后果的验收准则,并且要将分析结果与验收准则、设计限值、剂量限值以及可接受限值进行比较,以满足辐射防护的要求。由于聚变堆无临界问题,且聚变核反应条件高,不满足则无核聚变反应,所以聚变堆不需要考虑反应性事故,事故后果也不需要验证反应功率提升或停堆后功率重新升高等问题。针对聚变堆的安全特点和特殊结构,给出各类工况的参考验收准则如下。

(1) 工况Ⅰ:系统某些物理参数波动始终维持在设计允许偏差内,不会触发安全保护。

（2）工况Ⅱ：反应堆余热可导出；系统热构件温度未超过设计限值；无设备损坏系统内放射性介质可控；安全防护屏障未破坏，放射性释放量小于设计规定值，对环境小于设计允许的泄漏量。

（3）工况Ⅲ：反应堆余热可导出；系统压力、温度未超过设计限值最终回到可控范围内；事故后放射性物质释放最终停止，总释放量在设计允许范围内，向环境释放量小于国家法规与设计允许值；真空室未出现超温超压现象，且其中的泄漏介质质量在允许范围内；水冷一回路事故后需考虑 DNB 设计准则。

（4）工况Ⅳ：反应堆余热可导出；系统压力、温度未长时间超过设计限值并最终回到可控范围内；事故导致的设备元件损坏在限值范围内；事故后放射性物质释放最终停止，总释放量在设计允许范围内，向环境释放量小于国家法规与设计允许值；真空室未出现超温超压现象，且其中的泄漏介质质量在允许范围内；安全壳屏障、反应堆厂房与结构不受损坏；水冷一回路事故后需考虑 DNB 设计准则；事故后产生的氢气量在可接受的范围内。

9.1.3 初始事件

为了确保聚变堆的安全，规定在安全分析报告中要对工况Ⅱ、工况Ⅲ、工况Ⅳ的事件和事故进行详细的分析计算，给出定量的结果，评定其是否满足国家核安全相关法规的要求并证明聚变堆在任何状态下的安全性。根据本书第 8 章的核聚变安全的主要特点，为了在所有状态下保持安全，聚变堆必须保证两大安全功能：① 包容放射性物质、屏蔽辐射、控制放射性的计划排放，以及限制事故后的放射性物质泄漏；② 控制停堆后的反应堆余热，有效导出真空室内的热量，防止部件超温损坏引起放射性物质泄漏。

聚变堆初始事件的选择，即从可能对反应堆系统带来放射性泄漏和热量导出失效等方面进行考虑。

初始事件选取需覆盖聚变堆每个主要的系统，并考虑各系统将会引发最恶劣后果的事件（包络性）[1]。初始事件主要考虑失电，失冷，空气、水、氢气泄漏，磁体故障和控制失效，余热无法导出，维护检修过程中的潜在风险等方面。本节将根据聚变堆中系统的特点，对重要系统的主要初始事件进行介绍。

1）真空室

真空室包容着产生聚变反应的等离子体，是聚变堆的核心部件。大型托卡马克装置的真空室多数采用双层结构。与单层真空室相比,双层真空室可保证超高真空、降低氚的渗透,同时在双层真空室的夹层中可以通冷却气体或者冷却水用于冷却真空室壁面,保证真空室的安全性。真空室在聚变堆运行时需要承受多种载荷作用[1],介绍如下。

(1) 惯性载荷:重力载荷、地震载荷等。

(2) 电磁载荷:磁体放电、等离子体垂直位移、等离子体破裂等。

(3) 压力载荷:正常运行大气压力、事故工况(如冷却剂丧失事故)压力等。

(4) 热载荷:烘烤、冷却、放电过程中的热载荷、事故工况(如冷却剂丧失事故)热载荷等。

(5) 内部载荷:作为内部件的支撑,来自内部件的力。

根据真空室的设计特点,其可能发生的初始事件有① 真空室内第一壁管道破裂;② 真空室内贯穿件管道(如诊断管道或氚注入管道等)破裂导致失真空;③ 真空室失去冷却;④ 真空室内等离子体破裂。

HL-3 真空室采用 D 形截面双层薄壁全焊接结构,由内外壳体、夹层加强筋、支撑以及各种形式的窗口组成(见图 9-1)。

图 9-1 HL-3 真空室

2) 产氚包层及其冷却系统

在聚变堆中,产氚包层是实现聚变燃料氚增殖以及热电转换的关键部件。产氚包层位于等离子体与真空室壁之间,直接面向高温等离子体,D-T 聚变反应释放能量的 80% 以中子动能的形式出现,在穿透包层的各种材料(面向等离子体材料、结构材料、氚增殖剂、中子倍增剂、冷却剂、中子吸收慢化剂等)时,中子经过散射和吸收,最终在包层中实现能量沉积和产氚等功能。产氚包层主要有 3 个功能:① 辐射屏蔽,屏蔽聚变反应产生的高能中子,阻挡或吸收 X 射线、γ 射线及带电粒子。② 氚增殖,氚是维持聚变反应的燃料,1 次氘氚反应产生 1 个聚变中子。将 1 个聚变中子与中子倍增材料反应产生 2 个中子,实现中子数倍增,进而更多的中子与氚增殖剂反应,产生更多的氚。③ 能量获取,沉积由聚变中子和等离子体热辐射等方式进入包层的能量,由包层内部的冷却系统带出真空室并进行热电转换。

国际上有众多产氚包层概念,其中氦冷/水冷锂陶瓷固态增殖剂产氚包层概念以其具备的成熟性和可行性被众多国家作为未来产氚包层的首选方案。目前在建的国际热核聚变实验堆(ITER)中,中国参与 ITER 产氚包层实验的包层就是氦冷锂陶瓷固态增殖剂产氚包层[2-3](见图 9 - 2)。

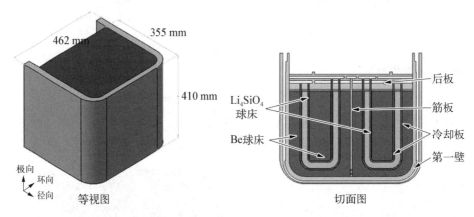

图 9 - 2　国际热核聚变实验堆(ITER)中方产氚包层模块结构图

产氚包层通过冷却系统将热量带出真空室并用于发电,通过提氚系统将产生的氚带出真空室并用于聚变反应。产氚包层系统主要由产氚包层、冷却系统、提氚系统、仪控系统组成[4],其外部连接的系统包括二回路水冷系统、氚工厂、氚净化系统、辐射采样系统等。根据产氚包层系统的设计特点,其可能发生的初始事件有① 包层第一壁冷却管道破裂;② 冷却剂主泵停转;③ 冷却系统管道破裂;④ 冷却系统与二回路换热器内部管道破裂;⑤ 包层内部冷却系统与提氚系统间壁面破裂;⑥ 冷却系统超压或超温;⑦ 隔离阀误关闭或泄压阀误开启;⑧ 全厂失电。

3) 偏滤器及其冷却系统

在聚变堆中,偏滤器是真空室内部另一个关键部件。偏滤器位于真空室底部(见图 9 - 3),在聚变堆中起到多方面作用,包括减少等离子体与壁面相互作用,将电离杂质排出偏滤器,提高聚变氦灰的排除效率,以及降低第一壁材料表面的峰值热负荷[5]。目前国内外多座托卡马克装置都设计建造有偏滤器,例如 HL - 2A、EAST、KSTAR,以及正在建造的 ITER、JT - 60S 等。按照冷却剂种类分类,偏滤器可分为氦冷偏滤器、水冷偏滤器及液态金属偏滤器等。以 CFETR 偏滤器为例，依据其与真空室、包层的界面关系及偏滤器物理位形设计，偏滤器靶板主要结构设计包含三个部分，分别为偏滤器靶板、过渡支撑、盒式支撑结构（见图 9-4）。其中靶板结构主要由内靶板、外靶板和下底板组成。

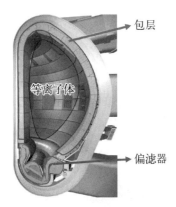

图 9-3　真空室内部包层和
偏滤器位置

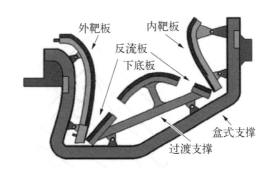

图 9-4　CFETR 氦冷偏滤器结构

偏滤器系统与产氚包层系统一样，主要由偏滤器、冷却剂循环系统、仪控系统组成。偏滤器回路运行时，冷却剂处于高压高温状态，一旦发生管道破裂事故，冷却剂将从管路中喷出，对外环境造成很大影响。同时，在目前 CFETR 的设计中，偏滤器面向等离子的壁面表面热流密度可达 $10 \sim 20 \ \mathrm{MW/m^2}$，所以保证偏滤器壁面的冷却能力，防止偏滤器结构超温破坏也是安全研究的重要内容。根据偏滤器系统的设计特点，其可能发生的初始事件有① 偏滤器面向等离子体壁面破裂；② 冷却剂主泵停转；③ 冷却系统管道破裂；④ 冷却系统与二回路换热器内部管道破裂；⑤ 冷却系统超压或超温；⑥ 隔离阀误关闭或泄压阀误开启；⑦ 全厂失电；⑧ 水或水蒸气喷射到偏滤器高温钨表面（水冷管道破裂）。

4）磁体

环向场线圈（见图 9-5）、极向场线圈、误差场线圈和共振磁扰动线圈统称为磁体。磁体是聚变堆的主体结构部件，真空室中发生聚变反应的等离子体靠磁体产生的环向磁场、极向磁场、修正误差磁场和共振磁场进行约束[6]。磁体的结构和参数都直接影响着等离子体的参数和品质。聚变堆磁体对电源功率的要求是非常大的，为了获得最大效率和限制能源消耗，目前主流的聚变堆磁体设计均使用了超导线圈,当冷却温度降到很低的时候,超导磁体失去电阻。环向场和极向场线圈处在真空室和低温恒温器之间,它们被冷却和免受聚变反应产生的中子热量辐射。但是一旦低温环境无法维持,磁体就会出现失超情况,这种情况下由于磁体电阻升高,大量电流经过磁体线圈会使磁体线圈温度急剧上升,危害聚变堆安全。

图 9 - 5 HL - 2A 环向场线圈

磁体自身不会出现放射性物质泄漏的事故,但是其产生的电磁力和热能可能会破坏其他设备和系统,造成放射性包容边界的损坏。根据磁体的设计特点,其可能发生的初始事件有① 磁体线圈短路;② 磁场偏移造成等离子体靠近壁面。

5) 杜瓦

杜瓦是聚变堆必不可少的重要组成部分,从上到下主要由顶盖、上环体、下环体和基座四大部分组成,各部分通过焊接或螺栓连接成一个整体[7]。杜瓦是聚变堆真空室和约束超高温等离子体的超导磁体周围的"保温瓶",图 9 - 6 所示为 CFETR 杜瓦结构。

杜瓦的总体功能是① 为超导磁体和内、外冷屏提供所需真空运行环境;② 为加热、诊断、低温、真空及维护、安全泄放提供窗口和通道;③ 为真空室、磁体和冷屏等杜瓦内部件提供支撑连接口,并承受上述部件在各种工况下产生的作用力。

以国际热核聚变实验堆（ITER）为例，杜瓦由不锈钢制成，质量高达 3 850 t，其基座部分（质量为 1 250 t）是 ITER 最重的部件[8]。杜瓦除了为聚变堆运行提供稳定的真空环境之外，还要在发生水、氦气或空气泄漏以及等离子体破裂等事故工况下，保证整个装置的安全。

根据杜瓦的设计特点，其可能发生的初始事件有① 杜瓦内氦气泄漏；② 杜瓦内水泄漏；③ 杜瓦内空气泄漏；④ 杜瓦内超温或超压。

图 9 - 6　CFETR 杜瓦结构

6）氚工厂

产生聚变反应的方式主要有氘氘反应、氘氚反应和氘氦反应，其中氘氚反应是聚变堆点火条件最低的反应，也是目前聚变堆设计的主要方向。但是氚在自然界中存在量极微，主要通过核反应制得，所以聚变堆使用的氚需要自给自足。目前聚变堆设计中聚变反应使用的氚由其自身的产氚包层生产并通过氚系统供应给聚变反应[9-10]。氚工厂包括外循环系统、内循环系统和氚安全系统。外循环系统用于从产氚包层中提取氚和收集氚。内循环系统用于聚变反应后的氘氚燃料回收、同位素分离和燃料循环再利用。氚安全系统用于管理氚的安全运行和控制氚的排放。对于聚变堆而言，氚是主要的聚变反应燃料，在聚变堆运行时需要生产大量氚以维持聚变反应，以 CFETR 聚变堆为例，每天的聚变反应需要消耗 70 g 的氚，一年需要消耗 20 kg 的氚。由于氚带有放射性，所以管理氚工厂的安全运行，控制氚工厂事故发生后的放射性物质泄漏，是聚变堆安全的重要内容。

根据氚工厂的设计特点，其可能发生的初始事件有① 提氚管道破裂；② 提氚管道超温超压；③ 储氚罐破裂；④ 包层冷却回路与提氚系统间管道破裂；⑤ 氚化水泄漏；⑥ 燃料循环系统管道破裂；⑦ 氚净化处理系统管道破裂。

7）其他聚变堆系统

由于篇幅所限，其他聚变堆系统的初始事件归纳如表 9 - 2 所示[11]。初始事件的选择均是从发生事故后可能会导致反应堆系统放射性泄漏或热量导出失效方面进行考虑。随着聚变堆商用化和工程化的进展,相关初始事件会根据实际系统设计进行评估做出增减。

表 9 - 2　其他系统事故初始事件

系　　　统	初　始　事　件
冷屏系统	冷却管道破裂、冷却剂泵停转、冷却剂管路与备用管路同时失效
中性束系统	冷却管道破裂、冷却剂泵停转
摇操作维护系统	维护转运过程屏蔽破坏、不同工作环境下维护的放射性泄漏
电子回旋系统	天线冷却管道破裂(水泄漏入真空室)、冷却剂泵停转、传输线破裂(氚泄漏)
低杂波系统	冷却水管道破裂、放射性冷却水与外冷系统换热管破裂
离子回旋系统	冷却水管道破裂(可能进入真空室)
交流电系统	失去厂外电
低温冷却系统	冷却管道破裂、冷却剂泵停转、储气罐破裂
二次侧水冷系统	冷却管道破裂、管道超温超压、水泵停转

9.1.4　聚变反应堆事故列表

设计基准事故是核电厂按确定的设计准则在设计中采取了针对性措施的那些事故工况。这是一组有代表性的、能冲击核电厂安全并经有关规章确定下来的事故的集合。按照这一组事故,对核电厂进行分析计算,将结果与可接受限值相对比,可以评价核电厂是否符合安全要求。根据聚变堆各系统的初始事件,参考正在建设中的国际热核聚变实验堆(ITER)和正在设计中的中国聚变工程试验堆(CFETR)相关安全报告,可以初步归纳出各系统设计基准事故。由于聚变堆真空室是聚变堆最核心的部件,其意义类似于裂变堆核电厂放置反应堆堆芯的压力容器,对事故分析的研究工作将重点围绕真空室以及真空室内外部系统展开。根据目前的聚变堆设计方案,其设计基准事故如表9-3所示。

表 9‑3　聚变堆主要系统设计基准事故

事　　故	工 况 类 别
失去厂外电	Ⅲ类事故
第一壁管道破裂(小破口)	Ⅲ类事故
第一壁管道破裂(大破口)	Ⅳ类事故
真空室内管道破裂	Ⅲ类事故
偏滤器冷却回路超温超压	Ⅱ类事件
偏滤器冷却泵停转	Ⅳ类事故
偏滤器冷却管道破裂	Ⅳ类事故
包层冷却回路超温超压	Ⅱ类事件
包层冷却回路连接管道破裂(小破口)	Ⅲ类事故
包层冷却回路连接管道破裂(大破口)	Ⅳ类事故
包层冷却回路热交换器破裂	Ⅲ类事故
包层冷却回路泵停转	Ⅱ类事件
包层冷却回路与氚回路间管道破裂	Ⅳ类事故
磁体短路	Ⅳ类事故
等离子体靠近包层第一壁	Ⅲ类事故
氚系统管道超温超压	Ⅱ类事件
氚系统管道破裂(小破口)	Ⅲ类事故
氚系统管道破裂(大破口)	Ⅳ类事故
储氚罐破裂(大破口)	Ⅳ类事故
氚化水泄漏	Ⅲ类事故
燃料注入系统管道破裂	Ⅲ类事故
杜瓦内超温超压	Ⅱ类事件

(续表)

事　故	工　况　类　别
杜瓦内氦气泄漏	Ⅲ类事故
杜瓦内水泄漏	Ⅲ类事故
热室气体泄漏	Ⅲ类事故
热室水泄漏	Ⅲ类事故
二次侧水系统超温超压	Ⅱ类事件
二次侧水系统管道破裂	Ⅲ类事故
二次侧水系统泵停转	Ⅲ类事故
冷屏管道破裂	Ⅱ类事件
低温冷却系统管道破裂	Ⅳ类事故
低温冷却系统泵停转	Ⅳ类事故
低温冷却系统液氦罐破裂	Ⅳ类事故
设备水系统超温超压	Ⅱ类事件
设备水系统管道破裂	Ⅲ类事故

9.2　聚变反应堆典型事件序列

事件序列是指在核设施安全分析时,从各种假设始发事件开始,根据设计,按照逻辑顺序分析其系统部件和运行人员可能的动作及其后果直至最终安全状态或事故状态的一系列事件。聚变堆事故分析流程需包括建立分析模型、定义并输入事故初始条件、定义并输入事故假设条件、瞬态程序计算和计算结果分析等步骤,最终得到事故发生后的事故序列以及事故后果。

9.2.1　不同工况序列

根据目前聚变堆的安全保护系统设计,其主要用于缓解瞬态和事故发展的系统和设备包括紧急停堆系统、安全停堆系统、温度探测系统、压力探测系统、流量探测系统、管道安全隔离阀、系统安全释放阀、泄压罐、高压安注罐、低压安注罐、备用回路等。这些系统和设备在设计基准事故分析中均有可能用到。根据不同类工况的特性,各类工况发生后的大致序列如下。

(1) 工况Ⅰ:发生始发事件,系统运行温度、压力或流量出现波动,安全保护系统动作未触发,系统运行参数恢复正常。

(2) 工况Ⅱ:发生始发事件;系统运行温度、压力或流量超过设计运行值;触发安全保护系统动作信号;反应堆停堆;等离子体破裂,包层正对等离子体的第一壁表面热流密度激增;安全保护系统动作;系统压力、温度达到偏离最大值;系统热构件温度达到偏离最大值;系统各参数恢复正常或在可控范围内。

(3) 工况Ⅲ:发生事故始发事件;系统运行温度、压力或流量超过设计运行值;触发安全保护系统动作信号;反应堆停堆,等离子体破裂,包层正对等离子体的第一壁表面热流密度激增;安全保护系统动作;系统压力、温度和热构件温度达到偏离最大值;系统压力、温度和热构件温度回到可控范围内;建立新的冷却回路将余热导出;放射性物质释放量降低并最终停止释放;泄漏物质被控制在一定空间内并通过净化系统收集。

(4) 工况Ⅳ:发生事故始发事件;系统运行温度、压力或流量超过设计允许值;触发安全保护系统动作信号;反应堆停堆,等离子体破裂,包层正对等离子体的第一壁表面热流密度激增;安全保护系统动作;系统压力、温度和热构件温度达到偏离最大值;系统内外压力、温度和热构件温度回到可控范围内;建立新的冷却回路将余热导出;放射性物质释放量降低并最终停止释放;泄漏物质被控制在一定空间内并通过净化系统收集。

以上是发生相应工况事件时可能出现的事件序列,因为各种事件的始发事件不同、安全控制系统动作不同、造成的破坏和放射性物质泄漏也不同,所以每个事件的序列均各不相同。每个事件的准确序列需要通过分析得到。

9.2.2　典型事故分析与事故序列

根据以上的安全分析准则,为了说明聚变堆事故序列的分析方法,现选取正在设计中的中国聚变工程试验堆(CFETR)氦冷一回路包层面向等离子体第一壁管道破裂事故(in-vessel LOCA 事故)作为典型事故分析示例[12]。

1) 事故描述

LOCA 是冷却剂管道破裂而造成的反应堆冷却剂丧失事故,in-vessel

LOCA 指包层面向等离子侧第一壁管道破裂。事故发生后会向真空室中喷入氦气,立刻造成等离子体破裂,引起系统停堆。事故分析需要通过计算确认热构件是否超温,同时需要计算氦冷回路向真空室内的泄漏量,最后给出事故发生后各事件发展的事故序列。

根据氦冷系统、真空室系统与二回路水冷系统建立分析模型,如图 9-7 所示。

2) 事故初始条件与假设条件

根据氦冷系统设计与正常运行参数,确定事故发生前的系统初始状态如下。

(1) 氦冷回路系统压力为 12 MPa,包层入口温度为 300℃,流量为 200 kg/s。

(2) 真空室的总体积为 4 000 m^3,正常运行温度为 170℃。

(3) 一个氦冷回路冷却两个真空室扇区,54 个包层模块。

根据氦冷系统设计与事故发生后的安全控制措施,确定事故发生后的系统瞬态保守假设与安全控制系统动作时间等假设条件如下。

(1) 考虑包层第一壁最大破口尺寸(80 根管道同时破裂)对事故后果的影响。

(2) 当包层出口的压力降低到 10 MPa 时,触发安全隔离阀关闭,完全关闭需要 5 s。

(3) 等离子体破裂造成包层第一壁热负荷急剧提高。

(4) 等离子体破裂后考虑中子核热保守值。

(5) 包层第一壁材料考虑 ODS 钢。

3) 事故验收准则

根据 CFETR 设计安全要求,事故发生后系统与部件参数需要满足如下限值要求。

(1) 事故后第一壁温度不能长时间高于材料许用温度 650℃。

(2) 包层第一壁结构不发生破坏。

(3) 真空室内压力不能高于 200 kPa,保证包容完整性。

(4) 进入真空室内的氦气质量不能大于 200 kg。

4) 事故分析结果

根据系统建模、初始条件和瞬态假设条件输入,并通过安全分析程序计算,得到事故发生后系统的瞬态变化情况,得到事故序列。通过事故序列可以了解事故发生后,系统与部件按时间顺序发生的情况,并得到最终缓解事故后果的时间(见表 9-4)。

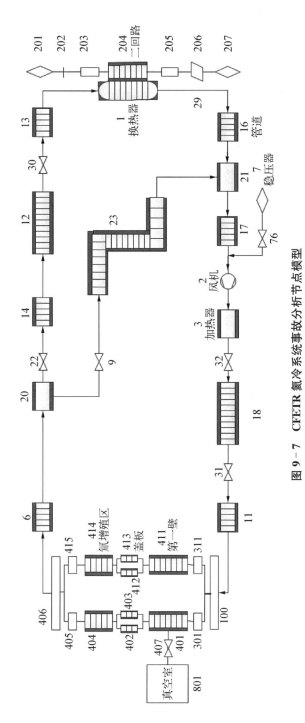

图 9 - 7 CFETR 氦冷系统事故分析节点模型

注：图中数字为水力学建模中部件的编号。

表 9 - 4   in-vessel LOCA 事故事故序列

时间/s	事 故 序 列
1 000	包层第一壁发生大破裂
1 000	氦气进入真空室造成等离子体破裂
1 000	等离子体发生破裂,包层第一壁表面热流密度激增
1 001	包层出口压力降到 10 MPa,触发安全隔离阀保护信号
1 001.2	第一壁金属温度达到最高值 648℃,之后迅速下降
1 006	氦气冷却系统隔离阀关闭,隔离包层,氦气喷放停止,此时真空室达到最高压力 88 kPa,氦气最大泄漏量为 160 kg

根据事故序列可知,在 in-vessel LOCA 后,氦气会喷入真空室内,由于有杂质进入真空室,等离子体会在事故发生时瞬间破裂,这时包层面向等离子体的第一壁表面热流密度会立刻升高。根据 ITER 和 CFETR 事故分析的结果,等离子体破裂后第一壁表面热流密度会立刻升高 2～3 倍,在维持高热负荷 1 s后,由于等离子体熄灭,聚变反应停止,第一壁的表面热流密度会降为零,所以第一壁结构金属温度在事故发生后 1.2 s 达到最高温度后会迅速下降。由于冷却剂氦气通过破口快速进入真空室,原冷却回路内的压力会迅速降低,在事故发生 1 s 后降低到 10 MPa,会触发系统低压力保护信号,通过安全保护控制系统,安全隔离阀开始关闭。在事故发生后 6 s,氦冷系统安全隔离阀完全关闭,通过氦冷管道和包层破口向真空室中喷放氦气的通道被阻断,氦气喷放停止。此时真空室中的氦气泄漏量为事故发生后的最大泄漏量,真空室压力为事故发生后的最大压力。

9.2.3 主要系统典型事故序列

本节将对各主要系统发生的典型事故的事故起因、现象和事件序列等方面进行介绍。

1) 氦冷包层系统

氦冷包层系统的典型设计基准事故有失流事故(LOFA)、包层第一壁管道破裂事故(in-vessel LOCA)、包层系统真空室外管道破裂事故(ex-vessel

LOCA)、热交换器管道破裂事故等。氦冷包层系统事故(in-vessel LOCA)已在 9.2.2 节进行了介绍,这里主要对其他 3 种事故进行介绍。

氦冷包层系统 LOFA: LOFA 是冷却剂回路风机停转导致氦冷系统丧失强制循环流量的事故。事故发生后会使包层失去冷却,热构件温度迅速上升,强制循环流量丧失引起系统停堆。事故分析需要通过计算确认热构件是否超温。同时需要关注的是,在聚变堆停堆后真空室内部件仍然会产生核热,这部分热量需要导出,否则会使包层金属超温可能导致包层结构被破坏。所以发生 LOFA 还需要分析停堆后包层余热是否能够被带走。

该事故的主要事故序列如下。

(1) 事故发生,氦冷系统风机停转。

(2) 氦冷系统冷却剂流量迅速下降,当流量下降到安全保护系统低流量信号触发条件以下时,触发安全保护系统动作,触发聚变堆紧急停堆。

(3) 紧急停堆完成,造成等离子体发生破裂,包层第一壁表面热流密度迅速上升。

(4) 第一壁表面热流密度短时间维持高热负荷后迅速下降为零,此时第一壁金属温度达到最高值,之后迅速下降。

(5) 氦冷回路内的氦气冷却剂由于密度差产生自然循环流量,系统冷却能力恢复并将余热带出。

氦冷包层系统 ex-vessel LOCA: LOCA 是冷却剂管道破裂而造成的冷却剂丧失事故,ex-vessel LOCA 为氦冷系统真空室外管道破裂。事故发生后会向房间或厂房中喷入氦气,造成房间超压,引起放射性物质泄漏。事故分析需要通过计算确认包层第一壁是否超温,外部空间是否超压,同时需要计算氦冷回路向厂房内的氚泄漏量。

该事故的主要事故序列如下。

(1) 事故发生,氦冷系统管道在真空室外的房间内发生破裂。

(2) 氦冷系统压力迅速下降,当压力下降到安全保护系统低压力信号触发条件以下时,触发安全保护系统动作,触发聚变堆紧急停堆,同时触发氦冷系统安全隔离阀关闭。

(3) 紧急停堆完成,造成等离子体发生破裂,包层第一壁表面热流密度迅速上升。

(4) 第一壁表面热流密度短时间维持高热负荷后迅速下降为零,此时第一壁金属温度达到最高值,之后迅速下降。

（5）氦气冷却系统隔离阀关闭，隔离破裂管道上下游，氦气喷放停止，此时房间内达到最高压力，氦气泄漏量达到最大值。通过分析泄漏氦气中的氚浓度，可以得到房间中的氚泄漏量。

氦冷包层系统热交换器管道破裂事故：热交换器管道破裂事故是指氦冷一回路与二回路间的热交换器内部管道破裂而造成的一回路冷却剂进入二回路管道系统的事故。事故发生后一回路高温高压的氦气会通过热交换器管道上的破口进入二回路管道中，由于二回路中压力和温度都相对更低，所以会造成二回路管道超压或超温。同时一回路中含有放射性物质的冷却剂进入二回路后也会引起放射性物质泄漏。事故分析需要通过计算确认二回路管道是否超压超温，紧急停堆造成等离子体破裂时真空室中的包层热构件是否超温，同时需要计算氦冷回路向二回路泄漏的放射性物质质量。

该事故的主要事故序列如下。

（1）事故发生，氦冷一回路与二回路间的热交换器内部管道发生破裂。

（2）一回路氦冷系统压力迅速下降，二回路系统压力迅速上升，当一回路氦冷压力下降到安全保护系统低压力信号触发条件以下时，触发安全保护系统动作，触发聚变堆紧急停堆，同时触发氦冷系统安全隔离阀关闭。

（3）二回路系统压力迅速上升，当二回路压力上升到安全保护系统高压力信号触发条件以上时，触发安全保护系统动作，触发二回路系统安全隔离阀关闭。

（4）紧急停堆完成，造成等离子体发生破裂，包层第一壁表面热流密度迅速上升。

（5）第一壁表面热流密度短时间维持高热负荷后迅速下降为零，此时第一壁金属温度达到最高值，之后迅速下降。

（6）二回路系统隔离阀关闭，隔离阀下游管道压力停止上升，隔离阀下游放射性物质停止泄漏。

（7）氦气冷却系统隔离阀关闭，隔离热交换器上下游管道，氦气停止向二回路喷放，此时二回路管道内达到最高压力，氦气泄漏量达到最大值。

2）水冷包层系统

由于水冷包层和氦冷包层在聚变堆中的功能一样，系统设计也非常类似，所以水冷包层系统与氦冷包层系统的设计基准事故基本相同。水冷包层系统的典型设计基准事故有失流事故、包层第一壁管道破裂事故、包层系统真空室外管道破裂事故、热交换器管道破裂事故等。这里主要对水冷包层的第一壁管道破裂事故和失流事故进行介绍。

水冷包层系统失流事故：失流事故是冷却剂回路主泵停转导致水冷系统丧失强制循环流量的事故。事故发生后会使水冷包层失去冷却，热构件温度迅速上升，强制循环流量丧失引起系统停堆。事故分析需要通过计算确认热构件是否超温，同时需要关注事故发生后包层余热是否可以及时导出，防止包层金属温度和内部水温持续上升，引起偏离泡核沸腾现象(DNB)产生氢气，危害聚变堆安全。

该事故的主要事故序列如下。

(1) 事故发生，水冷系统的主泵发生卡轴，立刻停转。

(2) 水冷系统冷却剂流量迅速下降，当流量下降到安全保护系统低流量信号触发条件以下时，触发安全保护系统动作，触发聚变堆紧急停堆。

(3) 紧急停堆完成，造成等离子体发生破裂，包层第一壁表面热流密度迅速上升。

(4) 第一壁表面热流密度短时间维持高热负荷后迅速下降为零，此时第一壁金属温度达到最高值，之后迅速下降。

(5) 水冷包层回路建立自然循环，系统冷却能力恢复并将余热带出。

水冷包层系统第一壁管道破裂事故：该事故是水冷包层面向等离子体侧第一壁管道破裂。事故发生后会向真空室中喷入水或水蒸气，立刻造成等离子体破裂，引起系统停堆。事故分析需要通过计算确认包层热构件是否超温，真空室内压力是否超压，同时需要计算水冷回路向真空室内的水和水蒸气泄漏量。

该事故的主要事故序列如下。

(1) 事故发生，水冷包层一个模块的第一壁管道同时破裂。

(2) 喷入真空室中的水或水蒸气瞬间造成等离子体破裂，导致包层第一壁表面热流密度激增。

(3) 水冷系统冷却剂压力迅速下降，当压力下降到安全保护系统低压力信号触发条件以下时，触发安全保护系统动作，触发水冷系统隔离阀关闭。

(4) 第一壁表面热流密度短时间维持高热负荷后迅速下降为零，此时第一壁金属温度达到最高值，之后迅速下降。

(5) 真空室内压力持续上升，当压力达到真空室高压力保护整定值时，触发安全保护系统动作，真空室泄压阀开启。

(6) 真空室泄压阀完全开启，此时真空室达到最高压力后迅速下降。

(7) 水冷包层系统隔离阀关闭，隔离包层，水或水蒸气喷放停止，向真空室中泄漏的水或水蒸气达到最大值。

3）偏滤器系统

偏滤器系统的典型设计基准事故有失流事故、偏滤器冷却管道在真空室内发生破裂事故、偏滤器冷却管道在真空室外发生破裂事故、偏滤器冷却系统热交换器内管道破裂事故等。这里主要对偏滤器冷却系统发生的在真空室外破裂事故进行介绍。

偏滤器系统真空室外管道破裂事故发生后会向房间或厂房中喷入偏滤器使用的冷却剂，造成房间超压，由于偏滤器冷却剂中含有氚和放射性腐蚀产物，所以事故发生后会引起放射性物质泄漏。事故分析需要通过计算确认偏滤器靶板最高温度，外部房间是否超压，同时需要计算事故中向厂房内的氚泄漏量以及放射性腐蚀产物泄漏量。

该事故的主要事故序列如下。

（1）事故发生，偏滤器冷却系统管道在真空室外的房间内发生破裂。

（2）冷却系统压力迅速下降，当压力下降到安全保护系统低压力信号触发条件以下时，触发安全保护系统动作，触发聚变堆紧急停堆，同时触发冷却系统安全隔离阀关闭。

（3）紧急停堆完成，造成等离子体发生破裂，偏滤器靶板表面热流密度迅速上升。

（4）靶板表面热流密度短时间维持高热负荷后迅速下降为零，此时靶板金属温度达到最高值，之后迅速下降。

（5）冷却系统隔离阀关闭，隔离破裂管道上下游，冷却剂喷放停止，此时房间内达到最高压力，冷却剂泄漏量达到最大值。通过分析泄漏冷却剂中的氚浓度和放射性腐蚀产物浓度，可以得到房间中的氚泄漏量和放射性腐蚀产物泄漏量。

4）杜瓦

杜瓦内发生的典型设计基准事故有杜瓦超压、杜瓦超温、杜瓦内氦气泄漏、杜瓦内水泄漏等。这里主要对杜瓦内因低温冷却系统管道破裂引起的超压事故进行介绍。

杜瓦内部有用于冷却热屏蔽层的低温液氦管道通过。当液氦管道在杜瓦内发生破裂时，会造成液氦泄漏到杜瓦内的空腔中。由于杜瓦内部空腔在聚变堆正常运行时是近似真空的状态，所以压力极低，液氦进入后会迅速气化，且使杜瓦内压力迅速上升。同时由于氦气进入空腔后会提高杜瓦内侧的传热能力,事故发生后还需要分析杜瓦内侧温度的升高情况。

该事故的主要事故序列如下。

(1) 事故发生,低温冷却系统管道在杜瓦内发生破裂。

(2) 低温冷却系统压力迅速下降,当压力下降到安全保护系统低压力信号触发条件以下时,触发安全保护系统动作,触发聚变堆紧急停堆,同时触发低温系统安全隔离阀关闭。

(3) 杜瓦内压力迅速上升,当压力升高到安全保护系统高压力信号触发条件以上时,触发安全保护系统动作,触发聚变堆紧急停堆。

(4) 紧急停堆完成。

(5) 低温系统安全隔离阀完全关闭,此时杜瓦内压力达到最大值。

(6) 杜瓦内泄漏的氦气与杜瓦壁面持续进行热交换,最后达到热平衡,杜瓦内部温度上升停止。此时杜瓦内部温度达到最大值。

5) 氚工厂系统

氚工厂系统的典型设计基准事故有包层冷却回路与提氚回路间管道破裂(in-box LOCA)、氚系统管道破裂、储氚罐破裂、燃料注入系统管道破裂、氚化水泄漏等。这里主要对提氚系统发生的 in-box LOCA 事故和提氚系统管道在真空室外破裂事故进行介绍。

提氚系统 in-box LOCA 事故:如图 9 - 8 所示,事故发生后会向提氚系统中喷入氦气或者水,造成提氚系统超压,引起提氚系统管道破裂。由于提氚系统中含有氚,所以在管道内发生超压时不能向外界厂房直接泄压。为了防止提氚系统超压,在提氚系统设计时一般会设置泄压罐,用于在提氚系统超压时收集多余的提氚气体。事故分析需要通过计算确认提氚系统是否超压,同时需要计算事故发生后提氚系统向包层冷却系统内的氚释放量。

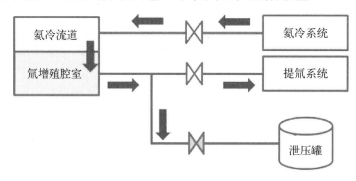

图 9 - 8　In-box LOCA 事故后冷却剂流向

该事故的主要事故序列如下。

（1）事故发生，包层冷却隔板发生破裂，造成包层内冷却系统和提氚系统流道连通。

（2）提氚系统压力迅速上升，提氚系统泄压阀开启，当压力上升到安全保护系统高压力信号触发条件以上时，触发安全保护系统动作，触发聚变堆紧急停堆，同时触发提氚系统安全隔离阀关闭。

（3）冷却系统压力迅速下降，当压力下降到安全保护系统低压力信号触发条件以下时，触发安全保护系统动作，触发聚变堆紧急停堆，同时触发冷却系统安全隔离阀关闭。

（4）紧急停堆完成，造成等离子体发生破裂，包层第一壁表面热流密度迅速上升。

（5）第一壁表面热流密度短时间维持高热负荷后迅速下降为零，此时第一壁金属温度达到最高值，之后迅速下降。

（6）提氚系统隔离阀完全关闭，位于包层上下游的提氚系统管道被隔离，上下游管道内压力停止上升，此时达到提氚系统管道内最高压力。

（7）冷却系统隔离阀关闭，隔离包层上下游冷却剂管道，冷却剂喷放停止，此时包层内提氚管道和提氚系统泄压罐内压力达到最高值。通过分析计算得到包层冷却系统中的氚泄漏量。

提氚系统管道在真空室外破裂事故：提氚系统管道在真空室外破裂事故发生后会向外部空间喷出带有氚的氦气，造成氚泄漏，并可能引起外部房间压力升高。事故分析需要通过计算确认提氚系统的氚泄漏量，同时需要计算外部房间内的最高压力。

该事故的主要事故序列如下。

（1）事故发生，提氚系统管道在真空室外房间内发生破裂。

（2）提氚系统压力迅速下降，当压力下降到安全保护系统低压力信号触发条件以下时，触发安全保护系统动作，触发聚变堆安全停堆，同时触发提氚系统安全隔离阀关闭。

（3）提氚系统隔离阀完全关闭，位于破口上下游的提氚系统管道被隔离，提氚气体向房间喷放停止，此时达到房间内最高压力和最大氚泄漏量。通过分析计算得到泄漏到房间中的氚泄漏量。

（4）安全停堆完成，提氚系统管道破裂所在房间抽气除氚系统开始运行，房间内氚浓度持续下降。

（5）房间内氚浓度下降到可接受范围内。

9.3　聚变堆典型事故后果及其缓解措施

根据聚变堆的主要安全特点（见 8.1 节），聚变堆的基本安全功能被定义为放射性物质有效包容和直接照射限制。为了实现这两条基本安全功能，聚变堆配置了安全保护系统，防止基本安全功能失效。在聚变堆事故后果的缓解措施中，主要使用如下安全保护系统与功能（见表 9-5）。

表 9-5　聚变堆主要安全保护系统与功能

缓解瞬态和事故的保护系统和设备	功　　能
紧急停堆系统	事故发生紧急停堆
安全停堆系统	事故发生后按照正常程序停堆
系统温度探测设备	温度调节，超温保护
系统压力探测设备	压力调节，超压保护
系统流量探测设备	流量调节，失流保护
系统隔离阀	管道隔离
系统释放阀	超压释放
系统泄压罐	超压保护，放射性防护
系统高压安注罐	事故后补充冷却剂
系统低压安注罐	事故后补充冷却剂
备用回路	无法更换设备失效后维持设备功能

在聚变堆中，包层位于等离子体与真空室壁之间，直接面向高温等离子体，是实现聚变燃料氚增殖以及热电转换的关键部件。

氦冷偏滤器能减少等离子体与壁面相互作用，将电离杂质排除偏滤器，提高聚变氦灰的排除效率，以及降低包层第一壁材料表面的峰值热负荷。氦冷偏滤器及其冷却回路运行时，氦气冷却剂处于高压高温状态。一旦发生管道破裂事故，氦气将从管路中喷出，将会对聚变堆和厂房造成很大影响。

本节以发生在包层氦气冷却系统和氦冷偏滤器的典型事故为例,研究事故发生后产生的后果以及相对应的缓解措施的设置。

9.3.1 失去厂外电

失去厂外电是假设第Ⅳ类电力系统发生故障引起全厂电源丧失,导致用电设备失去正常功能,造成聚变堆被动停堆。

聚变堆被动停堆,等离子体破裂瞬间会对面对等离子体的第一壁产生较大的电磁力、表面热负载和中子壁负载,正面第一壁所承受的热流密度首先达到峰值,之后随着时间变化下降至零。

全厂电源丧失之后,包层氦气冷却系统的主氦风机和二次侧水回路的水泵停止运行,因此会引起包层氦气冷却系统的冷却剂流量丧失和二次侧水回路系统的排热能力减少,堆内余热的积累会引起包层模块内部的温度升高[13]。

当发生全厂失电事故后,包层模块内部的余热能否顺利导出呢? 发生事故后第Ⅲ级应急电源自动启用,包层氦气冷却系统的氦风机在90 s之后重新开启运行,但是第Ⅲ级应急电源的功率不足以支撑氦风机全功率运行,氦风机的运行功率达到多少才能有效快速地缓解包层内部的超温情况呢?

本节利用热工水力瞬态安全分析软件 RELAP 5 进行模拟分析,表9-6列出了四种模拟事故工况的描述,工况1模拟了事故发生后,包层氦气冷却系统的安全阀门也随之关闭,不考虑第Ⅲ级应急电源的开启;工况2模拟了事故发生后,包层氦气冷却系统的安全阀门保持开启状态,不考虑第Ⅲ级应急电源的开启;工况3模拟了事故发生后包层氦气冷却系统的安全阀门保持开启状态,并考虑90 s第Ⅲ级应急电源启用后泵所提供的流量为正常运行流量的20%;工况4模拟了事故发生后包层氦气冷却系统的安全阀门保持开启状态,并考虑90 s第Ⅲ级应急电源启用后泵所提供的流量为正常运行流量的50%。图9-9给出了四种模拟工况下的包层第一壁以及内部结构材料的温度趋势。

表9-6 四种模拟工况描述

工 况 类 型	自 然 循 环	第Ⅲ级应急电源启用后泵所提供的流量
工况1	无	无
工况2	有	无

（续表）

工 况 类 型	自 然 循 环	第Ⅲ级应急电源启用后 泵所提供的流量
工况 3	有	20%
工况 4	有	50%

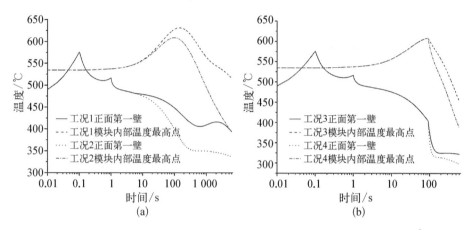

图 9-9　四种模拟工况下的包层第一壁以及内部结构材料的温度趋势
（a）工况 1 和工况 2 的温度对比；（b）工况 3 和工况 4 的温度对比

　　分析结果表明,包层氦气冷却系统的自然循环能明显地缩短结构材料的高温持续时间,而事故后第Ⅲ级应急电源的开启也可大大增加包层氦气冷却系统的冷却能力,包层模块内部的余热可以顺利排出,包层内部各部分结构材料的温度亦不会长时间超过设计值,包层氦气冷却系统没有发生泄漏事故,保证了第一包容边界的完整性,无放射性物质的意外释放。

9.3.2　包层氦气冷却系统氦风机停转

　　在聚变堆中,堆内冷却是借助于包层氦气冷却系统氦风机强制循环冷却剂来实现的。在聚变堆运行时,氦风机因为动力电源故障或者机械故障被迫停转,会使得冷却剂流量下降或者完全丧失,因此会导致包层内部热量堆积,包层温度迅速上升[14]。

　　氦风机发生停转事故后,包层内部的热量如何顺利导出呢? 通过 RELAP 5 模拟分析,在氦风机发生停转后,冷却剂的流量急剧下降,包层氦气冷却系统的安全控制系统探测到流量下降至设定阈值的信号后,会向中央安全控制系统发送停堆信号,聚变堆停堆,堆内等离子体反应中止后,由于包层材料本身的低活化特性,包层内部产生的余热约为正常运行时核热的1%,并随着时间逐渐降低,包层内部余热靠包层模块向真空室的辐射换热排出。

根据CFD计算结果,我们选取了如下点位作为结构材料温度考察点:a为包层子模块正面第一壁外侧,b为侧面第一壁外侧,c为侧面第一壁内侧,d为外侧U形管外壁,e为内侧U形管外壁,f为外侧U形管内壁,g为冷却筋板。从图9-10可以看到在事故发生后,所选各点温度均满足验收准则。因此,认为氦风机停转事故没有造成包层氦气冷却系统发生冷却剂泄漏事故,保证了第一包容边界的完整性,放射性物质有效地包容在系统内部。

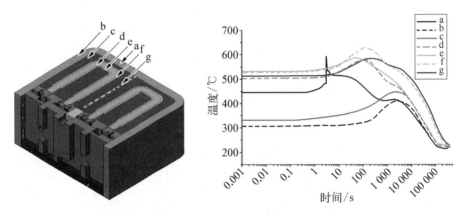

图9-10 事故发生后包层各位置金属结构温度图

9.3.3 包层模块第一壁管道破裂

包层模块的第一壁位于真空室内,长时间的等离子体辐照或者管道内部的裂纹缺陷,有可能诱发正面第一壁管道出现破裂,管道破裂后高温高压的冷却剂进入低温低压的真空室内,造成等离子体破裂、聚变堆被动停堆、真空室内增压等不良反应,如果不能及时地得到缓解,有可能会突破第一包容边界,造成放射性物质的泄漏。

此事故涉及的安全相关的系统如下。

(1)真空室系统:如若真空室内的增压情况能够很好地得到缓解,则不会造成放射性物质的泄漏。

(2)真空室压力控制系统:真空室内的压力超过设定的安全压力阈值时,

真空室压力控制系统会被启动以缓解真空室内压力。

在不考虑与其他事故叠加的情况下,事故发生后,包层氦气冷却系统内部的冷却剂进入真空室,造成等离子体破裂,聚变反应立即终止。包层氦气冷却系统的安全阀门收到关闭信号立即关闭阀门以中止冷却剂的泄漏,同时包层氦气冷却系统的主氦风机也随之停止运行。同样地,等离子体破裂瞬间会对正面面对等离子体的第一壁产生较大的电磁力、表面热负载和中子壁负载,正面第一壁所承受的热流密度首先达到峰值,之后随着时间变化下降至零。堆内等离子反应中止后,由于包层材料本身的低活化特性,包层内部产生的余热约为正常运行时核热的 1%,并随着时间逐渐降低,包层内部余热靠包层模块向真空室的辐射换热排出。

如果同时考虑失去场外电的事故,包层氦气冷却系统的氦风机会同时失电而停止运行,大破口情况下,由于冷却剂泄漏速率很快,氦风机的关闭对事故并没有太大的影响,但是在小破口情况下,小的泄漏并不能改变整个系统的冷却剂循环,因此氦风机的停止运行会对系统的换热效率产生一定的影响,事故的结果可能会发生一定的变化甚至恶化。

王艳灵等[14]描述了 ITER 装置中不同破口面积、不同的叠加事故的情况,分析结果显示,破口面积越大,系统内的压力下降越快,安全隔离阀门越快被触发,但是当破口面积超过一定大小后,系统内的压力趋势受破口面积大小的影响不大。泄漏到真空室的氦气量也随破口面积的增大而增大。不同破口面积下真空室内的增压情况也不同,在小破口情况下,破口前后流向一致,没有回流的现象,在隔离阀门没有关闭之前,包层内部的余热能通过对流换热导出去,当破口面积达到一定程度后,破口后流向发生变化,出现了回流现象,并且流量下降很快,隔离阀门很快关闭,之后主要的导热方式是辐射换热。虽然换热方式改变,但长时间运行后包层模块的温度也没有超出设计阈值。

虽然冷却剂泄漏进入真空室,但聚变堆的第一包容边界还是完整的,放射性物质被很好地包容在系统内。

9.3.4　包层氦气冷却系统连接管道破裂

除了真空室内部的部件,包层氦气冷却系统的管道均属于聚变堆的第一包容边界,如果包层氦气冷却系统的管道(真空室内部除外)出现裂缝或者破裂,放射性物质会释放出来,系统失去了冷却剂,也会造成模块内部超温[15]。

由于包层氦气冷却系统处于多个封闭的不同的区域,比如管道森林区域、辅助设备单元区域、竖井、氦冷房间区域等。每个区域对于事故后果的缓解措施设置不同。

以 ITER 托卡马克装置为例,在管道森林区域,空间狭窄,承压性能不高,如果此处的管道发生泄漏,高压气体会通过生物屏蔽周围的狭小的缝隙泄漏到窗口单元区域,窗口单元设置有压力缓解设施,一旦空间内压力超过设定阈值,会触发压力缓解设施。同样地,在辅助设备区域,一旦管道发生泄漏,高压气体的最终去向也是通过窗口单元的压力缓解设施,如图 9‑11 所示。大破口事故发生后,含有放射性物质的高温高压氦气快速地泄漏到承压性能不高的空间内,系统内的压力快速地下降至安全阈值,并发出停堆信号以及关闭安全阀门,防止放射性物质继续泄漏出去。泄漏出的气体会通过除氚系统之后再排放到空气中,不会造成放射性物质超标。

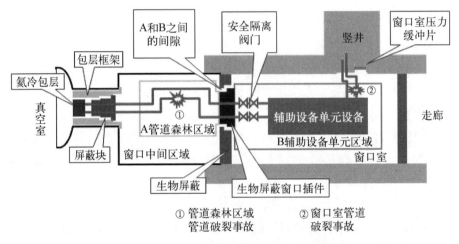

① 管道森林区域
管道破裂事故

② 窗口室管道
破裂事故

图 9‑11　管道森林区域和辅助设备单元区域的管道破裂示意图

在竖井和氦冷房间区域,不同的泄漏点,氦气的流向也不尽相同,如图 9‑12 所示。通过分析结果显示,大破口事故发生后,高温高压的氦气从系统中泄漏出来,系统内的压力会快速地降到安全压力阈值,系统会发出停堆信号以及关闭隔离阀门信号,防止系统内超温以及阻止放射性气体继续泄漏出去。同样地,泄漏出的气体会通过除氚系统之后再排放到空气中,不会造成放射性物质超标。

赵周等[3]研究表明,不同区域泄漏均能达到验收准则的要求,由于能快速地停堆,包层内部产生的余热约为正常运行时核热的1%,随着时间的推移余

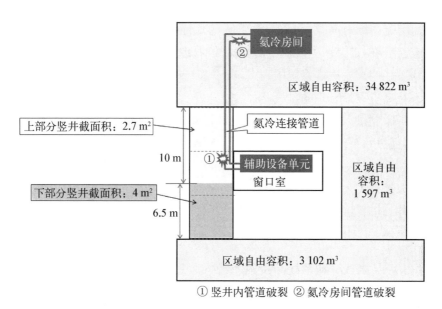

① 竖井内管道破裂　② 氦冷房间管道破裂

图 9‑12　竖井和氦冷房间区域的管道破裂示意图

热随之下降,系统内没有出现超温情况,泄漏出的放射性物质也被很好地控制在允许范围内。

9.3.5　包层氦气冷却系统热交换器破裂

包层氦气冷却系统的热交换器是热量传输的重要枢纽,热交换器的内部管道一旦出现裂缝或者破裂,包层氦气冷却系统内的高温高压的氦气进入二次侧的冷却水系统内,会造成水系统的温度压力升高,放射性物质也会进入冷却水系统内。

事故发生后,包层氦气冷却系统内部的压力会随着冷却剂的泄漏而降低,冷却系统的冷却功能也会随之降低,造成包层模块内的热量堆积。当系统内部的安全控制系统探测到压力信号降到设定的安全阈值时,安全控制系统会立即关闭系统内的安全隔离阀门,同时向中央安全控制系统发出停堆信号。

Li M 等[6]通过分析 ITER 装置中国氦冷固态实验包层模块冷却系统换热器的管道破裂事故得出,由于很快触发停堆信号,所以包层模块内部各部分材料温度变化不大,仅有等离子侧第一壁受到等离子体破裂对其造成的冲击比较大,但持续很短时间后温度开始下降。在大破口情况下,在靠近破口处的水系统管道内形成了一股冲击波,虽然冲击波压力峰值很高(相对于正常工作压力),但是持续时间很短,类似水系统的水锤事件。小破口情况下类似水锤事件也有存在,但其压力峰值不高且持续时间也很短。另外,进入水系统的冷却剂很可能会聚集在水系统的高点,由于这些冷却剂含有放射性的氚,所以必须在系统高点设计合理的排气路径。

为了限制进入水系统的冷却剂的量,建议在换热器水侧进出口处增加隔离阀门,通过水系统侧的压力传感器控制阀门的关闭。从探测事故到完全关闭阀门的响应时间必须尽量短。为了保证可靠性,需要设计冗余的隔离阀,或考虑可以被动关闭的阀门,如溢流阀、止回阀等。

另外,破口处的流量与破口面积关系较大,所以建议选择先进的、高可靠性的换热器,控制破口面积和事故发生概率。

9.3.6　包层氦气冷却系统与提氚系统间管道破裂

包层模块的球床内部的冷却管道一旦出现裂缝或者破口,高温高压的冷却剂直接进入低压的提氚系统内,会造成提氚系统的超温超压。

图 9 - 13　包层模块内部管道破裂示意图[16]

以 ITER 托卡马克装置为例,如图 9 - 13 所示,包层模块内部包含两个区域,由于气体流道处于板材的正中央位置,因此任何一边发生泄漏都有可能发生。如果在氚增殖区域发生泄漏,高压气体会快速充满 U 形的氚增殖区域,之后充满整个包层模块,并通过模块顶端的狭小的缝隙进入提氚系统内,如果在中子倍增区域发生泄漏,高压气体会快速地充满稍稍大一点的中子倍增区域,之后充满整个包层模块,并通过模块顶端的狭小的缝隙进入提氚系统内。

事故发生后,包层氦气冷却系统内部气体压力下降,包层模块内部的压力因为高压氦气的进入而快速升高,提氚系统内部的压力也因此升高,当包层氦气冷却系统内部的压力下降至安全阈值或者提氚系统内部的压力上升至设定阈值时,发出停堆信号,并关闭包层氦气冷却系统的安全阀门,中止高压气体的继续泄漏。

王艳灵等[16]给出了 ITER 托卡马克装置的包层氦气冷却系统与提氚系统

间管道破裂事故分析结果,结果显示当提氚系统没有设置缓冲罐时,在大破口情况下,包层模块内部压力会超过设定范围。因此需要在提氚系统设置缓冲罐且缓冲罐的体积不得小于 $1.5\ m^3$,这样包层模块内部的压力才能控制在设定范围内。

9.3.7　氦冷偏滤器管道破裂事故

以 CFETR 氦冷偏滤器为例,依据其与真空室、包层的界面关系及偏滤器物理位形设计,偏滤器靶板主要结构设计包含三个部分,分别为偏滤器靶板、过渡支撑、盒式支撑结构。其中靶板结构主要由内靶板、外靶板和下底板组成,如图 9 - 14 和图 9 - 15 所示。氦冷偏滤器靶板主要由两种换热单元结构构成,分别是 T 形单元和平板形单元。根据靶板上热流密度径向分布不同,靶板单元不同区域采用不同的单元结构。内靶板上方低热流负载区域采用平板形单元,下方高热流负载区域采用 T 形单元。外靶板同理。下底板由于全部处于低热流负载区域,因此全部采用平板形单元。

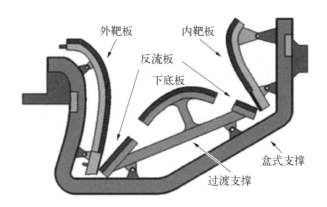

图 9 - 14　CFETR 氦冷偏滤器

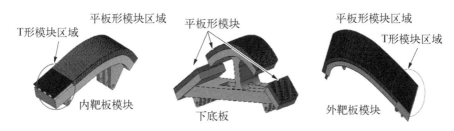

图 9 - 15　靶板模块布置示意图

氦气冷却剂在进入偏滤器后分别供给偏滤器内/外靶板及下底板。由于内/外靶板高热流负载区域与低热流负载区域的氦气流量相差较大,需在入口处进行二次分流,分别供给布置 T 形单元模块的高热流负载区域及布置平板形单元模块的低热流负载区域。因此,可以将偏滤器回路看作是五部分并联,在出口处冷却剂再次汇总并流出。由于 T 形模块区域受热高,管壁更有可能发生破裂,同时模块内流速更高,事故工况下氦气泄漏量更大。

事故发生后,冷却剂流失会导致回路内压力降低。当压力降低至一定值后触发低压力信号,反应堆停堆。停堆后等离子体失去约束破裂,高热流密度直接冲击偏滤器靶板,导致靶板升温。冷却剂的丧失会使外部环境(真空室与外部房间)压力上升,放射性物质泄漏也会带来安全问题。

参考文献

[1] Zhou B, Wang X Y, Wang Y L, et al. Accident classification and initial events for CFETR[J]. Fusion Engineering and Design, 2021, 172: 112753.

[2] 张国书,冯开明. 中国 HCSB TBM 模块的优化与设计进展[J]. 核动力工程,2010,31(2):107 - 110.

[3] 赵周,胡刚,王琦杰,等. 中国氦冷固态增殖剂试验包层模块 1×4 方案子模块后板结构设计[J]. 核聚变与等离子体物理,2014,34(3):224 - 229.

[4] 王晓宇. CFETR 装置总体集成和工程设计- TASK 工作汇报- CFETR 氦冷包层设计[R]. 乐山:中核集团核工业西南物理研究院,2018.

[5] Hirai T, Escourbiac F, Carpentier-Chouchana S, et al. ITER tungsten divertor design development and qualification program[J]. Fusion Engineering and Design, 2013, 88(9 - 10): 1798 - 1801.

[6] Li M, Zheng J X, Song Y T, et al. Newly developed modeling application for quench characteristic analysis of YBCO pancake coil[J]. IEEE Transactions on Applied Superconductivity, 2019, 30(3): 1 - 7.

[7] 陶腊宝,杨庆喜,徐皓,等. CFETR 真空室超压保护系统管道设计与优化[J]. 核科学与工程,40(2):302 - 307.

[8] Doshi B, Zhou C, Ioki K, et al. ITER Cryostat—An overview and design progress [J]. Fusion Engineering and Design, 2011, 86(9 - 11): 1924 - 1927.

[9] 袁保山,姜韶风,陆志鸿. 托卡马克装置工程基础[M]. 北京:原子能出版社,2011.

[10] Wan Y X, Li J G, Liu Y, et al. Overview of the present progress and activities on the CFETR[J]. Nuclear Fusion,2017, 57(10): 102009.

[11] Topilski L. Accident Analysis Report (AAR) Volume Ⅰ [R]. Cadarache: ITER, 2010.

[12] 周冰,王晓宇,王艳灵,等. 中国聚变工程试验堆氦冷包层安全分析研究[J]. 核动力工程,2021,42(S2):29 - 32.

［13］　Hu B，Zhou B，Wang Y L，et al. Simulation of loss of off-site power accident of CN HCCB TBS［J］. Fusion Engineering and Design，2021，172：112867.

［14］　王艳灵,张龙,武兴华,等.CN HCCB TBS 的 LOFA 与真空室内 LOCA 初步分析［J］.核聚变与等离子体物理,2016,36(3)：213－218.

［15］　Zhou B，Wang Y L，Hu B，et al. Preliminary accident analyses of ex-vessel LOCA and TES pipe break for CFETR HCCB system［J］. Fusion Engineering and Design，2022,178：113115.

［16］　王艳灵,张龙,叶兴福,等.中国氦冷固态试验包层模块冷却系统换热器管道破裂事故初步分析［J］.核聚变与等离子体物理,2016,36(4)：328－333.

［17］　Wang Y L，Zhang L，Zhao Z，et al. Preliminary accident analyses of in-vessel LOCA and In-box LOCA for China helium-cooled ceramic breeder test blanket system［J］. Fusion Engineering and Design，2016，112：548－556.

第 10 章
聚变反应堆可靠性与经济性

聚变能源要想在未来的能源供应中发挥重要作用,聚变电能必须具备有竞争力的成本。因此,聚变反应堆作为聚变能源开发和利用的主要方式必须具备高度的可靠性、可用性和可维护性,以提高聚变堆的运行因子,降低运行成本。本章主要介绍了聚变堆的可靠性、可维护性和维护策略以及聚变堆的经济性。

10.1　聚变反应堆可靠性

聚变反应堆是一个极其复杂的综合系统,由众多具有各自功能的子系统组成。为实现聚变堆的安全、可靠、稳定运行,聚变堆必须是一个高度可靠、高效和安全的系统。同时,聚变堆及其系统和部件的可靠性与聚变堆的经济性密切相关,关系到聚变堆系统的可用性和运行方案。

系统或产品可靠性又分为固有可靠性和使用可靠性。其中,固有可靠性通过设计、制造的过程来保证,很大程度上受设计者和制造者的影响。而使用可靠性依赖于产品的使用环境、操作的正确性、保养与维修的合理性,所以它很大程度上受使用者的影响。

在目前的裂变堆中,裂变堆的可靠性是指在规定的寿期内(一般为 30 年),在保护人和环境不受超过限度的电离辐射和放射性损害的条件下,核电厂维持正常商业供电运行的能力。

因此,对聚变堆的可靠性要求,可以参考裂变堆的可靠性要求进行定义。聚变堆的可靠性是指在规定的寿期内,在保护人和环境不受超过限度的电离辐射和放射性损害的条件下,核聚变堆维持正常运行的能力。聚变堆需要有足够高的可靠性以确保在其规定的寿期内,满足人和环境不受超过限度的电离辐射和放射性损害,并满足聚变堆运行的需求。

定性和定量地评价聚变堆的可靠性是评价聚变堆设计、建造和运行的关键手段。聚变堆的可靠性不仅与安全性有关,而且与经济性有关。因此,对于特定的聚变堆需要有一套切实可行的可靠性指标体系或通用规则,用于指导或约束聚变堆的设计、建造和运行。聚变堆的可靠性指标体系或通用规则一般应包括聚变堆设备的耐久性(可靠度、可靠寿命、平均寿命、平均大修时间间隔、储存寿命)、无故障性(故障率、故障频率)、维修性(维修度、维修率、平均维修时间)和经济性(发电成本、维修费用)等指标。可靠性定义中的规定条件包括使用时的环境条件、维护方法、储备条件等,而规定时间是可靠性的核心。设备和系统运行时间越长,其可靠性越低,因此不同的规定时间可靠性也不同。为了保证聚变堆运行的经济性,应提高聚变堆的运行时间,提高可用率,增加运行因子,在保证安全的前提下,减少非计划停堆,提高聚变堆的可用性。为了保证聚变堆可靠性,在系统设计中可以采用冗余、储备、降额等技术,然而它们必须以安全性、可靠性与经济性三者之间的综合平衡为基础。

聚变堆可靠性指标的实现,需要从设计入手,并在制造和管理上采取严格的可靠性规范,提高设备和人的可靠性。在聚变堆设计、建造、调试、运行的各个阶段,进行可靠性评估,并通过功能试验,质量保证体系的实施,以保证可靠性指标始终得到满足。

针对聚变堆系统的可靠性和可用性,ITER 建立和使用了 RAMI 分析方法。RAMI 分析综合考虑了可靠性(reliability)、可用性(availability)、可维护性(maintainability)、可检测性(inspectability),是一系列风险控制方法的集成。RAMI 分析目的是确保装置满足可用性要求,降低系统风险,提供最优的系统设计及最合适的操作、测试和维护程序等。

RAMI 分析是一个连续、反复的迭代分析过程,起始于系统的设计、制造阶段,相应的纠正行动在此阶段能更好地发挥作用。在起始阶段,需要检测和评估 RAMI 分析参数,确定各大系统能够到达 RAMI 分析的预期目标,同时,需要在功能失效模式、技术风险与功能需求间寻求一个折中、平衡点,决定是否接受所关注的技术风险,或者对其进行相应的改进处理。

基于 ITER 研究经验,聚变堆系统级的 RAMI 分析,主要从以下几个方面展开:① 聚变堆系统功能分析;② 可靠性框图计算/故障树分析;③ 最初的 FMECA 分析;④ 风险缓解见解及措施;⑤ 改进的 FMECA 分析。

聚变堆系统功能分析需要将聚变堆自上而下拆解为多个层级,包括由系统完成的主要功能,以及由部件执行的基本功能等。系统功能分析是进行聚变堆可靠性分析和计算的基础。

可靠性分析评价方法包括可靠性框图分析(RBD)和故障树分析(FTA)。可靠性框图分析(RBD)是以系统功能分解为基础,关注功能模块之间的可靠性关联。一般而言,输入为最底层模块数据,逐层向上计算上一层级模型的可靠性及可用性,进而得到系统主要功能及系统本身的可靠性及可用性。输入数据一般为最底层级设备的可靠性参数(MTBF)及维修参数(MTTR)。这些数据可以从设备供应商说明文件、可靠性数据库、工业标准、其他科研设备经验反馈以及专家根据自身经验所做出的假设。

故障树分析(FTA)是一种图形化的逻辑演绎方法,广泛应用于核能、化工、航天、航空、电力、电子、通信诸多领域。目前故障树分析已经成为一种成熟的安全可靠性分析评价技术。对于复杂的装置,特别由许多系统和部件组成的巨大系统,在分析中需要考虑多个子系统的连接,采用故障树分析能够方便地分析出系统失效的可能机理,能够考虑人的影响与环境影响对系统失效的作用,并定量求出失效概率。故障树分析工作大致可以分为 5 个步骤。

(1) 选择合理的顶事件和系统的分析边界和定义范围,并确定成功与失败的准则。

(2) 建造故障树,这是 FTA 的核心部分之一,通过已收集的技术资料,在设计、运行管理人员的帮助下,建造故障树。

(3) 对故障树进行简化或者模块化。

(4) 定性分析,求出故障树的全部最小割集,当割集的数量太多时,可以通过程序进行概率截断或割集阶数截断。

(5) 定量分析,这一阶段的任务是很多的,包括计算顶事件发生概率即系统的点估计值和区间估计值,此外还要进行重要度分析和灵敏度分析。

故障模式、影响及危险性分析(FMECA)是一种同时以功能分解及可靠性框图(或故障树分析)为输入的分析方法。FMECA 主要包含以下 4 个阶段:① 判定基本功能的所有失效模式;② 定性分析系统主要功能、系统自身以及整个装置运行失效的原因及其后果;③ 定量分析原因 O(occurrence)的发生频率和后果 S(severity)的严重程度;④ 根据发生频率、严重程度以及所得危害性大小,划分为低、中、高风险区,最终得到关于所有故障模型的"危害性矩阵图"。

为了降低 FMECA 中各故障模式相关风险,应当制订相应的风险缓解措施。这些措施的制订可以从以下两个角度考虑：① 降低故障发生频率；② 降低故障模式的严重程度。同时考虑从系统的设计、试验、运行或维护等方面制订措施。

RAMI 分析以系统功能分解为基础，采用可靠性框图分析或故障树分析对系统功能进行模化；分别通过最初的故障模式、影响及危害性分析、最小割集解析、重要度分析和敏感性分析完成可用性的定量化；根据定量化结果，采用风险指引(risk-informed)的设计思想，制订相应的风险缓解措施；由此得到改进的可用性结果，并将其与顶层可用性目标对比，形成逻辑闭环。

通过 RAMI 分析，可以确定聚变堆系统的薄弱和关键环节，从而指导聚变堆的设计、建造和运行，提高聚变堆安全性和经济性。

10.2　聚变反应堆可维护性及维护策略

聚变堆的可维护性是衡量聚变堆的可修复性和可改进性的难易程度的指标。聚变堆的可修复性是指在聚变堆发生故障后能够排除(或抑制)故障予以修复，并返回到原来正常运行状态的可能性。而可改进性则是聚变堆系统具有接受对现有功能的改进，增加新功能的可能性。

因此，聚变堆的可维护性包括两个方面，一方面是指聚变堆系统在实施预防性和纠正性维护功能时的难易程度，其中包括对故障的检测、诊断、修复以及能否将该系统重新进行复新等功能；另一方面是指给定的聚变堆系统能接受改进或进行功能修改的难易程度。

可维护性是聚变堆系统的一项相当重要的评价标准，直接影响到聚变堆系统的可用性，进而影响聚变堆的经济性。

聚变堆系统由内到外可以分为堆芯内部件，真空室、热屏磁体、杜瓦等主机部件以及堆外部件和堆外其他系统。根据对聚变堆运行的影响和部件受中子辐照程度的影响，聚变堆部件和系统的维护方式可以分为远程维护、使用辅助设备维护、直接接触维护。根据维护的地点不同，可以分为本地维护、拆除后维护、热室维护(针对活化后的部件)。

因此，针对聚变堆不同系统和部件以及其维护需求和维护地点，需要应用不同的维护策略。

对于堆芯内部件，维护主要发生在停堆期间。由于对堆芯部件的维护需要打开真空室，因此堆芯内部件的维护一般是指聚变堆停堆后，根据需要对堆芯部件进行修复、拆卸、维护和安装等操作。由于堆芯部件受高能中子辐照活化,具有很强的放射性,堆芯部件需要采用远程维护的方式。对于需要在热室内维护的堆芯部件,需要先将其从堆芯拆卸下来,运送至热室内,然后再根据维护要求和需要进行维护。部分维护后设备重新安装在真空室内,参与下一阶段聚变堆运行。

真空室、热屏、磁体、杜瓦等主机部件,由于体积巨大,无法拆卸,一般采用本地维护的方式。根据部件的活化水平不同,可以采用远程维护、使用辅助设备维护和直接接触维护等方式。维护的主要内容包括检测、测试、标定等。

堆外其他部件和系统根据不同维护策略和需求,需要本地维护、拆除后维护或热室维护(活化或被放射性污染的部件)。

由于氘氚聚变堆使用氚作为燃料,聚变堆运行过程中氚会渗透到聚变堆各系统和部件,因此在进行聚变堆系统和部件维护时需要考虑氚对维护操作的影响,并进行相关的氚防护。

10.3　聚变反应堆经济性

20 世纪 90 年代,美国的 TFTR 和日本的 JT60 托卡马克装置分别进行了氘氚聚变实验,成功地验证了托卡马克磁约束聚变堆科学可行性,并且在JT60 装置上验证了聚变能量增益大于 1,可以实现聚变能量的净输出。目前,由中国、欧盟、韩国、日本、印度、俄罗斯和美国七方签署成立的 ITER 国际组织正在建设世界上第一个真正意义的聚变实验堆,致力于解决聚变能源和聚变堆的发展和应用的工程与技术问题,将为未来聚变示范堆和商用聚变堆的发展和建造提供可行的工程技术解决方案,为未来聚变堆能源的发展提供支持。然而,为了实现聚变能在未来大规模应用,除了需要解决上面的科学问题和工程技术问题外,还需要解决聚变能的经济问题,也就是说,聚变能必须具有良好的经济性,才可能为社会接受,才能在未来世界能源结构中占据一定的地位。从核电发展的历史来看,在过去的 50 年里核电发展无论是快速推广还是滞后不前都与石油、煤炭等化石燃料的供应价格有着密切的联系。因此,在解决了科学问题和工程技术问题后,聚变能的经济性将是未来聚变能发展需要关注的首要问题之一。

随着人类社会对能源需求的增加和温室效应、二氧化碳排放逐渐成为制约人类发展和生存的世界性问题,人类社会对能源的需求,特别是清洁能源的需求越来越强烈,风能、太阳能、地热能、潮汐能等新能源和核能源(包括核裂变能源和聚变能源)是未来能源发展的主要方向。核能相对于其他新能源具有供应稳定、不受地域和环境限制等优点,将在未来世界能源结构中扮演基础能源的角色。然而,除了技术优点外,聚变能源的发展主要取决于聚变能源与其他能源相比的经济竞争力,这既包括煤、油、天然气等一次性化石能源,也包括风能、太阳能、地热能、潮汐能等新能源和核裂变能源。在未来,聚变能源的经济性是影响其发展的重要因素。因此,聚变能源要想在未来的能源供应中发挥重要作用,聚变发电厂的成本必须具有有竞争力。

聚变能源的成本主要由直接成本和外部成本两部分组成。直接成本是指聚变电站建设、运行、维护、退役产生的成本;外部成本是聚变电站发电和运行对社会与环境造成破坏的费用,这些费用未被电能生产者与消费者计算在内部成本中,它主要是指对社会、(自然和人造)环境的损害所造成的损失。

根据 20 世纪 90 年代欧盟开展的聚变社会经济学研究(socio-economic research on fusion,SERF)[1-2]。聚变电能的预期直接成本大约比煤电(不考虑因排放限制造成煤电费用增加的情况下)和裂变电能成本高出 50%。但是,如果考虑因二氧化碳排放限制而造成煤电费用的增加,聚变电能的成本会比清洁煤电更具竞争力。考虑其他可再生能源(如风电、太阳能、潮汐能等)的成本受环境、地域影响,对于基础电力供应的贡献能力方面波动很大,聚变电力在直接成本方面将比典型的可再生能源具有竞争力,而且与后者的大多数形成相比,稳态运行的聚变电站可以提供持续的基础电力而不需要额外的能量存储费用。同时,研究表明聚变能源的外部成本约占其直接成本的 2.5%,主要来源于聚变堆冷却系统、增殖包层和结构部件中产生的 ^{14}C 对环境和人员健康的影响,这一部分成本可以通过选择适当的材料来进一步降低。

因此,影响聚变能源成本的主要是直接成本。聚变堆的直接成本由建设成本、运行和维护成本、退役成本三部分组成。其中建设成本是指建造电站并使之达到商业运行所花费的所有成本,包括厂地、厂地设施(包括建筑物)、厂房设备、安装调试以及各种材料成本和支持完成以上活动的其他成本支出;同时,还需要考虑建设周期内金融因素,如利息和物价上浮等,以及未来的成本提升。运行和维护成本是指聚变堆运行和维护过程中产生的成本,涵盖燃料、定期的部件更换、运行过程中部件和系统的维护、在役检查等成本,包括人员费用、技术支持费用、保险和为维护聚变堆运行的流动资金等。退役成本是指聚变堆达到运行寿期后对电站进行退役、拆解(包括厂房、设备等)和废物处理,使用电厂场地达到可以不受限制的使用所产生的费用。

　　根据以往的研究,一个典型的聚变电站的建设成本占直接成本的 60% 左右;运行和维护成本(包括部件的定期更换)约占直接成本的 38%(其中部件定期更换的费用约占直接成本的 30%,其他运行和维护成本约占直接成本的 8%);退役成本约占直接成本的 2%。因此,为使未来的聚变能源成本更具有竞争力,需要聚变电站的资本和建设成本尽可能低,运营和退役成本也必须尽可能低。此外,聚变电站及其操作也应尽可能简单。在未来聚变堆设计的选择上,成本也应该是概念选择和优化以及配套系统设计的关键驱动因素。

　　核聚变电站是一个众多复杂系统构成的庞大的综合性系统,它的成本受多方面的因素影响,需要从整体上考虑,包括聚变电站的研发、建造和运行。由于核聚变电站的不同系统之间存在许多直接和间接的相互关系,一个领域的技术解决方案的改进可以导致其他领域的改进,但也可能导致更复杂和总体成本的增加。因此,在聚变电站项目中,需要一个统一、高效的组织对聚变电站的设计、建设和运行过程进行管理,以控制聚变电站的成本,包括简化电站的设计,加快项目建设周期,以便降低总体成本。更进一步地说,为使聚变电站成本最小化,可以考虑整个电网对聚变电站成本的影响,包括分布式和间歇性可再生能源(如风能和太阳能)、能源储存的时间和地理环境对聚变电站的影响。

　　为了降低聚变电站的成本,在未来的聚变堆研究中可进一步开展以下研究内容。

　　(1) 更高性能的高能量增益等离子体或更小的聚变装置:高性能等离子体可以实现更高的聚变功率密度,实现聚变堆的更长脉冲或稳态运行,可以有效地提高聚变堆的运行功率和减少维护操作,从而提高聚变堆的发电能力,降低聚变堆的发电成本。同时,更高等离子体性能意味着聚变堆的规模可以相应地缩小,从而减少装置的几何尺寸,降低聚变堆的建设成本,从而降低发电成本。

　　(2) 更长的等离子持续时间和稳态运行:脉冲时间更长的运行模式可以增加聚变堆的运行寿命(更少的脉冲次数,从而减少脉冲运行疲劳而造成的聚变堆结构和系统的寿命降低)。同时,稳态和长脉冲运行的聚变堆将减少对现场能源储存系统的要求,更具备作为基础能源的优势,更易于被电网接受。

　　(3) 更高磁场或高温超导磁体:更高磁场或高温度的超导磁体可以提供更高的等离子体性能,并且磁体厂房对冷却功率的要求更低;在同样等离子体约束性能下,可以缩小聚变堆芯的规模,减少聚变电站的建造和运行成本。

(4) 更高的热效率产氚包层:如果产氚包层可以运行在更高温度下,包层冷却剂的出口温度可以进一步提高,进而可以进一步提高热电转换效率,从而提高聚变堆的经济性。如使用耐更高温度的结构材料作为包层的结构材料,使用液态金属如锂铅合金为包层功能材料等。

(5) 降低材料成本:目前,聚变堆用的结构材料和其他材料(包括功能材料)价格昂贵,因为聚变堆用材料要求低活化性能,从而可以减少和降低放射性废物的产生。这就要求取堆用的材料具有很高的纯度,以减少材料中的易活化元素,因此材料的成本非常高。但是,目前材料设计和材料制造工艺仍有改进的空间,特别是对于尚未完全工业化生产的高热负载材料、功能材料和高性能的结构材料,如 ODS 钢,材料成本可以进一步降低。

(6) 更低的部件制造和装配成本:目前,由于聚变堆部件的制造与装配技术还处于研发阶段,远未成熟,因此聚变堆部件的制造和装配成本很高。然而,随着设计的改进和先进的制造技术发展和成熟,聚变堆部件的制造和装配成本将会大幅度降低,这将在很大规模上降低聚变堆的建造成本。

(7) 提高聚变堆的可维护性和可用性:未来可以通过设计优化,提高聚变堆部件和系统的可靠性,提高聚变堆的可维护性,减少停机时间,降低聚变堆的运营成本。例如,使用更简单可靠的设计方案,改进聚变堆的运行和维护方案,使用更灵活的可靠的远程维护系统等。

(8) 综合考虑聚变堆的发展路线:随着聚变能源的发展,未来将会有多座聚变电站,除第一座聚变电站外,后续聚变电站将会从其他已经运行的聚变电站的设计、建行和运行中获得大量的宝贵经验(包括现在正在建设的 ITER),从而降低后续聚变电站的设计、建造和运行成本,进而降低聚变能源的成本。

参考文献

[1] Borrelli Q, Cool I, Hamacher T, et al. Socio-economic research on fusion summary of EU research 1997 - 2000[R]. France:EFDA, 2001.
[2] Schneider T, Lepicard S, Hamacher T, et al. Socio-economic research on fusion SERF2 (1999 - 2000)[R]. France:CIEMAT, 2001.

第 11 章

展　望

核聚变能源有可能会从根本上解决人类的能源问题,但是现在离聚变能源的实现还有一段路要走。目前,通过数十年的努力,聚变能源的科学可行性已经得到证明,下一步需要进一步验证聚变能源工程技术上的可行性,这也是目前正在实施的 ITER 计划的主要目标之一。另外,除了科学与工程技术上的可行,聚变能源要成为未来真正具有竞争力的能源还需要具有经济上的竞争力。

在科学可行性方面,虽然 20 世纪 90 年代 TFTR 和 JET 装置上已经实现了 D-T 聚变反应,证明了聚变能源的科学可行性。但是对于实现聚变能源来说,仅实现了聚变反应是远远不够的。实现聚变能源的应用,聚变反应堆的聚变能量输出必须大于能量输入。考虑到辅助加热以及其他过程的能量损失,目前研究认为,要实现聚变能源发电,需要聚变堆的能量增益(Q)大于 15。目前,ITER 的目标是实现 $Q=10$ 的 500 s 短脉冲运行和 $Q=5$ 的大于 3 000 s 的长脉冲运行,仅能验证未来聚变堆的基础运行模式。因此,未来在聚变等离子体研究方面,还需要进一步提高等离子体的约束性能,实现等离子体的稳态或准稳态运行。

另外,目前最有可能实现的聚变堆为托卡马克聚变堆,但是托卡马克等离子体物理十分复杂,无法通过简单的理论得到装置参数与装置所能达到的等离子体指标之间的关系。目前,主要通过在不同尺度的实验装置上总结了一些定标律,用装置的尺寸、磁场、电流等参数表示所能达到的约束时间、等离子体密度、等离子体温度、比压等指标,且一般为幂级关系。然后通过托卡马克装置实验来检验、修正这些定标律,并据此预测和设计未来的托卡马克聚变堆。同时,由于托卡马克装置需要依靠等离子体电流形成的磁场约束等离子体,具有宏观的磁流体不稳定性,这也是托卡马克装置无法实现真正稳态运行的根本原因。未来在托卡马克物理的研究上,需要进一步研究各种磁流体不稳定性,以及由这些不稳定性决定的运行极限,如电流、密度、比压、安全因子的极限等,从而实现对等离子体更好的控制,进一步提高等离子体参数,以及如何防止破坏性的事件如破裂不稳定性的发生。

为实现聚变等离子体的高性能约束,需要使用大型超导磁体产生强大的磁场。为实现更高的等离子体约束性能和聚变堆的经济性,使用高温超导磁体是未来聚变堆发展的目标和方向。未来聚变堆磁体使用的超导材料,不仅要求导体有较高的临界电流、高的临界磁场和较小的交流损耗,而且磁体必须满足聚变堆的运行环境。聚变堆中的磁体在运行过程中,导体要传输很大的电流,在大绕组尺寸下,线圈会产生很高的磁场,导体要承受瞬态电磁载荷的影响和中子辐照的影响,同时还需要考虑磁体的冷却、绝缘、保护、机械性能、稳定性、安全裕度和失超保护等诸多问题。但是,目前高温超导技术还不成熟,还需要根据未来聚变堆的需要开展大量的研究工作。

高能中性束加热技术和波加热技术是未来聚变堆等离子体的主要候选加热技术。由于在高能情况下,高能正离子的中性化效率极低,常规的基于正离子源的中性束技术无法满足未来聚变堆的要求,需要采用基于负离子源的中性束技术。目前,大功率负离子源技术在技术实现上还存在很多挑战,特别是聚变堆级的大功能率负离子源中性束加热技术。

高功率微波加热技术是堆芯等离子体达到自持燃烧所需要的温度和维持稳态运行不可缺少的基本手段。燃烧等离子体波加热技术在不同频段高功率长脉冲微波源的稳定输出、微波高效低耗稳定传输、微波功率有效集成、满足加热与电流驱动的超高功率密度可靠发射、高热负荷引起的关键部件形变、中子辐照引起的材料活化、大通量中子辐照屏蔽、与第一壁及包层的集成等工程技术上均存在巨大的挑战。

由于托卡马克真空室体积巨大、结构复杂、真空度和漏率要求高,未来聚变堆级真空室的设计与制造的要求极高。目前ITER(等离子体大半径为6.2 m)的真空室是迄今为止建造的最大的托卡马克真空室(真空室内径为6.5 m,外径为19.4 m,高为11.4 m,质量为5 125 t),而未来典型聚变堆(等离子体大半径为7.2 m)的真空室将比ITER真空室还要大1~2倍。

产氚包层是聚变堆产氚和能量转换与输出的核心部件。研究表明,氚自持是目前聚变堆实现的瓶颈问题之一,高产氚的包层是未来聚变堆包层研究的热门方向。同时,为了实现聚变堆的高经济性要求,需要产氚包层寿命尽量长,减少维护,提高运行因子。冷却剂出口温度尽量高,实现更高的发电效率。因此,未来聚变堆产氚包层在工程技术上需要解决高氚增殖性能、高效率冷却性能、高温高抗辐照结构材料、高性能面向等离子材料、高性能中子倍增材料、高性能氚增殖材料、高性能抗辐照阻氚涂层材料问题,以及由于服役条件苛刻所要求的制造、检测等制造工艺问题。

偏滤器是真空室内除包层外的另一关键部件,关系到聚变堆的燃料循环和高温等离子体能量的移除,需要承受高能中子辐照和高能粒子流的冲击,同时承受 $10 \, \text{MW/m}^2$ 左右的高热负载,运行环境极其恶劣。为了满足热排除的要求,未来聚变堆的偏滤器研究主要集中在以下三个方向:① 使用先进偏滤器物理位形运行方案,降低偏滤器靶板表面的热流峰值;② 开发偏滤器靶板及结构材料,提升靶板热负载能力;③ 先进的偏滤器工程结构,提高结构与冷却剂之间的换热效率与冷却剂分配均匀性等关键参数,从而提升偏滤器排热能力。同时,未来需要解决偏滤器面向等离子体材料与等离子体相互作用、抗中子辐照和使用寿命等关键问题。

在等离子体控制方面,目前托卡马克装置上的控制技术和水平距离商业堆的控制运行要求还有很长的距离,未来研究方向主要集中在以下几个方面:① 人工智能辅助运行控制;② 长脉冲稳态运行控制技术;③ 稳态燃烧等离子体控制技术;④ 等离子体不稳定性控制技术。

在诊断测量方面,系统应朝着简单、可靠的大方向发展。面向未来聚变堆的诊断测量,重点研究方向包括① 满足未来聚变堆要求的高可靠性的新诊断原理和技术;② 满足未来聚变堆强中子辐照、高辐射通量、高温环境下的诊断技术;③ 高度集成一体化的诊断技术。

在材料研究方面,目前研究的材料距未来聚变堆的要求差别巨大,材料性能和数据积累不足,先进的面向等离子体材料、结构材料和功能材料将是未来研究的重点。

在涉氚技术方面,未来聚变堆使用氚的量巨大,氚衰变将会造成氚大量的消耗。因此,未来聚变堆氚系统必须可以实现氚的大量、快速处理,这关系到氚自持和未来聚变堆的经济性。当前研究的氚技术的处理规模和效率与未来聚变堆的要求还有很大的差距,需要在未来开展相应的研究,进一步提高氚处理效率和工艺水平。

聚变堆安全性是未来聚变堆的生命线。针对聚变堆的安全研究目前处于起步阶段。由于聚变堆系统与现在成熟的裂变堆系统有巨大的区别,原裂变安全相关经验和研究不适用于未来聚变堆。针对未来聚变堆安全问题需要开展专项研究工作，以确定未来聚变堆安全特性和安全要求。

聚变堆的经济性决定了聚变能源在未来能否规模化应用。影响未来聚变堆经济性和竞争力的因素不仅包括聚变堆本身，还包括世界能源的发展和未来能源的需求。从技术方面说，为了使未来聚变能源具有高的经济性和竞争力，未来需要缩小聚变堆规模，降低聚变堆建造成本；提高聚变堆的可用性、可靠性及可维护性，减少聚变堆的维护成本；同时提高聚变堆的发电效率，提高聚变堆的能量产出。

作为核装置，聚变堆的设计、建行和运行需要满足相应的法律、法规和标准的要求。目前，聚变堆相关的法律、法规和标准建设基本上还是一片空白。由于聚变堆与裂变堆在本质上的不同，现行裂变堆相关的法律、法规和标准并不适用于未来的聚变堆。目前，由于 ITER 计划的实施，世界各国，特别是 ITER 参与方都在积极研究聚变堆相关的法律、法规和标准，开展了相应的法律、法规和标准建设，但目前仅处于起步阶段，还需要开展大量的研究与工作。

索　引